Wissenschaftskommunikation im Web 2.0

Europäische Hochschulschriften
Publications Universitaires Européennes
European University Studies

Reihe XL
Kommunikationswissenschaft und Publizistik

Série XL   Series XL
Media et Journalisme
Communications

Bd./Vol. 104

PETER LANG
Frankfurt am Main · Berlin · Bern · Bruxelles · New York · Oxford · Wien

Manon Sarah Littek

Wissenschaftskommunikation im Web 2.0

Eine empirische Studie
zur Mediennutzung
von Wissenschaftsblogs

PETER LANG
Internationaler Verlag der Wissenschaften

Bibliografische Information der Deutschen Nationalbibliothek
Die Deutsche Nationalbibliothek verzeichnet diese Publikation in
der Deutschen Nationalbibliografie; detaillierte bibliografische Daten
sind im Internet über http://dnb.d-nb.de abrufbar.

Zugl.: Berlin, Freie Univ., Diss., 2011

Der Originaltitel der Arbeit lautet:
Wissenschaftskommunikation im Web 2.0
Eine empirische Studie zur Mediennutzung
von Wissenschaftsblogs in Fachkreisen
und der (Laien-) Öffentlichkeit in Deutschland

Gedruckt auf alterungsbeständigem,
säurefreiem Papier.

D 188
ISSN 0176-3725
ISBN 978-3-631-62252-0

© Peter Lang GmbH
Internationaler Verlag der Wissenschaften
Frankfurt am Main 2012
Alle Rechte vorbehalten.

Das Werk einschließlich aller seiner Teile ist urheberrechtlich
geschützt. Jede Verwertung außerhalb der engen Grenzen des
Urheberrechtsgesetzes ist ohne Zustimmung des Verlages
unzulässig und strafbar. Das gilt insbesondere für
Vervielfältigungen, Übersetzungen, Mikroverfilmungen und die
Einspeicherung und Verarbeitung in elektronischen Systemen.

www.peterlang.de

Inhaltsverzeichnis

Abbildungs- und Tabellenverzeichnis 11

1. Einleitung 13
   1.1 Problemstellung 13
   1.2 Zielsetzung und Forschungsfragen 17
   1.3 Vorgehensweise und Aufbau der Arbeit 20

2. Theoretischer Bezugsrahmen 25
   2.1 Wissenschaftskommunikation 25
       2.1.1 Einleitung 25
       2.1.2 Theoretische Modelle „Wissenschaftskommunikation" 26
             2.1.2.1 Struktur und Vorgehensweise 26
             2.1.2.2 Typologie der Wissenschaftskommunikation
                     – inhaltszentriert 28
             2.1.2.3 Die Verwissenschaftlichung der Gesellschaft 30
             2.1.2.4 Das Wissenschaftspopularisierungsparadigma
                     – normativ-funktional 32
             2.1.2.5 Wissenschaft als Risiko 33
             2.1.2.6 Autonome Wissenschaftskommunikation
                     – systemtheoretisch 34
             2.1.2.7 Citizen Science – die mündige Öffentlichkeit 35
             2.1.2.8 Zusammenfassung und Fazit 36
       2.1.3 Die Fachöffentlichkeit 38
             2.1.3.1 Struktur und Vorgehensweise 38
             2.1.3.2 Die Welt der Wissenschaft – „Scientific
                     Community" 38
             2.1.3.3 Die Fach- und (Laien-)Öffentlichkeit 40
             2.1.3.4 Binnen- und Außenkommunikation 41
             2.1.3.5 Binnenkommunikation 41
             2.1.3.6 Peer-Review – formale Wissenschafts-
                     kommunikation 42
             2.1.3.7 Informelle Binnenkommunikation 43
             2.1.3.8 Wissenschaft und Außenkommunikation 43

　　　　2.1.3.9　Wissenschaftler 44
　　　　2.1.3.10 Wissenschaftsjournalist – Recherche und Medien-
　　　　　　　　nutzung 46
　　　　2.1.3.11 Verhältnis Wissenschaftler und Wissenschafts-
　　　　　　　　journalisten 48
　　　　2.1.3.12 Zusammenfassung und Fazit 48
2.2 Kommunikation im Web 2.0 50
　　2.2.1 Einleitung 50
　　2.2.2 Struktur und Vorgehensweise 51
　　2.2.3 Begriffsdefinitionen aus technischer Sicht 52
　　　　2.2.3.1 Definition computervermittelte Kommunikation 52
　　　　2.2.3.2 Definition „Internet" 52
　　　　2.2.3.3 Dienste und Anwendungen 52
　　　　2.2.3.4 Formen der computervermittelten Kommunikation ... 53
　　2.2.4 Internet 1.0 54
　　2.2.5 Web 2.0 55
　　　　2.2.5.1 Begriffsdefinition „Web 2.0" 55
　　　　2.2.5.2 Begriffskritik „Web 2.0" 59
　　2.2.6 Weblog-Definition 60
　　2.2.7 Stand der Forschung „Weblog" 62
　　　　2.2.7.1 Weblogs als Medienformat 62
　　　　2.2.7.2 Weblogs in der Organisationskommunikation 62
　　　　2.2.7.3 Weblogs und Wissensmanagement 63
　　　　2.2.7.4 Weblogs als Textform und persönliche Online-
　　　　　　　　Journale 63
　　　　2.2.7.5 Weblog-Nutzungspraktiken 64
　　　　2.2.7.6 Weblogs und Öffentlichkeiten 65
　　　　2.2.7.7 Weblogs und Netzwerke 67
　　2.2.8 Zusammenfassung und Fazit 69
2.3 Wissenschaftsblogs in Deutschland 70
　　2.3.1 Einleitung 70
　　2.3.2 Struktur und Vorgehensweise 72
　　2.3.3 Definition „Wissenschaftsblog" 73
　　2.3.4 Wissenschaftsblogs – der internationale Markt 76
　　2.3.5 Das Untersuchungsfeld – Wissenschaftsblogs in Deutsch-
　　　　　land 78
　　2.3.6 Stand der Forschung zu Wissenschaftsblogs 80
　　2.3.7 Zusammenfassung und Fazit 82
2.4 Mediennutzung 84
　　2.4.1 Einleitung 84

Inhaltsverzeichnis

2.4.2 Struktur und Vorgehensweise 86
2.4.3 Das Uses-and-Gratifications-Modell 87
    2.4.3.1 Kritikpunkte am Uses-and-Gratifications-Modell 90
    2.4.3.2 Aktivitätsbegriff im Uses-and-Gratifications-Modell 91
2.4.4 Der Weblog-Nutzer 93
2.4.5 Nutzungspraktiken im Web 2.0 94
2.4.6 Mediennutzungsmotive 96
    2.4.6.1 Menschliche Bedürfnisse 96
    2.4.6.2 Mediennutzungsmotive 97
    2.4.6.3 Sozialpsychologische Ansätze und Motiverweiterung 99
    2.4.6.4 Motiverweiterung im Web 2.0 100
2.4.7 Das Lebensstil-Konzept 101
2.4.8 Empirische Studien Mediennutzung 105
    2.4.8.1 Mediennutzungsmotive für Wissenschaftsmedienformate 105
    2.4.8.2 Mediennutzungsmotive für Weblogs 107
    2.4.8.3 Motive von Weblog-Autoren 108
    2.4.8.4 Mediennutzung des Web 2.0 und Verbreitung von Weblogs 109
    2.4.8.5 Mediennutzertypen des Web 2.0 110
2.4.9 Zusammenfassung und Fazit 111
2.5 Zusammenfassung und Forschungsfragen 112

3. Empirie 117
3.1 Einleitung 117
3.2 Struktur und Vorgehensweise 118
3.3 Das Phasenmodell 119
3.4 Qualitativer Teil 121
  3.4.1 Qualitative Verfahren 121
  3.4.2 Alternativen der qualitativen Methoden 121
  3.4.3 Einzelinterviews 123
  3.4.4 Der Gesprächsleitfaden 124
  3.4.5 Fragestellungen – Wissenschaftler und Wissenschaftsjournalisten 126
  3.4.6 Grenzen der Methode 127
  3.4.7 Grad der Standardisierung und Kontrolle 129
  3.4.8 Stichprobenauswahl 130
  3.4.9 Form und Anzahl der Interviews 133

3.4.10 Durchführung der Interviews und Transkription.................. 135
3.4.11 Auswertungsmethode qualitative Inhaltsanalyse 136
3.4.12 Die Kategorien 140
3.4.13 Auswertung Interviews – Wissenschaftler........................ 146
3.4.14 Auswertung Interviews – Wissenschaftsjournalisten......... 163
3.4.15 Vergleich der zwei Akteursgruppen.................................. 172
3.4.16 Zusammenfassung und Fazit... 175
3.5 Herleitung der Hypothesen.. 177
3.6 Quantitativer Teil 181
   3.6.1 Quantitative Verfahren... 181
   3.6.2 Die online-basierte Befragung 182
   3.6.3 Qualitätskriterien der Untersuchung 183
   3.6.4 Der Fragebogen – inhaltliche Konzeption.......................... 185
   3.6.5 Formale Entwicklung und Aufbau des Fragebogens.......... 188
   3.6.6 Stichprobe 190
   3.6.7 Rekrutierung der Teilnehmer... 192
   3.6.8 Qualitätssicherung der Daten 194
   3.6.9 Ergebnisdarstellung.. 195
3.7 Auswertung der Motive der Nutzung.. 196
   3.7.1 Auswertung der Motiv-Statements.................................... 196
      3.7.1.1 Motive der Kategorie „Unterhaltung" 197
      3.7.1.2 Motive der Kategorie „Information" 199
      3.7.1.3 Motive der Kategorie „Identität"................................ 202
      3.7.1.4 Motive der Kategorie „Aktivität"............................... 205
      3.7.1.5 Motive der Kategorie „Beruf" – Wissenschaftler....... 208
      3.7.1.6 Motive der Kategorie „Beruf" – Wissenschafts-
             journalisten 209
      3.7.1.7 Motive – Laien 213
   3.7.2 Motive der offenen Frage... 213
      3.7.2.1 Offene Motive – Wissenschaftler............................... 215
      3.7.2.2 Offene Motive – Wissenschaftsjournalisten............... 218
      3.7.2.3 Offene Motive – Laien 220
3.8 Auswertung des Mediennutzungsverhaltens 223
   3.8.1 Soziodemografie und Nutzertypen..................................... 223
   3.8.2 Etablierungsgrad der Nutzung.. 226
   3.8.3 Routine der Nutzung 229
   3.8.4 Funktionen von Wissenschaftsblogs 231
   3.8.5 Nutzung von Web-2.0-Wissenschaftsmedienformaten 235
   3.8.6 Nutzung Web-2.0-Anwendungen....................................... 237
   3.8.7 Mediennutzung privat und beruflich.................................. 243

Inhaltsverzeichnis 9

3.9 Zusammenfassung und Gesamtfazit „Empirie-Teil"............ 252
   3.9.1 Zusammenfassung und Gesamtfazit „Wissenschaftler"............ 253
   3.9.2 Zusammenfassung und Gesamtfazit „Wissenschafts-
       journalisten".................. 264
   3.9.1 Zusammenfassung und Gesamtfazit „Laien"............ 274

4. Bewertung und Ausblick.................. 279
   4.1 Ergebnisdiskussion im Kontext der Mediennutzungstheorien............ 280
      4.1.1 Erweiterung des Uses-and-Gratifications-Modells............ 280
      4.1.2 Erweiterung des Lebensstil-Konzepts.................. 284
      4.1.3 Zusammenführung Lebensstil-Konzept und Uses-and-
          Gratifications-Modell.................. 286
   4.2 Einordnung in die Wissenschaftskommunikation............ 289
      4.2.1 Implikationen für die Theorie.................. 289
      4.2.2 Implikationen für die Praxis.................. 293
          4.2.2.1 Wissenschaftler.................. 294
          4.2.2.2 Wissenschaftsjournalisten.................. 298
          4.2.2.3 Laien.................. 303
   4.3 Kritische Würdigung.................. 305
   4.4 Weiterführende Forschung.................. 306
   4.5 Ausblick.................. 308

Literaturverzeichnis.................. 311

Abbildungs- und Tabellenverzeichnis

Abbildung 1: Forschungsfragen 17
Abbildung 2: Zielsetzung der Arbeit 20
Abbildung 3: Aufbau der Arbeit 24
Abbildung 4: Die Web-2.0-Komponenten 56
Abbildung 5: Web 2.0 Tag Cloud 59
Abbildung 6: Netzwerk der deutschsprachigen Blogosphäre 68
Abbildung 7: Definition Wissenschaftsblogs 75
Abbildung 8: Uses-and-Gratifications-Ansatz 90
Abbildung 9: Handlungskomponenten von Social-Web-Praktiken 95
Abbildung 10: Determinanten von Handlungsmustern 102
Abbildung 11: Empirisches Vorgehen 118
Abbildung 12: Untersuchungssteckbrief Interviews 135
Abbildung 13: Die Kategorien 140
Abbildung 14: Definition der Kategorien 141
Abbildung 15: Interviewpartner Wissenschaftler 145
Abbildung 16: Interviewpartner Wissenschaftsjournalisten 146
Abbildung 17: Motive aller drei Akteursgruppen 178
Abbildung 18: Motive Wissenschaftler beruflich 180
Abbildung 19: Motive Wissenschaftsjournalisten beruflich I. 180
Abbildung 20: Motive Wissenschaftsjournalisten beruflich II. 181
Abbildung 21: Statement: Wissenschaftsblogs sind/bieten entspannte Informationsaufnahme 197
Abbildung 22: Statement: Wissenschaftsblogs sind/bieten Informationsaufnahme mit Unterhaltungswert 198
Abbildung 23: Statement: Wissenschaftsblogs sind authentischer, glaubhafter und direkter als professionell-redaktionelle Seiten. 199
Abbildung 24: Statement: Wissenschaftsblogs bieten sehr spezifische (Nischen-) Themen, über die andere Medien nicht berichten. .. 200
Abbildung 25: Statement: Wissenschaftsblogs sind/bieten tiefere und dichtere Informationen als redaktionell-professionelle Seiten. 201

Abbildung 26: Statement: Wissenschaftsblogs sind/bieten qualitativ hochwertigere Beiträge als auf redaktionell-professionellen Seiten 201
Abbildung 27: Statement: Ich lese Wissenschaftsblogs von Autoren, mit denen ich auf einer Wellenlänge schwimme. 203
Abbildung 28: Statement: Ich lese Wissenschaftsblogs von Autoren die eine andere Sichtweise haben, um mich mit Ihnen auseinanderzusetzen.. 203
Abbildung 29: Statement: Ich lese Wissenschaftsblogs, um zu gucken, was ein Autor gerade so macht, was der schreibt, ohne ein bestimmtes Thema zu verfolgen. 204
Abbildung 30: Statement: Ich kommentiere, aber nur wenn die Diskussion sachdienlich ist.. 205
Abbildung 31: Statement: Ich kommentiere, um meine Meinung kundzutun.. 206
Abbildung 32: Statement: Ich kommentiere, um Feedback auf meine Meinung zu bekommen... 207
Abbildung 33: Motive Wissenschaftler beruflich 208
Abbildung 34: Motive Wissenschaftsjournalisten beruflich 210
Abbildung 35: Berufliche Nutzung Wissenschaftsjournalisten........................ 212
Abbildung 36: Ich lese lieber Wissenschaftsblogs von Wissenschaftlern als von Wissenschaftsjournalisten – Laien...................................... 213
Abbildung 37: Nutzung der Funktionen von Wissenschaftsblogs 232
Abbildung 38: Nutzung von Wissenschaftsmedienformaten im Web 2.0 236
Abbildung 39: Nutzung der Web-2.0-Anwendungen 238
Abbildung 40: Mediennutzung beruflich 244
Abbildung 41: Mediennutzung privat 246
Abbildung 42: Uses-and-Gratifications-Ansatz im Web 2.0 281
Abbildung 43: Determinanten von Handlungsmustern im Lebensstil-Konzept... 285
Abbildung 44: Zusammenführung Lebensstil-Konzept und Uses-and-Gratifications-Modell.. 288
Abbildung 45: Funktionen von Wissenschaftsblogs für Wissenschaftler 294
Abbildung 46: Funktionen von Wissenschaftsblogs für Wissenschaftsjournalisten... 299
Abbildung 47: Funktionen von Wissenschaftsblogs für Laien 303

1. Einleitung

1.1 Problemstellung

Unter dem Schlagwort „Web 2.0" (vgl. O'Really 2005) haben sich neue Medienformate und Internet-Anwendungen etabliert, die unsere Kommunikationsstrukturen von einer selektiven, linearen und einseitigen zu einer partizipativen, netzartigen und interaktiven Kommunikation verändern (vgl. Neuberger 2009: 39). Der Begriff subsumiert diverse Anwendungen, die dem Mediennutzer die Möglichkeit bieten, selber Inhalte zu erstellen, zu bearbeiten und sich auszutauschen. Beispiele sind „Wikis" (z. B. Wikipedia[1]), Weblogs, Foto- und Videoportale (z. B. Flickr[2] und YouTube), soziale Online-Netzwerke (z. B. facebook[3], studiVZ[4], xing[5]) und Social-Bookmarking-Portale (z. B. Delicious[6]).

Trotz der inzwischen eingetretenen Konsolidierungsphase von Web-2.0-Anwendungen im Kommunikationsverhalten vieler Bürger[7] herrscht häufig weiterhin Unklarheit, was der Begriff „Web 2.0" impliziert und wie sich die Kommunikationsstrukturen durch den Einfluss des Web 2.0 ändern.

Ein Hauptmerkmal des Web 2.0 ist das partizipative Momentum („das Mitmachnetz"). Die Inhalte von Web-2.0-Anwendungen entstehen somit vorwiegend nutzergeneriert („User-generated-Content"[8]), jenseits des „Gatekeeping" des professionell-redaktionellen Journalismus. Jeder Nutzer kann sich nach Belieben über die einfach zu handhabenden und kostengünstigen Publikationsinfrastrukturen zu Wort melden, Beiträge einstellen und vernetzen. Das Netz bietet

---

1 www.wikipedia.com
2 www.flickr.com
3 www.facebook.com
4 www.studivz.net
5 www.xing.com
6 www.delicious.com
7 2010 nutzten knapp 70 Prozent der deutschsprachigen Erwachsenen wenigstens gelegentlich das Internet. Die Hälfte der im Internet verbrachten Zeit wurde auf Kommunikation verwendet (vgl. Busemann/ Gscheidle 2010).
8 „User-generated-Content" wird von der OECD wie folgt definiert „1. Content made publicly available over the internet, 2. Which reflects a certain amount of creative effort, 3. Which is created outside of professional routines and practices"(OECD 2007: 9).

sowohl die Infrastruktur für die Produktion als auch die Distribution solcher nutzergenerierten Inhalte, die „zusätzlich durch Werkzeuge wie internetfähige Mobiltelefone oder Digitalkameras für Bilder und Videos immer weiter verbreitet werden" (Schmidt 2009: 16).[9]

Der Zugang zur „öffentlichen Arena" (vgl. Katzenbach 2008[10]) ist somit nicht mehr nur den Massenmedien vorbehalten, sondern wird erweitert auf den Kreis derjenigen, die die Möglichkeit haben, sich öffentlich[11] an ein massenmediales Publikum zu richten, dieser Kreis erweitert sich auf jede Privatperson, die Zugang zum Internet hat. Zum anderen forciert das Web 2.0 eine Überlagerung von Öffentlichkeit und Privatsphäre.[12] Die Veränderung der Kommunikationsstrukturen bringt es mit sich, dass Privates in den medialen Raum tritt und Menschen Alltägliches in diesen Formaten ausdiskutieren. In Web-2.0-Anwendungen sind daher private Anekdoten, Alltagserfahrungen und Urlaubsfotos neben Fachbeiträgen von Experten mit Ratgebercharakter und Kommentierungen gesamtgesellschaftlicher Themen zu finden (vgl. dazu auch Jenkins 2006; vgl. Katzenbach 2008: 106).

Aufgrund ihres vorwiegend alltäglichen Inhalts sind Web-2.0-Anwendungen, insbesondere Weblogs und Mikro-Blogs, trotz ihrer fortschreitenden Etablierung bei einem großen Teil der Gesellschaft immer noch heftiger Kritik ausgesetzt. Öffentlich verpönt und diskreditiert wurden Weblogs von Jean Remy von Matt, dem Gründer der renommierten Werbeagentur „Jung von Matt", in dem er sie als „Klowände des Internet"[13] bezeichnete. Die Aussage bringt immer noch die Meinung zu diesen Formaten vieler Bürger auf den Punkt, die Weblogs als sinnlose Leichtgewichte und Banalität im Vergleich zu professionell-redaktionellen Leitmedien empfinden.

---

9   Die Verbreitungsmechanismen der Anwendungen des Web 2.0 führen zu einem Wandel der Kommunikationsstrukturen von einer linearen zu einer netzartigen Kommunikation (vgl. im Kontext von Netzwerkanalysen Efimova/de Moor 2005; Shirky 2003; Gruhl 2004).
10 Katzenbach (Katzenbach 2008) hat eine Veränderung der Öffentlichkeiten in der Blogosphäre im Rahmen des Arenen-Modells von Gerhards und Neidhardt (Gerhards/Neidhardt 1991) untersucht (vgl. Abschnitt 2.2.7.6).
11 Der Begriff „Öffentlichkeit" ist ein komplexer Begriff in der Kommunikationswissenschaft, der nach verschiedenen Interpretationsansätzen definiert werden kann. Für verschiedene definitorische Ansätze, die im Kontext dieser Arbeit relevant sind, vgl. Abschnitt 2.1.3.3.
12 Die Verschiebung des Privaten in den öffentlichen Raum ist nicht nur bei Web-2.0-Anwendungen umstritten, da sich viele Bürger durch die offensiv ausgestellte Intimsphäre durch die Medien in ihren eigenen Werten und ihrer individuellen Privatsphäre beeinträchtigt sehen (vgl. Weiß/Groebel 2002).
13 Vgl. dazu den Artikel „Die Wut der Klowände" auf Handelsblatt Online 30.1.2006 (URL: http://www.handelsblatt.com/technologie/it-internet/die-wut-der-klowaende;1026130, geprüft 25.8.2010).

1.1 Problemstellung

Wie verändert das Web 2.0 die Wissenschaftskommunikation? Welche Anwendungen des Web 2.0 finden bisher in der Wissenschaftskommunikation Verwendung, und worin bestehen ihre Funktion und ihr Potenzial?

Web 2.0 in der Wissenschaftskommunikation tritt in Deutschland bisher hauptsächlich in Form von Wissenschaftsblogs in Erscheinung. Es gibt derzeit ca. 400 Wissenschaftsblogs in Deutschland, in denen Wissenschaftler oder Wissenschaftsjournalisten zu wissenschaftlichen und/oder alltäglichen Themen bloggen.[14]

Das Sozialsystem „Wissenschaft" zeichnet sich traditionell durch geschlossene Kommunikationsstrukturen aus, die in der innerwissenschaftlichen Binnenkommunikation von Forscher zu Forscher vorwiegend in Form von peer-geprüften Publikationen stattfindet und in der Außenkommunikation durch die klassischen Mediatoren in Form von Wissenschaftsjournalisten oder PR-Abteilungen. In der traditionellen Wissenschaftskommunikation gibt es zudem zwischen der „Scientific Community" und der (Laien-)Öffentlichkeit kaum direkte Kommunikation. Das hat strukturelle und institutionelle Gründe und hängt weiterhin damit zusammen, dass wissenschaftliches Wissen „Sonderwissen" (Hömberg 1990: 16) darstellt, welches, ungefiltert an die Öffentlichkeit kommuniziert, zu Verständnisproblemen führt.

Wissenschaftsblogs als eine Anwendung des Web 2.0 können nun die traditionell geschlossenen Kommunikationswege der Wissenschaftskommunikation aufbrechen und schaffen durch die Vernetzungs- und Interaktionsmöglichkeiten neue Formen der Wissenschaftskommunikation. „User-generated-Content" trifft auf wissenschaftliches Wissen, die (Laien-)Öffentlichkeit interagiert vorbei am „Gatekeeping" des professionell-redaktionellen Wissenschaftsjournalismus mit dem Forscher, und der Wissenschaftler kann sich über Fachgrenzen hinweg mit seinesgleichen vernetzen.

Wie sind die neu entstehenden Kommunikationswege und -strukturen[15] in die Wissenschaftskommunikation einzuordnen und zu welchem Zweck wird über

---

14 Weitere Web-2.0-Anwendungen, die dezidiert als Wissenschaftsmedienformate klassifiziert werden können und unabhängig von einer Wissenschaftsinstitution betrieben werden, sind in Deutschland noch rudimentär verbreitet und werden im Vergleich zu Wissenschaftsblogs erst vereinzelt genutzt. Es ist jedoch anzumerken, dass während des Forschungsprozesses der vorliegenden Arbeit englischsprachige soziale Online-Netzwerke für Forscher – auch für Forscher aus Deutschland – eine rasante Entwicklung genommen haben. Weiterhin hat sich Wissenschafts-„Micro-Blogging" neben Wissenschaftsblogs kontinuierlich etabliert (vgl. Kapitel 2.3). Da der Markt „Web 2.0" hochdynamisch ist, muss eine Abgrenzung zu dem Etablierungsgrad der jeweiligen Anwendungen immer in Referenz zum Erstellungsdatum einer Publikation gewertet werden.

15 Der Begriff „Kommunikationsstruktur" kommt ursprünglich aus den Wirtschaftswissenschaften und beschreibt die Kommunikationskanäle innerhalb einer Organisation. In vorliegender Arbeit werden die Begriffe „Kommunikationsstruktur" und „Kommunikationsebene" jeweils verwendet, um die Kommunikationskanäle der drei Akteursgruppen der Wissenschaftskommunikation

Wissenschaftsblogs in der Fach- und (Laien-)Öffentlichkeit kommuniziert? Kann „User-generated-Content", der nicht durch eine professionelle Redaktion auf Qualität geprüft wurde, im Kontext der Vermittlung und des Austauschs von wissenschaftlichem Wissen eine Rolle spielen?

Obwohl zu den Themen Web 2.0 und Weblogs bereits viele Forschungsarbeiten vorliegen und diese angesichts der Aktualität des Themas exponentiell wachsen, findet sich zu Web 2.0 in der Wissenschaftskommunikation und insbesondere zu Wissenschaftsblogs in Deutschland bisher wenig Forschungsliteratur. Weder existiert eine klare Definition von Web-2.0-Anwendungen, die als Web-2.0-Anwendungen der Wissenschaftskommunikation eingeordnet werden können, noch wurde das Themenfeld „Web 2.0" bisher aus der Perspektive der Wissenschaftskommunikation und der klassischen Modelle der Wissenschaftskommunikation theoretisch erarbeitet. Weiterhin gibt es keine empirischen Erkenntnisse darüber, warum und wofür Web-2.0-Anwendungen in der Wissenschaftskommunikation genutzt werden, wie diese Formate neben den traditionellen Medienformaten einzuordnen sind und zu welchen „neuen" Kommunikationsstrukturen der Wissenschaftskommunikation die Nutzung dieser Formate führt.

Um die bestehende Forschungslücke zum Themenfeld „Wissenschaftskommunikation im Web 2.0" teilweise zu schließen, wird eine erste Grundlegung mit dem Fokus auf Wissenschaftsblogs – als dem etabliertesten[16] Wissenschaftsmedienformat des Web 2.0 – sowohl aus der Perspektive der Wissenschaftskommunikation als auch aus der Mediennutzung in dieser Arbeit versucht.

Auf Basis einer deskriptiv-definitorischen Grundlegung zu „Wissenschaftskommunikation im Web 2.0", theoretischer Modelle aus der Mediennutzungsforschung, die im Rahmen des Forschungsgegenstandes „Web 2.0" erweitert werden und einer empirischen Mediennutzungsanalyse zu Wissenschaftsblogs aus der Perspektive der drei Akteursgruppen der Wissenschaftskommunikation – Wissenschaftler, Wissenschaftsjournalisten und Laien – werden in der vorliegenden Forschungsarbeit Antworten auf die Fragen gegeben, welches Potenzial Web 2.0 in Form von Wissenschaftsblogs in der Wissenschaftskommunikation hat, welche Formate des Web 2.0 in der Wissenschaftskommunikation bisher Verwendung finden[17] und wie sich die Wissenschaftskommunikation durch den Einfluss des Web 2.0 in Form von Wissenschaftsblogs verändert.

(Wissenschaftler, Wissenschaftsjournalisten, Laien) darzulegen und aufzuzeigen, welche neuen Wege zwischen den drei Gruppen entstehen. Es soll weiterhin beleuchtet werden, zu welchem Zweck die durch Wissenschaftsblogs entstehenden Kommunikationsstrukturen verwendet werden. Dies wird mit „Form und Art der Kommunikation" umschrieben.

16 Zum Zeitpunkt der vorliegenden Forschungsarbeit vgl. auch Fußnote 22 und Kapitel 2.3.
17 Aus Perspektive der Wissenschaftsblognutzer.

1.2 Zielsetzung und Forschungsfragen

Aus der skizzierten Problemstellung ergeben sich fünf übergeordnete Forschungsfragen, die sowohl theoretisch-deskriptiv und theoretisch-konzeptionell im Rahmen der Wissenschaftskommunikation, als auch empirisch über das Mediennutzungsverhalten und die Motive der Nutzung von Wissenschaftsblogs aus Sicht von Wissenschaftlern, Wissenschaftsjournalisten und Laien beantwortet werden. Forschungsfrage 1 bildet den theoretischen Rahmen um Forschungsfrage 2 und 3 empirisch beantworten zu können. Forschungsfrage 4 und 5 bauen auf die ersten drei Forschungsfragen auf und können in einer Zusammenführung des theoretisch-deskriptiven, theoretisch-konzeptionellen und empirischen Teil beantwortet werden.

Abbildung 1: Forschungsfragen

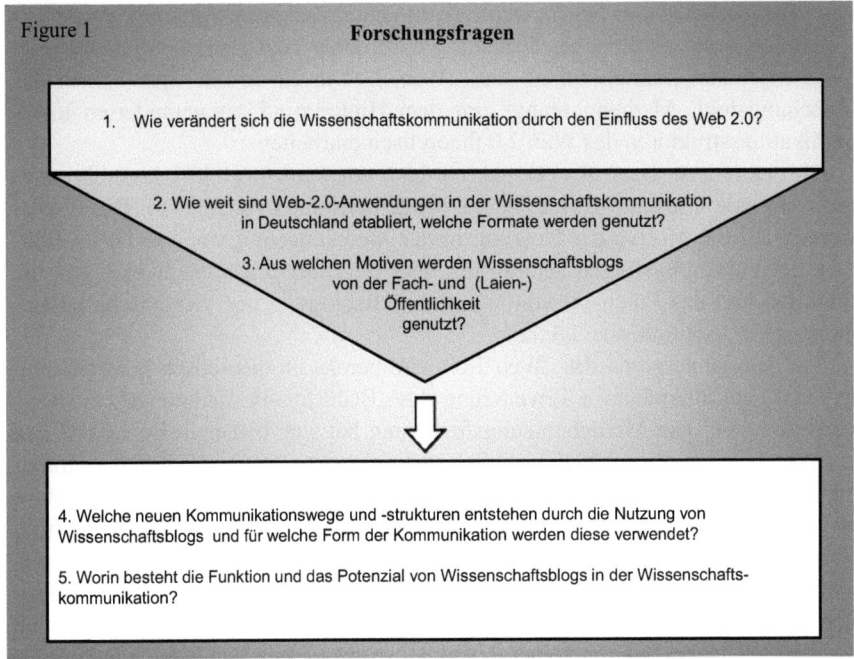

Quelle: Eigene Darstellung

Um die Forschungsfragen zu beantworten, wird in einem ersten Schritt der Forschungsgegenstand über die angrenzenden Teilbereiche „Wissenschaftskommunikation" und „Web 2.0" erschlossen, definiert und systematisch theoretisch aufgearbeitet. Weiterhin wird eine deskriptiv-analytische Bestandsaufnahme des Marktes von Wissenschaftsblogs in der Wissenschaftskommunikation vorgenommen.

Auf Basis dieses theoretisch-deskriptiven Teils kann bereits die Veränderung der Wissenschaftskommunikation durch den Einfluss des Web 2.0 und exemplarisch Wissenschaftsblogs theoretisch aufgezeigt werden. Somit erfolgt eine erste definitorische Eingrenzung und Grundlegung der „Wissenschaftskommunikation im Web 2.0" und des primären Untersuchungsgegenstandes „Wissenschaftsblogs".

Das weitere methodische Vorgehen zur Beantwortung der Forschungsfragen findet über eine Mediennutzungsanalyse der zentralen Akteure der klassischen Wissenschaftskommunikation (Wissenschaftler, Wissenschaftsjournalisten, Laien) statt. Das Ziel des empirischen Teils ist es Indikatoren herauszukristallisieren mit deren Hilfe Forschungsfrage 4 und 5 zu beantworten sind. Die zweite und dritte Forschungsfrage, welche Web-2.0-Anwendungen in der Wissenschaftskommunikation in Deutschland bereits etabliert sind und welche Motive hinter der Nutzung von Wissenschaftsblogs liegen, werden somit empirisch beantwortet.

Als Basis der empirischen Erhebung wird daher zuzüglich dem Themenfeld „Wissenschaftskommunikation" und „Web 2.0" in einem nächsten Schritt das Forschungsfeld „Mediennutzung" vor dem Hintergrund der veränderten Kommunikationsstrukturen des Web 2.0 theoretisch erarbeitet.

Die theoretische Basis aus Perspektive der Mediennutzung bildet das funktional-motivationale Uses-and-Gratifications-Modell (Blumler/Katz 1974). Die Fokussierung auf die Motive der Nutzung in der Mediennutzungsanalyse ist im Rahmen der Forschungsfragen zentral, um über die Motive als den Indikatoren die Funktion und das Potenzial von Wissenschaftsblogs in der Wissenschaftskommunikation erschließen zu können.

Vor dem Hintergrund des „Web 2.0" wird bereits im theoretisch-konzeptionellen Teil eine interpretative Erweiterung des „Bedürfnis-Befriedigungs"-Ansatzes vorgenommen. Die Mediennutzungsforschung hat sich bisher in Bezug auf den Uses-and-Gratifications-Ansatz nicht ganzheitlich mit den veränderten Kommunikationsstrukturen im Web 2.0 beschäftigt. Entweder werden im Rahmen einer erweiterten Nutzeraktivität weitere handlungstheoretische Modelle integriert, oder die neuen Nutzungsoptionen werden, insbesondere im Kontext der Motive, nicht thematisiert. Das Interdependenzverhältnis zwischen neuer Nutzungsoptionen und den zugrunde liegenden Motiven bedarf jedoch einer systematischen Analyse und daraus folgend einer Erweiterung des klassischen Motivkatalogs der Massenmedien im Forschungsfeld „Web 2.0".

Weiterhin wird in Anlehnung an das Lebensstil-Konzept (Rosengren 1987) ein theoretisches Fundament erarbeitet und partiell mit dem Uses-and-Gratifications-Ansatz zusammengeführt, um den Einfluss des Berufes auf die Mediennutzung und somit eine Trennung der drei Gruppen Wissenschaftler, Wissenschaftsjourna-

1.2 Zielsetzung und Forschungsfragen

listen und Laien zu erreichen. Eine Trennung der drei Akteursgruppen der klassischen Wissenschaftskommunikation ermöglicht, den Einfluss bzw. die Veränderung der Wissenschaftskommunikation aus drei Perspektiven zu analysieren, und die neu entstehenden Kommunikationswege und -strukturen zwischen den drei Gruppen zu bewerten.

Auf der theoretischen Grundlage der Forschungsfelder „Wissenschaftskommunikation", „Web 2.0", „Wissenschaftskommunikation im Web 2.0" und „Mediennutzung" folgt somit eine empirische Mediennutzungsstudie von Wissenschaftlern, Wissenschaftsjournalisten und Laien im Web 2.0 im Rahmen der Nutzung von Wissenschaftsblogs. Trotz der theoretischen Erarbeitung des Forschungsgegenstandes wird insbesondere in Bezug auf die Motive der Nutzung von Wissenschaftlern, Wissenschaftsjournalisten und Laien eine weitestgehend explorative Vorgehensweise gewählt.

Es fließen herausgearbeitete Aspekte des theoretisch-deskriptiven Teils der angrenzenden Felder „Wissenschaftskommunikation" und „Web 2.0" in die empirische Datenerhebung mit ein, und die erweiterten Modelle der Mediennutzung strukturieren das Erhebungs- und Auswertungsinstrument. Jedoch ist der derzeitige Forschungsstand nicht ausreichend belastbar um dezidert Hypothesen in Bezug auf die Motive der Nutzung von Wissenschaftsblogs zu bilden.

Es wird daher im Rahmen der Erforschung der Motive methodisch das Phasenmodell (Barton/Lazarsfeld 1955) gewählt und erst nach dem qualitativen Teil (12 teilstrukturierte Interviews) in Bezug auf die Motive der Nutzung Hypothesen gebildet, die im quantitativen Teil (Online-Fragebogen auf den reichweitenstärksten Wissenschaftsblogplattformen in Deutschland) verifiziert werden. Zudem wird methodisch das Triangulationsmodell (Denzin 1970) im Kontext des weiteren Mediennutzungsverhalten im Web 2.0 und eines dritten Erhebungsinstrumentes im Rahmen der Motivexploration hinzugezogen.

Der detailliert erarbeitete theoretisch-deskriptive/-konzeptionelle Teil dieser Arbeit bildet die Basis der Empirie, als auch den theoretischen Rahmen der Schlussanalyse. Die empirischen Ergebnisse werden im Schlussteil der Arbeit mit den Erkenntnissen des theoretisch-deskriptiven/-konzeptionellen Teils zu „Wissenschaftskommunikation", „Web 2.0", „Wissenschaftskommunikation im Web 2.0" und „Mediennutzung" in einer Diskussion und Analyse zusammengeführt. Durch die Zusammenführung des theoretischen Teils und der empirischen Ergebnisse, insbesondere durch eine Interpretation der Motive der Nutzung von Wissenschaftsblogs von Wissenschaftlern, Wissenschaftsjournalisten und Laien vor dem Hintergrund der klassischen Wissenschaftskommunikationswege, -strukturen und -modelle, können im Schlussteil dieser Arbeit die zentralen Forschungsfragen 4 und 5 beantwortet werden.

Die vorliegende Forschungsarbeit ist somit theoretisch anschlussfähig in der Wissenschaftskommunikation und der Mediennutzungsforschung.

Abbildung 2: Zielsetzung der Arbeit

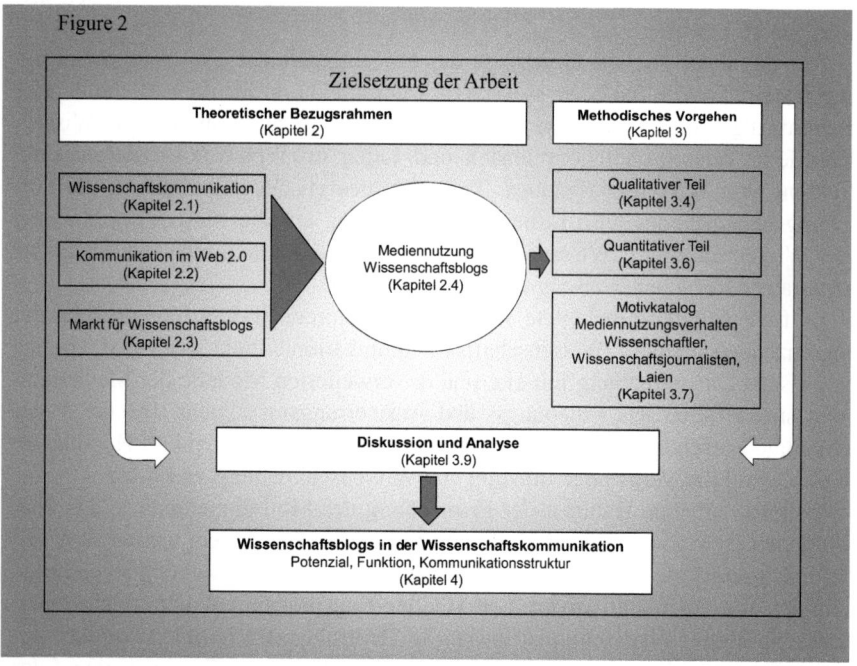

Quelle: Eigene Darstellung

1.3 Vorgehensweise und Aufbau der Arbeit

Die vorliegende Forschungsarbeit kann in zwei übergeordnete Teilbereiche (vgl. Abbildung 2) unterteilt werden: einen deskriptiv-theoretischen/-konzeptionellen Teil (Kapitel 2) und einen empirischen Teil (Kapitel 3). Aufbauend auf Kapitel 1.2 werden im Folgenden die einzelnen Kapitel und deren Zielsetzungen im Detail vorgestellt.

In Kapitel 2 der Arbeit wird das Forschungsfeld systematisch theoretisch-deskriptiv erarbeitet. Der theoretische Bezugsrahmen der Arbeit besteht aus vier Themenfeldern: Wissenschaftskommunikation (vgl. Kapitel 2.1), Web 2.0 (vgl. Kapitel 2.2), „Wissenschaftskommunikation im Web 2.0" (vgl. Kapitel 2.3) und Mediennutzung (Kapitel 2.4).

1.3 Vorgehensweise und Aufbau der Arbeit

Kapitel 2.1 und 2.2 bilden übergeordnete Bezugspunkte dieser Forschungsarbeit. Beide Kapitel haben einen sehr starken deskriptiven Charakter. Die detaillierte Darstellung der Wissenschaftskommunikationsmodelle, der „Scientific Community" und der klassischen Kommunikationswege der Wissenschaftskommunikation sind jedoch zentral, um die empirischen Ergebnisse interpretieren und im Vergleich mit den klassischen Wissenschaftskommunikationsstrukturen einordnen zu können. Weiterhin ist eine umfassende Definitorik und Darstellung der Kommunikation im Web 2.0 und der dazugehörigen Anwendungen essenziell, um den Fragenkatalog des empirischen Teils nachvollziehen zu können und in der Schlussdiskussion, darauf aufbauend, die Potenziale von Wissenschaftsblogs in der Wissenschaftskommunikation aufzeigen zu können.

Das Ziel der Kapitel 2.1 bis 2.3 der Forschungsarbeit besteht weiterhin darin, die Hauptmerkmale der veränderten Kommunikationsstrukturen des Web 2.0 darzulegen und durch eine erste Analyse des Web 2.0 vor dem Hintergrund der Wissenschaftskommunikation die Bezüge und möglichen Kommunikations- und Nutzungsebenen in der Wissenschaftskommunikation durch die Nutzung von Wissenschaftsblogs aufzuzeigen. Zudem wird eine Bestandsaufnahme von Web-2.0-Wissenschaftsmedienformaten vorgenommen, eine Definition von Wissenschaftsblogs gegeben und eine Analyse des Wissenschaftsblogmarktes in Deutschland durchgeführt. Durch die systematische Aufarbeitung des Forschungsfeldes können in Kapitel 2.5 die Forschungsfragen in Teilaspekte unterteilt und spezifiziert werden. Eine systematische Zusammenführung der Kapitel 2.1, 2.2 und 2.3 demonstriert weiterhin auf theoretischer Ebene bereits mögliche Veränderungen der Wissenschaftskommunikation durch den Einfluss des Web 2.0 in Form von Wissenschaftsblogs.

Kapitel 2.4 bildet als viertes theoretisch-deskriptives Kapitel die Überleitung zum empirischen Teil (Kapitel 3) und stellt den Uses-and-Gratifications-Ansatz (Blumler/Katz 1974) und das Lebensstil-Konzept von Rosengren (Rosengren 1987; 1996) dar. Wie bereits unter 1.2 kurz skizziert, hat sich das Forschungsfeld Mediennutzung bisher nicht um eine systematische Erweiterung des Uses-and-Gratifications-Ansatzes im Kontext des Web 2.0 gewidmet, welche die neuen Nutzungsoptionen und deren Interdependenzverhältnis in Bezug auf die Motive systematisch zusammenführt. Das Kapitel 2.4 widmet sich daher einer Erweiterung des Uses-and-Gratifications-Ansatzes und in Anlehnung an Forschungsergebnissen aus der Sozialpsychologie, jeglichen Aspekten einer systematischen Erstellung von Motivkatalogen, die dem Forschungsgegenstand „Web 2.0" gerecht werden.

Es wird zudem das Lebensstil-Konzept (Abschnitt 2.4.7) hinzugezogen und im Kontext des Forschungsinteresses durch eine Reduktion „erweitert". Das Modell berücksichtigt die strukturellen, positionellen, individuellen und sozialen

Merkmale der Mediennutzung und bietet die Möglichkeit, zu den Motiven der Mediennutzung den Einfluss des positionellen Merkmals „Beruf" auf das Mediennutzungsverhalten herauszukristallisieren. Dadurch können die drei Gruppen der Wissenschaftskommunikation in ihrem Mediennutzungsverhalten getrennt analysiert werden, und eine Veränderung der Wissenschaftskommunikation durch den Einfluss des Web 2.0 ist aus Perspektive der drei Akteursgruppen möglich. Weiterhin eröffnet eine Trennung der drei Gruppen die Möglichkeit, auf neue Kommunikationsstrukturen zwischen den drei Akteursgruppen zu schließen. Im Rahmen dieser Arbeit fungieren beide Modelle als perspektivisch getrennte Erklärungsansätze der Mediennutzung, jedoch findet auch eine Zusammenführung des kontextbezogenen Ansatzes des Lebensstil-Konzeptes mit dem motivationalen Ansatz des Uses-and-Gratifications-Modell statt.

Die herausgearbeiteten Aspekte des theoretisch-deskriptiven Teils (Kapitel 2) werden im empirischen Teil (Kapitel 3) berücksichtigt, und die theoretischen Ansätze der Mediennutzung strukturieren die Erhebungs- und Auswertungsinstrumente. Jedoch erfolgt das methodische Vorgehen der Datenerhebung auf Grundlage der Forschungsfragen trotz einer ersten Strukturierung und Orientierung über Erkenntnisse aus dem theoretischen Teil und der massenmedialen Mediennutzungsforschung weitestgehend explorativ. Das ist darin begründet, dass zum Zeitpunkt der Datenerhebung keine ausreichend belastbaren wissenschaftlichen Erkenntnisse dezidiert zu Wissenschaftsblogs vorhanden waren, auf deren Grundlage eine rein hypothesengetriebene Untersuchung sinnvoll gewesen wäre. Eine Herleitung von Hypothesen in Bezug auf die Motive der Nutzung aus dem theoretischen Teil wäre nicht zielführend gewesen, insbesondere im Kontext eines „neuen" Medienformats. Stattdessen werden Hypothesen erst nach einer ersten Explorierungsphase in Anlehnung an die Erkenntnisse des theoretischen Teils gebildet.

Um dem weitestgehend explorativen Charakter des Forschungsvorhabens daher gerecht zu werden, wird in Bezug auf die Motivexploration der drei Akteursgruppen Wissenschaftler, Wissenschaftsjournalisten und Laien im empirischen Teil (Kapitel 3) auf das Phasenmodell (vgl. Barton/Lazarsfeld 1955) der empirischen Sozialforschung zurückgegriffen. Im Phasenmodell findet sowohl eine qualitative Methode (Kapitel 3.4) als auch eine quantitative Methode (Kapitel 3.6) in direkter Abfolge Anwendung.

Somit ist es möglich, den Forschungsgegenstand in einem ersten qualitativen Schritt zu explorieren und Erklärungsansätze für die Motive der Nutzung zu generieren. Der qualitative Teil der Methode besteht aus 12 teilstrukturierten Einzelinterviews, die mit jeweils sechs Wissenschaftlern und sechs Wissenschaftsjournalisten durchgeführt wurden. Nach dem qualitativen Teil werden mit Hilfe der qualitativen Inhaltsanalyse Motiv-Kategorien gebildet, die in Motiv-

1.3 Vorgehensweise und Aufbau der Arbeit

Statements überführt werden und als Hypothesen fungieren. Die Hypothesen in Bezug auf die Motive der Nutzung werden im quantitativen Teil verifiziert. In Bezug auf weitere Aspekte des methodischen Vorgehens gelten die Forschungsfragen. Als Erhebungsinstrument des quantitativen Teils wird die online-basierte schriftliche Befragung in Form eines standardisierten Fragebogens gewählt. Die Stichprobe wurde primär über die beiden größten und reichweitenstärksten deutschsprachigen Wissenschaftsblogplattformen „Scilogs" und „ScienceBlogs" rekrutiert.

Die Motivexploration der drei Akteurgruppen erfolgt somit in zwei Phasen des methodischen Vorgehens. Jedoch wird im quantitativen Teil neben einer Hypothesen testenden Methodik in Bezug auf die Motive eine offene Frage integriert und somit ein drittes Erhebungsinstrument angewendet. Bei der Untersuchung weiterer Aspekte des Mediennutzungsverhaltens der drei Akteursgruppen jenseits von Motiven im quantitativen Teil wird zudem Anleihe am Triangulationsmodell (vgl. Denzin 1970) genommen. Somit ist die Möglichkeit gegeben eine weitere Perspektive auf den Forschungsgegenstand zu erarbeiten und des Weiteren zu erforschen, welche Wissenschaftsmedienformate des Web 2.0 neben Wissenschaftsblogs Verwendung finden. Zudem kann über Indikatoren des Mediennutzungsverhaltens von Wissenschaftsjournalisten, Wissenschaftlern und Laien auf den Etablierungsgrad von Wissenschaftsblogs im privaten und beruflichen Kontext als auch im Vergleich zu anderen Medien geschlossen werden.

Auf Grundlage der detaillierten Erkenntnisse aus dem empirischen Teil (Kapitel 3) in Bezug auf das Mediennutzungsverhalten und die Motive der Nutzung von Wissenschaftsblogs von Wissenschaftlern, Wissenschaftsjournalisten und Laien kann vor dem Hintergrund des deskriptiv-theoretischen/-konzeptionellen Teils (Kapitel 2) eine Einordnung von Wissenschaftsblogs in die Wissenschaftskommunikation in Bezug auf die Funktion, das Potenzial und die entstehenden Kommunikationsstrukturen vorgenommen und diskutiert werden. Eine Zusammentragung des theoretischen und empirischen Teils erfolgt im Schlussteil (Kapitel 4).

Es wird in der vorliegenden Arbeit im Kontext einer Veränderung der Wissenschaftskommunikation mit den Begriffen „Web 2.0", „Weblog" und „Wissenschaftsblog" gearbeitet. Da Wissenschaftsblogs eine Unterkategorie von Weblogs darstellen, die wiederum dem Begriff „Web 2.0" zuordbar sind, sind einige der Erkenntnisse dem Web 2.0 allgemein zuordbar, andere betreffen spezifisch Wissenschaftsblogs. Forschungsfrage 1 und 2 werden somit im Kontext des Web 2.0 aus der Perspektive von Wissenschaftsblogs beantwortet und Forschungsfrage 3 bis 5 betreffen spezifisch Wissenschaftsblogs.

Abbildung 3: Aufbau der Arbeit

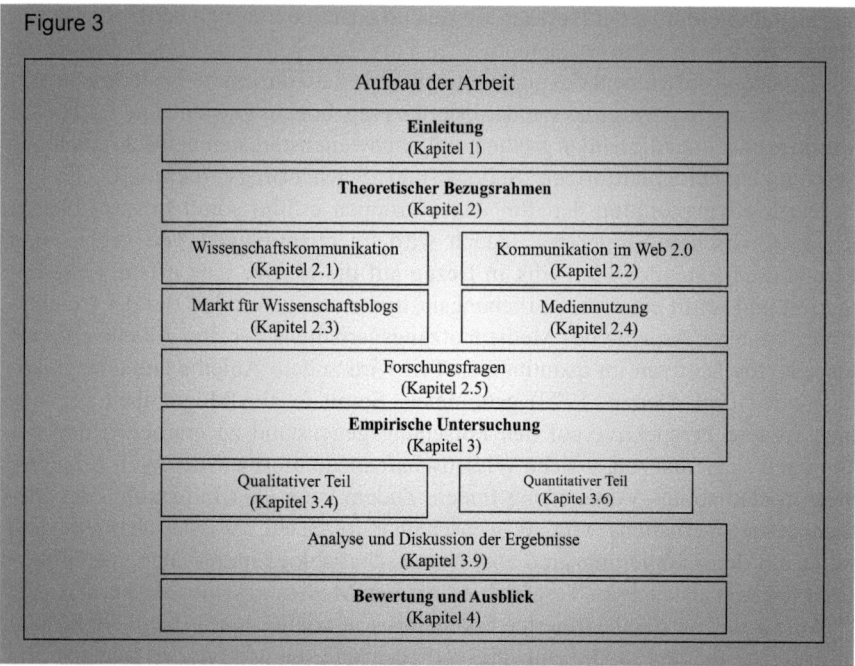

Quelle: Eigene Darstellung

2. Theoretischer Bezugsrahmen

2.1 Wissenschaftskommunikation

2.1.1 Einleitung

Das Kapitel „Wissenschaftskommunikation" fungiert als Rahmen der vorliegenden Forschungsarbeit. Das Ziel des Kapitels besteht darin, das Forschungsfeld „Wissenschaftskommunikation" systematisch darzustellen und sowohl deskriptiv, als auch konzeptionell zu erarbeiten. Zum einen, um die Basis für eine Definition von „Wissenschaftskommunikation im Web 2.0" zu schaffen, zum anderen, um vor dem Hintergrund der klassischen Modelle der Wissenschaftskommunikation und der traditionellen Kommunikationswege und -strukturen, die der Wissenschaftskommunikation zugeordnet werden können, den Einfluss des Web 2.0 aufzeigen und bewerten zu können. In diesem Kapitel werden daher die zentralen Begriffe geklärt und die Besonderheiten der Wissenschaftskommunikation und des Sozialsystems „Wissenschaft" herausgearbeitet.

Im ersten Abschnitt des Kapitels „Wissenschaftskommunikation" (2.1.2) werden das Untersuchungsfeld „Wissenschaftskommunikation" definiert und die gängigen theoretischen Modelle der Wissenschaftskommunikation kurz skizziert. Die hier dargestellten traditionellen Modelle der Wissenschaftskommunikation werden nicht in den empirischen Teil dieser Arbeit überführt. Die theoretische Grundlage der Datenerhebung im empirischen Teil bilden Modelle der Mediennutzung (Kapitel 2.4) in Zusammenführung mit Aspekten aus Abschnitt 2.1.3. Die kurze Abhandlung der Wissenschaftskommunikationsmodelle zu Beginn dieser Arbeit dient zum einen der definitorischen Abgrenzung des Forschungsfeldes. Zum anderen wird durch die Darstellung der Modelle deutlich, dass die klassische Konzeption von Wissenschaftskommunikation im Forschungsfeld Web 2.0 unzureichend ist. Die hier dargestellten Modelle werden im Schlussteil wieder aufgegriffen, und mit Blick auf weiterführende theoretisch-konzeptionelle Arbeiten werden die empirischen Ergebnisse im Kontext der gängigen Wissenschaftskommunikationstheorien in Kapitel 4 analysiert. Somit wird eine Veränderung der Wissenschaftskommunikation durch den Einfluss des Web 2.0 in Form von Wissenschaftsblogs auch auf einer theoretisch-konzeptionellen Ebene aufgezeigt.

Im zweiten Teil des Kapitels zur Wissenschaftskommunikation (Kapitel 2.1.3) wird die „Scientific Community" beleuchtet und die klassischen Kommunikationswege und -strukturen, die als Wissenschaftskommunikation kategorisiert und zugeordnet werden können, dargelegt. Wissenschaftskommunikation wird im Kontext des Sozialsystems „Wissenschaft" erarbeitet und die Fach- und (Laien-) Öffentlichkeit wird definiert. Weiterhin wird die Einbettung der beiden Akteursgruppen „Wissenschaftler" und „Wissenschaftsjournalisten" in das Sozialsystem „Wissenschaft" und in den Wissenschaftskommunikationsprozess analysiert. Der zweite Teil des Kapitels „Wissenschaftskommunikation" bildet somit die Bezugspunkte, um die neu entstehenden Kommunikationswege und -strukturen und die Form der Kommunikation über Wissenschaftsblogs interpretieren zu können und somit auf Funktion und Potenzial dieses Mediums in der Wissenschaftskommunikation zu schließen. Eine kurze Darstellung zentraler Merkmale der beruflichen Mediennutzung beider Gruppen, gibt zudem die Möglichkeit, im Schlussteil Wissenschaftsblogs im Vergleich als Medienformat bewerten und einordnen zu können.

2.1.2 Theoretische Modelle „Wissenschaftskommunikation"

2.1.2.1 Struktur und Vorgehensweise

Wissenschaftskommunikation als spezifische Form der Kommunikation kann über verschiedene Perspektiven definiert werden. Die meisten definitorischen und theoretischen Ansätze zur Wissenschaftskommunikation beziehen sich auf die Außenkommunikation und den Wissenschaftsjournalismus als Mittler zwischen der „Scientific Community" und der (Laien-)Öffentlichkeit. Eine allgemeine Definition der Wissenschaftskommunikation, die für verschiedene Formen der Wissenschaftskommunikation gültig ist und die Organisationskommunikation der Wissenschaftsinstitutionen und des innerwissenschaftlichen Diskurses mit einbezieht, ist in der Literatur im Prinzip nicht zu finden. Das hängt damit zusammen, dass für einen Großteil der Gesellschaft Informationen zu Forschung und Wissenschaft primär über Massenmedien zugänglich sind, deren Inhalte von Wissenschaftsjournalisten erstellt werden (vgl. Hömberg 1990: 7). Eine direkte Kommunikation zwischen der Welt der Wissenschaft und der (Laien-) Öffentlichkeit ist über traditionelle Kommunikationswege kaum möglich und findet marginal statt.

Weiterhin ist die zentrale Rolle des Wissenschaftsjournalismus im Zusammenhang mit Theorien der Wissenschaftskommunikation auf das Vermittlungsproblem

2.1 Wissenschaftskommunikation

des wissenschaftlichen Wissens an die (Laien-)Öffentlichkeit zurückzuführen. Wissenschaftliches Wissen ist Spezialwissen, bei dem es zu Verständnisproblemen kommen kann, wenn es an die Öffentlichkeit vermittelt wird. Wissenschaftliches Wissen kann, so Hömberg, als „Sonderwissen" bezeichnet werden, „dessen Produktion, Weitergabe und Nutzung durch eigene Normen und Werte innerhalb der Gruppe der Wissenschaftler gesteuert werden" (Hömberg 1990: 16).

Daher verknüpfen traditionelle Modelle der Wissenschaftskommunikation gesellschaftstheoretische und wissenschaftssoziologische Entwicklungen mit Journalismustheorien. Historisch dominierte die Auffassung, dass Wissenschaftsjournalismus primär als Akzeptanzbeschaffer der Wissenschaft in der Gesellschaft fungieren sollte (vgl. Wilke 1986: 314; Groth 1915: 132). Aus dieser Perspektive kann die Mittlerrolle im Zusammenhang mit normativ-funktionalen Aufgabenzuweisungen und wissenschaftszentriert gesehen werden (vgl. Kohring 2005: 74-82; Roloff/Hömberg 1975: 56; Flöhl 1980: 166) oder, wie in den letzten Jahren verstärkt gefordert, autonom, angelehnt an eine systemtheoretische Auffassung des Journalismusbegriffes (vgl. Görke 1999; Kohring 2005).

Da eine funktionale Definitionsweise eng mit der Rolle der Wissenschaft in der Gesellschaft zusammenhängt, werden einleitend wissenschaftssoziologische Entwicklungen (vgl. Weingart 1983; Beck 1986; Bell 1973) dargestellt, die auch im Zusammenhang mit einer stärkeren Medialisierung von Wissenschaft in der Gesellschaft stehen (vgl. Weingart 2008: 30) und Merkmale des Wissenschaftsbetriebes aufzeigen. Darauf aufbauend werden vier Hauptströmungen der theoretischen Ansätze der Wissenschaftskommunikation kurz dargestellt: der normativ-funktionale Ansatz des Wissenschaftspopularisierungsparadigmas (vgl. Kohring 2005: 63-139, Roloff/Hömberg 1975, Geretschläger 1979: 229, Flöhl/Fricke 1987: 7; Gregory/Miller 1998: 1f.), das Konzept des Risikojournalismus (vgl. Görke 1999; Friedman et al. 1999), das Vertrauenskonzept von Kohring (vgl. Kohring 2005: 243-274), angelehnt an die Systemtheorie von Luhmann (vgl. Luhmann 1984), und das Konzept des Citizen Science (vgl. Irwin 1995; Irwin/Wynne 1996: 220; Felt 2003).

Der Anspruch des ersten Teils dieses Kapitels (Kapitel 2.1.2) ist nicht, alle Theorien der Wissenschaftskommunikation aufzuarbeiten, sondern die dominierenden Theorien exemplarisch darzustellen. Im Schlussteil kann somit vor dem Hintergrund der traditionellen Modelle die Veränderung der Wissenschaftskommunikation durch das Web 2.0 aufgezeigt und die Defizite dieser Modelle angesichts der neuen Kommunikationsstrukturen im Web 2.0 diskutiert werden. Weiterhin zeigen die theoretischen Ansätze Merkmale der Wissenschaftskommunikation auf, die im Kontext der Auswertung der Empirie helfen, die neuen Formate einzuordnen.

Die inhaltszentrierte Definition des Terminus „Wissenschaftskommunikation", die in diesem Kapitel als erste Eingrenzung und Basis des Forschungsgegenstandes erarbeitet wird, wird in Kapitel 2.2 bezüglich des Kommunikationsbegriffes im Web 2.0 modifiziert. Aufbauend auf die Definitionen in den Kapiteln „Wissenschaftskommunikation" und „Web 2.0" kann somit in Kapitel 2.3. eine Definition des Forschungsgegenstandes „Wissenschaftskommunikation im Web 2.0" und Wissenschaftsblogs erfolgen.

2.1.2.2 Typologie der Wissenschaftskommunikation – inhaltszentriert

„Alle Menschen streben von Natur aus nach Wissen." (Aristoteles in seiner „Metaphysik" 1995: 1). Dem Duden zufolge ist „Wissenschaft der Gesamtbestand des logisch nach bestimmten Sachgebieten geordneten Wissens" (Duden 1972: 2457). Im allgemeinen Sprachgebrauch wird mit „Wissenschaft" die Erweiterung des Wissens durch Forschung und die Institution in der Forschung und Lehre organisiert sind, beschrieben.

Es kann somit zwischen dem Erkenntnissystem „Wissenschaft" und dem Sozialsystem „Wissenschaft" unterschieden werden (vgl. Küppers 2008: 23-25). Das Erkenntnissystem steht für die wissenschaftlichen Inhalte unseres Wissens und ist unabhängig vom Wissensproduzenten wie auch von der gesellschaftlichen und sozialen Umwelt. Wissenschaftliches Wissen ist im Gegensatz zu Alltagswissen methodisch erforscht, und die Kenntnisse sind „durch Definitionen, Kausalerklärungen und Beweise miteinander verknüpft und theoretisch begründet" (Küppers 2008: 23). Einzelne wissenschaftliche Disziplinen können nach Popper (Popper 1972: 108) als „ein abgegrenztes und konstruiertes Konglomerat von Problemen und Lösungsversuchen" beschrieben werden. Das Sozialsystem „Wissenschaft" steht für den institutionellen und gesellschaftlichen Rahmen, in dem Forschung und Lehre betrieben werden, es wird auch als „Scientific Community" bezeichnet (vgl. 2.1.2).

Der Begriff „Wissenschaftskommunikation" steht im allgemeinen Sprachgebrauch zum einen für die Kommunikation von Inhalten, die als wissenschaftliches Wissen definiert werden können[18], zum anderen steht der Begriff für die Kommunikationsstrukturen und Kommunikationswege der „Scientific Community". Diese können innerhalb des Sozialsystems „Wissenschaft" stattfinden, aber auch die Kommunikation zwischen dem Subsystem „Wissenschaft" und anderen Teilbereichen der Gesellschaft ausdrücken.

---

18 Wissenschaftskommunikation kann weiterhin im Kontext des Wissenschaftsjournalismus akteurs- oder kommunikatorzentriert und auf einer Meso- oder systemtheoretischen Makro-Ebene definiert werden (vgl. Abschnitt 2.1.3.10).

2.1 Wissenschaftskommunikation

Die Basis dafür, Wissenschaftskommunikation inhaltszentriert erklären und definieren zu können (vgl. 2.1.2.4), ist eine allgemeine Definition des Kommunikationsbegriffs.

Zu dem Begriff „Kommunikation" haben sich 160 Bedeutungskonnotationen entwickelt (vgl. Merten 1977). Im Allgemeinen wird unter „Kommunikation" (lat. communicare) der Prozess der Informationsübermittlung von einem Sender zu einem Empfänger in Form von Zeichen verstanden (vgl. Misoch 2006: 7). Das bedeutet nach Hickethier, dass „Sprachliche Kommunikation aus mindestens drei Elementen besteht: einem Sprecher A, einem Hörer B und dem Gesprochenen (Mitgeteilten) C" (Hickethier 2003: 38).

Das Fundament einer gelingenden Kommunikation bilden die gemeinsame Bedeutungszuschreibung bezüglich der gesendeten Zeichen und eine gemeinsame Semantik der Teilnehmer des Kommunikationsprozesses (vgl. Roth 1997: 107). Aus der systemtheoretischen Sicht, basierend auf Luhmann, ist ein identisches Sinnverstehen jedoch nicht erreichbar, da die „black boxes bei aller Bemühung (…) füreinander undurchsichtig" bleiben. Es wird daher von der „Unmöglichkeit der Kommunikation" gesprochen (Luhmann 1994: 156f.). Dieser Zustand macht Kommunikation jedoch nicht obsolet, sondern bedingt die Notwendigkeit der Kommunikation. „Nicht obwohl, sondern weil Bewusstseine füreinander radikal intransparent sind, entsteht so etwas wie die funktionale Notwendigkeit für die Emergenz von sozialen Operationen, von Kommunikationen" (Luhmann 2003: 25).

Im deutschsprachigen und angelsächsischen Raum wird konventionell von Wissenschaftskommunikation gesprochen, wenn das Themenfeld der kommunizierten Inhalte und journalistischen Beiträge die wissenschaftlichen Disziplinen (als Teil des Erkenntnissystems „Wissenschaft") Naturwissenschaften, Technik und Medizin betrifft (vgl. Ruß-Mohl 1987: 12ff.). Studien haben ergeben, dass von den einzelnen Disziplinen in der Berichterstattung des Wissenschaftsjournalismus die Medizin dominiert (vgl. Hansen und Dickinson 1992). Diese Definition von Wissenschaftskommunikation spiegelt sich auch in dem beruflichen Selbstbild der meisten Wissenschaftsjournalisten wider (vgl. Hömberg 1990: 18).

Alternative Definitionen rechnen die Sozialwissenschaften dazu (vgl. Einsiedel 1992, Evans 1995, Hijmans et al. 2003). Die Geistes- und Sozialwissenschaften finden hingegen zumeist peripher in der Berichterstattung Berücksichtigung (vgl. Göpfert/Ruß-Mohl 2006: 11).

Neben einer Eingrenzung mittels der wissenschaftlichen Disziplin können kommunizierte Inhalte und journalistische Beiträge der Wissenschaftskommunikation zugeordnet werden, je nachdem, wie die Wissenschaft in den Beiträgen dargestellt und integriert ist (vgl. Lehmkuhl 2008: 176; vgl. Peters 1994; 1998). Peters hat auf dieser Basis drei Typen der Berichterstattung differenziert. Der erste Typ umfasst wissenschaftliche Erkenntnisse allgemein, der zweite stellt gesamtgesellschaftliche Themen da, die aus wissenschaftlicher Perspektive erklärt werden, und im dritten Typus steht die wissenschaftliche Erkenntnisgewinnung in Form der wissenschaftlichen Methodik im Vordergrund (vgl. Peters 1998).

Eine weitere Typologisierung von Beiträgen, die der Wissenschaftskommunikation zugerechnet werden können, hat Lehmkuhl (vgl. Lehmkuhl 2008) vorgenommen, indem er vier Formen unterscheidet. Die erste Form von Beiträgen bezieht sich auf ein zeitlich aktuelles Ereignis und hat direkten wissenschaftlichen Bezug, z. B. eine aktuelle wissenschaftliche Debatte. Die zweite Form beinhaltet Beiträge, die zeitlich aktuell sind, jedoch nicht im direkten wissenschaftlichen Zusammenhang stehen, z. B. Umweltkatastrophen. Die dritte Form von Beiträgen ist zeitlich nicht aktuell, ist jedoch wissenschaftsgeneriert, z. B. die Evolutionstheorie. Und die vierte Form ist zeitlich nicht aktuell und steht auch nicht in direktem Zusammenhang mit der Wissenschaft, z. B. gilt dies für die Frage: Wie entsteht ein Regenbogen? (vgl. Lehmkuhl 2008: 177-178).

Im Kontext dieser Forschungsarbeit wird Wissenschaftskommunikation als die Kommunikation von Inhalten aus den Disziplinen Naturwissenschaften, Medizin und Technik verstanden. Geistes- und Sozialwissenschaften werden nicht ausgeschlossen, jedoch liegt der Fokus auf der Kommunikation von naturwissenschaftlichen Disziplinen. Weiterhin werden die aufgeführten Typologisierungen von Lehmkuhl und Peters mit eingeschlossen.

2.1.2.3 Die Verwissenschaftlichung der Gesellschaft

Die Bedeutung der Wissenschaft für die Gesellschaft wächst kontinuierlich. Diese Entwicklung wird aus soziologischer Perspektive mit den Begriffen Wissens-, Informations[19]- oder Risikogesellschaft[20] bezeichnet. Der Begriff „Wissensgesellschaft" hatte seine Anfänge bereits in den 60er Jahren (vgl. Bell 1973, Lane 1966, Stehr 1994) und kann sich gegenüber den Begriffen „Informationsgesellschaft" und „Risikogesellschaft" (vgl. Beck 1986) zunehmend behaupten.

Alle drei Begriffe beschreiben den gesellschaftlichen Einfluss der Wissenschaft. Während die „Wissensgesellschaft" und die „Informationsgesellschaft" als neutral gewertet werden können, steht der Begriff „Risikogesellschaft"[21] für ein kritisches Bild von der Wissenschaft.

---

19 Mit dem Begriff „Informationsgesellschaft" wird auf die neuen Informationstechnologien und deren Möglichkeiten, Informationen schnell und einer breiten Masse von Menschen zugänglich zu machen, Bezug genommen. (Vgl. Zielsetzung der EU-Generaldirektion Informationsgesellschaft und Medien URL: http://ec.europa.eu/dgs/information_society/index_de.htm, geprüft 5.6.2010).
20 Der Begriff „Risikogesellschaft" wurde 1986 von Ulrich Beck geprägt. Auslöser des Begriffes waren u. a. die Kernkraftwerkunfälle der 80er Jahre und Umweltkatastrophen, die den unkritischen Optimismus gegenüber Wissenschaft und Technik in Frage stellten (vgl. Beck 1986).
21 Sloterdijk spricht auch von Katastrophengesellschaft (vgl. Sloterdijk 1989: 102ff.).

2.1 Wissenschaftskommunikation

Weingart bezeichnet die veränderte Rolle der Wissenschaft auch als „Verwissenschaftlichung der Gesellschaft" (Weingart 1983), die sich durch die Vernetzung alltäglicher Lebensbereiche und der Gesellschaft mit wissenschaftlichem Wissen auszeichnet und die wissenschaftliche Reflexion zum Handlungsprinzip erhebt. Daher wird diese Entwicklung auch als „reflexive Modernisierung" bezeichnet (vgl. Beck, Giddens und Lash 1996). Indikatoren dafür sind die Zentralität von Wissenschaft und Technologie als Innovationsressource, die Etablierung von Bildungs- und Wissenschaftspolitik als selbstständige Politikfelder, die Ausrichtung des Ausbildungs- und Forschungssektors auf gesellschaftliche Anwendbarkeit und der Rückgriff auf wissenschaftliches Wissen bei politischen und wirtschaftlichen Entscheidungen (vgl. Weingart 2008: 27-30).

Empirisch zeigt sich die wachsende Bedeutung und Ausbreitung von Wissenschaft in der ansteigenden Zahl der Wissenschaftler, in den überproportional wachsenden Forschungsetats[22] und der Anzahl der publizierten wissenschaftlichen Artikel. De Solla Price hatte bereits in den 70er Jahren postuliert, dass sich die Wissenschaft ca. alle 15 Jahre verdoppelt, obwohl bereits eine Verlangsamung des Wachstums eingetroffen ist, die de Solla Price als „dynamic steady state" prognostiziert hatte (Price 1971: 23). Kölbel hat diese These in seiner Analyse des Wachstums der Wissenschaftsressourcen[23] von 1650 bis 2000 in Deutschland bestätigt (vgl. Kölbel 2002).

Eine Folge der Verwissenschaftlichung der Gesellschaft sind interne Spezialisierungen (vgl. Weingart et al. 1991: 94f.). Zum einen entwickelt sich verstärkt eine Innendifferenzierung, zum anderen entstehen neue Subdisziplinen zu Themenfeldern, die traditionell nicht wissenschaftlich reflektiert wurden (vgl. Weingart, Carrier und Krohn 2007). Eine weitere Konsequenz dieser Entwicklung ist die wachsende Anzahl interdisziplinärer Forschungsprojekte.

Weiterhin ist in den letzten Jahren eine verstärkte Medialisierung von wissenschaftlichen Themen zu verzeichnen, obgleich der Wissenschaftsjournalismus als „verspätetes Ressort" galt (vgl. Hömberg 1990) und strukturell in großen Teilen auch noch ist (vgl. Göpfert 2004). Die Medialisierung wird sichtbar in Brand Extensions (vgl. Lobigs 2008: 323-335; Sentker und Drösser 2006: 72ff.) und einer Ausweitung des Themas in den leitartikelfähigen Ressorts.

Zusammenfassend ist zu konstatieren, dass sich dadurch ein Bild der Wissenschaft in der Gesellschaft abzeichnet, das zunehmend politisiert und kommerzialisiert wird. Weingart bezeichnet dies auch als Vergesellschaftlichung der Wissen-

---

22 Der Haushalt des BMBF für 2010 sieht mit einem Gesamtvolumen von 10,9 Mrd. € einen Zuwachs von 660 Mio. € gegenüber 2009 vor – das entspricht einer Steigerung von nahezu 6,5 Prozent (URL: http://www.bmbf.de/, geprüft 30.4.2010).

23 Indikatoren waren: Zahl der Professorenstellen, Zahl der Hochschulen, Höhe der Wissenschaftsausgaben.

schaft (vgl. Weingart 2008: 30). Die Innendifferenzierung und Spezialisierung hat zudem zur Folge, dass eine größere Distanz zu (Laien-)Öffentlichkeit entsteht.

2.1.2.4 Das Wissenschaftspopularisierungsparadigma – normativ-funktional

Wie in Abschnitt 2.1.2.1 dargestellt, konzentrieren sich theoretische Ansätze der Wissenschaftskommunikation primär auf den Wissenschaftsjournalismus und seine Funktion als Mediator zwischen wissenschaftlichem Wissen und (Laien-)Öffentlichkeit. Häufig stehen diese im Zusammenhang mit wissenschaftssoziologischen Entwicklungen (vgl. 2.1.2.3). „Das dominierende Paradigma des Wissenschaftsjournalismus sowohl in der journalistischen Praxis als auch in der Thematisierung dieser Praxis durch die Kommunikationswissenschaft war das der ‚Übersetzung'." (Peters 1995: 3). Ansätze, die eine funktional-normative Sichtweise der Wissenschaftskommunikation in Form von Wissenschaftsjournalismus vertreten, wie der Public-Understanding-of-Science-Ansatz[24], können dem Wissenschaftspopularisierungsparadigma (vgl. Kohring 2004: 63-139) zugeordnet werden.

Der Fokus der Berichterstattung im Wissenschaftspopularisierungsparadigma ist wissenschaftszentriert. Es wird aus der Wissenschaft nach den Kriterien von Objektivität und Rationalität berichtet, mit dem Ziel, Akzeptanz zu generieren sowie die (Laien-)Öffentlichkeit aufzuklären (vgl. Hömberg 1982: 3; Ruß-Mohl 1987: 10; Krüger/Ruß-Mohl 1989: 413). Wissenschaftskommunikation wird somit der wissenschaftlichen Sache unterstellt (vgl. Maier Leibnitz 1987: 27) und richtet sich nach der Maxime der Aufklärung – „ein emanzipatorischer Impuls, der der Tradition der europäischen Aufklärung folgt" (Hömberg 1982: 3; vgl. 1990: 16). Die soziale und politische Funktion des Wissenschaftsjournalisten kann mit der eines Erziehers verglichen werden (vgl. Geretschläger et al. 1979: 50). Wissenschaftsjournalismus wird in den Dienst der Interessen des respektiven Systems mit normativen Aufgabenzuweisungen gestellt, die keine Möglichkeit der Publikumsorientierung und keine Autonomie des Wissen-

---

24 Der Begriff „Public Understanding of Science" wurde ursprünglich für gezielte Kampagnen der Politik in England und USA in den 70er und 80er Jahren verwendet, um das Verständnis des „Laien"-Publikums und die öffentliche Akzeptanz für Wissenschaft zu forcieren. Ziel war es, Wissenschaft als Legitimationshilfe politischer Entscheidungen zu instrumentalisieren und somit eine kritikfreie Berichterstattung zu fordern (vgl. Friedman 1986; Miller 1986 in Friedman/Dunwoody/Rogers 1986). Der Begriff steht in der amerikanischen Wissenschaftsjournalismusforschung auch im engen Zusammenhang mit der „science literacy" des Laien-Publikums (vgl. Miller 1983; 1987), die es im Rahmen der PUS-Kampagnen zu optimieren galt.

2.1 Wissenschaftskommunikation

schaftsjournalismus gestattet und als einseitige Informationstransferleistung interpretiert werden kann (vgl. Roloff/Hömberg 1975: 56; Hömberg 1974; Wilke 1986; Depenbrock 1976: 18f.). Der Popularisierungsbegriff im Wissenschaftspopularisierungsparadigma steht somit für einen Informationstransfer aus der Wissenschaft, angelehnt an einen aufklärerischen Gedanken, der sich der Rationalität wissenschaftlichen Wissens unterordnet (vgl. Fischer 1976: 12; Flöhl/Fricke 1987: 7). Kritik und Kontrolle im Wissenschaftspopularisierungsparadigma sind auf die wissenschaftliche Selbstkontrolle begrenzt (vgl. Kohring 2005: 78f.).

Das Wissenschaftspopularisierungsparadigma ist häufiger Kritik ausgesetzt. Die Hauptkritikpunkte dieses Modells setzen an der mangelnden Autonomie und Unabhängigkeit des Wissenschaftsjournalismus an, was in einer fehlenden kritischen „Kontroll"-Öffentlichkeit mündet (vgl. Hömberg 1982: 117). Des Weiteren wird den Bedürfnissen des Publikums keine Relevanz zugeschrieben. Stattdessen werden journalistische Selektivität und journalistische Publikumsorientierung in diesem Modell als qualitativer Mangel gesehen, da eine möglichst vollständige Abbildung der Wissenschaft das erstrebte Ziel der Wissenschaftskommunikation ist. Kritiker dieses Modells fordern daher, dass die Medien sich aus der Unmündigkeit lösen und neben das Prinzip der wissenschaftlichen Objektivität die Rezeption der (Laien-)Öffentlichkeit gestellt wird (vgl. Weingart/Pansegrau 1998: 206).

2.1.2.5 Wissenschaft als Risiko

Ein großer Teil der kommunikationswissenschaftlichen „Wissenschaft-als-Risiko-Forschung" behält, wie das Wissenschaftspopularisierungsparadigma, weitestgehend eine wissenschaftszentrierte Sicht bei (vgl. für einen Überblick Görke 1999, Kohring 2005: 181-211)[25]. Eine einfache Übersetzung ist jedoch bei einer risikobehafteten Konzeption von Wissenschaft nicht ausreichend, um gesellschaftliche Akzeptanz zu erzielen. Funktional-normative Ansätze im Sinne des Wissenschaftspopularisierungsparadigma setzen daher den Fokus der Berichterstattung auf Vertrauen als zentralen Vermittlungsmechanismus (vgl. Peters 1995: 4). Jedoch ist eine Vertrauensvermittlung bei einer weiterbestehenden Wissenschaftszentriertheit im Wissenschaftskommunikationsprozess begrenzt. Systemtheoretische Modelle kommunikationswissenschaftliche Risikoforschung lösen daher die Berichterstattung aus der Wissenschaftszentriertheit (vgl. Görke 1999)[26].

---

25 Görke (vgl. Görke 1999) unterscheidet zwischen risiko-objektivistischen und risiko-konstruktivistischen Ansätzen der kommunikationswissenschaftlichen Risikoforschung und gibt eine umfassende Darstellung und kritische Analyse beider Strömungen.

26 Görke entwickelt auf Basis einer systemtheoretischen Perspektive eine Theorie des Risikojournalismus als eines Leistungssystems des Funktionssystems „Öffentlichkeit" (vgl. Görke 1999).

Die Anfänge der Risikoforschung sind partiell auf die großen Umweltkatastrophen zurückzuführen (e. g. Tschernobyl), die einen positiven Fortschrittsglauben in die Wissenschaft gebrochen haben. Die Risikoforschung beschäftigt sich mit den Folgen singulärer Katastrophen und mit generellen Folgen von (Groß-)Technologien (vgl. Görke 1999: 17) sowie mit ökonomischen, rechtlichen, politischen und sozialen Risiken (vgl. Barben/Dierkes 1990: 423) und alltäglichen Risikokonflikten (vgl. Jungermann/Slovic 1988; 1993) wie z. B. Verbrechen (vgl. Mulcahy 1995).

Die negativen Begleiterscheinungen wissenschaftlicher Forschung und technischer Innovationen haben Misstrauen in der Öffentlichkeit ausgelöst (vgl. Hömberg 1990: 7). Die Aufgabe des Wissenschaftsjournalismus soll es demnach sein, nicht Wissen, sondern Vertrauen oder Misstrauen in Bezug auf die Wissenschaft herzustellen (vgl. Kienzlen et al. 2007: 18). Dies bedeutet, dass die sozialen Implikationen der wissenschaftlichen Erkenntnisse in die Berichterstattung integriert werden und eine „Abwägung und öffentliche Diskussion potenzieller Nutzen und Schäden von neuen Großtechnologien wie Atomkraft oder Gentechnologie" stattfindet (Kohring 1995: 181). Thematisch betrifft das insbesondere Themen, denen wissenschaftliche Ungewissheit anhaftet, wie die Debatten um Klimawandel und Gentechnologie.

Trotz einer kritischeren Betrachtungsweise hinsichtlich der Wissenschaft in diesem Wissenschaftskommunikationsansatz bei den meisten Modellen der Risikokommunikationsforschung wird häufig die Wissenschaftszentriertheit und einseitige Kommunikationsrichtung aus der Wissenschaft beibehalten (vgl. Kohring 2005: 192). Vergleichbar zu dem Konzept „Citizen Science" (2.1.2.7) fordern daher Kritiker eine stärkere Integration der (Laien-)Öffentlichkeit in den Kommunikationsprozess der Risikokommunikation und eine Abkehr von der wissenschaftszentrierten Berichterstattung, um das Vertrauen in die Wissenschaft zu stärken und Konflikte bei der gesamtgesellschaftlichen Einführung von Großtechnologien beizulegen (vgl. Peters 1993: 295).

2.1.2.6 Autonome Wissenschaftskommunikation – systemtheoretisch

In den letzten Jahren wird die Kritik an einer Zweckprogrammierung der Wissenschaftskommunikation lauter und eine Distanzierung von der wissenschaftszentrierten Perspektive innerhalb der Wissenschaftskommunikation erkennbar. Insbesondere (sozial-) konstruktivistische und systemtheoretische Ansätze fordern die Eigenständigkeit des Wissenschaftsjournalismus im Wissenschaftskommunikationsprozeß. Aus dieser Perspektive ist Wissenschaftskommunikation eine autarke Darstellung und keine Mediation in der Art einer Abbildung (vgl. Malone/Boyd/Bero 2000).

2.1 Wissenschaftskommunikation   35

Kohring (vgl. Kohring 2005) hat im Rahmen einer systemtheoretischen Sicht eine autonome Theorie des Wissenschaftsjournalismus entwickelt (vgl. auch zu Risikojournalismus Görke 1999, Abschnitt 2.1.2.5). Die funktional-strukturelle Systemtheorie von Luhmann basiert auf fundamentalen Fragen sozialer Strukturen. „Soziale Systeme haben die Funktion der Erfassung und Reduktion von Komplexität" (Luhmann 1984: 116; vgl. 1988: 236) und bestehen nach Luhmann aus Kommunikationen und aus deren Zurechnung als Handlung (vgl. Luhmann 1988: 240).

Wissenschaftsjournalismus kann als Teilsystem des Systems „Journalismus" definiert werden, das wiederum Teilsystem des Funktionssystems „Öffentlichkeit" ist. Die Codierung des Systems „Journalismus", nach welchen Kriterien es die Berichterstattung aussucht, ist gemäß dem Ansatz von Kohring mehrsystemzugehörig oder nicht-mehrsystemzugehörig. Das heißt, es wird über Ereignisse berichtet, die mehrere Funktionssysteme tangieren. Die Funktion des Wissenschaftsjournalismus besteht somit in der Beobachtung des „Interdependenzverhältnisses von Wissenschaft und Gesellschaft" (Kohring 2005: 283).

Wissenschaftsjournalismus ist im Rahmen dieses systemtheoretischen Ansatzes somit eine autonom durchgeführte Beobachtung der wechselseitigen Beziehung von Wissenschaft und Gesellschaft. Die Relevanz wissenschaftlicher Ereignisse wird somit entsprechend den Kriterien der gesellschaftlichen Umwelt bestimmt (vgl. Kohring 2005: 283). Dadurch findet eine Emanzipierung von einer wissenschaftszentrierten Berichterstattung statt. Die Rolle des Wissenschaftsjournalismus liegt nicht in der Vermittlung von Wissen, sondern in der Vermittlung von Vertrauensinformationen (vgl. Kohring 2004, Kohring 2007).

Ansätze, die eine autonome und konstruktivistische Perspektive auf den Wissenschaftsjournalismus beinhalten, können somit der Kritik an der Selektivität, Relevanz und teilweise Qualität der Berichterstattung weitestgehend entgehen (vgl. Kohring 2005: 291), da keine Abbildungsfunktion im klassischen Sinne gefordert wird.

2.1.2.7 Citizen Science – die mündige Öffentlichkeit

Seit Anfang der 90er Jahre entwickeln sich verstärkt Modelle der Wissenschaftskommunikation, die eine mündige Öffentlichkeit fordern (vgl. Bucchi 1996: 377). In diesen Ansätzen reduziert sich die Rolle des Wissenschaftsjournalisten zumeist auf eine moderierende Funktion. Der Fokus liegt nicht mehr auf der Vermittlung in der Wissenschaftskommunikation, sondern auf der Rezeption.

Der Schwerpunkt der Wissenschaftskommunikation ist somit nicht wissenschaftszentriert, sondern publikumszentriert. „The goal of science journalism is not to promote science, but rather to create an informed public who are: Aware of the social, political and economic implications of scientific activities, the nature of evidence underlying decisions, and the limits as well as the power of science as applied to human affairs" (Metcalf and Gascoigne 1995: 411f.).

Der Begriff „Citizen Science" wurde von Irwin (vgl. Irwin 1995) geprägt. Wissenschaftskommunikation steht ihm zufolge prinzipiell für eine gleichwertige soziale Beziehung zwischen Wissenschaft, Technologie und Gesellschaft. Das Konzept „requires the establisment and maintenance of progressive relations of knowledge and citizenship. This will, of course, also involve – in proper context – improvements in conventional scientific and technical literacy on the part of public groups" (Irwin/Wynne 1996: 220).

Der Wunsch nach einer publikumszentrierten Wissenschaftsvermittlung steht zum einen mit einer zunehmend kritischen Öffentlichkeit im Zusammenhang, die bereits im Rahmen der Darstellung der Ansätze der Risikoforschung thematisiert wurde. Die Anhänger einer publikumszentrierten Sicht sind der Überzeugung, dass nur die Partizipation des Laien-Publikums das Vertrauen und die Akzeptanz in die Wissenschaft stärken kann (vgl. Nowotny 2004: 222ff.).

Zum anderen wird eine stärkere Partizipation der (Laien-)Öffentlichkeit im Rahmen einer Verwissenschaftlichung der Gesellschaft gefordert, wie in Abschnitt 2.1.2.3 dargelegt. Die (Laien-)Öffentlichkeit ist immer häufiger in der Position, Entscheidungen treffen zu müssen, die auf wissenschaftlich-technischem Wissen basieren.

Felt (vgl. Felt 2003: 16ff.) sieht daher den Bürger in der Verantwortung, sich über wissenschaftlich-technischen Fortschritt und das damit einhergehende Entwicklungspotenzial zu informieren, damit der Wohlstand der Gesellschaft nicht behindert wird. Nach der Interpretation von Felt hat der Bürger im Konzept „Citizen Science" zum einen das Recht, über Wissenschaft und Technik informiert zu werden, und die Möglichkeit, mitzuentscheiden. Zum anderen hat er aber auch die Pflicht, Informationen einzufordern und sich mit Themen auseinanderzusetzen.

Weitere Anhänger einer publikumszentrierten Wissenschaftskommunikation sehen in der verstärkten Integration der (Laien-)Öffentlichkeit eine mögliche Kontrollfunktion gegenüber der Wissenschaft. „Als Kampfbegriff der Aufklärung beinhaltet ‚Öffentlichkeit' auch das Element der Kontrolle und der Kritik." (Hömberg 1980: 46). Jedoch stellt sich die Frage, inwieweit die (Laien-)Öffentlichkeit eine solche Forderung wegen des fehlenden Fachwissens überhaupt erfüllen kann.

2.1.2.8 Zusammenfassung und Fazit

Die Darstellung der theoretischen Modelle der Wissenschaftskommunikation hat gezeigt, dass sich in den letzten Jahren verstärkt eine Entwicklung von einer wissenschaftszentrierten, über eine konstruktivistisch-autonome (in Bezug auf

2.1 Wissenschaftskommunikation

den Wissenschaftsjournalisten) hin zu einer publikumszentrierten Sichtweise in den theoretischen Ansätzen der Wissenschaftskommunikation vollzogen hat. Partiell hat diese Entwicklung mit der Verwissenschaftlichung der Gesellschaft (vgl. Weingart 2008: 30) zu tun, die eine Spezialisierung der Wissenschaft zu Folge hat und sowohl die Distanz zwischen wissenschaftlichen Disziplinen, aber insbesondere zur (Laien-)Öffentlichkeit vergrößert. Publikumszentrierte Modelle fordern daher teilweise eine Partizipation der Laien im Kommunikationsprozess, welche jedoch von der klassischen Wissenschaftskommunikation strukturell nicht geleistet werden kann.

Es wurde weiterhin in diesem Abschnitt deutlich, dass die traditionellen Modelle der Wissenschaftskommunikation zumeist gesellschaftstheoretische und wissenssoziologische Entwicklungen reflektieren und diese mit Journalismustheorien verknüpfen.

Die Zentralität der Journalismustheorien in den Modellen der Wissenschaftskommunikation ist darauf begründet, dass Wissenschaftskommunikation primär in der Außenkommunikation verankert ist und der größte Teil der Gesellschaft wissenschaftliches Wissen gefiltert durch den Wissenschaftsjournalisten über die Massenmedien bezieht. Weiterhin liegt die Rolle des Wissenschaftsjournalisten darin das Vermittlungsproblem zwischen wissenschaftlichem „Sonderwissen" und Laientum zu lösen. Das führt dazu, dass der Wissenschaftsjournalist zum einen eine essenzielle Rolle in den Modellen spielt, zum anderen jedoch häufig auf eine Mittlerrolle reduziert wird.

Viele Kritikpunkte an den klassischen Modellen sind jedoch auf die Zentralität des Wissenschaftsjournalisten zurückzuführen. Insbesondere in wissenschaftszentrierten Ansätzen (siehe Abschnitt 2.1.3) wird dem Wissenschaftsjournalisten häufig eine reine „Abbildungsfunktion" des wissenschaftlichen Wissens und der Forschung zugeschrieben. In dieser Interpretation muss Berichterstattung jedoch immer defizitär sein. Häufige Kritikpunkte an den traditionellen Modellen der Wissenschaftskommunikation, insbesondere aus der Perspektive des Wissenschaftlers, sind daher die Selektion von Themen, die Qualität und Relevanz der Wissenschaftsberichterstattung.

Die hier skizzierten Modelle und herausgearbeiteten Merkmale der Wissenschaftskommunikation werden im Schlussteil vor den veränderten Kommunikationsstrukturen des Web 2.0, die im nächsten Kapitel erarbeitet werden, und der empirischen Ergebnisse, diskutiert. Es wird analysiert inwieweit die klassischen Modelle der Wissenschaftskommunikation „Wissenschaftskommunikation im Web 2.0" widerspiegeln können und inwieweit die Problemfelder der traditionellen Wissenschaftskommunikation noch zutreffen.

Weiterhin bildet die vorgenommene inhaltszentrierte Definition von Wissenschaftskommunikation dieses Kapitels die Basis der weiterführenden Kapitel.

2.1.3 Die Fachöffentlichkeit

2.1.3.1 Struktur und Vorgehensweise

Die folgenden Abschnitte beleuchten das Sozialsystem „Wissenschaft". Es werden die unterschiedlichen Kommunikationswege und -strukturen innerhalb der „Scientific Community" und Aspekte der wissenschaftlichen Außenkommunikation skizziert. Zudem werden die Akteursgruppen „Wissenschaftler", „Wissenschaftsjournalisten" und „Laien", die im Kontext dieser Arbeit als Fach- und (Laien-) Öffentlichkeit bezeichnet werden und Gegenstand der empirischen Untersuchung sind, definiert. Im Rahmen der Darstellung der verschiedenen Kommunikationswege, die der Wissenschaftskommunikation zugeordnet werden können, wird insbesondere die Rolle der Fachöffentlichkeit, in Form der Akteursgruppen „Wissenschaftler" und „Wissenschaftsjournalisten", analysiert. Zudem wird eine grobe Darstellung der klassischen (beruflichen) Mediennutzung beider Gruppen gegeben und der Stellenwert wichtiger Medienformate im wissenschaftlichen Kommunikationsprozess erläutert.

Anhand der hier herausgearbeiteten Klassifikation der unterschiedlichen traditionellen Kommunikationswege und -strukturen der Wissenschaftskommunikation und der dazugehörigen Merkmale und Zweckmäßigkeiten, kann somit im Schlussteil (Kapitel 4) eine Interpretation und Einordnung der neu entstehenden Kommunikationsstrukturen durch das Web 2.0 und Wissenschaftsblogs erfolgen. Weiterhin bildet dieses Kapitel die Grundlage, um auf die Funktion und das Potenzial von Wissenschaftsblogs innerhalb der Wissenschaftskommunikation schließen zu können. Der folgende Abschnitt ist primär deskriptiv, eine Analyse erfolgt im Schlussteil in einer Zusammenführung mit der Empirie.

2.1.3.2 Die Welt der Wissenschaft – „Scientific Community"

Der gesellschaftliche und institutionelle Rahmen, in dem Wissenschaft betrieben wird, kann als Sozialsystem „Wissenschaft" oder „Scientific Community" bezeichnet werden. Spinner definiert das Sozialsystem „Wissenschaft" als die „soziale Einrichtung des wissenschaftlichen Berufs und Betriebs in ihrer gesellschaftlichen Einbindung, mit allen sozialen Bestandteilen und Beziehungen der Mitglieder, welche bestimmungsgemäß der wissenschaftlichen Erkenntnis dienen" (Spinner 1985: 20).

Das Sozialsystem „Wissenschaft" sollte nach dem Grundgesetz (Art. 5 Abs. 3 Grundgesetz) frei sein von politischer und wirtschaftlicher Einflussnahme.

In den letzten Jahren haben sich jedoch die Strukturen des Wissenschaftsbetriebes kontinuierlich verändert, was die Unabhängigkeit des Wissenschaftsbetriebs

2.1 Wissenschaftskommunikation

infrage stellt. Politik und Gesellschaft nehmen verstärkt Einfluss. Das führt zu mehr Wettbewerb, der Legitimierung öffentlicher Forschungsausgaben und der verstärkten Anforderung praxisnaher und verwertbarer Forschung (vgl. Raupp 2008: 379).

Primär hängt der Wandel mit verstärkten Abhängigkeiten gegenüber wettbewerbsorientierter Forschungsfinanzierung zusammen. Der Stellenwert der Drittmittelfinanzierung, die zu großen Teilen aus der Wirtschaft bereitgestellt wird, ist in den letzten 30 Jahren gewachsen. Die Hälfte des Forschungspersonals wird bereits über Drittmittel finanziert (vgl. Hornbostel 2001: 141; 2006: 33, 2008: 47-52).

Weiterhin ist Wissenschaft auch Teil des gesellschaftlichen Lebens und kommt für den Lebensunterhalt des Wissenschaftlers auf. Wissenschaft kann dazu benutzt werden, gesellschaftliche Anerkennung zu bekommen, und teilweise auch, um Macht auszuüben (Hickethier 2003: 11, vgl. auch Toulmin 1983). In der Wissenschaftssoziologie wird daher davon gesprochen, dass die Wahrheitscodierung von der Reputationscodierung[27] abgelöst wurde und gemeinhin die Wissenschaftler ihre „Unschuld" verloren haben (vgl. Müller 2001: 7, vgl. auch Martinson, Anderson und de Vries 2005: 737-738).

Diese strukturelle Transformation im Wissenschaftsbetrieb führt zum einen dazu, dass wettbewerbsorientierte Forschungsfinanzierung und Reputationskapital in Form von Peer-Review-Verfahren (vgl. Abschnitt 2.1.3.6) und Beurteilungsverfahren verstärkt an Relevanz gewinnen und sich in Rankings und der Generierung von Qualitätsindikatoren sichtbar machen (vgl. Hornbostel 2006: 24-29, 1997, 2001, 2006a: 263-278).

Zum anderen hat dieser Wandel Einfluss auf die Kommunikationsstrukturen und Kommunikationsnotwendigkeiten der „Scientific Community". Die Forschung erhält mehr Beachtung von Öffentlichkeit und Politik, und immer mehr Hochschulen sehen die Notwendigkeit, die Kommunikation und Darstellung in der Öffentlichkeit zu optimieren (vgl. Raupp 2008: 379; vgl. auch Kapitel 2.1.3.8). Die Zweckmäßigkeit dieser Bestrebungen wird jedoch auch in Frage gestellt (vgl. Lehmkuhl 2009: 22-25). Die Veränderung wird jedoch nicht nur auf institutioneller, sondern auch individueller Ebene sichtbar. Wissenschaftler sehen verstärkt die Notwendigkeit sich in der Öffentlichkeit zu präsentieren und ihre Forschung direkt an das (Laien-) Publikum zu kommunizieren (vgl. Abschnitt 2.1.3.9).

---

27 Nach Merton (Merton 1972) ist die Währung „Reputation" jedoch nur im Rahmen der Einhaltung eines wissenschaftlichen Ethos generierbar. Merton spricht von den vier Begriffen Uneigennützigkeit, Universalismus, organisierten Skeptizismus und Kommunismus.

2.1.3.3 Die Fach- und (Laien-)Öffentlichkeit

Öffentlichkeit ist ein zentraler Begriff der Kommunikationswissenschaft. Es gibt verschiedene Modelle und interpretative Ansätze, diesen Begriff zu klären. In der vorliegenden Forschungsarbeit findet der Begriff wiederholt Verwendung und wird im Kontext der Fach- und (Laien-)Öffentlichkeit in anderen Konnotationen verwendet, als im Rahmen der veränderten Kommunikationsstrukturen des Web 2.0 in Kapitel 2.2. Es folgt an dieser Stelle daher eine erste Begriffsdefinition, welche die Basis für die weiteren Kapitel und insbesondere den Empirieteil darstellt. Die Akteursgruppen der Fachöffentlichkeit „Wissenschaftler" und „Wisssenschaftsjournalisten" werden in Abschnitt 2.1.3.9 und respektive 2.1.3.10 weiterführend definitorisch eingegrenzt.

Im Kontext des Titels dieser Arbeit in Bezug auf die Fach- und (Laien-)Öffentlichkeit wird der Begriff „Öffentlichkeit" in der gebräuchlichsten Konnotation der Sozialwissenschaften verwendet und umfasst die Gesamtanzahl der Personen, die potenziell einem Ereignis (hier der Nutzung von Wissenschaftsblogs) beiwohnen können.

Fachöffentlichkeit wird in dieser Forschungsarbeit als Kreis von Experten verstanden, die aufgrund ihrer beruflichen Tätigkeit über Fachwissen verfügen. Im Kontext des Untersuchungsgegenstandes ist das die Gruppe der Wissenschaftler (vgl. Definition Kapitel 2.1.3.8) und Wissenschaftsjournalisten (vgl. Definition Kapitel 2.1.3.9). Die Gruppe der Wissenschaftler besitzt dezidiert Fachwissen, die Gruppe der Wissenschaftsjournalisten muss sich im Kontext der beruflichen Tätigkeit mit Fachwissen auseinandersetzen und sich dieses aneignen. Somit kann der Wissenschaftsjournalist nicht per se als Experte bezeichnet werden. Jedoch werden beide Gruppen als Fachöffentlichkeit klassifiziert, da sie sich deutlich von der Gruppe der Laien in Bezug auf den beruflichen Umgang mit wissenschaftlichem Fachwissen abgrenzen.

Die Gruppe der Personen, die in Öffentlichkeitsabteilungen von Wissenschaftsinstitutionen tätig sind und weitere Berufsgruppen, die im Kontext der beruflichen Tätigkeit mit wissenschaftlichem Wissen zu tun haben, werden aus Fokussierungsgründen im Rahmen dieser Untersuchung nicht zum Fachpublikum dazu gezählt. Weiterhin bilden die drei Akteursgruppen „Wissenschaftler", „Wissenschaftsjournalist" und „Laie" Bestandteile der klassischen Wissenschaftskommunikationsmodelle. Ergebnisse aus der Perspektive dieser drei Gruppen sind somit konzeptionell-theoretisch anschlussfähig in der Wissenschaftskommunikation.

Der Begriff „Laie" bezieht sich in Anbetracht des Forschungsgegenstandes auf den nicht-wissenschaftlichen Laien. Historisch wurde der Begriff „Laie" auch in einer abwertenden Konnotation im Sinne von „ungebildet" verwendet

2.1 Wissenschaftskommunikation

(vgl. Haß 1989: 211ff.). Die Definition, angewendet auf den Forschungsgegenstand, bezieht alle gesellschaftlichen Teilgruppen jenseits der Gruppe der Wissenschaftler und Wissenschaftsjournalisten mit ein. Die Klassifikation dient dem Erkenntnisinteresse. Es kann jedoch nicht ausgeschlossen werden, dass auch ein „Laie" aufgrund eines hohen privaten Interesses über erhebliches wissenschaftliches Fachwissen verfügt.

2.1.3.4 Binnen- und Außenkommunikation

Im Rahmen der Wissenschaftskommunikation gibt es verschiedene Kommunikationswege und -strukturen. Im Folgenden wird eine Klassifikation vorgenommen, um neu entstehende Kommunikationsstrukturen durch den Einfluss des Web 2.0 in Form von Wissenschaftsblogs im Vergleich interpretieren zu können.

Im Englischen wird zwischen „scientific communication" (interne Kommunikation) und „science communication" (externe Kommunikation) unterschieden. Eine ähnliche Klassifizierung von interner und externer Wissenschaftskommunikation nimmt auch Fröhlich (vgl. Fröhlich 2008: 66) vor und unterscheidet zwischen Forschungskommunikation, die alle kommunikativen Prozesse beinhaltet, die zum wissenschaftlichen Ergebnis führen, und Wissenschaftskommunikation, welche die kommunikativen Prozesse nach dem Forschungsprozess umfasst.

Im Kontext dieser Arbeit wird zwischen Binnen- und Außenkommunikation unterschieden. Die wissenschaftliche Binnenkommunikation kann formal und informell stattfinden. Die wissenschaftliche Außenkommunikation steht für die Kommunikation zwischen Wissenschaft und (Laien-)Öffentlichkeit und ist über verschiedene Wege möglich: Bildungssystem, Experten- und Beratungswesen sowie Massenmedien (vgl. Hömberg 1990: 16). Die Forschung hat sich, wie unter Kapitel 2.1.2 dargestellt, bisher weitestgehend auf die Wissenschaftskommunikation über die Massenmedien und den Wissenschaftsjournalismus konzentriert.

Wissenschaftskommunikation über die Organisationskommunikation wissenschaftlicher Institutionen und innerhalb des Bildungs- und Lehrsystems wird aus den in 2.1.3.3 dargelegten Gründen nicht weiter dargestellt.

2.1.3.5 Binnenkommunikation

Wissenschaftliche Kommunikation ist aus wissenschaftstheoretischen Gesichtspunkten kein marginaler Randbestand der Forschung. Wissenschaft muss Gehör finden, und wissenschaftliche Beiträge, die von der „Scientific Community" nicht beachtet werden, sind wie nicht geschrieben. So konstatierte Popper (vgl. Popper 1969, 1970: 260) „Forschung ohne Kommunikation und ohne Kritik Dritter ... sei der Hellseherei ähnlich". Wissenschaftliche Rede muss daher eigens für die Forschung an Publikationsorten auffindbar sein, an denen Informationen eingesammelt werden können und Meinungen und Positionen formuliert werden (vgl. Hickethier 2003: 11).

Forschungsrelevante Kommunikation findet primär im wissenschaftlichen Binnenraum statt. Die Binnenkommunikation kann sowohl in formale und informelle Binnenkommunikation als auch in intradisziplinäre und interdisziplinäre Kommunikation eingeteilt werden (vgl. Hömberg 1990: 16). Nach Hömberg umfasst der wissenschaftliche Binnenraum die Informationspraktiken von Wissenschaftlern, Kommunikationskanäle und Kommunikationsnetze von Wissenschaftsinstitutionen und die Fachliteratur der jeweiligen Disziplinen (vgl. Hömberg 1990: 17). Die formale wissenschaftliche Binnenkommunikation findet über peer-geprüfte Fachjournale statt.

2.1.3.6 Peer-Review – formale Wissenschaftskommunikation

Peer-geprüfte Fachpublikationen[28] sind somit die formale Kommunikationsform in der (Binnen-) Wissenschaftskommunikation und bilden das zentrale Organ („harte Kern") der Wissenschaftskommunikation (Bonitz und Scharnhorst 2001: 133).

Der Begriff „Peers" kommt ursprünglich aus dem Englischen (engl. für „Ebenbürtige"; „Gleichrangige") und ist die jetzige Bezeichnung für Fachkollegen. „Peer-Review" bedeutet so viel wie die Überprüfung eingereichter Forschungsmanuskripte durch externe Gutachter und bildet einen „Qualitätsmaßstab wissenschaftlicher Journale" (Fröhlich 2008: 65). Die Veröffentlichung peer-geprüfter Fachpublikation ist ausschlaggebend für den Forscher in Bezug auf die Präsentation und Archivierung der eigenen Forschung, seine eigene Darstellung und seine Karriere (vgl. Daniel 2006, Weller 2001; Kronick 1962). Zudem erstrebt der Wissenschafter durch Publikationen Reputation und die kollegiale Anerkennung der „Scientific Community" (vgl. Storer 1966: 22ff. et passim.). Die Quantität der publizierten Artikel ist Indikator für wissenschaftliche Leistung und die Zitationshäufigkeit wird von vielen als Qualitätsmaßstab gesehen (vgl. Fröhlich 1999: 27-38; Garfield 1994). Wissenschaftliche Fachpublikationen bilden weiterhin das zentrale Medium in der beruflichen Mediennutzung der Wissenschaftler und dienen als Recherchequelle für die eigene Forschung.

Das Peer-Review-Verfahren steht jedoch vermehrt in der Kritik, da eine Gewährleistung der Neutralität bezweifelt wird. Diskussionspunkte sind, inwieweit

---

28 Nach Weichler (Weichler 2003: 72) kann man Fachzeitschriften als Publikationen, die aktuelles Spezialwissen für Berufsangehörige bieten, definieren. Gelesen werden sie von Berufsangehörigen, die in ihrem Fach auf dem Laufenden bleiben wollen.

2.1 Wissenschaftskommunikation 43

innovative Forschung in den traditionellen Verfahren gewürdigt werden kann und Interessen und Einflussnahmen ausgeschlossen werden (vgl. Armstrong 1997, Baxt 1998, Campanario 1996; vgl. auch „Matthäus Effekt", Merton 1968). Es gibt daher Reformvorschläge die auf mehr Öffentlichkeit und Transparenz abzielen in Form von Open Access und Hybridjournalen (vgl. Leßmöllmann 2008: 555-556, Fröhlich 2008: 75-77; Berliner Erklärung 2003[29]).

2.1.3.7 Informelle Binnenkommunikation

Ein wichtiger Bestandteil der Binnenkommunikation ist jedoch informeller Art. Fachpublikationen bilden nur „die Spitze des Eisbergs forschungsrelevanter Kommunikation, besonders konstruktiver Kritik" (vgl. Fröhlich 1998:544; 2008: 67).

Die informelle Binnenkommunikation findet in Laborgesprächen oder in der Pause mit Kollegen statt und kann als formlose Diskussion im wissenschaftlichen Freundeskreis beschrieben werden. Diese Form der Kommunikation hat indirekt Einfluss auf den Forschungsprozess des Wissenschaftlers. Fröhlich bezeichnet sie daher als informelle Forschungskommunikation (vgl. Fröhlich 1998: 543).

In der informellen Binnenkommunikation können brisante Forschungsthemen diskutiert und Ideen ausgetauscht werden, über Hypothesen kann spekuliert werden. Weiterhin bieten diese Kollegengespräche ein Forum, in dem ohne Rücksicht kritisiert werden kann (vgl. Fröhlich 2008: 66-67). Die informelle Binnenkommunikation dient dem Forscher somit als Inspirationsquelle und bietet wichtige Anregungen und Kritik. Die Gesprächssituationen mit Kollegen weisen daher durchaus Forschungsrelevanz auf.

Wissenschaftliche Journale und die formale Wissenschaftskommunikation können diese Funktion nicht ausfüllen, da sie kein Forum für die Darstellung des Forschungsprozesses bieten und nicht unter Ausschluss der Öffentlichkeit stattfinden. Auf der anderen Seite gehen aufgrund der Privatheit und Flüchtigkeit dieser Gespräche wichtige Erkenntnisse, die innerhalb dieser informellen Gespräche generiert werden, verloren, und die gleichen Probleme und Fehler treten in der Wissenschaft in identischer Form wieder auf.

2.1.3.8 Wissenschaft und Außenkommunikation

Kommunikationswege der Wissenschaft in die (Laien-)Öffentlichkeit werden im Folgenden als Außenkommunikation bezeichnet. Wie unter 2.1.2 dargestellt, findet Außenkommunikation, neben institutioneller Öffentlichkeitsarbeit, primär

---

29 „Berliner Erklärung über offenen Zugang zu wissenschaftlichem Wissen". 22.10.2003. www.mpg.de/pdf/openaccess/BerlinDeclaration_dt.pdf (geprüft 5.5.2010).

über den Wissenschaftsjournalisten statt. Öffentliche Wissenschaft ist über die traditionellen Kommunikationswege daher weitestgehend inszeniert.

Das hängt, wie in 2.1.2 skizziert, mit der Alltagsferne von wissenschaftlichem Wissen zusammen. Die Welt der Wissenschaft divergiert von allen anderen gesellschaftlichen Teilsystemen, wie Wirtschaft und Politik, in denen der Bürger potenziell integriert ist (vgl. Sutter 2003: 20ff.).

In diesem Abschnitt werden, ergänzend zu Kapitel 2.1.2, die Kommunikationswege und -strukturen der wissenschaftlichen Außenkommunikation dargestellt. Im Unterschied zu den theoretisch-konzeptionellen Ansätzen aus Kapitel 2.1.2, liegt der Fokus des folgenden Abschnitts auf der jeweiligen Rolle der Akteursgruppen „Wissenschaftler" und „Wissenschaftsjournalist" in der Außenkommunikation. Erweiternd zu 2.1.3.3. werden in einem ersten Schritt die beiden Akteursgruppen „Wissenschaftler" und „Wissenschaftsjournalist" definiert. Weiterhin wird, zuzüglich zu dem beruflichen Mediennutzungsverhalten von Wissenschaftlern in der Binnenkommunikation, das berufliche Mediennutzungsverhalten von Wissenschaftsjournalisten skizziert.

Dieser Abschnitt schafft somit den Hintergrund neben einer konzeptionelltheoretischen Einordnung von Wissenschaftsblogs (auf Grundlage von Kapitel 2.1.2), aus der Perspektive der Fachöffentlichkeit, auf die Funktion und das Potenzial von Wissenschaftsblogs zu schließen und im Vergleich zum klassischen Mediennutzungsverhalten einordnen zu können.

Weitere Formen der wissenschaftlichen Außenkommunikation, wie unter 2.1.3.4 dargestellt, werden im Kontext des Forschungsgegenstandes nicht behandelt und erläutert.

2.1.3.9 Wissenschaftler

Angelehnt an die Definition von Wissenschaft (vgl. Abschnitt 2.1.3.2) kann ein Wissenschaftler als eine Person definiert werden, die in Forschung und Lehre beschäftigt ist und somit zur Erweiterung des Wissens beiträgt. „Der Fachmann (Experte) leistet im Rahmen seiner Disziplin, die er kraft Ausbildung (Fachstudium) kompetent vertritt, spezielle Beiträge zum gegenwärtigen gültigen Stand der wissenschaftlichen Erkenntnis" (vgl. Spinner 1985: 46). Forschung kann sowohl in wissenschaftlichen Institutionen betrieben werden als auch im kommerziellen Rahmen in Unternehmen stattfinden.

Wie unter 2.1.3.5 dargestellt, kommuniziert der Wissenschaftler primär in der Binnenkommunikation. In die Außenkommunikation ist der Wissenschaftler bisher hauptsächlich als Informations- und Recherchequelle des Wissenschaftsjournalisten eingebunden (vgl. Abschnitt 2.1.3.9). Der direkte Kommunikationsweg von Wissenschaftler zu (Laien-)Öffentlichkeit findet außerhalb des Lehrbetriebs im

2.1 Wissenschaftskommunikation 45

Prinzip nicht statt und wird weitestgehend über die Massenmedien oder Öffentlichkeitsabteilungen von Wissenschaftsinstitutionen gesteuert. Wie in Abschnitt 2.1.3.2 dargelegt, macht jedoch eine verstärkte Abhängigkeit von Drittmitteln im Wissenschaftsbetrieb eine stärkere Präsenz in der Öffentlichkeit notwendig. Weiterhin bietet die öffentliche Rolle dem Wissenschaftler, wie im nächsten Abschnitt dargestellt, einige Potenziale und wird vom Laientum gewünscht.

In einer seltenen direkten Kommunikation zwischen Wissenschaft und (Laien-) Öffentlichkeit tritt der Wissenschaftler z. B. in der Rolle des Beraters bzw. des Experten in politischen Debatten auf (vgl. Peters/Jung 2006: 31). Die Gründe des Wissenschaftlers, sich der Öffentlichkeit zu präsentieren, sind u. a.: Forschungsbedeutsamkeit gegenüber möglichen Geldgebern darzustellen (vgl. Abschnitt 2.1.3.2), Praxisbezug der Forschung aufzuzeigen, die Zustimmung kontroverser Forschungsmethoden zu bekommen oder Akzeptanz innerwissenschaftlicher Anliegen über die Öffentlichkeit sicherzustellen (vgl. Peters 1994: 166; Peters 2008: 111-112). Zusammenfassend können die Gründe als Legitimationsbeschaffung bezeichnet werden (vgl. Weingart 2001: 244).

Weiterhin konnten Studien herausstellen, dass sich der Wissenschaftler gesellschaftlich verpflichtet fühlt, die Öffentlichkeit an seiner Forschung teilhaben zu lassen (vgl. Peters/Krüger 1985; Peters/Heinrich 1995). Zudem werden Bildung und Wissenstransfer an die Öffentlichkeit als Erweiterung des universitären „Lehrauftrags" gesehen (vgl. Krüger 1985, Peters/Krüger 1985).

Die Öffentlichkeit befürwortet eine direkte Kommunikation des Wissenschaftlers. Zwei Drittel der Bevölkerung bevorzugen es bei Forschungsthemen, die Ansicht eines Experten zu hören (vgl. European Commission 2005: 42). Weiterhin gibt es aktuell Initiativen der Politik und der Forschungsinstitutionen, die direkte Kommunikation aus der Wissenschaft in die Öffentlichkeit zu intensivieren. Das zeigt sich z. B. in der Aufstockung von PR-Stellen, von Forschungsinstitutionen sowie von deutschen und europäischen Initiativen zur Förderung der Wissenschaftskommunikation (vgl. Peters 2008: 111)[30]. Jedoch wird die direkte Kommunikation des Wissenschaftlers an die Öffentlichkeit von der Wissenschaftscommunity nicht unkritisch gesehen (vgl. Salzmann 2007: 172).

---

30 Darunter: Pubic Understanding of Science and Humanities (PUSH), Wissenschaft im Dialog (WiD), die Euroscience-Open-Forum-Konferenzen sowie die Communicating-European-Science-Konferenzen der Europäischen Kommission (vgl. Claessens 2007).

2.1.3.10 Wissenschaftsjournalist – Recherche und Mediennutzung

Es wurde bereits in Kapitel 2.1.2 deutlich, dass den größten Anteil an der Wirklichkeitskonstruktion der Wissenschaft in der Öffentlichkeit, die Wissenschaftsjournalisten, als Mittler zwischen der Welt der Wissenschaft und der Öffentlichkeit haben. Erweiternd zu den definitorischen Ansätzen auf einer Makro-Ebene des Kapitels 2.1.2 wird der Begriff Wissenschaftsjournalist im Folgenden definitorisch spezifiziert. Weiterhin werden die berufliche Mediennutzung und die primären Recherchequellen des Wissenschaftsjournalisten vorgestellt, um die Mediennutzung von Wissenschaftsblogs im empirischen Teil im Kontext der beruflichen Mediennutzung einordnen zu können.

Um Wissenschaftsjournalismus definieren zu können, muss der Begriff „Journalismus" geklärt werden. Eine verbindliche Definition des Journalismusbegriffes ist ein komplexes Unterfangen, und eine einheitliche Auffassung ist in der Kommunikationswissenschaft nicht präsent (vgl. für einen Überblick Löffelholz 2000). Zwei definitorische Hauptströmungen haben sich herauskristallisiert: zum einen eine akteurszentrierte Perspektive, die sich auf die Person und deren Tätigkeit bezieht, und zum anderen eine systemtheoretische Perspektive, die Journalismus als gesellschaftliches (Sub)-System definiert, welches Funktionen für die Gesellschaft leistet (vgl. Scholl/Weischenberg 1998; Görke 1999; Löffelholz 2000, 2005; vgl. auch Kapitel 2.1.2.6).

Der Begriff kann demnach auf einer Makro- und einer Mikroebene, aber auch auf einer Mesoebene eingegrenzt werden. Quandt (vgl. Quandt 2005: 23-41) hat eine Definition auf den drei Ebenen folgendermaßen zusammengefasst. Auf der Makroebene wird Journalismus als Teilbereich der Gesellschaft gesehen, der zum Ziel hat, gesellschaftlich relevante Aussagen auf der Grundlage aktueller Geschehnisse zu erstellen. Auf der Mesoebene wird der Begriff über die organisationalen Strukturen von Redaktionen, in denen journalistische Aussagen professionell hergestellt werden, definiert. Auf der Mikroebene ist der Begriff in dem Tätigkeitsprofil der Journalisten begründet, was recherchieren, selektieren, schreiben und redigieren sowie teilweise logistische und technische Tätigkeiten beinhaltet.

Aufbauend auf dieser Eingrenzung des Journalismusbegriffes kann der Begriff „Wissenschaftsjournalist" eingegrenzt werden. Ein prominenter Definitionsansatz stammt von Hömberg und Roloff (vgl. Hömberg/Roloff 1974/1975: 432), die Wissenschaftsjournalisten als Journalisten definieren, die Informationen aus den Natur-, Geistes- und Sozialwissenschaften beschaffen, bearbeiten und publizieren, mit explizitem Bezug auf wissenschaftliche Verfahren und Ergebnisse (vgl. Abschnitt 2.1.2.2).

Auf einer akteurszentrierten Ebene kann weiterhin eine Eingrenzung über die Ausbildung erfolgen. Wissenschaftsjournalisten sind Personen, die eine natur-

2.1 Wissenschaftskommunikation

wissenschaftliche Disziplin studiert und sich dann einer journalistischen Tätigkeit gewidmet haben, oder Personen, die eine journalistische Ausbildung absolviert und sich thematisch auf wissenschaftliche Themen fokussiert haben. Es gibt auch Definitionsansätze, die sich an der Ressortzugehörigkeit eines Redakteurs orientieren. Jedoch wird Wissenschaftsberichterstattung auch jenseits des Wissenschaftsressorts von Journalisten betrieben. Dieses tangiert insbesondere politische, umweltpolitische, medizinische und wirtschaftliche Themen (vgl. Göpfert/Ruß-Mohl 2006: 12).

Letztlich laufen Definitionen zum Wissenschaftsjournalismus auf eine Interpretation von Wissenschaftsberichterstattung hinaus, die sich als Informationen über wissenschaftliche Erkenntnisse begreift (vgl. Fischer 1981: 347). Wissenschaftsjournalisten werden daher im Kontext dieser Forschungsarbeit als Verfasser von journalistischen Beiträgen verstanden, welche inhaltlich der Wissenschaftskommunikation (vgl. Abschnitt 2.1.2.2) zugeordnet werden können.

Die beruflichen Hauptmediennutzungs- und Inspirationsquellen für Beiträge und Artikel von Wissenschaftsjournalisten sind wissenschaftliche Publikationen und Fachbücher. Weiterhin werden die klassischen Recherchemöglichkeiten der Journalisten genutzt wie medienorientierte Zulieferdienste, Nachrichtenagenturen, Informations- und Vermittlungsdienste und Datenbanken. Es gibt zudem auf Wissenschaft spezialisierte Suchmaschinen, und es werden auch Informationen von Pressemitteilungen von Universitäten, Forschungszentren sowie der Industrie genutzt. Für den Wissenschaftsjournalisten sind zudem Direktkontakte mit der und in die „Scientific Community" wichtig. Diese finden in Form von Kongressen, Tagungen, Pressekonferenzen, wissenschaftsinternen Quellen und persönlichen Kontakten mit Wissenschaftlern statt (vgl. Hömberg 1990: 76; Illinger 2006: 82-93; Göpfert 2006: 93-98).

Persönliche Kontakte mit Wissenschaftlern spielen eine relevante Rolle, da sie die einzige Quelle von einzigartigen Informationen sind und individuelle Einschätzungen auf Entwicklungstrends ermöglichen. Eine Auswahl von Wissenschaftlern als Recherchequelle wird nach Peters entsprechend den vier Gesichtspunkten Relevanz (in Bezug auf gesamtgesellschaftliche Relevanz), Sichtbarkeit (Sichtbarkeit außerhalb der Medien, vgl. auch Goodell 1977) und Erreichbarkeit sowie Medieneignung getroffen (vgl. Peters 2008: 115). Wissenschaftsjournalisten orientieren sich dagegen im Gegensatz zu anderen journalistischen Fachrichtungen selten an Kollegen.

Eine Besonderheit des Wissenschaftsjournalismus ist, dass er unabhängiger von aktuellen Geschehnissen als andere Ressorts und dadurch freier in der Wahl der Themen ist. Zudem bedient der Wissenschaftsjournalismus ein weitreichendes Themenspektrum, weshalb das Fachwissen von freien Journalisten häufig hinzugezogen werden muss. Freie und festangestellte Wissenschaftsjournalisten setzen daher oft andere Schwerpunkte in den Themen. Wissenschaftsredaktionen richten sich häufig an politisch und gesellschaftlich aktuellen und relevanten Themen wie Stammzellforschung, Gentechnik und Klimawandel; freie Journalisten besetzen spezialisierte Nischenthemen (vgl. Illinger 2006: 82-84).

2.1.3.11 Verhältnis Wissenschaftler und Wissenschaftsjournalisten

Das Verhältnis zwischen Wissenschaftler und Wissenschaftsjournalist ist aufgrund dieser unterschiedlichen Kommunikationsnormen und Qualitätskriterien nicht unproblematisch. Primär ist dieses auf Kommunikationsprobleme zurückzuführen, die sich aus verschiedenen Interessen, soziokulturellen Unterschieden und interkulturellen Konflikten generieren (vgl. Jung/Peter 2006: 32; Peters 1995, 2008; Lempart 2005). Differenzen in dem Verhältnis zwischen Wissenschaftler und Wissenschaftsjournalisten wurden in der Forschung wiederholt thematisiert (vgl. McCall 1988; Lempart 2005).

Wissenschaftler sehen Wissenschaftsjournalismus häufig als defizitär und fehlerhaft an, da aus Perspektive des Wissenschaftlers nicht fundiert und vollständig berichtet wird (vgl. Lehmkuhl 2006:14). Die Selektivität und Relevanzentscheidungen des Wissenschaftsjournalismus führen zu Kontroversen. Dies ist auch ein zentraler Aspekt der theoretischen Modelle (vgl. Kapitel 2.1.2). Weiterhin gibt es Konflikte in Bezug auf Verständlichkeit (vgl. Hansen 1981); Genauigkeit (vgl. Haller 1987) und divergierende Realitätsdarstellungen (vgl. Kepplinger 1989: 164-169).

Zudem bergen die Rollenverteilung und das Verständnis der eigenen Rolle im Kommunikationsprozess Konfliktpotenzial, welches zu konträren Erwartungen der zwei Gruppen führt. Journalisten schätzen Wissenschaftler als Informationsquelle, jedoch sehen Wissenschaftler sich selber häufig als die eigentlichen Autoren der journalistischen Beiträge (vgl. Jung/Peter 2006: 33).

2.1.3.12 Zusammenfassung und Fazit

Anknüpfend an den ersten Teil dieses Kapitels (2.1.2), der die zentralen theoretischen Modelle der Wissenschaftskommunikation dargestellt hat, wurden in diesem zweiten Teil die Charakteristika der „Scientific Community", die klassischen Kommunikationsstrukturen und -wege der Wissenschaftskommunikation und das Mediennutzungsverhalten der Fachöffentlichkeit herausgearbeitet. Weiterhin wurden die Akteursgruppen der Fachöffentlichkeit detailliert definiert.

Es wurde in Kapitel 2.1.3 sehr deutlich, dass es klare Kommunikationsstrukturen im Sozialsystem „Wissenschaft" gibt, die insbesondere aus der Perspektive der Wissenschaftler stark formalisiert sind. Der Wissenschaftler kommuniziert

2.1 Wissenschaftskommunikation 49

primär innerhalb des Wissenschaftsbetriebes in der Binnenkommunikation, die in formale und informelle Kommunikation unterteilt werden kann. Das Kommunikationsverhalten des Wissenschaftlers findet somit zumeist unter „peers" statt. Es hat sich klar herausgestellt, dass die zentrale berufliche Mediennutzungsquelle von Wissenschaftlern peer-geprüfte Fachpublikationen darstellen, welche das wichtigste Organ der formalen Binnenkommunikation sind und essenziell für die Darstellung der eigenen Forschung. Innerhalb der Binnenkommunikation findet weiterhin ein informeller Austausch zwischen Wissenschaftlern statt, der als „informelle Binnenkommunikation" definiert werden kann. Die „informelle Binnenkommunikation" hat keinen direkten Forschungsbezug, kann aber Inspiration für den Forscher sein.

Als Abgrenzung zu Kommunikationsstrukturen und -wegen innerhalb des Wissenschaftsbetriebes, die als „Binnenkommunikation" kategorisiert wurden, wurden alle Kommunikationsstrukturen und -wege von wissenschaftlichem Wissen in die (Laien-)Öffentlichkeit als Außenkommunikation klassifiziert.

Es hat sich jedoch gezeigt, dass der Wissenschaftler in der Außenkommunikation primär als Informationsquelle des Wissenschaftsjournalisten eingebunden ist. Eine direkte öffentliche Kommunikation des Forschers, z. B. als Experte in den Massenmedien, findet marginal statt, wird jedoch verstärkt von der Öffentlichkeit gefordert und von der Wissenschaft wegen wachsender Abhängigkeit von Drittmitteln immer mehr gesucht.

Wie bereits unter 2.1.2. aufgezeigt, wird somit die Außenkommunikation über den Wissenschaftsjournalisten dominiert, der als Mediator zwischen der Welt der Wissenschaft und der (Laien-)Öffentlichkeit fungiert. Die Wirklichkeitsentwürfe des Wissenschaftsjournalisten zeichnen somit das öffentliche Bild der Wissenschaft. Die unterschiedlichen Auffassungen der Darstellung von Wissenschaft führen jedoch zu Spannungen im Verhältnis zwischen Wissenschaftler und Wissenschaftsjournalist.

Auf der Basis der herausgearbeiteten Merkmale und klassischen Strukturen der Wissenschaftskommunikation, die sich in den Modellen, aber auch in den Kommunikationswegen und im Mediennutzungsverhalten der Fachöffentlichkeit widerspiegeln, wurde zusammenfassend ein ganzheitliches Bild des Wissenschaftsbetriebs und der Wissenschaftskommunikation in Kapitel 2.1.2 und 2.1.3 aufgezeigt.

Auf dieser Grundlage kann die Veränderung der Wissenschaftskommunikation durch den Einfluss des Web 2.0 analysiert und weiterhin in Zusammenführung mit den empirischen Ergebnissen im Schlussteil aufgezeigt werden. Dieses erfolgt zum einen in Anlehnung an 2.1.2 auf theoretisch-konzeptioneller Ebene. Weiterhin können, in Anlehnung an 2.1.3, die neu entstehenden Kommunikationswege und -strukturen im Web 2.0 im Verhältnis zu den klassischen Strukturen der wissenschaftlichen Binnen- und Außenkommunikation bewertet und neben anderen Medien der beruflichen Mediennutzung von Wissenschaftlern und Wissenschaftsjournalisten eingeordnet werden. Auf dieser Basis kann auf die Funktion und das Potenzial von Wissenschaftsblogs in der Wissenschaftskommunikation geschlossen werden.

Das nächste Kapitel beschäftigt sich mit einer Veränderung der Kommunikationsstrukturen im Web 2.0. Somit kann in Kapitel 2.3 in einer Zusammenführung mit Kapitel 2.1 „Wissenschaftskommunikation im Web 2.0" und Wissenschaftsblogs definiert werden.

2.2 Kommunikation im Web 2.0

2.2.1 Einleitung

Das Kapitel „Kommunikation im Web 2.0" widmet sich den Veränderungen der Kommunikationsstrukturen durch den Einfluss des Web 2.0 und stellt die Entwicklung von einer linearen, einseitigen und selektiven zu einer partizipativen, netzartigen und interaktiven Kommunikation (vgl. Neuberger 2009: 39) aus verschiedenen Perspektiven dar.

Es werden in diesem Kapitel eine Definition von Weblogs und der zentralen Begriffe und Anwendungen des Web 2.0 vorgenommen. Systematisch auf Kapitel 2.1 und 2.2 aufbauend, können somit in Kapitel 2.3 Wissenschaftsblogs und „Wissenschaftskommunikation im Web 2.0" definiert und dargestellt werden.

In diesem Kapitel wird die theoretische Basis gelegt, um die Veränderungen der klassischen Wissenschaftskommunikation durch den Einfluss des Web 2.0 aufzuzeigen. In Zusammenführung der Kapitel 2.1 und 2.2. können somit in Kapitel 2.3 neben einer Definition von Wissenschaftsblogs erste theoretische Schlüsse bezüglich einer veränderten Wissenschaftskommunikation durch den Einfluss des Web 2.0 gezogen werden.

Die Herausarbeitung der Besonderheiten von Weblogs und eine umfassende Definition des Themenfeldes Web 2.0 sind weiterhin für den empirischen Teil dieser Arbeit zentral, um die Motivstrukturen und das Mediennutzungsverhalten der Wissenschaftler, Wissenschaftsjournalisten und Laien im Web 2.0 verstehen und die Motive der Nutzung als Indikatoren der Funktion und Potenziale von Wissenschaftsblogs in der Wissenschaftskommunikation analysieren zu können.

2.2.2 Struktur und Vorgehensweise

Das Forschungsfeld Web 2.0 wächst aufgrund der Aktualität des Themas exponentiell. Es gibt bereits zahlreiche Analysen und Forschungsarbeiten, die das Web 2.0 und die diesem Begriff zugeordneten Dienste aus unterschiedlichsten Perspektiven und Disziplinen untersuchen. Eine Darstellung des Web 2.0 wird daher auf eine Begriffsdefinition begrenzt. Aus der Fülle von Forschungsarbeiten zu Weblogs wird ein kurzer Abriss über den Stand der Forschung gegeben. Es werden insbesondere Ansätze dargelegt, die Weblogs auf einer Makro-Ebene analysieren und auf die Hauptmerkmale veränderter Kommunikationsstrukturen hinweisen.

Das Forschungsfeld wird zu Beginn analytisch und systematisch eingegrenzt, und zentrale Begriffe werden geklärt. In einem ersten Schritt werden die relevanten Begriffe der computervermittelten Kommunikation definiert, die im Kontext der Arbeit wiederholt Verwendung finden und die Basis für ein Verständnis der Weblog-Kommunikation bilden. Des Weiteren wird ein kurzer Abriss der Entwicklung des Internet 1.0 zum Web 2.0 als Hintergrund für die Definition des Begriffes „Web 2.0" gegeben. Dann wird eine Begriffsdefinition des Web 2.0 vorgenommen, und anschließend werden die im Kontext dieser Arbeit verwendeten Anwendungen erläutert.

Es folgen eine Weblog-Definition und ein kurzer Überblick zum Forschungsstand hinsichtlich der Weblogs. Weitere aktuelle empirische Studien zu der Nutzung von Weblogs und Web-2.0-Formaten werden in Kapitel 2.4 im Kontext der Mediennutzung dargestellt.

Im Folgenden werden insbesondere drei Veränderungen durch den Einfluss des Web 2.0 dargestellt: zum Einen die Entstehung von neuen Öffentlichkeiten durch die Möglichkeit eines jeden Bürgers, Inhalte im Netz zu produzieren und zu verbreiten, zum Zweiten die Entwicklung von einer linearen zu einer netzartigen Kommunikation, welche anhand von Netzwerkanalysen verdeutlicht wird, zum Dritten – und im Kontext dieser Forschungsarbeit am relevantesten – die Partizipations- und Interaktionsmöglichkeiten des Web 2.0, die sich in neuen Handlungsoptionen der Nutzer darstellen. Der dritte Punkt wird in Kapitel 2.4 weiter spezifiziert.

Es können nicht alle Aspekte der Weblogkommunikation erörtert werden. Einschneidende Veränderungen und Implikationen der Kommunikationsstrukturen werden jedoch systematisch diskutiert.

2.2.3 Begriffsdefinitionen aus technischer Sicht

Eine erste Eingrenzung des Forschungsgegenstandes erfolgt durch Definitionsansätze aus technischer Perspektive und eine Einordnung von Weblogs in die computervermittelte Kommunikation. Eine Definition auf rein technischer Basis kann zu technisch-deterministischen Fehlschlüssen verleiten, da häufig die Nutzungserwartungen und die tatsächlichen Nutzungen divergieren (vgl. Münch/Schmidt 2005: 202). Jedoch ist eine erste Definition auf Basis der technischen Gegebenheiten hilfreich, um mögliche Verwendungs- und Nutzungsweisen darzustellen und den Forschungsgegenstand zu erläutern und einzugrenzen. Weiterhin werden die hier definierten Begriffe in den weiteren Kapiteln verwendet.

2.2.3.1 Definition computervermittelte Kommunikation

Unter computervermittelter Kommunikation wird jegliche kommunikative Form verstanden, die über einen Computer als vermittelndes technisches Medium erfolgt. Aus technologischer Sicht spielen folgende Faktoren eine Rolle: jeweils ein Computer aufseiten des Senders und Rezipienten und eine Verbindung zwischen den Computern, die überwiegend über das Internet stattfindet (vgl. Misoch 2006: 37).

2.2.3.2 Definition „Internet"

Das Internet (engl.: interconnected Networks: untereinander verbundene Netzwerke) ist ein globales Netzwerk, das die Möglichkeit bietet, Daten zu transferieren, und aus vielen Rechnernetzwerken besteht.

Das Internet kann nicht von sich aus als Medium bezeichnet werden, da es als solches keine medienspezifischen Eigenschaften aufzeigt. „Es realisiert allein den Datenaustausch zwischen Computern und Netzen durch dafür entwickelte Übertragungsprotokolle." (Winter 1998: 274). Es ist daher zwischen der Nutzungsform (e.g. www; E-Mail), dem Internet selber und dem technischen Empfangsapparat (Computer) zu differenzieren (vgl. Quandt 2005: 37). Weiterhin ist der Begriff „online" von dem Begriff „Internet" zu trennen. „Online" (englisch „on" = „auf" und „line" = „Leitung") bedeutet, dass die Verbindung innerhalb eines Kommunikationsnetzwerks, wie das Internet, aktiv ist.

2.2.3.3 Dienste und Anwendungen

Die Nutzung des Internets ist nicht determiniert, sondern es sind verschiedene Nutzungsformen im Rahmen einer Vielzahl von Anwendungen und Diensten

2.2 Kommunikation im Web 2.0

möglich, die sich aufgrund der Offenheit des Netzes herausgebildet haben (vgl. Gillies/Cailliau 2000, Moschovitis et al. 1999). Computer und Internet im Verbund können daher als „unterdeterminiert" bezeichnet werden, da eine Vielzahl von Nutzungsoptionen dargeboten wird, und als „rekombinant", da eine „Modifikation, Innovation und Neukombination einzelner Bestandteile technologischer Systeme" möglich ist (Schmidt 2006a: 41).

Erst Dienste und Anwendungen ermöglichen Kommunikation im Internet. Der populärste Dienst im Internet ist das World Wide Web. Andere Dienste sind z. B. Homepages und E-Mail.

2.2.3.4 Formen der computervermittelten Kommunikation

Eine Kategorisierung von Diensten und Anwendungen in der computervermittelten Kommunikation kann über die Zeitlichkeit und Reichweite der Kommunikation vorgenommen werden. D. h., die zeitliche Vermittlung zwischen Sender und Empfänger kann synchron (e. g. chat) oder asynchron (e. g. E-Mail) erfolgen, und es kann aufseiten des Senders und des Empfängers eine unterschiedliche Anzahl von Teilnehmern am Kommunikationsprozess teilnehmen (vgl. Misoch 2006: 53-56). Ein weiteres Merkmal der computervermittelten Kommunikation ist die Digitalisierung (dadurch ist die Kombination von Medien im gleichen Dateiformat möglich), Entkörperlichung und die Entkontextualisierung (vgl. Misoch 2006: 56-61).

Auf Basis dieser Unterscheidungen haben Morris und Ogan (vgl. Morris/Ogan 1996) vier Formen der Netz-Kommunikation herauskristallisiert: 1. „One-to-One asynchronous communications", z. B. E-Mail; 2. „Many-to-many asynchronous communication", z. B. elektronische Bulletins, 3. „Synchronous communication" die „one-to-one", „one-to-few" oder „one-to-many" sein können, z. B. chat rooms und 4. „asynchronous communication many-to-many, one-to-one, one-to-many source receiver relationships", z. B. Websites.

Die Kategorisierung von Morris und Ogan wird jedoch kritisiert (vgl. Kubicek/Schmid/Wagner, 1997:32), da zwischen Nutzungsformen und Diensten keine Differenzierung vorgenommen wird. Kubicek nimmt im Gegensatz dazu eine Unterscheidung zwischen Medien erster Ordnung und Medien zweiter Ordnung vor (vgl. Kubicek 1997: 220).

Weblogs sind vor diesem Hintergrund einzuordnen als asynchrone Kommunikation, die je nachdem, ob es kollektiv geführte Blogs sind, asynchrone One-to-many- oder Many-to-many-Strukturen darstellen. Wenn das Weblog nur von einer Person gelesen wird, ist auch One-to-one-Kommunikation möglich (vgl. Misoch 2006: 56).

2.2.4 Internet 1.0

Bereits das Internet 1.0 bot dem vormaligen Empfänger im Kommunikationsprozess partizipative Möglichkeiten. Geringe Publikationsbarrieren sind daher kein Alleinstellungsmerkmal des Web 2.0. Bevor Web 2.0 im nächsten Abschnitt detailliert definiert wird, wird daher in diesem Abschnitt aufgezeigt, mit welchen Erwartungen partizipative Möglichkeiten bereits im Internet 1.0 verknüpft waren, die partiell im Web 2.0 reflektiert werden. Weiterhin kann vor diesem Hintergrund die Begriffskritik am Web 2.0 eingeordnet werden (vgl. 2.2.5.1).

Eine mögliche aktive Beteiligung des (vormaligen) Rezipienten im Kommunikationsprozess verändert die klare Rollenverteilung des Senders und Empfängers. In diesem Kontext wurde in der Frühphase, wie auch in der aktuellen Debatte zum Web 2.0, die Utopie eines emanzipierten Nutzers (vgl. Brecht 1967, Seeber 2008) neu diskutiert. Brecht plädierte in den 30er Jahren dafür „den Zuhörer nicht nur hören, sondern auch sprechen zu machen" und „den Rundfunk aus einem Distributionskanal in einen Kommunikationsapparat zu verwandeln" (Brecht 1967: 127ff.). Eine Vision, die bereits von Enzensberger in den 70er Jahren in Bezug auf das Fernsehen wieder aufgegriffen wurde (vgl. Enzensberger 1970).

Die partizipatorischen Möglichkeiten wurden daher bereits in der Anfangsphase des Internets als digitale Revolution (Negroponte 1995) bezeichnet. Eine revolutionäre Kraft, die fähig ist, die traditionellen Kommunikationsstrukturen zu transformieren, wird auch dem Web 2.0 zugeschrieben. So bezeichnete Möller das Web 2.0 während der Anfänge der Begriffsverwendung als „heimliche Medienrevolution" (Möller 2005).

Im Verhältnis zum redaktionell-professionellen Journalismus werden und wurden die partizipativen Möglichkeiten kontrovers diskutiert. Zum einen wurden die partizipativen Entwicklungen als Potenzial für den Journalismus gesehen, und es wurde das Bild „des multifunktionalen Online-Journalisten mit ungeahnten Möglichkeiten gezeichnet" (Quandt, 2005: 13). Zum anderen wurde das Internet mit den frei zugänglichen Informationen und dem aufkommenden partizipatorischen Journalismus (vgl. Lasica 2003; Engesser 2008) als „Ende des Journalismus" gesehen (Altmeppen 2000: 123). Da der entstehende „Bürgerjournalismus"[31] (Bowman/Willis 2003: 8) demokratietheoretisch zentrale Aufgaben des Journalismus übernimmt.

---

31 „Participatory journalism (is) (t)he act of a citizen, or group of citizens, playing an active role in the process of collecting, reporting, analyzing and disseminating news and information. The intent of this participation is to provide independent, reliable, accurate, wide ranging and relevant information that a democracy requires." (Bowman/Willis 2003: 8)

2.2 Kommunikation im Web 2.0

Die erste Euphorie in Bezug auf fundamentale Veränderungen im Kommunikationsprozess ausgelöst durch partizipative Möglichkeiten auf Seiten des vormaligen Rezipienten fand jedoch ein Ende um die Jahrtausendwende. Es folgte eine Debatte der Desillusionierung in Bezug auf die Möglichkeiten der Internet-Kommunikation. Auslöser waren technisch-deterministische Fehlschlüsse (vgl. Abschnitt 2.4.2.4) und die Bemängelung fehlender Vermittlungsstrukturen (vgl. Katzenbach: 19-23).

2.2.5 Web 2.0

Web 2.0 wird, aufbauend auf die vorangegangenen Abschnitte, im Rahmen einer Begriffsdefinition dargestellt, und die prominentesten Anwendungen, die im empirischen Teil zum Tragen kommen, werden im Sinne eines Glossars definiert und präsentiert.

2.2.5.1 Begriffsdefinition „Web 2.0"

Wie in Abschnitt 2.2.4 dargestellt, wird dem „Web 2.0" das Potenzial zugeschrieben, unsere Kommunikationsstrukturen nachhaltig zu verändern. „Wir alle haben Teil an der Entstehung einer globalen, allgegenwärtigen Plattform für die Zusammenarbeit mit vernetzten Computern, die beinahe jeden Aspekt menschlichen Austauschs revolutioniert" (Tapscott/Williams 2007: 19). Jedoch besteht keine einheitliche Auffassung des Begriffs. Das Laien-Publikum und die Kommunikationswissenschaft verwenden „Web 2.0" in diversen Kontexten und Bedeutungszuschreibungen. Bevor die Veränderungen der Kommunikationsstrukturen durch das Web 2.0 in Form von Wissenschaftsblogs aufgezeigt werden können, gilt es, den Begriff zu klären.

Unter dem Begriff „Web 2.0" werden im allgemeinen Sprachgebrauch die unterschiedlichsten Arten von interaktiven, partizipativen und kollaborativen Formen im Internet verstanden (vgl. Lassila/Hendler 2007). Zum einen werden unter „Web 2.0" eine Reihe von Technologien (auch als social software bezeichnet[32]) und Anwendungen subsumiert, zum anderen signifikante Verhaltensänderungen von Internetnutzern (vgl. Cyganski/Hass 2007: 101-120). Im alltäglichen Sprachgebrauch stehen die sozialen Aspekte und neuen Nutzungsmöglichkeiten der Anwendungen des Web 2.0 im Vordergrund.

---

32 Social Software steht für informationstechnische Lösungen, die menschliche Kommunikation und Kollaboration unterstützen (Bächle 2006).

Abbildung 4: Die Web-2.0-Komponenten

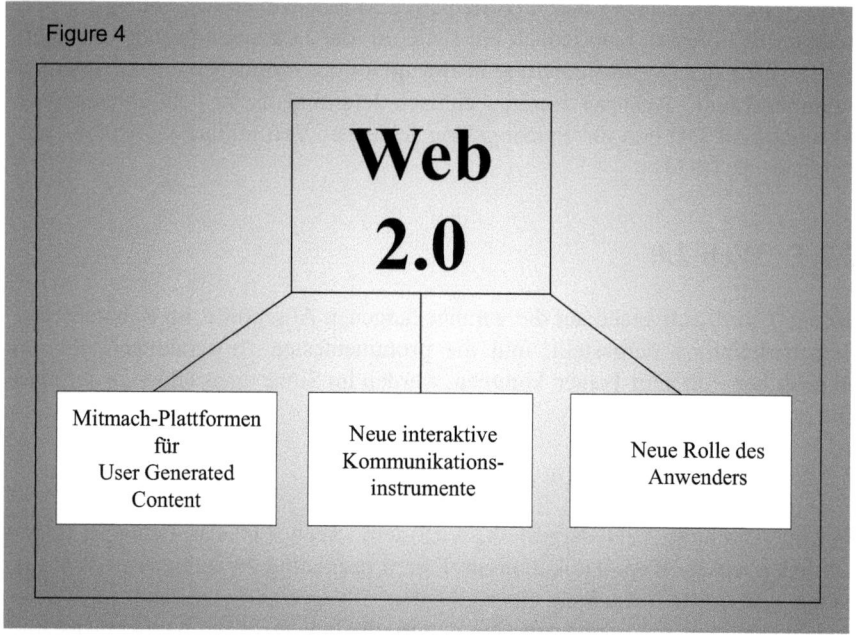

Quelle: Eigene Darstellung auf Basis von Stanoevska-Slabeva 2008: 16.

Der Begriff „Web 2.0" wurde von dem amerikanischen Verleger O'Really ins Leben gerufen und ausführlich in seiner Online-Publikation (vgl. O'Really 2005) erläutert. Darin fasst er die Potenziale der Koordination, Strukturierung und Vernetzung der neuen Internetformate zusammen und beschreibt die Transformation in der Geschäftswelt und die Entwicklung in der Computerindustrie zum „Netz als Plattform".

Die Konnotationen der ursprünglichen Bedeutung stehen somit nicht nur für neue Nutzungsmöglichkeiten, sondern für einschneidende Veränderungen in Form von neuen Geschäftsmodellen und Prozessen der Softwareentwicklung (vgl. O'Really 2005). „2.0" bezieht sich auf die Namensgebung von Software-Versionen und wird dazu verwendet, eine klare Abgrenzung zum Internet 1.0 und dessen Möglichkeiten vorzunehmen. Jedoch wird eine eindeutige Grenzziehung zum Internet 1.0 auch kritisiert (vgl. Abschnitt 2.2.5.2.).

Es gibt verschiedene Definitionen und Ansätze sowie Klassifikationen, Internetanwendungen, die dem Web 2.0 zugeordnet werden können, zu kategorisieren (vgl. Lietsala/Sirkkunen 2008; Schmidt 2009: 22-27; Stanoevska-Slabeva 2008: 17-22 Ebersbach/Glaser/Heigl 2008; Stocker/Tochtermann 2009).

2.2 Kommunikation im Web 2.0

In dieser Arbeit wird das Ursprungsdokument von O'Really (vgl. O'Really 2005) als Basis für eine Erläuterung der verschiedenen Anwendungen und Charakteristika des Web 2.0 herangezogen.

Die neuen Kommunikationsmöglichkeiten sind partiell auf technische Weiterentwicklungen zurückzuführen. Im Web 2.0 findet zwischen netzbasierten und lokalen Anwendungen keine klare Grenzziehung mehr statt[33]. Der Nutzer kann somit Datenspeicher im Internet verwenden, selber Inhalte und private Informationen ins Netz stellen und durch sogenannte „mash ups" (offene Programmierstellen) beliebig die Inhalte der unterschiedlichen Anwendungen kombinieren (vgl. Stanoevska-Slabeva 2008: 15; Schiele et al. 2007: 3-14).

Anwendungen des Web 2.0, die sich insbesondere durch das einfache Publizieren eigener Inhalte im Netz auszeichnen, sind Weblogs, „Podcasts" und „Micro-Blogging" Plattformen. Weblogs werden ausführlich in Abschnitt 2.4.5 definiert. Der Begriff „Podcast"[34] wird für das Publizieren und Distribuieren von Video- und Audiodateien im Internet verwendet. „Micro-Blogging" steht im Sinne des Wortes für eine Art Miniaturblog, also für eine Plattform, über die Kurznachrichten veröffentlicht werden können.[35]

Dienste, die aufgrund ihrer Kollaborations- und Vernetzungsmöglichkeiten zum Web 2.0 zu zählen sind, sind Soziale Netzwerke (Netzwerkplattformen), „Wikis", „Social Bookmarks/Social Tagging", Bewertungsportale und „Foto/Video-Sharing/Portale". Soziale Netzwerke stehen für Plattformen, die die Pflege von sozialen Beziehungen im Internet ermöglichen. Der Nutzer kann sich über ein eigenes erstelltes Profil mit Freunden austauschen und Kontakte verwalten (vgl. Richter/Koch 2008)[36]. Ein Wiki[37] bezeichnet eine Anwendung im Internet,

---

33 Das bedeutet, dass „die Datenverarbeitungskapazität des Clients für die Darstellung des User-Interfaces und die Verarbeitung von Benutzereingaben herangezogen wird, jedoch die Daten selbst auf dem Anwendungsserver verwaltet werden." Dieses wird auch als Rich-Internet-Application bezeichnet (vgl. Stocker/Tochtermann 2010: 6-7).

34 Der Begriff setzt sich aus „iPod" und „ broadcast" zusammen. „Podcast" wird als eine Weiterentwicklung des Radios gesehen. „„„Podcast"s" sind Audio-Dateien, die im Netz plattformunabhängig bereitgestellt werden können und im Unterschied zu normalen Audio-Downloads syndiziert, durch „RSS"-Technologie abonniert und mobil unter Verwendung eines geeigneten Abspielgerätes verwendet werden können (vgl. Stocker/Tochtermann 2010: 6). Die Website Odeo www.odeo.com bietet z. B. eine Liste zu „„„Podcast"s".

35 Der prominenteste Dienst ist Twitter (www.twitter.com) über den maximil 140 Zeichen zu publizieren sind. Es besteht die Möglichkeit der gegenseitigen Bezugnahme, jedoch sind, anders als bei Weblogs, keine direkten Kommentierungen der Tweets möglich (vgl. Honeycutt/Herring 2009).

36 Beispiele sind www.facebook.com; www.xing.com, www.studiVZ.net.

37 Das Wort stammt ursprünglich von dem hawaiianischen Wort „wikiwiki" ab, was „schnell" bedeutet. „Wikis" differenzieren sich von klassischen Content-Managment-Systemen, da es keine ausgewiesenen Benutzerrollen gibt, sondern das Prinzip der Kollaboration und Selbstorganisation der Gemeinschaft herrscht (vgl. Stocker/Tochtermann 2010: 4). Das prominenteste Beispiel ist Wikipedia www.wikipedia.com.

die aus einer Vielzahl von Webseiten besteht, die über Hyperlinks miteinander verbunden sind und deren Inhalte kontinuierlich von den Nutzern überarbeitet werden können, sodass eine Kollaboration zwischen den Nutzern stattfindet. Foto- und Video-Sharing-Portale[38] ermöglichen das Publizieren und Austauschen von Fotos und Videos eines jeden Nutzers, und in Bewertungsportalen können die Nutzer ihre Meinungen zu den Inhalten abgeben und diese bewerten, was dann häufig in Ranglisten der Inhalte zum Ausdruck kommt. „Social Tagging" kann über das Konzept „Folksonomy"[39] erklärt werden. Die Anwendungen funktionieren durch eine gemeinsame Verschlagwortung der Inhalte („tagging"). Durch diese neue Form der Verortung, die dem Assoziieren nahekommt, können z. B. in Foto-Sharing-Plattformen Bilder mehreren Begriffen zugeordnet werden, und es wird die logische Auffindung erleichtert (vgl. O'Really 2005). Daraus entstehen sogenannte „Tag-Clouds", die auf den verwendeten Begriffen basieren und je nach Verwendungshäufigkeit unterschiedliche Größen aufweisen (siehe Abbildung 4).

Ein Effekt der einfachen Publikationsmöglichkeiten im Web 2.0 ist ein Kaleidoskop einer Vielzahl vielfältiger Beiträge, die sich im Netz präsentiert. Die publizierten Inhalte können somit eine breite Masse mit Ihren individuellen (Nischen-) Interessen bedienen. Das hängt auch damit zusammen, dass im Prinzip keine Kosten durch die Archivierung und Distribution der digitalisierten Inhalte entstehen. Dieses Phänomen wird von Chris Anderson als „The Long Tail" bezeichnet (vgl. Anderson 2004). Der „Long-Tail-Effekt" wird dadurch verstärkt, dass das Web 2.0 kontinuierlich Werkzeuge bereitstellt, mit deren Hilfe sich die Nachfrage nach Nischenprodukten steuern lässt (vgl. Schmidt 2009: 16).

O'Really (vgl. O'Really 2005) verweist weiterhin im Originaldokument auf die Publikationen von Gillmore (vgl. Gillmore 2004) und Surowiecki (vgl. Surowiecki 2004). Gillmore weist in seiner Publikation auf das Potenzial des „User-generated-Content" hin, Gegenöffentlichkeiten zu den klassischen Massenmedien zu formieren (vgl. „Wir, die Medien" (Gillmore 2004); vgl. dazu auch Kapitel 2.2.7.6). Surowiecki (vgl. Surowiecki 2004) spricht von der „Weisheit der Masse", die durch die Kollaborationsmöglichkeiten von einigen Web-2.0-

---

38 Schmidt (vgl. Schmidt 2009: 23) verwendet hier den Begriff „Multimedia-Plattformen", bei denen das Rezipieren und Publizieren von multimedialen Inhalten ausschlaggebend ist, wobei auch Funktionen von Netzwerkplattformen zumeist integriert sind. Beispiele sind die Foto-Plattform Flickr (www.flickr.com) und die Video-Plattform YouTube (www.youtube.com).

39 Folksonomies (aus dem Englischen „folk" und „taxonomy") werden verwendet, um Web-Inhalte zu kategorisieren und zu strukturieren, so Fotos (www.flickr.com), Videos (www.youtube.com) und Bookmarks (www.del.ico.us.com). Über die Zuordnung der Inhalte zu Begriffen der Nutzer-Community, was als „tagging" bezeichnet wird, werden die Inhalte leichter auffindbar. (vgl. Stocker/Tochtermann 2010: 08).

2.2 Kommunikation im Web 2.0   59

Anwendungen, insbesondere „Wikis", die kollektive Intelligenz der Nutzer zum Vorschein bringt und einsetzt. Die Internet-Nutzer-Gemeinschaft ist somit selbstregulierend und macht unter sich aus, welche Inhalte den Qualitätsstandards der Nutzer entsprechen und welche als defizitär empfunden werden und somit überarbeitet werden sollten. Die kollektive Intelligenz der Nutzer kann somit als Qualitätskontrolle der Inhalte interpretiert werden, die ex post erfolgt (vgl. Abschnitt 2.2.7.6).

Abbildung 5: Web 2.0 Tag Cloud

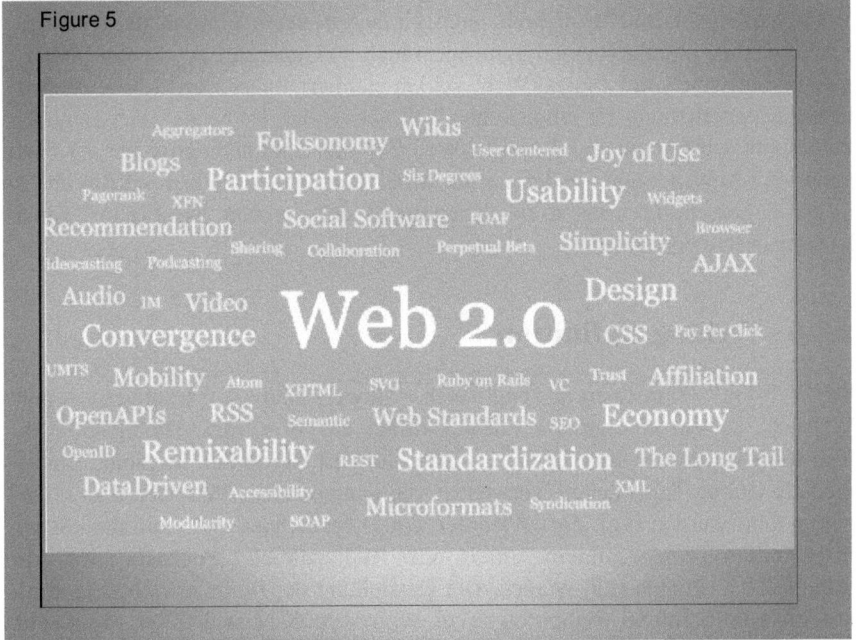

Quelle: Tochtermann/Stocker 2010: 9.

2.2.5.2 Begriffskritik „Web 2.0"

Der Begriff Web 2.0 ist in seiner Verwendung umstritten. Dieses ist primär auf den Zusatz 2.0 zurückzuführen, welcher automatisch einen Bruch zum Web 1.0 impliziert.

Kritiker sehen dagegen eine Kontinuität zum Web 1.0 gegeben, die sich darin zeigt, dass einige Web-2.0-Anwendungen ihre Ursprünge in den 70er Jahre haben und wie bei Abschnitt 2.2.4 dargelegt, das Web 1.0 bereits partizipatorische Möglichkeiten aufzeigte. Schmidt setzt daher den Begriff „Social Web" aus drei

Gründen dagegen. Zum einen, da dieser keine zeitlichen Etappen impliziert, zum Zweiten, da das World Wide Web als universale Anwendung des Internets präsentiert wird, und zum Dritten, da der soziale Aspekt der Nutzungsmöglichkeiten herausgestellt wird (vgl. Schmidt 2009: 18).

Weitere, die als Alternativen zu „Web 2.0" verwendet werden, sind „Social Information Spaces" (Lueg/Fisher 2003) oder „Social Software"[40] (Koch/Richter 2009:12). Der gebräuchlichste Begriff neben Web 2.0 ist „Social Media". Im Gegensatz zu Web 2.0 steht der Begriff zumeist nur für die Nutzungsmöglichkeiten der Web-2.0-Anwendungen, die, wie dargestellt, darin bestehen, ohne technisches Vorwissen eigene Inhalte zu publizieren, einfach zu verändern und zu vernetzen.

Web 2.0 ist im allgemeinen Sprachgebrauch im Gegensatz zu „Social Media", „Social Software" und „Social Web" stärker etabliert, daher wurde dieser Begriff in der Datenerhebung im empirischen Teil verwendet. Im Sinne einer Begriffskontinuität wird somit der Begriff „Web 2.0" als Sammelbegriff für die dazu gehörigen Anwendungen in der ganzen Arbeit beibehalten. Jedoch wird Web 2.0 in dieser Forschungsarbeit in der Konnotation der sozialen Aspekte und neuen Nutzenansätze verstanden.

2.2.6 Weblog-Definition

Ein Web-log[41] (Kunstwort aus engl. Web = Gewebe und log = Logbuch) ist eine Webseite, auf der kontinuierlich neue Beiträge erstellt werden. Die ersten Weblogs traten Mitte der 90er Jahre[42] auf, für sie wird häufig der Terminus „multimediale Online-Tagebücher" verwendet, die von einzelnen Personen oder Gruppen geführt werden (vgl. Zerfaß/Bouler: 2005) bezeichnet. Die Beiträge können in Form von Texten, Bildern, Videos oder Audiodateien („Podcasts"; vgl. Abschnitt 2.2.5.1) eingestellt werden. Die Darstellung der Beiträge erfolgt in chronologisch umgekehrter Reihenfolge (vgl. Walker 2005, Misoch 2006; Nardi et al. 2004: 41-46). Ein Weblog kann von einer Person oder von einer Gruppe von Personen betrieben werden. Jeder Eintrag besitzt eine eigene URL, die auch als Permalink bezeichnet wird. Und jeder Beitrag kann mithilfe der Kommentar-

---

40 Social Software wird definiert als eine Bezeichnung für die „Anwendungen, die unter Ausnutzung von Netzwerk- und Skaleneffekten indirekte und direkte zwischenmenschliche Kommunikation auf breiter Basis ermöglichen und die Identitäten und Beziehungen ihrer Nutzer im Internet abbilden und unterstützen." (Koch/Richter 2009: 12).
41 Jørn Barger initiierte im Jahr 1997 den Begriff (vgl. Schmidt 2006: 13).
42 Der Begriff etabliert sich seit dem Aufsatz „Anatomy of a Weblog" (Barrett 1999) allmählich, was von Vielen als das Gründungsmanifest der Blogosphäre gesehen wird (vgl. Bausch et al.: 2002).

2.2 Kommunikation im Web 2.0

funktion kommentiert werden (vgl. Misoch 2006: 52). Es gibt auch „Mobile Blogging", d. h., Einträge können direkt über das Mobiltelefon vorgenommen werden (vgl. Döring 2005: 191-212).

Aus technologischer Perspektive können Weblogs als Publikationsinfrastruktur bezeichnet werden. Weblogs ermöglichen dem User, ohne HTML-Programmierung, einfach mit Hilfe von Content-Management-Systemen, Inhalte ins Netz zu stellen (vgl. Stocker/Tochtermann 2010: 3). Durch die gegenseitige Bezugnahme der Blogs entstehen Netzwerke. Die Gesamtheit aller Blogs wird daher auch als Blogosphäre beschrieben (vgl. Stocker/Tochtermann 2010: 4). Die Verlinkungen der Blogs untereinander werden durch „Trackbacks"[43] angezeigt. Wenn ein Weblog die „Trackback"-Technologie besitzt, wird die Verlinkung auf dem anderen Blog unter dem Eintrag angezeigt und eine Benachrichtigung in Form eines „Pings" an den Blog geschickt, auf den verwiesen wird. Weitere Vernetzungsmöglichkeiten entstehen durch die „Blogroll". Hier kann der Blogautor auf die URL seiner Blog-Favoriten und Websites verweisen. Ein Hauptmerkmal von Weblogs ist die Technologie „RSS" (Real Simple Syndication)[44]. „RSS" ermöglicht es den Nutzern, „RSS"-Feeds zu abonnieren, die Inhalte des Weblogs unabhängig vom Format zu erhalten und über neue Beiträge sofort informiert zu werden (vgl. Stanoevska-Slabeva 2008: 17-18).

Auf inhaltlicher Ebene werden Weblogs zwecks ihres subjektiven und teilweise privaten Charakters oft als Online-Tagebücher bezeichnet. Im Rahmen von Forschungsarbeiten, die Weblogs als Genre untersuchen, wird auf den persönlichen und informellen Stil von Weblogs hingewiesen (vgl. Herring et al. 2004). Da die Publikationsinfrastruktur von Weblogs jede Form von Eintrag ermöglicht, wurde die Klassifizierung von Weblogs als Genre auch kritisiert (vgl. Boyd 2006).

Weiterhin werden Weblogs häufig verschiedenen Kategorien zugeordnet und je nach Inhalt und Funktion klassifiziert[45]. Jedoch sind diese Typisierungen einem ständigen Wandel unterworfen, und kontinuierlich werden von der Blogosphäre neue Weblog-Typen ausgerufen. Beck (Beck 2008: 62-68) unterscheidet zwischen drei Blog-Typen: persönlichen Online-Journalen, laien-/journalistischen Weblogs und Corporate Blogs (vgl. Abschnitt 2.2.7.2). Weitere Klassifikationen reichen von Moblogs, Watchblogs (vgl. Steinberger 2004)[46] zu Warblogs[47].

---

43 „Trackback" Technical Specification, http://www.sixapart.com/pronet/docs/"Trackback"_spec, (geprüft 5.6.2009).
44 „RSS" steht auch für Rich Site Summary.
45 Vgl. http://stefanbucher.net/weblogfaq (geprüft 5.6.2009).
46 Ein prominentes Beispiel eines Watchblogs ist das BILDblog (http://www.bildblog.de), der die BILD-Zeitung kontrolliert.
47 Warblogs sind insbesondere seit dem dritten Irakkrieg ein Begriff. Der Begriff wird für Weblogs verwendet, die authentische Berichterstattung über das Kriegsgeschehen vor Ort gewährleisten

2.2.7 Stand der Forschung „Weblog"

Es wird im Folgenden eine kurze Übersicht über die Hauptforschungsansätze zu Weblogs gegeben und die Aufmerksamkeit insbesondere auf Arbeiten gelenkt, die Weblogs auf einer Makro-Ebene analysieren (Weblogs und Öffentlichkeiten, Weblogs und Netzwerke) und sich mit den Nutzungspraktiken und Nutzungsmotiven bezüglich Weblogs auseinandersetzen. Forschungsansätze zu Weblogs und Öffentlichkeiten sowie zu Weblogs und Netzwerken zeigen exemplarisch die Hauptmerkmale veränderter Kommunikationsstrukturen auf. Die Nutzungspraktiken von Weblogs sind zentral für den empirischen Teil dieser Forschungsarbeit, da sie ermöglichen, die Motivstrukturen zu interpretieren (vgl. Kapitel 2.4). Weiterhin wird anfänglich ein kurzer Abriss zu zentralen Forschungsrichtungen in Bezug auf Weblogs gegeben.

2.2.7.1 Weblogs als Medienformat

Aus kommunikationswissenschaftlicher und medienwissenschaftlicher Perspektive können Weblogs als Medienschema (vgl. Neuberger 2005, vgl. auch Schmidt/Schönberger/Stegbauer 2005) oder Genre (vgl. Miller/Sheperd 2004) klassifiziert werden. Weblogs zeichnen sich durch regelmäßige Aktualisierung, asymmetrischen Austausch und eingeschränkte Multimedialität aus und können zwischen Standard-Websites und asynchronen Formen der computervermittelten Kommunikation eingeordnet werden (vgl. Herring et al. 2004; vgl. Abschnitt 2.2.3). Trotz der Interaktions- und Partizipationsmöglichkeiten findet auf Weblogs jedoch asymmetrische Kommunikation statt, da die Kontrolle über die Inhalte alleinig beim Weblogbetreiber liegt, der die Kommentare des Nutzers löschen kann. Die traditionellen Rollen des Senders und Empfängers bleiben in Weblogs daher weitestgehend bestehen (vgl. Herring et al. 2004).

2.2.7.2 Weblogs in der Organisationskommunikation

Die Forschung zu Weblogs hat ferner das Format im Rahmen der internen und externen Unternehmenskommunikation untersucht. Weblogs werden in diesem Kontext auch als „Corporate Blogs" tituliert (vgl. Picot/Fischer 2006; Zerfass/ Boelter 2005, Fleck et al. 2007, Back et al. 2008, aktueller Überblick Web 2.0 in Unternehmenskommunikation Koch/Richter 2009). Thematisch geht es in dieser Forschungsrichtung um eine verbesserte Wissensarbeit in Institutionen und den

---

und mögliche Desinformationen der etablierten Medien aufdecken (vgl. Neuberger/Eigelmeier/ Sommerhäuser 2004: 62-66).

2.2 Kommunikation im Web 2.0

Einfluss von Weblogs auf die Unternehmenskultur und Kundenbeziehungen. Corporate Blogs finden als CEO-Blogs in Unternehmen Verwendung (vgl. Pleil 2004) oder werden in parteipolitischen Kontext als Politiker-Blogs geführt (vgl. Zerfass/Boelter 2005). Die dahinterliegende Strategie der Institutionen ist, über eine offene Diskussion Interessenten einzubinden und die Glaubwürdigkeit der Institution zu stärken (vgl. Eck 2007; Fischer 2004).

2.2.7.3 Weblogs und Wissensmanagement

Ein weiterer Forschungszweig beschäftigt sich mit den Potenzialen von Weblogs im Kontext des organisatorischen und persönlichen Wissensmanagments. Weblogs können das Speichern, Abrufen, Teilen und Neukombinieren von Informationen erleichtern (vgl. Schmidt 2006: 107; Efimova 2009: 2010). Arbeiten aus dem Bereich der Medienpädagogik widmen sich den Potenzialen von Weblogs, Wissen und Informationen zu strukturieren (vgl. Böttger/Röll 2004). Weiterhin wird erforscht, welche Funktionen Weblogs als persönliche Lernjournale übernehmen können und wie sie im „Personal- Knowledge-Management" (vgl. Paquet 2002, Fiedler 2003, Böttger/Röll 2004) und in Lernszenarien (vgl. Röll 2005) einsetzbar sind. Weiterhin geht es um die Rückverlinkung von Wissen an Individuen, die miteinander interagieren (vgl. Kaiser/Müller-Seitz 2005). Zudem werden Weblogs als Kommunikationsmittel zwischen Studenten und Dozenten eingesetzt (vgl. Schmidt/Mayer 2006).

2.2.7.4 Weblogs als Textform und persönliche Online-Journale

Weblogs werden mehrheitlich von Privatpersonen betrieben, die die Publikationsinfrastruktur nutzen, um persönliche Erlebnisse, Eindrücke und Gedanken zu publizieren. Darauf basiert die wiederholt auftauchende Bezeichnung der privaten Online-Tagebücher. Es gibt vergleichende Studien, in denen Weblog-Texte mit journalistischen Publikationen verglichen werden, wobei der subjektive und informelle Stil betont wird (vgl. Wall 2005: 153-172). Andere Forschungsarbeiten haben die literarischen und linguistischen Aspekte von Weblogs untersucht (vgl. Ainetter 2006, Schlobinski/Siever 2005). In der Funktion als persönliches Online-Tagebuch wurde in einer Studie zudem gezeigt, dass Weblogs von Teenagern zur Identitätsfindung genutzt werden (vgl. Huffaker/Calvert 2005, vgl. auch Buckingham 2008). Weiterhin wurden Inhaltsanalysen durchgeführt, die den wechselseitigen thematischen Einfluss von Weblogs und Massenmedien (vgl. „The source cycle" Messner/Watson/DiStaso 2008; Cornfield et al. 2005; Halavais 2002; Herring et al. 2005; Berendt et al. 2008) und den Einfluss von externen Ereignissen auf die Inhalte von Blogs untersucht haben (vgl. Herring et al. 2004; Schönberger 2006).

2.2.7.5 Weblog-Nutzungspraktiken

Aus einer Nutzerperspektive können Weblogs auf zwei verschiedenen Ebenen untersucht werden. Zum einen aus der Perspektive des Nutzers der Publikationsinfrastruktur, also des Blog-Autors, zum anderen aus der Perspektive des Nutzers, des Blog-Lesers, der nur über die Kommentarfunktion publizieren kann (vgl. Abschnitt 2.2.6). Wie in Abschnitt 2.2.5.1 dargestellt, erweitern sich für beide Formen der Nutzung die Nutzungsoptionen im Web 2.0 im Vergleich zu klassischen Medien (vgl. Kapitel 2.4.4).

Schmidt hat ein kommunikationssoziologisches Modell der Weblog-Nutzung etabliert und Nutzungspraktiken im Web 2.0 untersucht (vgl. Schmidt 2006; 2006a; 2007; 2009). Das Konzept wird im Folgenden näher erläutert, da es zentrale Aspekte der Nutzung darstellt und im Kontext der Motive der Nutzung Relevanz hat. In Kapitel 2.4 wird es im Kontext neuer Motive der Nutzung weiter spezifiziert. Die Basis des Modells ist Höflichs Rahmenmodell für computervermittelte Kommunikation (vgl. Höflich 2003).

Die Nutzung von Weblogs und Web-2.0-Anwendungen ist durch Struktur (überindividuell) und Handeln (individuell) charakterisiert. Es gibt drei strukturelle Dimensionen, die die individuelle Nutzung rahmen und zur Nutzungspraxis führen: Konventionen und Regeln der Nutzung legen bestimmte Verwendungsweisen nahe und sind mit erwarteten Gratifikationen verknüpft, die Nutzer an Weblogs anlegen (Schmidt 2009: 49ff.); die Nutzer von Weblogs sind eingebettet in soziale und hypertextuelle Netzwerke, was mit dem Begriff „Relationen" bezeichnet wird (vgl. Schmidt 2009: 53ff.); zudem ist die Weblog-Nutzung durch die Weblog-Software geprägt, die als Code bezeichnet werden kann (vgl. Schmidt 2009: 61ff.). Diese strukturellen Rahmungen führen zu drei verschiedenen Nutzungspraktiken, die Schmidt als Identitätsmanagement, Beziehungsmanagement und Informationsmanagement bezeichnet (vgl. Abschnitt 2.4.5). Im Abschnitt 2.4.5 werden die Nutzungspraktiken als Vorstufe neuer Motive weiter erläutert. Die Nutzungsmöglichkeiten auf einer praktischen Ebene von Weblogs werden detailliert in Kapitel 2.4.4 dargestellt.

Weitere Befunde und empirische Ergebnisse aus Nutzerperspektive zu Motiven von Blogautoren und Blog-Lesern, Weblogs zu nutzen, werden in Kapitel 2.4.8 dargelegt. Zudem hat Wie (vgl. Wie 2004) eine Studie zu der Entstehung von Nutzungsnormen in Weblogs erstellt.

2.2 Kommunikation im Web 2.0

2.2.7.6 Weblogs und Öffentlichkeiten

Wie in Abschnitt 2.2.5.1 dargestellt und in 1.1 kurz skizziert, entstehen durch das Web 2.0 und Weblogs neue Formen von Öffentlichkeit.[48] Es wird in diesem Kontext, angelehnt an Habermas (vgl. Habermas 1962), auch von einem „neuen Strukturwandel der Öffentlichkeiten" (Neuberger 2004; 2006) gesprochen. Dieser Wandel wird insbesondere durch die partizipativen Möglichkeiten der Web-2.0-Anwendungen (vgl. Abschnitt 2.2.5.1) hervorgerufen. In der Publikationsinfrastruktur „Weblog" hat jeder Bürger die Möglichkeit, Inhalte ins Netz zu stellen, die für jede Person, die Zugang zum Internet hat, öffentlich abrufbar sind. Diese Inhalte entstehen jenseits des „Gatekeeping" des traditionell-redaktionellen Journalismus und bilden somit Gegenöffentlichkeiten zu den Massenmedien. Je nach Vernetzungsgrad (vgl. Abschnitt 2.2.7.7) erreichen die nutzergenerierten Inhalte einen unterschiedlichen Grad an Aufmerksamkeit und kleine oder große Reichweiten. Einige Arbeiten beschäftigen sich daher mit Weblogs als einer Form von Gegenöffentlichkeit zu den Massenmedien und nehmen systematische Vergleiche mit dem Journalismus in Bezug auf Relevanz und Qualität dieser Formate vor (vgl. Neuberger 2005; 2007; Neuberger et al. 2009). Weitere Arbeiten beschäftigen sich mit dem Einzug des Privaten in den öffentlichen medialen Raum (Jenkins 2006; vgl. auch Boyd 2006; 2008; Katzenbach 2008; vgl. auch Schmidt 2009). Zudem werden der disperse Charakter und die dadurch entstehende verteilte Öffentlichkeit im Kontext von Netzwerkanalysen untersucht (vgl. Abschnitt 2.2.7.7).

Katzenbach (vgl. Katzenbach 2008) hat in seiner Arbeit anhand des Arenen-Modells von Gerhards und Neidhardt (vgl. Gerhards/Neidhardt 1991)[49] gezeigt, dass Weblogs zur Formierung von einfachen und komplexen Öffentlichkeiten beitragen. Es finden sich „vermehrt persönliche Erfahrungen und Kontextuie-

---

48 Wie bereits unter Abschnitt 2.1.3.3 herausgestellt, ist Öffentlichkeit ein zentraler und komplexer Begriff der Kommunikationswissenschaft. Es gibt verschiedene Bedeutungszuschreibungen und Modelle, diesen Begriff zu klären. In dieser Arbeit wird der Begriff zumeist in zwei Bedeutungskonnotationen verwendet. Zum einen geht es um den Kreis der Personen, die potenziell Zugang zu einem Ereignis hat, und der Begriff umfasst somit die personelle Reichweite eines Ereignisses oder Mediums. Zum anderen geht es um eine Verschiebung der massenmedialen Öffentlichkeit, die vormals durch das „Gatekeeping" des professionell-redaktionellen Journalismus kontrolliert wurde. Im Web 2.0 treten neben den professionell-redaktionellen Journalismus vormals „private" Öffentlichkeiten in den medialen Raum. Eine Relevanz dieser Gegenöffentlichkeiten im Vergleich zum professionell-redaktionellen Journalismus wird rege von der Kommunikationswissenschaft debattiert.

49 Das Arenen-Modell unterscheidet zwischen den Agierenden im Rund der Arena und den Personen, die sich auf den Tribünen befinden. Die einen handeln und die anderen schauen zu (vgl. Hickethier 2003: 209). Die Analogie zielt darauf ab, dass die Massenmedien bisher die Handelnden in der Arena darstellten. Durch das Web 2.0 wird diese mediale Arena für den Laien geöffnet, der Alltägliches in der medialen Öffentlichkeit aushandelt (vgl. Katzenbach 2008: 111-113).

rungen von gesellschaftlichen Fragen in individuelle Lebenswelten Eingang in mediale Öffentlichkeiten" (Katzenbach 2008:141). Weblogs bieten somit alternative mediale Kommunikationsräume außerhalb der Strukturen der Massenmedien, in denen Themen nicht zwingend von gesellschaftlicher, aber persönlicher Relevanz nach eigenen Kriterien ausgehandelt werden. Schmidt spricht in Bezug auf Web-2.0-Anwendungen auch von einer „Verschiebung im Verhältnis von Privatsphäre und Öffentlichkeit" (Schmidt 2009: 126). Informationen, Inhalte und Themen von Web-2.0-Anwendungen und Weblogs werden vorrangig nach Kriterien der persönlichen Relevanz ausgewählt und erreichen daher zumeist kleine Öffentlichkeiten, zu denen schon ein Kontakt besteht (vgl. Schmidt 2009: 105f.).

Jenkins vergleicht die durch Weblogs entstehenden persönlichen Öffentlichkeiten im medialen Raum mit Fernsehformaten des Reality-TV (Jenkins 2006). Die Verschiebung des Privaten in den öffentlichen Raum ist umstritten, da sich viele Bürger durch die offensiv ausgestellte Intimsphäre in ihren eigenen Werten und ihrer individuellen Privatsphäre beeinträchtigt sehen (vgl. Weiß/Groebel 2002). Die Weblog-Inhalte sind häufig nicht gesamtgesellschaftlich relevant, jedoch können sie nach eigenen Kriterien der Relevanzzuschreibung hochrelevant für eine bestimmte Zielgruppe sein (vgl. Schmidt et al. 2005: 5).

Weitere Forschungsarbeiten beschäftigen sich mit verteilter konversationaler Öffentlichkeit in der Blogosphäre und Verschiebungen von gesellschaftlichen Öffentlichkeiten (vgl. Matheson 2004; Neuberger 2004, 2005; Bucher/Büffel 2006). Es werden im Speziellen Vergleiche zwischen Weblog und journalistischen Öffentlichkeiten vorgenommen (vgl. Neuberger 2005, 2007, 2009, Neuberger et al. 2009; Welker 2005; Domingo/Heinonen 2008).

Neuberger (vgl. Neuberger 2004, 2005, 2006, 2009, Neuberger et al. 2007) orientiert sich an einem systemtheoretischen Öffentlichkeitsbegriff und hat untersucht, inwieweit Weblogs und Web-2.0-Anwendungen funktional-äquivalent zum professionell-redaktionellen Journalismus sind. Er kommt zu dem Schluss, dass durch den vereinfachten Zugang zur Öffentlichkeit die professionell-redaktionellen Vermittlungsstrukturen (der klassische Journalismus) ihr „Gatekeeping" verlieren und sich neue Strukturen in Form von partizipativer (Web-2.0-Anwendungen) und technisch gesteuerter Vermittlung (Suchmaschinen) bilden. Die Selektionsleistung verlagert sich im Internet von der Anbieter- auf die Nutzerseite. Die unterschiedlichen Vermittler sind auf verschiedene Problemfelder fokussiert und daher ergänzend und nicht ersetzend tätig (für eine ausführliche Debatte zu dem Verhältnis zwischen Bloggern und Journalisten vgl. Neuberger et al. 2009: 137ff.)[50]

---

50 Auf Basis der drei von Friedhelm Neidhardt definierten Vermittlungsleistungen (vgl. Neidhardt 1994) Beobachtung, Validierung und Orientierung zieht Neuberger einen Vergleich zwischen den Leistungen des Journalismus im Verhältnis zu Weblogs und weiteren Vermittlungsstruktu-

2.2 Kommunikation im Web 2.0

Da der klassische Journalismus sein Monopol auf die Auswahl, Aufbereitung und Distribution von gesellschaftlich relevanten Informationen verloren hat, spricht Schmidt (vgl. Schmidt 2009: 129) in diesem Kontext von erweiterten professionellen Öffentlichkeiten und einem Übergang vom Gatekeeper- zum Gatewatcher-Paradigma (vgl. auch Bruns 2005).

Weiterhin gibt es Arbeiten, die die Verschiebung von Öffentlichkeiten im Rahmen des normativ-diskursiven Öffentlichkeitsmodells von Habermas (vgl. Habermas 1962; 1992) untersuchen. Wijna (vgl. Wijna 2004) konstatiert, dass Weblogs den Raum für einen herrschaftsfreien Diskurs bieten können und dadurch die Habermassche „ideale Sprechsituation" herstellen. Dagegen argumentiert Schönberger (vgl. Schönberger 2005), dass Einflussfaktoren außerhalb der Blogosphäre, die Reputation herstellen, die Diskussionen formieren und Einfluss nehmen.

2.2.7.7 Weblogs und Netzwerke

Computervermittelte soziale Netzwerke haben wachsenden Einfluss auf die Strukturierung sozialer Beziehungen (vgl. Wellman 2001). Netzwerkanalysten haben die formalen Strukturen der Blogosphäre durch Theorien der Netzwerkforschung und der Sozialen Netzwerkanalyse aus einer Makro-Perspektive analysiert (vgl. Castells 2000; 2001). In der Blogosphäre können sich Weblog-basierte soziale Netzwerke bilden, die eine Kommunikation in Form von geografisch dispersen Netzwerken darstellen und nicht nach dem idealtypischen Modell von dialogischer, chronologisch ablaufender Kommunikation ablaufen (vgl. Hepp 2004; Lübeck/Perschke 2004; 2005). Stattdessen entwickelt sich eine verteilte Konversation, die Teilöffentlichkeiten bildet (vgl. Efimova/de Moor 2005).

Arbeiten, die sich auf die Link-Strukturen konzentriert haben, wie Shirky (vgl. Shirky 2003) haben die Herausbildung von „power laws" beobachtet, nach denen einige wenige Weblogs viele eingehende Links aufweisen, die große Masse von Blogs aber nur sehr wenige (vgl. Shirky 2003; Schuster 2004; Adar et al. 2004). Daraus entsteht eine starke Hierarchie innerhalb von Weblog-Öffentlichkeiten. Netzwerkformierungen basieren auf dem Prinzip „the rich get richer" (Barabasi 2002)[51].

---

ren im Internet. „Zwar wird der Journalismus im Sinne einer professionell betriebenen Praxis des Auswählens, Aufbereitens und Zugänglich-Machens von Informationen für ein disperses Publikum nicht obsolet, doch Mechanismen der partizipativen und der technischen Vermittlung greifen seine bislang dominierende Stellung beim Publizieren von Inhalten, aber auch Bewerten und Filtern bereits publizierter Informationen an" (Neuberger 2009: 19ff.)

51 Der Grund ist das inkrementelle Wachstum der Anzahl von Verbindungen. Die Chance einer weiteren Verbindung eines Knotens ist proportional zur Anzahl der Verbindungen, die er bereits besitzt. Die Konsequenz ist, dass Inhalte sich – analog zu Epidemien – besonders schnell und vor allem über die zentralen Netzwerkknoten entwickeln (vgl. Adar et al. 2004, Wu/Hubermann 2004).

Starke Bindungen („bonding social capital", Putnam 2000) in der Blogosphäre hängen mit der Intensität und Kontinuität der Verlinkungen zusammen und entwickeln sich zumeist aus freundschaftlichen Beziehungen. Auf der Basis von starken Bindungen können sich stark vernetzte Weblog-Formationen bilden, die wenig Verlinkungen nach außen setzen (vgl. Herring et al. 2005: 10ff.). Locker zusammenhängende Netzwerkstrukturen werden als „weak ties" (Granovetter 1973) oder „bridging social capital" (Putnam 2000) bezeichnet. Schwache Bindungen haben mehr Potenzial in der Kanalisierung von Aufmerksamkeit, da sie das Bindeglied zwischen eng vernetzen Formierungen und größeren locker verbundenen Formierungen sind, wodurch sie die Entstehung von Themenkarrieren ermöglichen (vgl. Gruhl 2004).

Durch das Verlinken und Bezugnehmen der Weblogs untereinander bilden sich somit hypertextuelle Strukturen, die zur Folge haben, dass einige Inhalte einfacher zu lokalisieren sind und Relevanz in Form von großen Öffentlichkeiten erzielen können (vgl. Bar-Ilan 2005). Es gibt jedoch auch eine große Anzahl von Einzelblogs, die fast gar keine Verlinkungen vorweisen und somit keine Aufmerksamkeit generieren.

Abbildung 6: Netzwerk der deutschsprachigen Blogosphäre

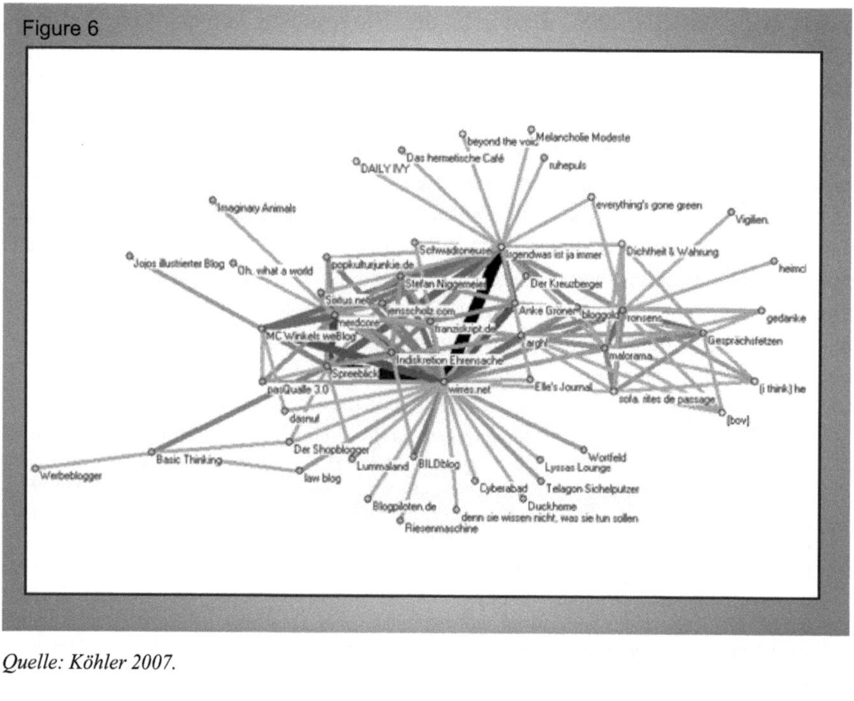

Figure 6

Quelle: Köhler 2007.

2.2.8 Zusammenfassung und Fazit

In den letzten Abschnitten wurde der Forschungsgegenstand „Web 2.0" systematisch eingegrenzt und definiert, wobei die Implikationen und Merkmale einer veränderten Kommunikation herausgearbeitet werden konnten.

Einige in diesem Kapitel herausgearbeiteten Punkte stehen in direktem Bezug zum empirischen Teil dieser Arbeit und sind im Kontext der Empirie zu verstehen und einzuordnen. In Bezug auf den empirischen Teil dieser Arbeit war es wichtig, neben einer Begriffsdefinition des Web 2.0 die zentralen Anwendungen des Web 2.0 im Sinne eines Glossars vorzustellen und zu definieren. Die hier dargestellten Anwendungen sind zu großen Teilen im Erhebungsinstrument der Empirie integriert. Weiterhin wurde in Bezug auf die Empirie trotz der dargestellten Begriffskritik der Begriff „Web 2.0" zwecks Kontinuität und höherer Popularität verwendet. Die Verwendung des Begriffs umfasst jedoch primär die sozialen Nutzungsoptionen. Der Begriff „Web 2.0" wird daher in dieser Arbeit in der Konnotation des Begriffs „social media" verwendet.

Es wurde zudem der Fokus auf Weblogs als technische Infrastruktur gelegt, um die Nutzungsmöglichkeiten nachvollziehen zu können, die in der Mediennutzungsanalyse eine Rolle spielen. Welche Auswirkungen die neuen Handlungsoptionen auf die Mediennutzung haben, wird in Abschnitt 2.4 weiter spezifiziert und analysiert.

Die Explikation des Standes der Forschung zu Weblogs konzentrierte sich auf Forschungsansätze, die sich den veränderten Kommunikationsstrukturen auf einer Makro-Ebene nähern.

Analysen im Kontext von Öffentlichkeitstheorien haben gezeigt, dass Weblog-Kommunikation die Entstehung von neuen Öffentlichkeiten forciert. Im Kontext von Öffentlichkeitstheorien bedeutet dies, dass Alltägliches und Privates Zugang zur medialen Arena erhalten. Diese Inhalte sind vorwiegend nicht gesamtgesellschaftlich relevant, können aber für eine bestimmte Zielgruppe hochrelevant sein. Weiterhin haben Analysen, angelehnt an einen systemtheoretischen Öffentlichkeitsbegriff, gezeigt, dass Weblogs in ihren Vermittlungsleistungen durchaus funktional-äquivalent zum Journalismus sein können und auch in der Blogosphäre Qualitätsmechanismen stattfinden.

Durch Netzwerkanalysen konnte der Wandel der Kommunikation von einer linearen zu einer netzartigen Kommunikation dargestellt werden. Die Merkmale einer netzartigen Kommunikation beinhalten die Entstehung von Teilöffentlichkeiten und die Beschleunigung der Kommunikation. Weiterhin kann die Aufmerksamkeit der Nutzer bewusst gelenkt werden, und in Form von Themenkarrieren können Nischenthemen zu einem breiten Publikum gelangen.

Ein großer Wandel findet bei den Nutzungsoptionen statt, die der User in Web-2.0-Anwendungen im Vergleich zu klassischen Medien vorfindet. Dieser geht einher mit einem fließenden Veränderung der vormals festen Sender-Empfänger-Struktur. Der Nutzer kann selber Inhalte produzieren, einstellen, vernetzen und kollaborieren. Jedoch bleibt ein Herrschaftsgefälle vom Weblogautor zum Weblognutzer bestehen. Auf den Nutzungsoptionen liegt der Fokus dieser Arbeit, daher werden Details und weitere Erläuterungen im Kapitel 2.4 präsentiert. Empirische Studien zur Medienutzung und Verbreitung von Weblogs sowie zu den Nutzern und Nutzertypen im Web 2.0 werden in Kapitel 2.4 vorgestellt.

Durch die Aufarbeitung des Web 2.0 in Form von Weblogs im Kontext von Öffentlichkeitstheorien, Netzwerkanalysen und Nutzungsoptionen/Handlungsoptionen konnten die Veränderungen der Kommunikationsstrukturen und die Implikationen dieser Veränderungen systematisch in diesem Kapitel verdeutlicht werden. In Kapitel 2.3 werden diese Veränderungen vor dem Hintergrund der Wissenschaftskommunikation aufgegriffen und „Wissenschaftskommunikation im Web 2.0" und Wissenschaftsblogs können definiert werden. Weiterhin können auf theoretisch-deskriptiver Ebene erste Schlüsse gezogen, wie sich die Wissenschaftskommunikation durch den Einfluss des Web 2.0 und Wissenschaftsblogs ändert und welche neuen Kommunikationsstrukturen entstehen. Auf dieser Basis können in Kapitel 2.5 die Forschungsfragen in Teilfragen überführt werden. Weiterhin werden im Schlussteil (Kapitel 4) Merkmale des Web 2.0 und Weblogs, die in diesem Kapitel herausgearbeitet wurden, in der Analyse der Ergebnisse aufgegriffen.

2.3 Wissenschaftsblogs in Deutschland

2.3.1 Einleitung

Basierend auf die vorherigen Kapitel kann im Folgenden eine Definition von Wissenschaftsblogs vorgenommen (Definition Weblog Kapitel 2.2; Definition Wissenschaftskommunikation Kapitel 2.1) und das Untersuchungsfeld (der Markt von Wissenschaftsblogs und partiell weiterer Web-2.0-Wissenschaftsmedienformate) in Deutschland dargestellt werden.

Häufig wird der Begriff „Web 2.0" in der Wissenschaftskommunikation synonym mit dem Terminus „Open-Access-Bewegung"[52] verwendet. Weiterhin werden

---

52 Nach der Budapester Open-Access-Initiative steht der Begriff dafür, „dass wissenschaftliche Literatur kostenfrei und öffentlich im Internet zugänglich sein sollte, so dass Interessierte die

2.3 Wissenschaftsblogs in Deutschland

teilweise Anwendungen des Web 2.0 im Kontext des internen Wissensmanagements von wissenschaftlichen Institutionen genutzt. Diese sind oft spezielle Anwendungen, die eigens für einen Fachbereich eingerichtet werden oder auch öffentlich zugänglich sind, um Lernprozesse, Wissensmanagement und Wissensarchivierung zu unterstützen (vgl. Abschnitt 2.2.7.3). Angrenzende Forschungsfelder sind auch die Digitalisierung des Publikationswesens, E-Learning und Bibliotheken 2.0 (vgl. Kaden 2009). Diese Themen- und Forschungsfelder sind jedoch klar von dem Forschungsinteresse und -ziel dieser Arbeit abzugrenzen. Das Interesse gilt Web-2.0-Anwendungen, die unabhängig von Wissenschaftsinstitutionen etabliert wurden und (vorwiegend) auch den Laien frei zugänglich sind.

Da es bisher erst rudimentäre Forschung zu dieser Form von „Wissenschaftskommunikation im Web 2.0" gibt, fehlen eine systematische Definition zu dem Themenfeld in der Wissenschaftskommunikationsforschung und eine klare definitorische Abgrenzung von Web-2.0-Anwendungen, die als Formate der Wissenschaftskommunikation eingeordnet werden können.

Eine definitive Zuordnung von Web-2.0-Formaten zu Wissenschaftsmedienformaten im Web 2.0 wäre, nach Klassifizierung des Forschers, zutreffend, wenn eine inhaltszentrierte Definition von Wissenschaftskommunikation (vgl. Kapitel 2.1.2.2) für alle Inhalte der Web-2.0-Anwendung greifen würde oder eine akteurszentrierte Definition (Wissenschaftler oder Wissenschaftsjournalist, vgl. Kapitel 2.1.2) auf den „Autor" der Publikationsinfrastruktur anwendbar wäre (die zweite Definition greift nur für „Micro-Blogging", „Podcasts" und Weblogs).

Wissenschaftsmedienformate des Web 2.0, die dieser engen Definition Stand halten können, sind noch marginal in der Wissenschaftskommunikation verbreitet und genutzt.[53] Die etablierteste Anwendung dieser Klassifizierung, in der sowohl Wissenschaftler, Wissenschaftsjournalisten und auch Laien teilhaben können, sind Wissenschaftsblogs. Der Fokus dieser Arbeit liegt daher auf Wissenschaftsblogs, die exemplarisch für Wissenschaftsmedienformate des Web 2.0 untersucht werden.

Volltexte lesen, herunterladen, kopieren, verteilen, drucken, in ihnen suchen, auf sie verweisen und sie auch sonst auf jede denkbare legale Weise benutzen können, ohne finanzielle, gesetzliche oder technische Barrieren jenseits von denen, die mit dem Internet-Zugang selbst verbunden sind." Vgl. für weitere Informationen: http://open-access.net/.

53 Wie bereits unter 1.1 dargelegt, ist jedoch anzumerken, dass während des Forschungsprozesses der vorliegenden Arbeit englischsprachige soziale Online-Netzwerke für Forscher – auch für Forscher aus Deutschland – eine rasante Entwicklung genommen haben. Weiterhin hat sich Wissenschafts-"Micro-Blogging" neben Wissenschaftsblogs kontinuierlich etabliert (vgl. Kapitel 2.3). Da der Markt „Web 2.0" hochdynamisch ist, muss eine Abgrenzung zu dem Etablierungsgrad der jeweiligen Anwendungen immer in Referenz zum Erstellungsdatum einer Publikation gewertet werden.

Im Rahmen dieser Herangehensweise, insbesondere in Bezug auf die Empirie, muss daher in Betracht gezogen werden, dass eine Interpretation der Ergebnisse aus der Perspektive von Wissenschaftsblogs gesehen werden muss. Eine Veränderung der Wissenschaftskommunikation durch den Einfluss des Web 2.0 wird im Kontext der neuen Kommunikationsstrukturen und -möglichkeiten von Wissenschaftsblogs aufgezeigt, und der Etablierungsgrad und die Verbreitung von weiteren Web-2.0-Anwendungen basieren empirisch auf dem Nutzungsverhalten von Wissenschaftsblognutzern.

Zudem wird in dieser Arbeit mit zwei weiteren Klassifikationen von Web 2.0 in der Wissenschaftskommunikation gearbeitet. Es wird zwischen allgemeinen Web-2.0-Formaten, die partiell auch im Kontext der Wissenschaftskommunikation verwendet werden, und Web-2.0-Formaten, die per Definition als Wissenschaftsmedienformat des Web 2.0 gelten können, unterschieden. Die Nutzung der beiden klassifizierten Formate des Web 2.0 im Kontext der Wissenschaftskommunikation sind Teil der empirischen Erhebung und werden aus der Perspektive der Wissenschaftsblognutzer betrachtet. Im empirischen Teil werden aufgrund der geringen Etabliertheit dieser Formate weiterhin Web-2.0-Formate allgemein untersucht, die von den Akteuren der Wissenschaftskommunikation genutzt werden. Somit wird die Nutzung von Web-2.0-Anwendungen in der Wissenschaftskommunikation aus drei Perspektiven empirisch untersucht.

2.3.2 Struktur und Vorgehensweise

Aufbauend auf die Kapitel „Wissenschaftskommunikation" und „Web 2.0" wird im vorliegenden Kapitel somit eine detaillierte Definition von Wissenschaftsblogs erfolgen. Weiterhin wird der Markt von Wissenschaftsblogs in Deutschland dargestellt und auch der internationale Markt skizziert.

Da es bisher erst wenig wissenschaftlich veröffentlichte Publikationen und empirische Studien zu Wissenschaftsblogs gibt, muss in dem vorliegenden Kapitel mit den vorhandenen Materialien und den wissenschaftlichen Erkenntnissen aus Kapitel 2.1 und 2.2, insbesondere in Hinblick auf die Definitorik, gearbeitet werden. Eine detaillierte Definition von Wissenschaftsblogs erfolgt, zuzüglich zu dem erarbeiteten Wissen aus Kapitel 2.1 und 2.2, daher primär auf der Basis selbstreferenzieller Blogbeiträge der wissenschaftlichen Blogosphäre.

2.3.3 Definition „Wissenschaftsblog"

In den allgemeinen Blogtypologien ist ein spezifisch wissenschaftlicher Blogtypus, in dem „Vorstufen oder endgültige Versionen wissenschaftlicher Diskussionsbeiträge veröffentlicht werden", bisher nicht präsent (vgl. Köhler 2007: 9).[54] Im Folgenden wird eine Klassifizierung von Wissenschaftsblogs primär auf Basis selbstreferenzieller Beiträge der wissenschaftlichen Blogosphäre vorgenommen[55].

Eine erste Klassifizierung und Definition von Wissenschaftsblogs kann entweder aus einer akteurszentrierten oder inhaltszentrierten Perspektive vorgenommen werden. Die größte Anzahl von Blogs, die als Wissenschaftsblogs klassifiziert werden können, sind Weblogs, deren Autoren Wissenschaftler (vgl. Abschnitt 2.1.3.9) sind. Diese Blogs können als Wissenschaftlerblogs bezeichnet werden (vgl. Scheloske 2008).

Inhaltlich beschäftigen sich diese Blogs hauptsächlich mit der eigenen Forschungsarbeit, fachwissenschaftlichen Gedanken oder angrenzenden wissenschaftlichen Disziplinen, dem Forschungsalltag und Konferenzberichten. Persönliche Anekdoten sind nicht ausgeschlossen, jedoch besteht mit hoher Wahrscheinlichkeit ein wissenschaftlicher Bezug bzw. ein Bezug zum Forscheralltag (vgl. Scheloske 2008). Köhler (Köhler 2007: 13) vergleicht diese Form von Blogs aufgrund der Klassifizierung nach der Person mit dem Blogtypus des „Online-Tagebuchs" (vgl. Abschnitt 2.2.7.4) und weist weiterhin darauf hin, dass diese häufig multimedial geführt werden (z. B. werden Eindrücke einer wissenschaftlichen Konferenz in Form eines Flickr-Foto-Streams integriert). Leßmöllmann (Leßmöllmann 2009: 18-21) bezeichnet diese Form von Wissenschaftsblogs auch als „wissenschaftliche Weblogs" und „Logbücher der Forschung".

Als eine Unterkategorie der Wissenschaftlerblogs können PhD Blogs als gesonderter Typus aufgeführt werden. Ein PhD Blog kann als eine „publizistische Begleitung des eigenen Promotionsvorhabens" definiert werden (vgl. Köhler 2007: 10; vgl. dazu auch Efimova 2009; 2010). Aus Sicht des Blog-Autors können diese Blogs mit Feldtagebüchern verglichen werden, in denen Eindrücke und

---

54 Köhler (Köhler 2007) bezieht sich auf die Blogtypologie von Schmidt (Schmidt 2005) welche auf a) persönliche online-Tagebücher, b) Medien zur internen und externen Organisationskommunikation, c) (quasi-)journalistische Publikationen und d)Instrumente für das Wissensmanagement beruht und postuliert, dass Wissenschaftsblogs Mischformen darstellen, die jedoch einer eigenen Typologie bedürfen.

55 Die Klassifikation lehnt sich an die Publikation von Marc Scheloske in seinem Wissenschaftsblog „Wissenwerkstatt" an. Scheloske, Marc (2008) „ Was sollen, was können Wissenschaftsblogs leisten als Instrumente der internen Wissenschaftskommunikation?". http://www.wissenswerkstatt. net/2008/03/12/was-sollen-was-koennen-wissenschaftsblogs-leisten-blogs-als-instrument-der-inter nen-wissenschaftskommunikation/ (geprüft 30.11.2008).

objektive wissenschaftliche Informationen aus dem Feld archiviert werden. In Anlehnung an Werder (vgl. Werder 1993: 149) definiert Köhler diese Form von Wissenschaftsblogs als „elektronische und interaktive Variante des wissenschaftlichen Journals", welche zwischen dem „Ich-geführten Tagebuch und dem in Es-Form geführten Notizbuch" (Köhler 2007: 10) einzuordnen sind.[56]

Die zweite Klassifikation bezieht sich auf Wissenschaftsblogs. Bei dieser Form von Blogs ist der Inhalt ausschlaggebend, der sich mit (Natur-)Wissenschaft (vgl. Abschnitt 2.1.2.2) beschäftigen muss, damit dieser Blog als Wissenschaftsblog gezählt wird. Zumeist sind die Autoren Wissenschaftsjournalisten oder bloggende Wissenschaftsinteressierte. Inhaltlich werden vorwiegend aktuelle Wissenschaftsthemen dargestellt (vgl. Scheloske 2008). Köhler betont, dass es in Wissenschaftsblogs vor allem um die publizistische, verständliche Aufbereitung von Wissenschaftsthemen geht, sodass sie auch von einer „Laien-Leserschaft" verstanden werden können (vgl. Köhler 2007: 13). Thematisch fokussieren sich diese Blogs häufig auf Forschungsergebnisse mit öffentlicher und politischer Relevanz. Zudem können Unterhaltungselemente in den Vordergrund treten, was eine gewisse Assoziierung mit Infotainment-Formaten erlaubt (vgl. Köhler 2007: 13).

Es kann auch kombinierte Formen beider Klassifizierungen geben. Das entscheidende Merkmal der ersten Klassifikation ist die Person, die dahinter steht, dadurch dürfen auch persönliche, private Beiträge publiziert werden, damit sie noch als Wissenschaftsblogs gelten. In der zweiten Klassifikation ist dies nur begrenzt erlaubt, um eine Zuordnung zum Wissenschaftsblog nicht zu gefährden (vgl. Scheloske 2008).

Diese beiden Formen von Wissenschaftsblogs stellen den Untersuchungsgegenstand dieser Forschungsarbeit da. Beide werden in dieser Arbeit als Wissenschaftsblogs bezeichnet. Eine Differenzierung zwischen Wissenschaftlerblog und PhD-Blog wird nicht berücksichtigt. Die jeweiligen Weblogformen können Einzelblogs oder Gruppenblogs sein. Die Anzahl der Autoren hat keine Auswirkungen auf die Klassifikation. Die Blogs im Sinne der zweiten Definition zählen im Kontext dieser Forschungsarbeit nur als Wissenschaftsblog, wenn es von einem Wissenschaftsjournalisten geführt wird. Der bloggende Wissenschaftsinteressierte wird im Kontext dieser Erhebung nicht berücksichtigt.

---

56 Werder (vgl. Werder 1993: 140, zitiert nach Köhler 2007: 10) führt als die Funktionen des wissenschaftlichen Journals auf: „auffällige Beobachtungen festhalten; Fragen entwickeln; Definitionen klären; Unklarheiten festhalten; Spekulationen über den Sinn der eigenen Arbeit und des Fachs; Selbsterkenntnis; Zusammenhänge zwischen unterschiedlichen Gebieten erkennen; Aufzeichnen von ‚Spuren des eigenen Denkens und Lebens'; gelesene Texte kommentieren; Auseinandersetzung mit Professoren und Kommilitonen; imaginäre wie reale Dinge".

2.3 Wissenschaftsblogs in Deutschland

Abbildung 7: Definition Wissenschaftsblogs

Figure 7
Definition Wissenschaftsblogs

Wissenschaftsblogs (akteurszentrierte Zuordnung)	Wissenschaftsblogs (inhaltszentrierte Zuordnung)
• Autor: Wissenschaftler	• Autor: Wissenschaftsjournalist
• Blogtypus „Online Tagebuch"	• Publizistische Aufbereitung von Wissenschaftsthemen
• Inhalte und Themen: 1. Eigene Forschungsarbeit 2. Fachwissenschaftliche Gedanken 3. Forschungsalltag	• Inhalte und Themen: 1. (Natur)-Wissenschaft 2. Aktuelle Wissenschaftsthemen
• Unterkategorie: PhD Blogs	

Quelle: Köhler 2007

Eine weitere Form von Blogs kann der Gruppe der Wissenschaftsblogs zugeordnet werden, diese Blogs sind jedoch nicht Teil dieser Untersuchung. Es sind institutionelle Wissenschaftsblogs, die Instituts-, Projekts- und Seminarblogs sein können. Inhaltlich dienen sie zumeist als Form von E-Learning, der Archivierung des Projektes, oder sie fungieren als PR-Blogs (vgl. Scheloske 2008). Köhler (vgl. Köhler 2007: 11) konstatiert, dass der Fokus von Projektblogs auf einer auf Außenwirkung orientierten Präsentation eines Forschungsprozesses oder -feldes liegt, und vergleicht die Blogbeiträge mit Pressemitteilungen. Diese Form von Blogs kommen, wie die Institutsblogs, Corporate Blogs sehr nahe (vgl. Abschnitt 2.2.7.2). Institutsblogs unterscheiden sich von Projektblogs hinsichtlich Kontinuität und Dauer. Sie bieten eine kontinuierliche Darstellung wissenschaftlicher Forschung eines Instituts und sind nicht auf ein Projekt begrenzt. Ziel von Institutsblogs ist es, eine breite Öffentlichkeit über ein Forschungsvorhaben zu informieren und weitere mediale Berichterstattung zu erwirken (vgl. Günther 2007). Weiterhin können Institutsblogs als „Aggregation und Verbreitung von Nachrichtenmeldungen aus der Disziplin eingesetzt werden" (vgl. Köhler 2007: 12).

Der Typus „Seminarblog" ist am ehesten vergleichbar mit Blogs, die im Kontext des Wissensmanagements eingesetzt werden (vgl. Abschnitt 2.2.7.3). Seminarblogs können im Rahmen einer Lehrveranstaltung etabliert werden und die Kommunikation zwischen Dozent und Studenten sowie Studenten untereinander verbessern. Arbeitsaufgaben und Ideen können über diese Blogs ausgetauscht und kommentiert werden (vgl. Köhler 2007: 11).

Eine vierte mögliche Form von Wissenschaftsblogs, die jedoch auch nicht Teil dieser Untersuchung sind, sind Konferenzblogs. Wissenschaftsblogs können eingesetzt werden, um Veranstaltungen, Workshops, Tagungen und Konferenzen multimedial zu begleiten und zu dokumentieren. Möglichkeiten sind Audio- und Videobeiträge, sodass man auch von einem „Podcast" oder „Vlog" („Videoblog") sprechen kann.

2.3.4 Wissenschaftsblogs – der internationale Markt

Neben einer kontinuierlich wachsenden Anzahl von Einzelblogs haben sich verschiedene Aggregierungsplattformen (Wissenschaftsblognetzwerke, die in die Einzelblogs einziehen, jedoch ihre Blogunabhängigkeit bewahren), die unter dem Dach einer Marke und einer Plattform gebündelt werden, entwickelt. Anfang 2006 gab es die erste Aggregierungsplattform von Wissenschaftsblogs in Form von ScienceBlogs.com[57] der Seed Media Group in den USA. Unter dem Dach von ScienceBlogs läuft das reichweitenstärkste Wissenschaftsblog in den USA „Pharyngula"[58], geführt von P.Z. Myers, Biologie Professor der University of Minnesota.

2007 wurde das British Nature Network[59] gegründet, welches eine Online-Plattform mit Foren, Diskussionsgruppen, Community-Aspekten und Vernetzungsmöglichkeiten darstellt, die sich explizit an Forscher richtet. Weblogs stellen einen Teilaspekt des Nature Networks da und sind in die Plattform integriert. Das British Nature Network gehört zur Nature Publishing Group.

ResearchBlogging.org (RB) wurde von „Wissenschaftsbloggern für Wissenschaftsblogger gegründet"[60] und aggregiert im Gegensatz zu den anderen Wissenschaftsblogs nur Beiträge zu bereits peer-geprüfter Forschung. Jeder Blog ist mit einem Code versehen und kann dadurch wissenschaftlich zitiert werden („research citation"). Weitere Community-Aspekte von ResearchBlogging.org

---

57 http://scienceblogs.com/.
58 http://scienceblogs.com/pharyngula/.
59 http://network.nature.com/.
60 http://researchblogging.org/.

2.3 Wissenschaftsblogs in Deutschland

ermöglichen den Mitgliedern, die Beiträge zu bewerten und Ranglisten der populärsten Beiträge zu erstellen.

Seit August 2010 gibt es in den USA das Wissenschaftsblognetzwerk Scientopia.[61] Scientopia ist ein Spin-off von ehemaligen ScienceBlogs-Bloggern. Weitere Wissenschaftsblogs sind in redaktionell-professionelle Seiten integriert wie die Wired-Blogs[62] oder Discover-Blogs[63].

In Neuseeland existiert das größte Wissenschaftsblogaggregierungsportal Sciblogs[64]. Sciblogs ist eine Initiative des Science Media Centre, eine unabhängige Quelle für Expertenkommentare und Information für Wissenschaftsjournalisten in Neuseeland. Seit 2009 gibt es einen weiteren Ableger von ScienceBlogs in Brasilien.[65]

International haben sich neben Wissenschaftsblogs als weiteres Wissenschaftsmedienformat des Web 2.0 in den letzten zwei Jahren kontinuierlich soziale Netzwerke etabliert, die sich auf den Austausch zwischen Forschern konzentrieren. Das aktuell prominenteste Beispiel ist ResearchGate[66]. ResearchGate ist eine Social Community, in der sich Forscher austauschen (z. B. in speziellen Gruppen wie einer Methodengruppe) und vernetzen können (vgl. Dworschak 2010).

Neben ResearchGate gibt es noch weitere Networking Plattformen speziell für Forscher, wie z. B. mendely[67], epernicus[68] und quartzy[69].

Weiterhin gibt es mit ScienceFeed (von ResearchGate gegründet) seit März 2010 den ersten „Micro-Blogging"-Dienst speziell für Wissenschaftler.[70] Im Unterschied zu twitter, können jedoch hier 400 Zeichen statt 140 Zeichen getweetet werden.

---

61 http://scientopia.org/blogs.
62 http://www.wired.com/wiredscience.
63 http://blogs.discovermagazine.com/.
64 http://sciblogs.co.nz/.
65 http://scienceblogs.com.br/.
66 http://www.researchgate.net/.
67 http://www.mendeley.com/.
68 http://www.epernicus.com/.
69 http://www.quartzy.com/.
70 http://www.sciencefeed.com/.

2.3.5 Das Untersuchungsfeld – Wissenschaftsblogs in Deutschland

Die genaue Anzahl von deutschsprachigen Wissenschaftsblogs innerhalb Deutschlands ist nicht zu bestimmen, insbesondere deshalb, weil Technorati (die ehemals größte Echtzeit-Internet-Suchmaschine speziell für Weblogs) nicht mehr aktiv ist, welche Weblogs indexiert und Ranglisten der meist verlinkten Weblogs herausgegeben hat. Weiterhin ist eine Vielzahl von automatisch identifizierten Weblogs nicht mehr in Betrieb, und teilweise werden Weblogs nur zur Suchmaschinen-Optimierung automatisch erstellt. In einem Blogbeitrag der Wissenswerkstatt wurden 2008 ca. 180 Wissenschaftsblogs in Deutschland geschätzt (vgl. Scheloske 2008). Im Jahr 2010 ist entsprechend einer groben Überschlagsberechnung von einem Schätzwert von 400-500 Wissenschaftsblogs auszugehen.

Es ist zudem schwierig, neben der Anzahl der Weblogs den Etablierungsgrad der jeweiligen Blogs zu definieren und eine Rangordnung der wichtigsten und reichweitenstärksten (Einzel-) Wissenschaftsblogs in Deutschland zu listen. In der Blogosphäre gibt es keine Transparenz hinsichtlich der jeweiligen Reichweite eines Weblogs in Bezug auf Anzahl der Besucher und Seitenabrufe. Es bleibt dem Weblogbetreiber vorbehalten, diese zu kommunizieren. Zudem sind der Etablierungsgrad und die Wichtigkeit eines Wissenschaftsblogs nicht nur auf die Reichweite zurückzuführen. Ein Wissenschaftsblog kann zum Beispiel eine hohe Reichweite erzielen, jedoch innerhalb der wissenschaftlichen Blogosphäre als geringfügig eingeschätzt werden. Weitere Größen, die in Bezug auf den Etablierungs- und Wichtigkeitsgrad eines Wissenschaftsblogs ins Gewicht fallen, sind: die Anzahl der Kommentare, die Bestandsdauer des Weblogs, die Beitragsfrequenz und die Fähigkeit des Blogs, in „Social Networks" Resonanz hervorzurufen (z. B. Twitter-Erwähnungen und Verlinkungen des Artikels durch Leser des Weblogs sowie externe Verlinkungen von anderen Wissenschaftsbloggern oder redaktionellen Wissenschaftsseiten auf das Blog).

Die wissenschaftliche Blogosphäre begann ca. 2006, sich in Deutschland zu entwickeln und zu etablieren. Erste etablierte Einzelblogs rund um 2006 sind z. B. das „Fisch-blog"[71] des Chemikers Lars Fischer (späterer Chefredakteur von Scilogs.de), das Blog „Wissenswerkstatt"[72] des Wissenschaftssoziologen und Wissenschaftsjournalisten Marc Scheloske (späterer Chefredakteur von Scienceblogs.de), das Blog „Viralmythen"[73] des Soziologen Benedikt Köhler, „Tiefes

---

71 http://fisch-blog.blog.de
72 http://www.wissenswerkstatt.net/.
73 http://blog.metaroll.de.

2.3 Wissenschaftsblogs in Deutschland

Leben"[74] des Paläontologen Björn Kröger und „Hinterm Mond gleich links"[75] der Planetologin Ludmila Carone (vgl. dazu auch Leßmöllmann 2007: 19). Eine erste Aggregierungsinitiative von Wissenschaftsblogs wurde durch das Blog hardbloggingscientist.de hervorgerufen. Das Blog entstand im Februar 2006 im Umfeld des Deutschen Forschungszentrums für künstliche Intelligenz (DFKI). Mittels einer Grafik, die man in das eigene Weblog einbauen kann, konnte man sich in dieses Netzwerk einklinken und am Austausch mit gleichgesinnten wissenschaftlichen Bloggern teilnehmen. Teilnehmende Wissenschaftsblogger mussten sich einem Harblogging-scientist-Manifest „verpflichten".[76]

2008 entwickelten sich die ersten Aggregierungsplattformen für Wissenschaftsblogs, die voraussetzen, dass der Wissenschaftsblogger mit seinem Einzelblog in das respektive Netzwerk einzieht. Die zwei größten und etabliertesten Wissenschaftsblogaggregierungsportale sind ScienceBlogs.de[77], das zu der amerikanischen Muttersite ScienceBlogs.com gehört und in Deutschland in Kooperation mit Hubert Burda Media aufgebaut wurde, und Scilogs[78], eine Wissenschaftsblogplattform des Spektrum der Wissenschaft Verlages. Scilogs ist in die fünf Sparten Brainlogs, ChronoLogs, KosmoLogs, WissensLogs und TechLogs unterteilt (vgl. dazu auch Leßmöllmann 2007: 20).

In diesen beiden Netzwerken befindet sich aktuell der größte Teil von Wissenschaftsblogs in Deutschland (ScienceBlogs 35; Scilogs 80), und beide Plattformen weisen nach Reichweite und den oben aufgelisteten Indikatoren den höchsten Etablierungsstand auf. Ein großer Teil, insbesondere der frühen Wissenschaftsblogs, ist in diese beiden Netzwerke eingezogen. Weiterhin gibt es eine Vielzahl von wissenschaftlichen Einzelblogs, von denen viele im „Wissenschafts-Café" zu finden sind. Das Wissenschafts-Café beschreibt sich selber als „Treffpunkt von bloggenden Wissenschaftlern. Blogs, die bislang nur für Insider auffindbar waren, sollen von nun an hier etwas prominenter präsentiert werden."[79] Das Wissenschafts-Café gibt kontinuierlich „Wissenschaftsblogcharts" heraus, die

---

74 http://www.tiefes-leben.de.
75 http://www.scienceblogs.de/planeten/.
76 I am a hard bloggin' scientist. This means in particular: 1. I believe that science is about freedom of speech. 2. I can identify myself with the science I do. 3. I am able to communicate my thoughts and ideas to the public. 4. I use a blog as a research tool. That means in particular, that I – express my thoughts –, get in contact with others,- have a sketch of my process online –, get feedback and new ideas from others. 5. I trust myself. 6. I surf a lot and I read a lot. 7. I blog once in a day/week/month. 8. I give comments once in a day/week/month on other blogs. 9. I am self-aware and critical. 10. I refer to the people who done the work first. 11. I give love and respect to the people. (http://www.hardbloggingscientists.de/mitmachen/; geprüft 20.3.2010).
77 http://www.scienceblogs.de.
78 http://www.scilogs.de.
79 http://www.wissenschafts-cafe.de.

früher auf Basis von Technorati erstellt wurden und aktuell Anleihe an wikio[80] nehmen, einem Dienst, der wie Technorati auf Basis von externen Verlinkungen Ranglisten erstellt[81].

Weiterhin gibt es, wie unter Abschnitt 2.3.3 angeführt, wissenschaftliche Institutsblogs. Ein Beispiel ist das IAO-Blog (Fraunhofer-Gesellschaft)[82] oder das Columbus-Blog (DLR).[83]

Im Gegensatz zu anderen Ressorts, gibt es im Prinzip keine Wissenschaftsblogs, die direkt auf der redaktionellen Seite eines Leitmediums online integriert sind und von der Redaktion geführt werden. Eine Ausnahme ist Planckton[84] der FAZ-Wissenschaftsredaktion.

2.3.6 Stand der Forschung zu Wissenschaftsblogs

Wie unter Abschnitt 2.3.1 skizziert besteht erst rudimentäre wissenschaftliche Forschung zu dem Themenfeld „Wissenschaftsblogs". In diesem Abschnitt wird daher mit den bereits vorhandenen Materialien gearbeitet. Dieses sind partiell selbstreferenzielle Beiträge der wissenschaftlichen Blogosphäre.

Tola (vgl. Tola 2008) weist daraufhin, dass Wissenschaftsblogs von Wissenschaftlern genutzt werden können, um informell mit Kollegen über die Fachgrenzen hinweg und mit der (Laien-)Öffentlichkeit zu kommunizieren. Weiterhin bieten Wissenschaftsblogs für den bloggenden Forscher die Möglichkeit, „Feedback" auf die eigene Arbeit und dadurch Inspiration für die eigene Forschung zu erhalten.

Köhler (vgl. Köhler 2007: 9) weist insbesondere auf die Möglichkeiten von Wissenschaftsblogs als einer Form von Wissensmanagement in Form eines Feldtagebuchs hin, z. B. als Möglichkeit für den Promovenden, durch das Führen eines Blogs eigene Gedanken zu strukturieren und zu archivieren und sich mit anderen Wissenschaftlern zu vernetzen (vgl. auch Efimova 2009; 2010).

Leßmöllmann (Leßmöllmann 2007; 2008; 2009) hat in ihren Beiträgen den diskursiven Charakter, die Subjektivität und die „Nahöffentlichkeit" (2009:19) von Wissenschaftsblogs herausgestellt und beschreibt „Wissenschaftliche Weblogs" als eine „dialogisch-reflexive Form des wissenschaftlichen Publizierens, die den Leser direkt anspricht und einbezieht" (2009: 20).

---

80 http://www.wikio.de/.
81 http://www.wissenschafts-cafe.net/category/blogcharts/.
82 http://blog.iao.fraunhofer.de/.
83 http://www.dlr.de/desktopdefault.aspx/tabid-4644/.
84 http://faz-community.faz.net/blogs/planckton/archive/2010/02/18/listerien-skandal-die-unter schaetzte-gefahr.aspx.

2.3 Wissenschaftsblogs in Deutschland

Scheloske (vgl. Scheloske 2008)[85] postuliert in seinem Blog „Wissenswerkstatt", dass die Vorzüge von Wissenschaftsblogs gegenüber Wissenschaftsjournalismus in Aktualität, Schnelligkeit, Authentizität und Flexibilität liegen. Weiterhin weist er wie Tola (vgl. Tola 2008) auf die „Feedback"-Möglichkeiten der Laien und die Vernetzungsmöglichkeiten mit anderen Wissenschaftlern hin.

Brumfiel (vgl. Brumfiel 2009: 274) zeigt in der Nature-Ausgabe vom März 2009 einen allgemeinen Entwicklungstrend von Wissenschaftsblogs auf. Angesichts der Medienkrise werden immer weniger Wissenschaftsjournalisten beschäftigt, und die Abhängigkeit von kostengünstigen Recherchemöglichkeiten wie Öffentlichkeitsabteilungen der Wissenschaftsorganisationen steigt. Wissenschaftsjournalisten greifen daher verstärkt auf Wissenschaftsblogs zurück. Leßmöllmann (vgl. Leßmöllmann 2008: 559; 2007: 19) zeigt in diesem Kontext auf, dass Wissenschaftsblogs keine Primärquelle für den Wissenschaftsjournalisten darstellen, aber Inspiration für die Themenfindung bieten können.

In einem Artikel des Economist vom September 2008[86] wurden Vergleiche zwischen den Möglichkeiten des Web 2.0 und Peer-Review-Verfahren angestellt. Da Peer-Review-Verfahren langwierig und teuer sind und keine Möglichkeiten einer Debattenkultur bieten, wurde Potenzial in Wissenschaftsblogs gesehen, einen internationalen Diskurs und Interdisziplinarität zu fördern.

Erste empirische Erhebungen zeigen auf, dass Wissenschaftsblogs und weitere Anwendungen des Web 2.0 bisher wenig von der „Scientific Community" genutzt werden, diese jedoch aufgeschlossen bzw. neutral den Entwicklungen des Web 2.0 gegenüberstehen. In der Trendstudie „Wissenschaftskommunikation 2009" (Gerber 2009[87]) wurden die teilnehmenden Wissenschaftler auch nach ihrer Einschätzung zu Wissenschaftsblogs befragt. Der Tenor war, dass die meisten Wissenschaftler keinen direkten Mehrwert in Weblogs sehen und der Möglichkeit eines direkten „Feedbacks" aus der Öffentlichkeit wenig Relevanz zuschreiben. Auf der anderen Seite wurde diese Entwicklung auch nicht negativ gesehen, sondern relativ neutral eingeschätzt. Der größte Teil der befragten Wissenschaftler nutzte 2009 in Deutschland noch keinen Blog.

---

85 Scheloske, Marc (2008) Demokratisierung der Wissenschaftskommunikation durch wissenschaftliche Blogs – Wege in eine „wissenschaftsmündige" Gesellschaft. Online Publikation. (Weblog). URL: http://www.wissenswerkstatt.net/2008/03/14/delmokratisierung-der-wissenschaftskommunikation-durch-wissenschaftliche-blogs-wege-in-eine-wissenschaftsmuendige-gesellschaft/ (geprüft 30.11.2008).

86 O.V., „User-generated science: Web 2.0 tools are beginning to change the shape of scientific debate" Economist, 18.9.2008. URL: http://www.economist.com/node/12253189?story_id=12253189 (geprüft 3.2.2009).

87 Gerber, Alexander (2009): Trendstudie Wissenschaftskommunikation 2009. Die Auswirkungen der Wirtschafts- und Medienkrise, Forum Wissenschaftskommunikation 1.12.2009, Bremen.

Zu partiell ähnlichen Ergebnissen kommt eine Studie des Research Information Network vom Juli 2010[88], die die Verbreitung von Web 2.0 Formaten, insbesondere „Wikis", File-Sharing-Plattformen, Weblogs und „Social Networks" unter Forschern in Großbritannien untersucht hat. Ziel war es, eine erste Einschätzung zu bekommen, inwieweit Web-2.0-Anwendnungen genutzt werden, welche Faktoren Forscher an der Nutzung hindern und wie diese von den Forschern eingeschätzt werden. Die Kernergebnisse der Studie haben gezeigt, dass ein großer Teil der Forscher zumindest sporadisch einen der Web-2.0-Dienste im Zusammenhang mit der eigenen wissenschaftlichen Arbeit nutzt. Insbesondere wird die Nutzung von „Social Networks" herausgestellt. Die Gründe dafür bestehen darin, die eigene Arbeit zu kommunizieren, Netzwerke und Beziehungen aufzubauen und zu pflegen und sich darüber zu informieren, woran andere Wissenschaftler forschen. Jedoch wird auf der anderen Seite herausgestellt, dass die Anwendungen selten intensiv genutzt werden, und einige Forscher sehen die Formate sogar als Zeitverschwendung oder als gefährlich an und haben Vorbehalte gegenüber der Qualität.

2.3.7 Zusammenfassung und Fazit

In diesem Kapitel wurden, aufbauend auf Kapitel 2.1 (Wissenschaftskommunikation) und 2.2 (Web 2.0), Wissenschaftsblogs definiert, und in Vorbereitung auf die Empirie der Untersuchungsgegenstand „Wissenschaftsblogs in Deutschland" dargestellt.

Potenziale von Wissenschaftsblogs in der Wissenschaftskommunikation sind bereits selbstreferenziell von der wissenschaftlichen Blogosphäre und in Fachbeiträgen aufgezeigt. Es wurde jedoch deutlich, dass die Forschung sich bisher weder theoretisch-konzeptionell Wissenschaftsblogs gewidmet, noch das Forschungsfeld systematisch aus den angrenzenden Forschungsfeldern „Wissenschaftskommunikation" und „Web 2.0" erarbeitet, theoretisch fundiert, definiert und eingeordnet hat. Weiterhin fehlt eine empirische Überprüfung der skizzierten Annahmen und den daraus resultierenden Potenzialen für die Wissenschaftskommunikation.

Auf Basis von Kapitel 2.1, 2.2 und 2.3 kann auf einer theoretischen Ebene bereits eine Veränderung der Wissenschaftskommunikation durch den Einfluss von Web 2.0 in Form von Wissenschaftsblogs an dieser Stelle aufgezeigt werden und die unter Abschnitt 2.3.6 dargestellten Potenziale theoretisch-strukturell bestätigt werden. Die geschlossenen formalisierten Strukturen der Wissenschaftskommu-

---

88 „If you build it, will they come? How researchers perceive and use web 2.0" Juli 2010, Research Information Network, UK. URL: http://www.rin.ac.uk/web-20-researchers (geprüft 30.7.2009).

2.3 Wissenschaftsblogs in Deutschland

nikation (vgl. Kapitel 2.1.2) werden über die Nutzung von Wissenschaftsblogs aufgebrochen.

Die in diesem Kapitel vorgenommene Definition von Wissenschaftsblogs macht deutlich, dass sowohl von Wissenschaftlern, als auch von Wissenschaftsjournalisten geführte Weblogs, als Wissenschaftsblogs klassifiziert werden. Es entstehen vor dem Hintergrund dieser Klassifikation neue Kommunikationsstrukturen aus der Möglichkeit heraus, dass sowohl der Wissenschaftler als auch der Wissenschaftsjournalist über Wissenschaftsblogs mit Wissenschaftlern, Wissenschaftsjournalisten und Laien kommunizieren kann. Es gilt in einem nächsten Schritt zu beantworten, wie diese neuen Kommunikationsstrukturen neben den detailliert herausgearbeiteten klassischen Wissenschaftskommunikationsstrukturen (Binnen- und Außenkommunikation, vgl. Kapitel 2.1.2) einzuordnen sind.

Weiterhin verändert sich die Kommunikation im Vergleich zu der massenmedialen Kommunikation, durch die neuen Nutzungsoptionen die Wissenschaftsblogs bieten. Die Definition von Wissenschaftsblogs hat deutlich gemacht, dass der thematische Fokus von Wissenschaftsblogs auf „wissenschaftlichen" Themen liegt. Wie dargelegt und in Kapitel 2.2 als Entstehung neuer Öffentlichkeiten debattiert, kommt es jedoch zu einer Vermischung von privaten und fachlichen Informationen in Wissenschaftsblogs. Es können Inhalte publiziert werden, die ein professionell-redaktionelles „Gatekeeping" umgehen.

Weiterhin wurde deutlich, dass der Kommunikator nicht mehr in professionell-redaktionelle Strukturen eingebettet ist und eine Qualitätsgarantie dieser Beiträge somit nicht vor der Publikation durch eine Redaktion verifiziert ist. Vor diesem Hintergrund stellt sich die Frage, wie sich diese Inhalte neben dem redaktionell-professionellen Wissenschaftsjournalismus behaupten können und ob Wissenschaftsblogs in der Wissenschaftskommunikation eine sinnvolle Funktion ausfüllen können, der auch von der Fachöffentlichkeit Relevanz zugeschrieben wird.

Über die erweiterten Nutzungsoptionen und die Kommentierungsmöglichkeiten findet zudem partiell eine bi-direktionale Kommunikation in Wissenschaftsblogs statt. Die neuen Nutzungsmöglichkeiten implizieren, dass sich das Laientum durch Kommentierungen öffentlich zu Wort melden kann und somit auch in den Wissenschaftskommunikationsprozess aktiv eingebunden ist. Zudem wurde deutlich, dass die Kommunikation über Wissenschaftsblogs nicht mehr linear verläuft sondern, wie Netzwerkanalysen in Kapitel 2.2 gezeigt haben, eine beschleunigte, vernetzte Kommunikation über (Wissenschafts-)Weblogs stattfindet.

Welche Implikationen haben diese veränderten Kommunikationsstrukturen für die Wissenschaftskommunikation und den Wissenschaftsbetrieb? In einem weiteren Forschungsschritt gilt es somit empirisch herauszufinden, welche der neuen Kommunikationsstrukturen/-wege primär über die Nutzung von Wissenschaftsblogs aus der Perspektive von Wissenschaftlern, Wissenschaftsjournalisten und Laien präferiert werden und welche Form von Kommunikation in diesen Strukturen stattfindet. Weiterhin muss beantwortet werden, welche Funktion und welches Potenzial für die Wissenschaftskommunikation die Kommunikation über Wissenschaftsblogs birgt.

Im empirischen Teil dieser Arbeit wird sich daher der Frage gewidmet, wie die neuen Kommunikationsmöglichkeiten in der Wissenschaftskommunikation eingesetzt werden und wie sich die veränderte Kommunikation in der Mediennutzung von Wissenschaftlern, Wissenschaftsjournalisten und Laien widerspiegelt.

2.4 Mediennutzung

2.4.1 Einleitung

Nachdem in den Kapiteln 2.1., 2.2 und 2.3 das Forschungsfeld definiert und eine Veränderung der Wissenschaftskommunikation durch den Einfluss des Web 2.0 in Form von Wissenschaftsblogs theoretisch erarbeitet wurde, erfolgt, wie unter Kapitel 2.3 skizziert, das weitere Vorgehen zur Beantwortung der Forschungsfragen empirisch über eine Mediennutzungsanalyse von Forschern, Wissenschaftsjournalisten und Laien.

Die Zielsetzung der Mediennutzungsanalyse ist es, Indikatoren zu bilden (Beantwortung der Forschungsfragen 2 und 3), um die Fragen nach der Funktion, dem Potenzial und den entstehenden Kommunikationsstrukturen und deren Form beantworten zu können (Forschungsfrage 4 und 5).

Das vierte Kapitel dieser Forschungsarbeit beschäftigt sich daher im Kontext des weiteren methodischen Vorgehens mit theoretischen Ansätzen der Mediennutzung, die zum einen in Bezug auf den Forschungsgegenstand „Web 2.0" und zum anderen in Hinsicht auf die Forschungsfragen interpretativ erweitert werden müssen.

Im Rahmen dieser Zielsetzung seien im Folgenden einige Erklärungen zu den Modellen der Mediennutzung gegeben, welche die theoretische Basis der Mediennutzungsanalyse bilden. Um auf die Funktionen und Potenziale von Wissenschaftsblogs in der Wissenschaftskommunikation zu schließen, ist es wichtig, die Motive der Nutzung zu ergründen. „Funktion" bezeichnet im allgemeinen Sprachgebrauch die mögliche Zweckerfüllung eines Gegenstandes. Auf den Forschungsgegenstand bezogen, kann „Funktion" als die Zweckinstrumentalisierung eines Mediums aus der Perspektive des Nutzers interpretiert werden, um ein Bedürfnis

2.4 Mediennutzung

zu befriedigen.[89] Der Kern des empirischen Teils dieser Forschungsarbeit ist daher, die Motive hinter der Nutzung von Wissenschaftsblogs zu ergründen.

Zum anderen ist das Ziel dieser Forschungsarbeit, eine Veränderung der Kommunikationsstrukturen durch den Einfluss des Web 2.0 in der Wissenschaftskommunikation zu explorieren und zu erforschen, welche neuen Kommunikationsstrukturen entstehen und wie diese eingesetzt werden.

Wie bereits in Kapitel 2.1 dargestellt, besteht die klassische Außenkommunikationskette aus Wissenschaftler, Wissenschaftsjournalisten und Laien[90] (vgl. Kapitel 2.1). Durch das Web 2.0 und Wissenschaftsblogs (vgl. Kapitel 2.2) sind neue Kommunikationswege innerhalb der „Scientific Community" und in der Außenkommunikation möglich (vgl. Kapitel 2.3). Der Wissenschaftler kann direkt aus der Forschung kommunizieren. Das Wissenschaftsblog (erstellt von einem Wissenschaftler oder Wissenschaftsjournalisten, vgl. Kapitel 2.3) kann sowohl von der Fachöffentlichkeit (Wissenschaftler und Wissenschaftsjournalisten) als auch von der (Laien-)Öffentlichkeit rezipiert werden. Um auf die Kommunikationsstrukturen der Nutzung schließen zu können und zu erforschen, welche neuen Strukturen von welcher Gruppe am meisten genutzt werden, ist es elementar, die drei Akteursgruppen der Wissenschaftskommunikation als einzelne Gruppen in Bezug auf ihre Nutzung von Wissenschaftsblogs zu untersuchen.

Hinsichtlich dieser zwei Aspekte ist der theoretische Zugang zum empirischen Teil der Arbeit zu verstehen, der sich auf den Uses-and-Gratifications-Ansatz (vgl. Blumler/Katz 1974) und das Lebensstil-Konzept (vgl. Rosengren 1987; 1994) begründet.

Der Uses-and-Gratifications-Ansatz ermöglicht es, die Motive hinter der Nutzung von Medien zu ergründen. Auf Basis dieses Ansatzes können Motivkataloge der Fach- und (Laien-)Öffentlichkeit bezüglich der Nutzung von Wissenschaftsblogs erforscht werden, die vor dem Hintergrund des Kapitels 2.1 Aufschluss geben können, welche Funktion Wissenschaftsblogs in der Wissenschaftskommunikation übernehmen und welches Potenzial sie implizieren (vgl. Abschnitt 1.2, Forschungsfrage 4).

Der zweite theoretische Ansatz der Mediennutzung begründet sich auf dem Lebensstil-Konzept von Rosengren, der postuliert, dass positionelle Merkmale wie z. B. der Beruf Einfluss auf die Mediennutzung haben. Vor diesem Hintergrund werden die drei Akteursgruppen Wissenschaftler, Wissenschaftsjournalisten und Laien durch das Merkmal „Beruf" getrennt und einzeln untersucht. Eine Einordnung von Wissenschaftsblogs kann somit aus der Perspektive der drei

---

89 Meyen (vgl. Meyen 2004: 161) spricht auch dezidiert von den Funktionen von Medien, denen er Motive der Nutzung wie Unterhaltung und Überblickswissen zuordnet (vgl. Abschnitt 2.4.6.2).

90 Die Gruppe der PR-Vertreter wird in dieser Arbeit nicht mit einbezogen, da Institutsblogs, von PR-Vertretern geführt, zum Zeitpunkt der Forschungsarbeit marginal präsent waren.

Akteursgruppen der Wissenschaftskommunikation vorgenommen werden. Weiterhin ermöglicht die Trennung der drei Gruppen eine Einordnung von Wissenschaftsblogs in die Binnen- und Außenkommunikation der Wissenschaftskommunikation bzw. in die Erforschung neuer Kommunikationsebenen und Kommunikationsstrukturen (vgl. Abschnitt 1.2, Forschungsfrage 4).

2.4.2 Struktur und Vorgehensweise

In diesem Abschnitt wird der Uses-and-Gratifications-Ansatz systematisch vor dem Hintergrund des Web 2.0 erarbeitet und die bestehenden Module interpretativ an den Forschungsgegenstand angepasst. Es wird sich zudem jeglichen Aspekten gewidmet, die eine systematische Erstellung von Motivkatalogen ermöglichen, die dem Forschungsgegenstand „Web 2.0" gerecht werden.

Neben der Darstellung von Theorie und Kritik am Uses-and-Gratifications-Ansatz wird der klassische Motivkatalog von McQuail (vgl. McQuail 1983) dargestellt, der als Orientierungsrahmen für die Auswertung des empirischen Teils fungiert. Weiterhin werden mögliche Motiverweiterungen im Web 2.0 systematisch ergründet. Dies erfolgt über eine Erweiterung des Aktivitätsbegriffs im Uses-and-Gratifications-Ansatz im Kontext des Web 2.0 und über eine Darstellung möglicher neuer Motive aus (sozial-) psychologischer Perspektive. Zudem wird sich dem Lebensstil-Konzept gewidmet und mit Hinblick auf das Forschungsdesign eine Reduktion auf die positionellen Merkmale theoretisch konstruiert.

Im Folgenden werden die einzelnen Schritte der Vorgehensweise kurz angerissen, um den Gedankengang des Forschungsansatzes verstehen zu können. Die bestehenden motivationalen Ansätze der Mediennutzung beziehen sich auf Medienformate aus der Massenkommunikation. Im Kontext des Web 2.0 und angesichts des Forschungsgegenstandes „Wissenschaftsblog" müssen die veränderten Gegebenheiten diskutiert werden. Besonderes Merkmal des Web 2.0 ist, dass auch der Nutzer (als Leser/Konsument eines Weblogs) selber aktiv werden kann (vgl. Kapitel 2.2) im Sinne von Publizieren (eigene Inhalte produzieren) und Vernetzen (auf andere Weblogs/Seiten im Internet verlinken).

Es folgt daher eine Darstellung und Diskussion des Aktivitätsbegriffs im Uses-and-Gratifications-Modell und eine Erweiterung um den „Prosumer"- und „Producer"-Gedanken (vgl. Toffler 1980, Guenther/ Schmidt 2008). Zudem werden die Nutzungsoptionen des Weblognutzers im Detail auf einer praktischen Ebene erläutert und anhand des Beispiels der Nutzungspraktiken in Form von Identitätsmanagement, Informationsmanagement und Beziehungsmanagement veranschaulicht (vgl. Schmidt 2006:71-95). Die Darstellung der neuen Handlungsoptionen bildet den Rahmen zur Diskussion und Erweiterung der Motive,

2.4 Mediennutzung

die hinter der Nutzung stehen. Es werden keine weiteren handlungstheoretischen Ansätze, die sich verstärkt auf die Aktivität/Interaktion der Nutzer konzentrieren, integriert, da es Ziel dieser Arbeit ist, die Bedürfnisse/Motive der Nutzung von Wissenschaftsblogs herauszuarbeiten. Die „Bedürfnis-Befriedigungs"-Struktur des Modells wird daher beibehalten, jedoch werden die bestehenden Modulen interpretativ an den Forschungsgegenstand angepasst.

Die erweiterten Nutzungsoptionen implizieren, dass der klassische Motivkatalog der Massenmedien um neue „Grundbedürfnisse" der Menschen, die zur Hinwendung zu einem Medium führen, erweitert werden muss. Auf dieser Basis erfolgt die Darstellung der menschlichen Bedürfnisse und der klassischen Mediennutzungsmotive. Die Basis bildet der klassische (Standard-)Motivkatalog von McQuail (vgl. McQuail 1983) aus den 80er Jahren, der als Orientierungsrahmen der Auswertung des empirischen Teils fungiert. Es werden zudem aktuelle sozialpsychologische Erkenntnisse aufgezeigt, die Erklärungsansätze für eine Erweiterung des Motiv-Katalogs aufgrund neuer Aktivität des Nutzers bieten.

Weiterhin wird das Lebensstil-Konzept von Rosengren dargestellt, das die strukturellen, positionellen, individuellen und sozialen Merkmale in der Mediennutzung berücksichtigt und postuliert, dass die Mediennutzung u.a. durch die positionellen Merkmale wie Alter, Geschlecht, Beruf oder Bildung determiniert ist. Das Lebensstil-Konzept eröffnet die Möglichkeit, die theoretische Basis zu schaffen, sich neben den Motiven der Mediennutzung dem Einfluss des Berufes zu widmen und dadurch die drei Gruppen der Wissenschaftskommunikation zu unterscheiden.

Im Rahmen dieser Forschungsarbeit wird neben einer perspektivisch getrennten Anwendung beider Modelle zudem eine Zusammenführung des kontextuellen und motivationalen Ansatzes vorgenommen und das Interdependenzverhältnis beider Modelle analysiert. Eine Zusammenführung beider Modelle und die Implikationen dieser Zusammenführung werden im Schlussteil vor dem Hintergrund der empirischen Erhebungen analysiert und diskutiert.

Im letzten Abschnitt dieses Kapitels werden aktuelle empirische Daten zu Mediennutzungsmotiven für die Nutzung von Web 2.0 und Weblogs sowie Mediennutzertypen des Web 2.0 dargestellt.

2.4.3 Das Uses-and-Gratifications-Modell

Es gibt verschiedene Ansätze und Modelle, die versuchen, die Hinwendung von Menschen zu Medien, also Mediennutzung, zu erklären. Die Erklärungsansätze reichen von habitualisiertem oder ritualisiertem Handeln bis zu motivationalen Ansätzen.

Es gibt kein Modell, das alle Faktoren, welche die Mediennutzung beeinflussen können, systematisch berücksichtigt. Jedoch haben sich Erklärungsansätze, die Mediennutzung als passiven Akt verstehen, in denen der Mensch den Medien „ausgeliefert" ist, gegenüber motivationalen Ansätzen der Mediennutzung nicht behaupten können. Konzentrierte sich die Forschung anfänglich auf eine medienzentrierte Sicht der Medienrezeption und Nutzung, die sich in massenmedialer Wirkungsforschung (vgl. Maletzke 1963[91]) und Modellen wie dem Stimulus-Response-Modell (vgl. Schenk 1978: 16; Naschold 1973: 17)[92] ausdrückte, sind inzwischen der Rezipient und die Perspektive des Publikums in den Blickpunkt der Forschung geraten, was auch als Paradigmenwechsel in der Wirkungsforschung angesehen wird (vgl. Renckstorf 1977: 10ff.; Katz/Foulkes 1962: 378; Jäckel 2005). Aus der publikumszentrierten Sicht hat sich gezeigt, dass Mediennutzung sowohl ein gewohnheitsbestimmtes und habituelles Handeln als auch ein instrumentelles Handeln darstellt. Gründe der Nutzung sind nicht abstrakte, rationale Bildungsinteressen, sondern Bedürfnisse, die sich aus einer sozialen und psychologischen Situation ergeben (vgl. Meyen 2004: 15).

Als zentrales theoretisches Modell der Arbeit wird aus dem Bereich der motivationalen Ansätze der Uses-and-Gratifications-Ansatz gewählt (vgl. Vorderer 1996: 310-326; Wünsch 2002: 15-48; Blumler/Katz 1974; Schenk 2002: 627-690). Ursprünglich wurde der Ansatz von Blumler und Katz 1974 in Bezug auf die Nutzung von Massenmedien konkretisiert (vgl. Blumler/Katz 1974), obwohl sich bereits Forschungsansätze in den frühen 40er Jahren um eine lose Gruppe um Paul F. Lazarsfeld und Robert K. Merton (vgl. Lazarsfeld 1940) abzeichneten. Der Uses-and-Gratifications-Ansatz wird jedoch dezidiert für die Erforschung neuer Medien in ihrer Etablierungsphase vorgeschlagen (vgl. Ruggiero 2000).

Der Uses-and-Gratifications-Ansatz geht von einem aktiven Publikum aus, das die Medien nutzt, um die eigenen Bedürfnisse zu befriedigen. Das Modell gehört somit zu den handlungstheoretischen Ansätzen der Mediennutzung.[93] Auf

---

91 Maletzke beschreibt Medienwirkung als „sämtliche beim Menschen zu beobachtenden Verhaltens- und Erlebnisprozesse, die darauf zurückführen sind, dass der Mensch Rezipient im Felde der Massenkommunikation ist." (Maletzke 1963: 189)
92 Schenk fasst das Stimulus-Response-Modell der Massenkommunikation folgendermaßen zusammen „Diese Theorie behauptet, dass sorgfältig gestaltete Stimuli jedes Individuum der Gesellschaft über die Massenmedien auf die gleiche Weise erreichen, jedes Gesellschaftsmitglied die Stimuli in der gleichen Art wahrnimmt und als Ergebnis eine bei allen Individuen ähnliche Reaktion erzielt wird. Der Inhalt der Kommunikation und die Richtung des Effekts werden in der direkten Stimulus-Response-Theorie gleichgesetzt." (Schenk 1978: 16)
93 Vorderer klassifiziert den Umgang mit Medien im Verhältnis zu Person, Situation und Medienangebot entweder als „Handlung" oder als „Verhalten" (vgl. Vorderer 1992: 36). „Verhalten" steht für jede Regung des menschlichen Organismus, „Handeln" bezeichnet ein Verhalten, das bewusst auf ein Ziel ausgerichtet ist.

2.4 Mediennutzung

Basis dieser Theorie können Motivexplorationen vorgenommen werden und Motivkataloge erstellt werden.

Die zentralen Begriffe des Uses-and-Gratifications-Ansatzes sind „Motiv", „Gratifikation" und „Bedürfnis". Im Folgenden wird eine kurze Definition dieser Begriffe vorgenommen, da die Begriffe in der Literatur teilweise synonym verwendet werden.

Die Begriffe „Bedürfnis" und „Motiv" sind beides Mangelzustände, die ein Individuum überwinden möchte. Während das Bedürfnis ein Mangelzustand ist, der uns in allgemeine Handlungsbereitschaft versetzt, ist ein Motiv ein gezieltes Mangelgefühl, gerichtet auf einen bestimmten Zustand. Motive initiieren unser Denken und unser Handeln (vgl. Asanger/Wenninger 1994: 9f.). Gratifikation steht von der Bedeutungskonnotation dem englischen Wort „gratifications" nahe und kann als befriedigtes Bedürfnis beschrieben werden. Das heißt im Kontext der Mediennutzung, dass Bedürfnisse der Nutzer als „Motiv für ein Befriedigungshandeln kausal wirksam" werden (Schenk 2002: 627).

Die Handlung wird von einem Abwägungsprozess begleitet, der die Kosten und den Nutzen der Handlung in Betracht zieht. Medien stehen nach dieser Theorie nicht nur untereinander in Konkurrenz um Zeit und Aufmerksamkeit des Nutzers, sondern auch in Konkurrenz zu Alternativen der Bedürfnisbefriedigung. Die Hinwendung zu einem Medienformat muss nicht nur auf ein einzelnes Motiv zurückzuführen sein, sondern kann aus verschiedenen Motiven erfolgen und eine Palette von Bedürfnissen befriedigen (vgl. Meyen, 2004: 17). Weiterhin können unterschiedliche Motive bei verschiedenen Rezipienten bei dem gleichen Medium zugrunde liegen (vgl. Burkart 2002: 222).

Palmgreen (Palmgreen 1984) erweitert den Uses-and-Gratifications-Ansatz um die Erwartungen des Nutzers an die Medien auf Basis der „Erwartungstheorie" von Fishbein (vgl. Fishbein, 1963: 233-240). Motive für die Mediennutzung werden demnach von Erwartungen und Bewertungen beeinflusst (vgl. Palmgreen 1984: 54-56). Die Nutzungserfahrungen in Bezug auf ein Medium werden den Eigenschaften des Mediums zugeschrieben und verifizieren oder korrigieren die Erwartungen gegenüber diesem Medium. Sind die erhaltenen Gratifikationen größer als die ursprünglich gesuchten, ist von einer hohen Rezipientenzufriedenheit auszugehen und vice versa. Routiniertes Mediennutzungsverhalten ist somit auf die Erwartung von Inhalten bei bestimmten Formaten und Medien zurückzuführen.

Abbildung 8: Uses-and-Gratifications-Ansatz

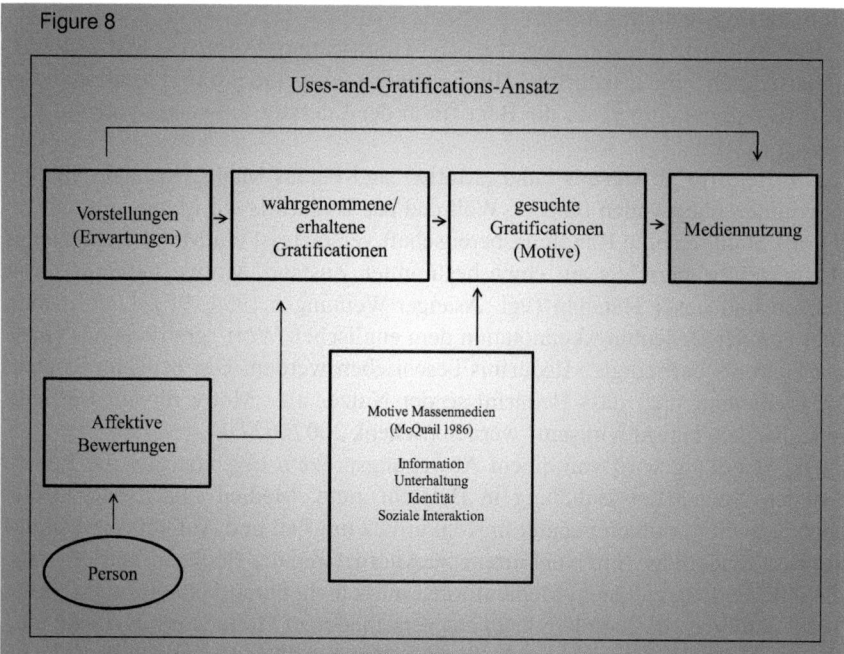

Quelle: Eigene Darstellung in Anlehnung an Meyen (2004: 18) in Bezug auf Palmgreen (1984: 54-56).

2.4.3.1 Kritikpunkte am Uses-and-Gratifications-Modell

Die Uses-and-Gratification-Theorie wurde aus unterschiedlichsten Gründen kritisiert. Die meisten Kritikpunkte weisen auf die Vereinfachung und Reduzierung menschlichen Handelns und der Mediennutzung sowie auf Bedürfnisse und Motive hin, ohne Medieninhalte, weitere psychologische Faktoren, gesellschaftliche Bedingungen, latente Bedürfnisse und den sozialen Kontext in Betracht zu ziehen.

Merten fasst die Kritik am Uses-and-Gratifications-Ansatz in folgenden sechs Punkten zusammen: kein einheitlicher Theorie-Entwurf, bezweifelbare Aktivität der Nutzer nach funktionalen Erfordernissen, ausschließlicher Fokus auf die Rezipientensicht, Theorielosigkeit, keine einheitliche Klassifizierung von Gratifikationen und Anzweiflung der Ausdrucksmöglichkeit von Gratifikationen (vgl. Merten, 1984: 66-72).

Meyen weist weiterhin auf die Kritikpunkte an dem Handlungskonzept und an der instrumentellen Perspektive des Ansatzes hin (vgl. Meyen 2004: 16-18). Mediennutzung kann stattdessen aus einer ritualisierten, habitualisierten Per-

2.4 Mediennutzung

spektive begutachtet werden, die auf Basis von Gewohnheiten und Gelegenheiten erfolgt. Weiterhin kann Mediennutzung als kulturelle Handlung interpretiert werden, die nur dem Selbstzweck und dem kommunikativen Vergnügen dient und kein höheres Ziel anstrebt. Zudem bleibt die Frage offen, inwieweit Menschen über Bedürfnisse und Motive reflektieren und sich der Beweggründe Ihres Handelns bewusst sind und, falls dieses gegeben ist, die wahren Gründe auch kommunizieren würden (vgl. Zillmann 1994: 42f.).

Ronge (vgl. Ronge 1984: 80-81) und Schönbach (1984: 63) konstatieren Des Weiteren, dass eine wirkliche Nutzensouveränität eine ideologisierte Illusion wäre und in der Feldforschung weiterhin von einem „stillschweigenden Stimulus-Response-Modell" (Schönbach 1984: 63) ausgegangen wird, das um Motive der Nutzung angereichert ist.

Den Kritikpunkten des Modells werden in dieser Arbeit insbesondere in zwei Punkten entgegengewirkt. Zum anderen wird die instrumentelle Perspektive durch den kontextuellen Lebensstil-Ansatz erweitert. Somit werden weitere Einflussfaktoren in der Mediennutzung berücksichtigt. Auf der einen Seiten in Bezug auf das Mediennutzungsverhalten, auf der anderen Seite in Bezug auf die Motive der Nutzung (vgl. Kapitel 4). Somit werden die Motive der Nutzung nicht nur aus einer individuellen psychologischen Sicht ergründet, sondern die „soziale" Herleitung dieser Motive partiell aufgezeigt. Zum einen werden spezielle Fragetechniken in Kapitel 3 angewendet, die dem Kritikpunkt entgegenwirken, dass Motive, die partiell im Unterbewusstsein verankert sind, nicht formuliert werden können.

2.4.3.2 Aktivitätsbegriff im Uses-and-Gratifications-Modell

Der Kernaspekt des Uses-and-Gratifications-Ansatzes ist, im Gegensatz zu anderen Theorien der Mediennutzung, die Zentralität des aktiven Nutzers. Die Bedeutungskonstruktion hinter dem Begriff „aktiv" wird verschieden interpretiert (vgl. McQuail 2000; Schönbach 1997; Blumler 1979: 13ff.[94]).

Hinter dem Konzept des aktiven Publikums im Uses-and-Gratifications-Ansatz steht vor allem die Idee des rationalen Handelns: Menschen sind sich ihrer Bedürfnisse bewusst, kalkulieren die unterschiedlichen Handlungsalternativen durch und entscheiden rational und damit aktiv (vgl. Meyen 2004: 21).

---

[94] Blumler stellt die Aktivität des Publikums in den folgenden vier Attributen dar: „1. Utility – Mass Communication has uses to people; 2. Intentionality – Media Consumption is directed by prior motivation; 3. Selectivity – Media behavior reflects prior interests and preferences; 4. Imperviousness – The lessened ability of media to influence an obstinate audience." (Blumler 1979: 13).

Mark Levy und Sven Windahl (vgl. Levy/ Windahl 1984: 51-78; Schenk 2002: 607-610) haben weiterhin drei Formen der Publikumsaktivität herausgearbeitet: die *Selektivität*, also die bewusste Entscheidung für ein Angebot (vgl. auch Katz et al. 1974), das *Involvement*, also die Intensität der Verbindung zwischen Rezipient und Medieninhalt, und die *Nützlichkeit*. Weitere Definitionsansätze der Publikumsaktivität haben die Bedeutungskonstruktion des Nutzers, der den Medien Bedeutung zuweist, als eine Aktivität interpretiert (vgl. Hasebrink/Krotz 1991: 115-139), und Rubin spricht in seinen fünf Thesen[95] zur Publikumsaktivität bereits vom Mediennutzer als aktivem Kommunikator (vgl. Rubin 2002: 527f.).

Nach dem bisherigen Verständnis des Uses-and-Gratifications-Ansatzes ist die Aktivität des Nutzers jedoch entsprechend allen Interpretationsansätzen begrenzt auf die „aktive" Zuwendung und die „aktive" Selektion eines Mediums.

Wie in Kapitel 2.4 dargelegt, transformiert sich das Internet von einem Informations- zu einem Kommunikationsmedium, es „stehen Interaktivität, Individualität, Partizipation und Mobilität im Vordergrund – verbunden mit der Tendenz zu einer Konvergenz von Telekommunikation, IT, Medien und Elektronik" (Trump et al. 2007: 29).

Die traditionellen Konzepte des Aktivitätsbegriffs des Uses-and-Gratifications-Ansatzes sind angesichts des Forschungsgegenstandes nicht ausreichend. Der Aktivitätsbegriff bezieht sich in diesem Zusammenhang nicht nur auf die Hinwendung und die Auswahl des Mediums, sondern auf die Handlung selber. Ruggiero postuliert daher, dass eine neue Interpretation des Aktivitätsbegriffs im Zeitalter des Internet erfolgen muss (vgl. Ruggiero 2000). Seeber spricht in diesem Kontext auch vom „Wandel des aktiven Publikums zum emanzipierten Produzenten[96] von Medieninhalten" (Seeber 2008: 52) und nimmt Anleihe an den theoretischen Ansätzen von Brecht (vgl. Brecht 1967, vgl. auch Kapitel 2.2) und Enzensberger (vgl. Enzensberger 1970).

---

95 Die Thesen sind: 1.Das Kommunikationsverhalten von Rezipienten massenmedial vermittelter Inhalte ist zielorientiert, absichtsvoll und motiviert; 2. Menschen verwenden bestimmte Kommunikationsmittel auf verschiedene Art und Weise, um ihre Bedürfnisse zu befriedigen und können somit zum aktiven Kommunikator werden; 3. Erwartungen an Medien und deren Inhalte werden durch individuelle Eigenschaften und die Disponibilität eines Kommunikationskanals bestimmt; 4. Die Verfügbarkeit konkurrierender Medien ermöglicht, das jeweils beste für die Erfüllung der eigenen Bedürfnisse zu wählen; 5. Die Mediennutzungsarten und die dara us erwachsenen Medieneffekte eher vom Nutzer selbst als von den Eigenschaften des jeweiligen Kommunikationskanals abhängen. (Rubin 2002:527f.)

96 Seeber spricht im Kontext eines emanzipierten Nutzers im Rahmen des emanzipatorischen Potenzials von Weblogs, die eine „Fünfte Gewalt" (Seeber 2008: 59) im demokratischen System bilden können.

2.4 Mediennutzung

In diesem Zusammenhang wird in der Forschung vermehrt der Begriff „Prosument" für den Nutzer verwendet. Der Begriff „Prosument" hat seine Anfänge bereits in den 80er Jahren und ist auf den Futorologen Toffler (vgl. Toffler 1980: 273) zurückzuführen. „The Third Way", wie es Toffler formulierte, stand bereits in den 80er Jahren für die Aufhebung einer klaren Trennung zwischen Konsument und Produzent, die er auf zukünftige technologische Entwicklungen zurückführte (vgl. Toffler 1980: 273). Friebe und Lobo haben den Prosumenten folgendermaßen auf den Punkt gebracht: „Der Prototyp des Prosumenten im Webzeitalter konsumiert, produziert und kommuniziert nahtlos über mediale, soziale und technische Netze hinweg und versorgt längst nicht mehr nur sich selbst mit Produkten aus eigener Herstellung." (Friebe/Lobo 2006: 215).

Schmidt erweitert den Begriff „Prosument", den er für unzureichend hält, bezüglich der Nutzungsoptionen und der daraus resultierenden Strukturen im Web 2.0, um „Produsage". Die Nutzung von Web 2.0-Angeboten hat demnach durch die kollaborierenden und produzierenden Möglichkeiten die Formierung, Bewertung und Verbreitung von Wissens- und Kulturgütern zur Folge (vgl. Bruns 2007; 2007a; 2009; Guenther/Schmidt 2008).

Trotz der vorangegangenen erweiterten Interpretation des Aktivitätsbegriffs im Uses-und-Gratifications-Ansatz im Kontext des Web 2.0 und der Weblognutzung wird das Modell in seiner ursprünglichen Bedeutungszuschreibung verwendet. Es werden keine weiteren Handlungstheorien hinzugezogen, die die Aktivität der Nutzer gesondert betrachten. Dies ist darauf zurückzuführen, dass die Basis des Uses-and-Gratifications-Ansatzes selbst bei einer erweiterten Aktivität des Nutzers bestehen bleibt. Auch die aktiven Handlungen (im Sinne von Inhalt produzierend) können auf Motive zurückgeführt werden. Das Forschungsinteresse dieser Arbeit gilt den Motiven der Mediennutzung und nicht der Aktivität als solcher. Durch die erweiterten Nutzungsoptionen muss jedoch der Motivkatalog erweitert werden. Dieses wird in Abschnitt 2.4.6.4 näher erläutert.

2.4.4 Der Weblog-Nutzer

Da der Fokus dieser Arbeit auf dem Nutzer von Weblogs liegt, muss die mögliche Aktivität des Nutzers in diesem Kontext noch weiter dargestellt werden, um dahinterliegende Motive zu verstehen.

Wie bei der Definition des Weblogs als Medienformat (Kapitel 4.6.1) dargestellt, handelt es sich bei der Weblog-Kommunikation um eine asynchrone Form der Kommunikation. Kaye definiert Weblogs auch als eine Kombination von „Website/Bulletin Board/E-Mail", welche als „One-Way"- zu „Two-Way"-Kommunikation benutzt werden können (vgl. Kaye 2007: 129). Zwar kann es einen fließenden Wechsel zwischen Sender und Empfänger in der Weblog-Kommunikation geben, es bleibt jedoch ein Herrschaftsgefälle zwischen dem Autor eines Blogs, der Einträge als Weblogautor verfasst, und dem Nutzer/Leser des Blogs, der Inhalte in Form von Kommentaren verfassen kann. Der Autor des Blogs kann nach Belieben die Kommentare löschen. Die produzierende Komponente (Erstellen von Inhalten) des Nutzers im Weblog beschränkt sich auf die Kommentarfunktion.

Ferner unterscheiden sich die Vernetzungsmöglichkeiten des Nutzers von Weblogs von denen des Weblogautors. Dieser kann Verlinkungen durch Hyperlinks auf andere Einträge und Blogs herstellen und durch die „Blogroll" auf andere Blogs verweisen. Die Verlinkungen werden in Form von „Trackbacks" angezeigt (vgl. Abschnitt 2.2).

Der Nutzer kann Verlinkungen in Form von Hyperlinks in die Kommentare integrieren und somit Vernetzungen auf andere Seiten herstellen. Vernetzung kann weiterhin im Sinne des Bezugnehmens auf andere Kommentare und des Austauschs zwischen Kommentatoren untereinander und mit Bloggern verstanden werden. Im Kontext von Wissenschaftsblogs kann hier insbesondere eine derartige interdiziplinäre Vernetzung zwischen Wissenschaftlern von Relevanz sein (vgl. Kapitel 2.2).

Die Nutzer können ihren Aktivitätsgrad somit selber bestimmen. Sie können passiv rezipieren, was der Blogger publiziert hat, sie können auf die Links klicken oder in Diskussion mit dem Blogger und den Blog-Lesern treten.

2.4.5 Nutzungspraktiken im Web 2.0

Wie im oberen Kapitel dargestellt, ändert sich das Sender-Empfänger-Modell im Web 2.0, und der einst passive Nutzer wird zum Prosumer bzw. – bei einigen Anwendungen – zum Producer. Bevor die Motive der Mediennutzung und „neue" Motive der Mediennutzung im Web 2.0 im Detail besprochen werden, wird, anknüpfend an das vorherige Kapitel, das kommunikationssoziologische Modell von Jan Schmidt (vgl. Schmidt 2006; 2006a; 2007; 2009: 71-95) dargestellt, welches drei Handlungsmotive abstrahiert hat, die auf Nutzungspraktiken bei Web-2.0-Anwendungen anwendbar sind. Das Modell verdeutlicht, weiterführend zu Abschnitt 2.2.7.5, die Nutzungsoptionen des Web 2.0 und kann als Vorstufe zu neuen Motiven gesehen werden, die mit diesen im Zusammenhang stehen.

Anknüpfend an das Kapitel 2.2.7.5 hat Schmidt drei strukturelle Dimensionen herauskristallisiert, auf Basis derer die Nutzung von Web-2.0-Anwendungen stattfindet und die dadurch zu Gemeinsamkeiten jenseits spezifischer Anwendungen führen. Zum Ersten gibt es die Verwendungsregeln, die Konventionen der Nut-

2.4 Mediennutzung

zung vorgeben und vergleichbar mit einer Gebrauchsanleitung sind. Zum Zweiten gibt es Relationen, die auf die Möglichkeit der Verlinkungen und dadurch auf Beziehungen im Social Web hinweisen. Zum Dritten gibt es den Code, der für die softwaretechnischen Charakteristika der Social-Web-Anwendungen stehen.

In den jeweiligen Nutzungsepisoden sind die „strukturellen Dimensionen" die Basis für bestimmte Gratifikationen, die durch die Nutzung im Web 2.0 erreicht werden kann. Schmidt kommt auf drei verschiedene Leistungen[97], die unabhängig von einzelnen Anwendungen allen Social-Web-Anwendungen gemein sind.

Abbildung 9: Handlungskomponenten von Social-Web-Praktiken

Figure 9

Funktion	Leistung	Prototypische Anwendungen
Identitätsmanagement	(selektives) Präsentieren von Aspekten der eigenen Person (Interessen, Meinungen, Wissen, Kontaktdaten)	Persönliches Weblog, Podcasts, Videocasts
Beziehungsmanagement	Pflege bestehender und Knüpfen neuer Beziehungen	Kontaktplattformen
Informationsmanagement	Auffinden, Rezipieren und Verwalten von relevanten Informationen	Blogosphäre, Wikis, kollaborative Verschlagwortungssysteme (Tagging)

Quelle: Schmidt 2009: 71

1. Identitätsmanagement – die Darstellung der eigenen Person, z. B. ein Nutzerprofil auf facebook, Urlaubsbilder auf flickr oder die Darstellung der eigenen Meinung in einem Blogkommentar.
2. Beziehungsmanagement – die Kultivierung vorhandener Beziehungen oder das Eingehen neuer sozialer Beziehungen, beispielsweise durch eine Vernet-

---

[97] Schulzki-Haddouti (2008) erweitert die Handlungskomponenten Identitäts- und Beziehungsmanagement noch um das Reputationsmanagement.

zung auf einem „Social Network"wie xing oder hypertextuelle Verlinkungen innerhalb eines Blogartikels.
3. Informationsmanagement – Nutzer des Web 2.0 können nach unterschiedlichen Relevanzkriterien frei zugängliche Informationen aussuchen.

Die dargestellten Nutzungsoptionen des Weblognutzers und möglichen Gratifikationen im Web 2.0, die Basis eines erweiterten Motivkatalogs sind, werden in Kapitel 2.4.6.4 weiter erläutert.

2.4.6 Mediennutzungsmotive

Forschungsarbeiten, die sich an den Uses-and-Gratification-Ansatz anlehnen, haben zumeist zum Ziel, einen Motivkatalog zu erstellen. In den folgenden Abschnitten werden Motive der Mediennutzung sukzessive und systematisch erschlossen.

2.4.6.1 Menschliche Bedürfnisse

Es gibt unterschiedliche Ansätze, Bedürfnisse und Motive von Menschen zu klassifizieren. Eine Form ist die Unterscheidung zwischen intrinsischen (aus einem Eigenbedürfnis) und extrinsischen (es wird von außen erwartet) Bedürfnissen. Die meistzitierte Standardklassifizierung geht auf die Bedürfnispyramide des US-Psychologen Abraham Maslow (Maslow 1954) zurück. Maslow teilt menschliche Bedürfnisse in folgende fünf Stufen:

- Physiologische Bedürfnisse
- Sicherheitsbedürfnis
- Soziale Bedürfnisse
- Wertschätzung
- Selbstverwirklichung

Maslow geht davon aus, dass der Mensch zuerst die Bedürfnisse der untersten Stufe befriedigt, bevor er, bei Sättigung dieser, die nächsthöhere Stufe anstrebt. Selbstverwirklichung wird erst angestrebt, wenn alle anderen vier Stufen erfüllt sind.

Neuere Modelle berücksichtigen zusätzlich die Persönlichkeitsstruktur oder die Stärke von Bedürfnissen und Anreizen. Das Konzept basiert darauf, dass Bedürfnisse sowohl erlernt als auch angeboren sein können und von außen nicht zu beobachten sind.

2.4 Mediennutzung

2.4.6.2 Mediennutzungsmotive

Der Standardkatalog für Mediennutzungsmotive ist der Motivkatalog von Denis McQuail (vgl. Mc Quail 1983: 82f.) aus den 80er Jahren (für weitere Klassifikationen vgl. McQuail et al. 1997; Teichert 1975; Bonfadelli 1999; Rubin 2000). Dieser Katalog ist angelehnt an die Fernsehnutzung und ist unterteilt in vier Kategorien von Grundbedürfnissen, denen weitere Mediennutzungsmotive untergeordnet sind.

1. Information (u. a. Orientierung in der Umwelt, Ratsuche, Neugier, Bildung, Sicherheit durch Wissen)
2. Identität (Bestärkung der persönlichen Werte, Suche nach Verhaltensmodellen, Identifikation mit anderen, sich selber kennenlernen)
3. Integration und soziale Interaktion (soziale Empathie – sehen was andere machen, Zugehörigkeitsgefühl, Geselligkeitsersatz, Gesprächsgrundlage; hilft, soziale Rollen auszuführen, macht es möglich, mit Familie, Freunden und Gesellschaft in Kontakt zu treten)
4. Unterhaltung (Eskapismus, Entspannung, kulturelle Erbauung, Zeit verbringen, emotionaler „release", sexuelle Befriedigung)

Andere Klassifizierungen sehen die Motive anders an- und zugeordnet. Das Eskapismus-Motiv kann z. B. separat gesehen werden. In den 40er und 50er Jahren war er der prominenteste Erklärungsansatz zur Medienzuwendung in Bezug auf die Massenmedien. Die Eskapismus-These wird hauptsächlich auf den Medienkonsum des Fernsehens angewendet und sieht Medienkonsum als „Narkotisierung anderer Rollenverpflichtungen" (vgl. Katz et al. 1962: 380).

Die beiden Kategorien „Unterhaltung" und „Information" werden in der Literatur zumeist auch als die beiden Hauptfunktionen der (Massen-)Medien für den Menschen debattiert (vgl. Meyen 2004: 109). Der Begriff „Funktion" in Bezug auf Medien bedeutet, dass den „Medien bestimmte Leistungen im Hinblick auf den (Fort-)Bestand unseres Gesellschaftssystems" attestiert wird oder diese „von ihnen fordern bzw. als Bringschuld einklagen" (Burkart 2002: 379)[98].

„Information" wird auch als die „ursprünglichste Funktion der Massenmedien" bezeichnet (Wildenmann et al.1965: 15). Als Information kann eine Aussage definiert werden, „wenn sie uns etwas mitteilt, das uns nicht vorher schon bekannt war.... In der Tat lässt sich Information als dasjenige definieren, das Ungewissheit beseitigt oder reduziert." (Attneave 1965:.13; zitiert nach Burkart 2002: 402). Das heißt, dass sie uns um Kenntnisse bereichern, die jenseits persönlich erfahrbarer Erlebnisse liegen und von deren Existenz wir teilweise nichts

---

98 Burkart: 378-402 teilt die Funktionen der Massenmedien in vier Kategorien: Soziale Funktionen, Politische Funktionen, Ökonomische Funktionen, Information.

wussten. In Bezug auf die Massenmedien wird von den Informationen Vollständigkeit, Objektivität und Verständlichkeit erwartet (vgl. Burkart 2002: 406-412). Ob eine Botschaft als Information gewertet werden kann, hängt daher auch immer mit dem Kenntnisstand des Rezipienten zusammen (vgl. Burkart 2002: 403). „Überblickswissen" als eine Form eines Informationsbedürfnisses wird partiell von der Literatur von der Kategorie „Information" getrennt (vgl. Meyen 2004: 125). Im Kontext dieser Arbeit wird Überblickswissen jedoch der Kategorie „Information" zugeordnet. Das Konzept der Alltagsrationalität kann hier als Erklärungsmöglichkeit fungieren (vgl. Brosius 1997: 100). Menschen verspüren den Wunsch, Nachrichten zu konsumieren, um das Gefühl zu haben, informiert zu sein; um sich sicher zu sein, nichts Wichtiges verpasst zu haben; um die Gewissheit zu besitzen, dass sozusagen die Welt noch steht (vgl. Brosius 1997: 100).

Das Bedürfnis nach Unterhaltung wird als das stärkste Motiv angesehen, Massenmedien zu konsumieren. Es gibt unterschiedliche Klassifikationen, welche Motive einem Unterhaltungsbedürfnis zugeschrieben werden. Diese reichen von Langeweile unterbinden, Entspannung, Eskapismus, als entlastendes Element gegenüber der Realität, bis hin zu Spaß und Ersatz für soziale Kontakte. Jedoch ist die Unterhaltungsfunktion im Verhältnis zu einem Informationsbedürfnis häufig negativ besetzt. Mit dem Begriff „Unterhaltung" wird (und wurde) das Billige und Triviale im Gegensatz zu Kunst und Hochkultur in Beziehung gesetzt (vgl. Meyen 2004: 111-112). Schmidt stellt heraus, dass der Begriff sich ursprünglich aus dem englischen und französischen Sprachgebrauch entwickelt hat, und konstatiert, dass der Terminus das Interessante, das Vergnügliche, den Genuss und die Zerstreuung beschreibt (vgl. Schmidt 1970: 1-13). Wie bei dem Informationsbedürfnis hat die Zuschreibung dieses Motivs zu einem Ereignis jeweils mit der individuellen Konstitution des Rezipienten zu tun, sodass eine Wertung als Unterhaltung sehr unterschiedlich ausfallen kann. Im Kontext vorliegender Untersuchung werden nach McQuail auch Freizeitmotive, so die Entspannung, dieser Kategorie zugeordnet. Zillmann assoziiert Entspannung mit Bequemlichkeit (vgl. Zillmann 1994: 50) und konstatiert, dass der Mensch sich unterhaltenden Medien zuwende, um den Stress des Tages zu bewältigen.

Die Kategorien „Parasoziale Interaktion" und „Identität" werden im nächsten Abschnitt und partiell auch in Abschnitt 3.2.6.4 näher erläutert.

Der Motivkatalog von McQail kann aus unterschiedlichen Perspektiven kritisiert werden. Jedoch bietet er eine breite Grundlage, der entsprechend Motive angeordnet werden können. Im Kontext dieser Arbeit wird diese Kategorisierung als erster Orientierungsrahmen zur Auswertung des empirischen Teils genutzt (vgl. Abschnitt 3.4.12).

Da sich der Katalog auf die Massenmedien der 80er Jahre bezieht, kann er nicht ausreichend sein für Motive der Nutzung des Web 2.0. Wie in den Ab-

2.4 Mediennutzung

schnitten 2.4.4/ 2.4.5 dargestellt, zeichnet sich die Nutzung durch eine neue Form von Aktivität und Vernetzung aus. Im Folgenden werden daher weitere Motive aus der Sozialpsychologie vorgestellt, die im Kontext der neuen Nutzungsmöglichkeiten von Relevanz sein können.

2.4.6.3 Sozialpsychologische Ansätze und Motiverweiterung

In diesem Abschnitt werden weitere Ansätze aus der Sozialpsychologie dargestellt, die Erklärungsmuster für Handlungsweisen der Mediennutzung bieten. Diese Ansätze können die dargestellten Motive um weitere Motive ergänzen sowie einige der genannten Motive spezifizieren. Es wird im Rahmen dieser Arbeit besonders auf die Identitätstheorien verwiesen, da bei Weblogs der Autor und die subjektive Darstellung von Inhalten im Vordergrund stehen und durch die Interaktionsmöglichkeiten direkter Kontakt zwischen dem Nutzer und den Blog-Autoren hergestellt werden kann. Im Abschnitt 9.14 wird expliziert, wie in vorliegender Arbeit „Identität" als übergeordnete Kategorie für Motive definiert bzw. interpretiert wird.

Aus den 70er Jahren stammen Neugiermotivationstheorien (vgl. Berlyne 1974). Nach Berlyne ist Neugier ein angeborenes Bedürfnis, das durch die Nutzung von Medianangeboten je nach Neuartigkeit, Mehrdeutigkeit, Komplexität und Überraschungswert des Angebotes befriedigt werden kann. McQuail hat „Neugier" dem Informationsbedürfnis zugeordnet. Diese Zuordnung wird in der vorliegenden Forschungsarbeit beibehalten.

Identitätstheorien postulieren, dass Mediennutzung ein Auseinandersetzen mit der eigenen Biografie und den Lebensumständen ist und Identitätsstabilisierung zum Ziel hat. Schmidt beschreibt Identitätsbildung als lebenslangen Prozess, in dem sich „das Selbst" (Schmidt 2009: 75, vgl. Siegert/Chapman 1987) kontinuierlich neu hervorbringt, „um die eigene Identität an die Kontingenz, Ambivalenz und Unsicherheit der umgebenden sozialen Welt anzupassen." Dieses geschieht im Rahmen von Identitätsprojekten, welche eine permanente Selbstreflexion voraussetzen. Nach Leon Festingers „Theorie sozialer Vergleichsprozesse" (vgl. Festinger 1954) haben Menschen das Grundbedürfnis nach Bewertung der eigenen Einstellung und der eigenen Kompetenzen im Vergleich zu anderen. Die Vergleichspersonen können auch Protagonisten in medialen Angeboten sein. Medien können jedoch nicht nur Identitätsressourcen wie Rollenvorbilder darstellen, sondern auch Anknüpfungspunkte für Selbstreflexion und Selbstthematisierung offerieren (vgl. Schmidt 2009: 75-76). Als mediale Vergleichspersonen werden vorwiegend Personen gesucht, die einem im Charakter oder Aussehen ähnlich sind, um einen möglichst hohen Informationsgewinn zu erhalten (vgl. Vorderer 1998). Burkart fasst Identitätsmotive in Bezug auf die Nutzung von Massenmedien folgendermaßen zusammen: „Identifikation mit Personen, Handlungen, Situationen oder Ideen, Projektion von Wünschen, Träumen und Sehnsüchten, aber auch Legitimation der eigenen Lage scheinen typische Nutzungsqualitäten dieser Selbstfindung via Massenkommunikation zu sein." (Burkart 2002: 229, vgl. auch Burkart 1980)

Eine Überhöhung von Identitätsansätzen ist das Konzept der „parasozialen Interaktion" (vgl. Horton et al. 1956). Donald Horton und Richard Wohl haben diesen Ansatz in den 50er Jahren in Bezug auf die Rezeption von Fernsehsendungen konzeptualisiert. Durch die empfundene Gleichzeitigkeit der Lebenswelt des TV-Zuschauers und der medialen Fernsehrealität deutet der Medienrezipient die fiktive Beziehung zu Medienfiguren als reale Interaktionen. Aus dieser Form von „parasozialer Interaktion" zwischen Rezipient und Medienfigur können „parasoziale Beziehungen" werden (vgl. Hartmann et al. 2001). Burkart (vgl. Burkart 2002: 228) beschreibt diese Beziehung aufseiten des Rezipienten als das Gefühl, freundschaftlich verbunden zu sein, und als Illusion, der er -erlieg-e, als läge tatsächlich ein persönlicher Kontakt vor. Häufig liegt die Ursache für das Suchen von „parasozialen Interaktionen" in der Kompensation eines Mangels an realen sozialen Kontakten.

Weitere Ansätze, die im Kontext dieser Arbeit jedoch nicht hinzugezogen werden, sind Einstellungstheorien wie die Dissonanz-Theorie nach Festinger (vgl. Festinger 1957), Spieltheorien oder Tronc Commun (vgl. Meyen 2004: 25) und Erregungstheorien. Erregungstheorien postulieren, dass Menschen Medien nutzen, um die Stimmung und den Erregungszustand positiv zu beeinflussen. Ein Beispiel ist der „Mood-Management-Ansatz" (Bryant et al. 1984).

2.4.6.4 Motiverweiterung im Web 2.0

Das Web 2.0 eröffnet dem Nutzer neue Möglichkeiten der Mediennutzung, die sich insbesondere in der Erstellung von Inhalten und den Vernetzungsmöglichkeiten widerspiegeln (vgl. Abschnitt 2.2.5.1; 2.2.4). Im Folgenden werden einige Erkenntnisse aus der Psychologie und der Kommunikationswissenschaft in Bezug auf die dahinter liegenden Motive dargestellt.

Die ersten psychologischen Studien haben zwei Motive herauskristallisiert, die auf das Web 2.0 anwendbar sind: „Impression Management" (Darstellung der eigenen Identität, vgl. Goffmann 1959) und „Affiliationsbedürfnis" (das Bedürfnis nach sozialen Beziehungen, vgl. Baumeister et al. 1999). Diese beiden Motive können mit den Nutzungspraktiken Identitätsmanagement und Beziehungsmanagement von Schmidt (vgl. Schmidt 2006a) verglichen werden (vgl. Abschnitt 7.6).

Obwohl der Begriff „Impression Management" (vgl. Goffman 1959; Arkin 1981) bereits in den 50er Jahren von Goffman geprägt wurde, findet er im Internet und Web 2.0 erneut Verwendung. Unter „Impressionmanagement" oder „Online-

2.4 Mediennutzung

Impression-Management" wird auf die Möglichkeiten des Web verwiesen, sich multimedial darzustellen, dabei eine hohe Kontrolle der publizierten Informationen beizubehalten und die Wahrnehmung der eigenen Person zu formen (vgl. Heeman/Papacharissi 2002; Schau et al. 2003). Döring bezeichnet das auch als „Motive of Self-Construction" (Döring 2002). Das Motiv der Selbstdarstellung wurde in der Web 2.0 Forschung wiederholt bestätigt (vgl. Jung et al. 2007).

Einige Nuancen des Selbstdarstellungsmotivs werden in der Forschung sichtbar. Es wird zum Beispiel postuliert, dass soziale Netzwerke eine detailreichere und wahrhaftigere Präsentation der eigenen Person ermöglichen, als reale Begegnungen (vgl. Bargh et al. 2002). Zudem ist das Bild, das gegenüber Fremden über die virtuelle Identität gebildet wird, ähnlich dem Bild, das enge Freunde im realen Leben von einem haben (vgl. Gosling et al. 2007). Auf der anderen Seite können Nutzer im Internet Scheinidentitäten aufbauen, was auch als „Identitätshoppping" bezeichnet wird (vgl. Opaschowski 1999: 134ff.).

Das Knüpfen von Kontakten und Aufbauen von Beziehungen im Internet und Web 2.0 kann auf das Grundbedürfnis des Menschen, mit anderen Menschen in sozialen Kontakt zu treten, zurückgeführt werden. Dafür wird der Begriff „Affiliationsbedürfnis" verwendet (vgl. Leffelsend et al. 2004; Baumeister et al.1995).

Erickson postuliert im Rahmen eines Affiliationsbedürfnisses, dass private Homepages genutzt werden, um Beziehungen zu Personen mit vergleichbaren Interessen aufzubauen, und auf dieser Basis wird zugleich wechselseitige Unterstützung unter diesen Bekanntschaften etabliert (vgl. Erickson 1996; Karlsson 1998; 2000). Das Motiv der sozialen Unterstützung wurde in Bezug auf Gesundheits-Communities bestätigt (vgl. Ridings und Gefen 2004) und außerdem mit dem Anliegen verknüpft, eigene Unsicherheiten abzubauen (vgl. Turner et al. 2001). Es konnte zudem dargestellt werden, dass Nutzer ihre Online-Beziehung schneller als intim einstuften (vgl. Park et al. 1998).

Weitere empirische Studien aus der Kommunikationswissenschaft widmen sich den Motiven der Nutzung von verschiedenen Anwendungen, die als Web 2.0 klassifiziert werden. Diese werden in Abschnitt 2.4.8 dargestellt.

2.4.7 Das Lebensstil-Konzept

Neben motivationalen Ansätzen, die Mediennutzung auf menschliche Grundbedürfnisse zurückführen, gibt es eine Reihe von kontextbezogenen Theorien, die das soziale Umfeld und die Medieninhalte theoretisch aufgreifen (vgl. Meyen 2004: 31). Strömungen basieren auf medienbiografischen Ansätzen, die die individuelle Medienerfahrung und die eigene Biografie berücksichtigen (vgl. Röttger 1994; Hackl 2001), Sozialisationsansätzen allgemein, die das Mediennutzungsverhalten

z. B. auf die Vorbildrolle der Eltern zurückführen (vgl. Noelle-Neumann et al. 1993) und Ansätzen aus dem Bereich der Cultural Studies[99], die Mediennutzung als integralen Teil der „gesamten" Lebensführung betrachten (vgl. Hepp 1998; Winter 1997).

Das zweite theoretische Modell, welches im empirischen Teil dieser Forschungsarbeit hinzugezogen und in Teilen in den Uses-and-Gratifications-Ansatz integriert wird, ist das Lebensstil-Konzept von Rosengren (vgl. Rosengren 1987; 1994; 1996; Reimer et al. 1990; vgl. auch Featherstone 1987; Mitchell 1983; Johansson et al. 1992).

Abbildung 10: Determinanten von Handlungsmustern

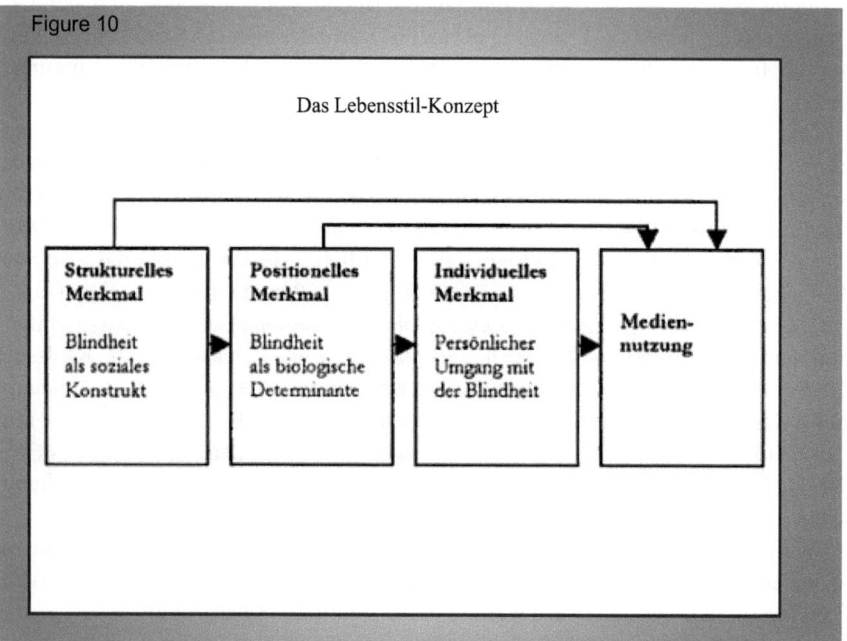

Quelle: Rosengren 1996: 26

Die an Lebensstilen orientierte Forschung basiert auf dem Ansatz „bei der Erklärung von individuellen Lebensläufen die Rolle des Individuums gegenüber den gesell-

---

99 Der Ansatz ist in den 1950er und 1960er Jahren am Centre for Contemporary Cultural Studies der Universität Birmingham entstanden. Jedoch gibt es keine einheitliche Auffassung, welche Einflüsse unter den Begriff subsumiert werden können. Hall beschreibt Kultur als „Summe der Beschreibungen, mittels derer eine Gesellschaft gemeinsame Erfahrungen reflektiert und ihnen Sinn verleiht." (vgl. Hall 1999b: 116)

2.4 Mediennutzung

schaftlichen Bedingungen" hinzuzuziehen (Rosengren 1996: 22). Originär wurde der Ansatz daher primär in der individuellen Mediennutzungsforschung eingesetzt. Das Lebensstil-Konzept führt die Mediennutzung außer auf Determinanten auf individueller und struktureller Ebene auf positionelle Merkmale zurück. Durch Variation weiterer positioneller Merkmale wie Alter und Geschlecht ermöglicht dieser Ansatz, den Einfluss des positionellen Merkmals „Beruf" auf die Mediennutzung herauszufiltern (vgl. dazu auch Huber 2004). Durch die Hinzuziehung dieses Modells können Unterschiede und Gemeinsamkeiten der drei Nutzergruppen Wissenschaftler, Wissenschaftsjournalisten und Laien untersucht werden. Daher werden Teile des Konzeptes mit in die theoretischen Überlegungen integriert.

Lebensstile können als „unterschiedliche Handlungsmuster, die vage definierte Kategorien von (im allgemeinen) westlichen Populationen bestimmen", definiert werden (Rosengren 1996: 24). Der Begriff des Lebensstils stammt aus den klassischen Sozialwissenschaften (vgl. Johansson et al.1992: 7ff.) und hat Anwendung in weiteren Disziplinen wie der angewandten Soziologie und Psychologie, der Mediensoziologie und der Marktforschung[100] (vgl. Veltri et al. 1984; Holman et al. 1985; Opaschowski 1991) sowie der allgemeinen Soziologie gefunden (vgl. Gans 1974).

Der schwedische Kommunikationswissenschaftler Karl Erik Rosengren hat den Ansatz zuerst im Kontext der Mediennutzung verwendet. Die Basis der Theorie ist eine Differenzierung sozialer Handlungsmuster (vgl. Thunberg et al. 1981: 61). Rosengren klassifiziert die Merkmale folgendermaßen (Rosengren 1996: 24-27). Als Lebensform werden Handlungsmuster definiert, die strukturell bedingt sind. Einflussfaktoren der Lebensform sind auf einer Makro-Perspektive anzusiedeln und stellen sich in Form von Religion, Urbanisierung und Industrialisierung dar. Als Beispiele struktureller Determinanten, die sich in Handlungsmustern äußern, führt er z. B. Populationen von Städten gegenüber kleinen Gemeinden auf oder verschiedene Religionseinflüsse (vgl. Rosengren 1996: 24).

Unter „Lebensweise" subsumiert Rosengren alle Einflüsse, die positionell determiniert sind. Positionelle Merkmale stellen sich in Form von Geschlecht, Alter, Bildung und Stellung im Beruf dar. Beispiele, die aufgeführt werden, sind die Unterscheidungen zwischen alten und jungen Menschen, Männern und Frauen, Land- und Fabrikarbeitern (vgl. Rosengren 1996: 24-25).

Individuell determinierte Handlungsmuster werden als Lebensstil beschrieben. Der individuelle Lebensstil setzt sich aus bewussten Handlungen zusammen, die

---

100 Die Marktforschung benutzt den Begriff zumeist, um das individuelle Verhalten im Konsum- und Freizeitbereich zu beschreiben, und setzt den Begriff häufig mit „sozialem Milieu" gleich. Auf der Basis des individuellen Lebensstils können somit Mediennutzertypen gebildet werden (vgl. Meyen 2004: 41).

aus persönlichen Überzeugungen und individuellen Grundwerten resultieren und determiniert sind (vgl. Rosengren 1996: 25).

Es ist somit zwischen aggregierten Lebensstilen, die ein mixtum compositum aus Lebensformen, Lebensweisen und Lebensstilen darstellen, und individuellen Lebensstilen zu unterscheiden (vgl. Rosengren 1996: 27). Durch Variieren der Determinanten kann jedoch deren Einfluss aus allen drei Klassifizierungen ergründet werden, und außerdem können auch die Beziehungen zwischen Lebensform, Lebensweise und Lebensstil erschlossen werden (vgl. Rosengren 1996: 27, vgl. dazu auch Meyen 2004: 43[101]).

Kritikpunkte an dem Ansatz sind insbesondere, dass das Konzept nicht berücksichtigt, wie die einzelnen strukturellen, positionellen und individuellen Merkmale zueinander in Beziehung stehen und wie diese zu gewichten sind (vgl. Huber 2006: 27). Weiterhin bleibt fraglich, inwieweit alle wichtigen Determinanten der Mediennutzung von Rosengren berücksichtigt wurden. Weitere Einflussfaktoren auf struktureller, positioneller und individueller Ebene sind möglich, wie Zeitbudget, Familienstand, geografische Gegebenheiten, Anzahl der Kinder und Einkommen (vgl. Kutsch 1996; Bruck et al. 1996: 296; vgl. Meyen 2004: 43-44).

Die Zentralität der beruflichen Tätigkeit als Determinante der Mediennutzung wurde bereits in einigen Arbeiten herausgestellt. Brosius (vgl. Brosius et al. 1999: 167) sieht die berufliche Tätigkeit des Nutzers als wichtigen Einflussfaktor der Mediennutzung jenseits soziokultureller Unterschiede. Weiterhin argumentiert Weiß (Weiß 1996: 337), dass der Beruf das organisierte Zentrum des Alltags darstellt, welches alle anderen Aktivitäten beeinflusst. Huber (vgl. Huber 2006: 27) postuliert, dass der Beruf als Faktor in Form der beruflichen Tätigkeit, der Berufszufriedenheit und des (Freizeit-)Budgets Einfluss auf die Mediennutzung hat.

Wie eingangs dargestellt gilt das Erkenntnisinteresse dieser Forschungsarbeit der Determinante „Beruf". Die Lebensweise und die positionellen Merkmale der Mediennutzung stehen daher im Fokus. Eine Gewichtung des Faktors „Beruf" als Determinante der Mediennutzung wird im empirischen Teil eruiert (vgl. Kapitel 3). Das Lebensstil-Konzept wird somit im Kontext des Forschungsgegenstandes dahin gehend „erweitert", dass eine Reduktion vorgenommen wird.

Vor diesem Hintergrund wird das Lebensstil-Konzept zum einen perspektivisch getrennt vom Uses-and-Gratifications-Ansatz angewendet und kommt im Kontext des allgemeinen Mediennutzungsverhaltens der drei Gruppen Wissen-

---

101 Meyen formuliert das bildlich folgendermaßen: „Wie wirkt sich beispielsweise der Wert ‚Sicherheit in der Familie' auf den Musikgeschmack aus – wie stark im Vergleich mit positionellen Merkmalen (Geschlecht, Schicht, Bildung), wie stark im Vergleich mit strukturellen Merkmalen (Leben in der Großstadt)." (Meyen 2004: 43)

2.4 Mediennutzung

schaftler, Wissenschaftsjournalisten und Laien zur Ergründung und Zusammenstellung von Determinanten auf positioneller Basis zum Tragen (hinsichtlich Medienauswahl, Dauer der Nutzung). Des Weiteren findet eine Erweiterung des Modells im Kontext einer Zusammenführung mit dem Uses-and-Gratifications-Modell statt. In der vorliegenden Arbeit wird das Interdependenzverhältnis des kontextuellen und des motivationalen Ansatzes in der Form des Einflusses des positionellen Merkmals Beruf auf die Motive der Mediennutzung analysiert.

2.4.8 Empirische Studien Mediennutzung

2.4.8.1 Mediennutzungsmotive für Wissenschaftsmedienformate

Es gibt einige Studien, die Mediennutzungsmotive speziell in Bezug auf Wissens- und Wissenschafts-TV-Formate untersucht haben. Dehm konstatiert (vgl. Dehm 2008: 483-86; vgl. Dehm et al. 2003; Dehm et al. 2005), dass Wissenschaftmedienformate im TV die drei Funktionen Unterhaltung, Information und Bildung erfüllen, diese jedoch konzertiert in Form von fünf ganzheitlichen Erlebniswelten[102] organisiert sind: Emotionalität, Orientierung, Zeitvertreib, Ausgleich, soziales Erleben. Die Ergebnisse zeigen auf, dass bei Wissens- und Wissenschaftsmedienformaten „emotionales Erleben" und „Orientierungserleben" am stärksten ausgeprägt sind, wobei das „Orientierungserleben" leicht überwiegt. Beide Erlebniswelten werden durch Erlebnisweisen des Zeitvertreibs, des Ausgleichs und des sozialen Erlebens ergänzt (vgl. Dehm 2008: 487)[103].

Eine internationale Forschungsgruppe (vgl. Lehmkuhl et al. 2010) hat weiterhin in einer vergleichenden Analyse die Präsenz und Rezeption von „Wissenschaft" in audiovisuellen Medien in Europa („Science in Audiovisual Media") untersucht.[104] Es wurden das Angebot, die Reichweite, Mediennutzungsmotive und Erwartun-

---

102 Entwickelt von der ZDF-Medienforschung und dem Marktforschungsinstitut „forsa".
103 Jedoch müssen je nach Wissenschaftsmedienformat Differenzierungen vorgenommen werden. So unterscheidet sich eine Gewichtung bei Formaten, die Experimente durchführen (stärkeres Orientierungserleben) von Formaten, in denen der Moderator als Person im Vordergrund steht. Bei Wissenschaftsmedienformaten, die Experimente durchführen, ist zudem „Zeitvertreib" mit der Bedeutungszuschreibung „Zeit sinnvoll nutzen" sehr stark gewichtet. Bei Formaten, in denen der Moderator sehr präsent ist, kommt das „soziale Erleben" stark zum Vorschein (vgl. Dehm 2008: 487).
104 Die Studie wurde mittel 40 Fokus-Gruppen in fünf Europäischen Ländern (Deutschland, Finnland, Griechenland, Bulgarien und Irland) durchgeführt. Es wurden die Motive der Nutzung untersucht, die Erwartungen an „Wissenschaft" im TV, die Bewertung von TV im Verhältnis zu anderen Medien und die Bewertung von ausgesuchten TV Programmen der Kategorien „Information", „populasization" und „Edutainment".

gen des Publikums an Wissenschaftsmedienformate im TV in fünf europäischen Ländern erforscht. Durch eine Herausstellung von Gemeinsamkeiten und Unterschieden konnten Faktoren herauskristallisiert werden, die über die zukünftige Entwicklung von audiovisuellen Medien in Europa Aufschluss geben können. Die Popularität von Wissenschaftsmedienformaten im TV in Deutschland wurde klar herausgestellt. So haben 56 % der 80 Millionen Deutschen innerhalb eines Jahres mindestens eine Folge der (populärwissenschaftlichen) TV-Wissenschaftssendung „Galileo" gesehen (vgl. Lehmkuhl et al. 2010: 105).

In allen fünf Ländern stellt sich als das dominierende Motiv eine Form von Informationsbedürfnis heraus, die der Kategorie „cognitive motives" zugeordnet werden. Wissenschaftssendungen bieten die Möglichkeiten, in Welten einzutauchen, die dem Nutzer völlig unbekannt sind.[105] Jedoch kann dieses Motiv nicht als reines Informationsmotiv interpretiert werden, vielmehr steht es in engem Zusammenhang mit „affective motives". In der Kategorie „affective motives" sind Motive wie „fasziniert und überrascht zu werden" und „nicht das Gefühl zu haben, Zeit zu verschwenden" vorzufinden. Es wird somit zusammenfassend herausgestellt dass trotz der Signifikanz des Einzelmotives aus der Kategorie „cognitive motives" Unterhaltungsmotive eine stärkere Gewichtung wie Informationsmotive innehatten. Partiell wurde dieses Ergebnis auch auf das „Unterhaltungs"-Medium TV zurückgeführt. Dies steht des weiteren im Zusammenhang mit der Erkenntnis, dass von dem Medium „TV" stärker Edutainment als reine Informationssendungen erwartet und gefordert werden. Weiterhin sind keine signifikanten Differenzen zwischen den fünf Ländern in Bezug auf die Motive der Nutzung von Wissenschaftsmedienformaten im TV erkennbar (vgl. Lehmkuhl et al. 2010: 69).

Es wird in diesem Abschnitt deutlich, dass es bisher erst rudimentäre Forschung zu der Mediennutzung von Wissenschaftsmedienformaten gibt und sich diese auf die Massenmedien bezieht. Es stellt sich for dem Hintergrund des Web 2.0 die Frage, inwieweit die massenmedialen Motive auf Wissenschaftsmedienformate im Web 2.0 übertragbar sind.

---

105 Die Motive wurden in die vier folgenden Kategorien unterteilt: „Cognitive motives", z. B. die Grenzen der eigenen Lebensrealität erweitern und Einblicke in unbekannte Welten bekommen; das Verständnis über die Welt und sich selber zu verbessern; „Affective motives referring to self", z. B. sich überraschen und faszinieren lassen; nicht das Gefühl haben, die Zeit zu verschwenden; „Integration", Aneignung von Orientierungswissen; Identitätsbildung und den eigenen sozialen Status verbessern; „Interaction", z. B. Gesprächsstoff akquirieren, um sich mit anderen austauschen zu können (vgl. Lehmkuhl et al. 2010: 72).

2.4.8.2 Mediennutzungsmotive für Weblogs

Es gibt anteilig an der gesamten Weblogforschung bisher relativ wenig Forschung zu den Nutzern (Blog-Lesern) selber, zu der Rezeption von Weblogs und zu Motiven der Weblog-Nutzer. Das kann auf mehrere Faktoren zurückzuführen sein.

Wenn Studien durchgeführt werden, sind diese vorwiegend Teil einer größeren Studie zur Nutzung von Internetangeboten/Anwendungen im Web 2.0 und konzentrieren sich nicht ausschließlich auf die Weblog-Nutzung. Das hängt auch damit zusammen, dass eine Erhebung über die Blogosphäre relativ schwierig ist, da sie aus vielen Einzelblogs besteht und es ein komplexer Vorgang ist, die Nutzer zu generieren.

Weiterhin ist die Forschung zu den Nutzern uneinheitlich. Meistens werden die Nutzer definiert als Nutzer der Publikationsinfrastruktur „Weblog" im Sinne von Autoren von Weblogs (vgl. Abschnitt 3.2.8.3), bzw. werden der Rezipient und der Betreiber eines Weblogs, nicht unterschieden. Forschung zu Weblog-Nutzern als reinen Rezipienten gibt es fast nicht, bzw. geht aus den Studien nicht eindeutig hervor, ob zwischen den Nutzern und Bloggern unterschieden wird.

Ein wiederholtes Motiv der Weblog-Nutzung (Weblog-Leser), das in Studien herausgekehrt wurde, ist ein Informationsbedürfnis. Weblogs begleiten Themen oft über einen längeren Zeitraum als traditionelle Medien, bündeln wichtige und relevante Informationen und bieten tiefer gehende Analysen als traditionelle Medien (vgl. Frauenfelder et al. 2000; Hiler 2000; Hamilton et al. 2003). Zudem hat die Forschung gezeigt, dass die Nutzung von Weblogs ein Gemeinschaftsgefühl unterstützt (vgl. Wolcott 2002). Daher werden häufig Weblogs präferiert, die die eigene Meinung bestätigen und somit das Gefühl der Gruppenzugehörigkeit bestärken (vgl. Rosenberg 2002).

Zu ähnlichen Ergebnissen kommt Copeland (vgl. Copeland 2004) in seiner Studie mit intensiven Weblog-Nutzern. Auch hier dominiert das Informationsbedürfnis. Jedoch geht es zumeist um Informationen, die in klassischen Medien nicht zu finden sind. Weiterhin werden von einem großen Teil der Befragten die Aktualität des Mediums und die Authentizität sowie die Möglichkeit herausgestellt, einen guten Blick auf aktuelle Ereignisse zu erlangen.[106]

Über ein exploratives Vorgehen auf Basis einer offenen Abfrage von Motiven bei einer Online-Befragung hat Kaye (vgl. Kaye 2007: 134-136) 62 Motive der

---

106 80% der Stichproben-Teilnehmer nutzen Weblogs, um an Informationen zu kommen, die über andere Medien nicht zu beziehen sind (vgl. auch zu dem gleichen Motiv die Proximity Studie 2005), 78 % sind der Meinung, eine bessere Sicht auf aktuelle Ereignisse zu bekommen, 66% sehen den Vorteil in der schnelleren Erlangung von Neuigkeiten, und weitere 61% schätzen die Ehrlichkeit der Beiträge (61%) (vgl. Copeland 2004).

Weblog-Nutzung herauskristallisiert. Die Motiv-Kategorien werden aus vorherigen Studien abgeleitet. Auch hier dominierten Informationsmotive. Weitere Gründe sind Kritik an den klassischen Medien, Bequemlichkeit und persönliche Erfüllung.

Bei einer Befragung unter Web-2.0-Nutzern in Deutschland, die regelmäßig Weblogs nutzen (vgl. Klingler et al. 2007), werden insbesondere die Motive genannt, sich über aktuelle Ereignisse zu informieren und Neuigkeiten über persönliche Interessen zu erfahren, außerdem aber auch die persönliche Bekanntschaft mit dem Blogger. Weil Weblogs einerseits überwiegend informativ genutzt, andererseits aber meistens von Privatleuten betrieben werden, wird das Thema „Qualität der Informationen" von den Befragten sehr intensiv und kontrovers diskutiert.

2.4.8.3 Motive von Weblog-Autoren

Es gibt deutlich mehr Studien, die sich dem Thema gewidmet haben, warum Weblog-Autoren bloggen. Döring (vgl. Döring 2005) hat aus medienpsychologischer Sicht sechs verschiedene Funktionen herausgestellt, die den Blog-Autoren dazu bewegen, zu bloggen: Archivfunktion (individuelles Informationsarchiv), Reflexionsfunktion (das Schreiben zwingt den Autoren dazu, die eigenen Gedanken zu systematisieren und zu strukturieren), Ventilfunktion (Gefühlsbewältigung durch Schreiben, Sozialfunktion: Anerkennung und Aufmerksamkeit über das Blog), Öffentlichkeitsfunktion (vermehrte Orientierung seitens des professionell-redaktionellen Journalismus und der Unternehmen an Blogs) und Kreativfunktion (Kreativraum für Hobbyautoren).

Insbesondere die Möglichkeit, über Weblogs Gedanken zu strukturieren, wird als Motiv wiederholt herausgestellt. Weblogs werden in der privaten und beruflichen Nutzung als gezieltes Instrument eingesetzt, um Ideen (beim Schreiben) zu entwickeln, anderen zu präsentieren und so eine Form von sozialer Beziehungspflege zu unterstützen (vgl. Efimova 2004; 2009; 2010; Gumbrecht 2004; Nardi et al. 2004). Zudem dienen sie als Dokumentation und Archivierung des Alltags und als Auseinandersetzung mit der eigenen Person. Ein weiteres Motiv ist das mögliche Feedback der Leser, welches als solchem Wert zugeschrieben wird (vgl. Kawaura et al. 1999; Nardi et al. 2004; Miura et al. 2007).

Boyd hat in einer Studie insbesondere die sozialen Aspekte des Bloggens herausgekehrt und kommt zu den folgenden Motiven: Teilen von Informationen und Meinungen, die Diskussionskultur in Blogs und die Herausbildung von Formen von Gemeinschaft über Blogs (vgl. Boyd 2006). In der Umfrage „Wie ich blogge?!" (vgl. Schmidt et al. 2006) dominierten intrinsische Motive für einen Blogger, einen Blog zu führen, z. B. „Freude am Schreiben". Extrinsische Motive, wie die Pflege von Beziehungen und das Bereitstellen von Informationen, wurden als weniger wichtig eingeschätzt.

2.4.8.4 Mediennutzung des Web 2.0 und Verbreitung von Weblogs

Die Ergebnisse der aktuellen ARD/ZDF-Onlinestudie 2010 zeigen eine Phase der Konsolidierung in Bezug auf Online- und Web-2.0-Nutzung in Deutschland auf. Die Nutzung von Web-2.0-Anwendungen ist für Online-Nutzer inzwischen so alltäglich wie Fernsehen, Radio und Tageszeitung geworden. Jedoch findet kein Verdrängungswettbewerb zwischen alten und neuen Medien statt (vgl. Busemann/ Gscheidle 2010).

Im Frühjahr 2010 nutzten knapp 70 % der deutschsprachigen Erwachsenen (knapp 50 Millionen) gelegentlich das Internet. Das ist ein Wachstum von 13 % gegenüber 2009. Davon wird etwas weniger als die Hälfte der Zeit online für Kommunikation genutzt (2009: 39 %), ein knappes Drittel wird für soziale Netzwerke und jeweils ein weiteres Drittel für E-Mail und andere Plattformen wie Gesprächsforen verwendet (vgl. Busemann/Gscheidle 2010).

Die von Weblogs und „Micro-Blogging"-Diensten liegt deutlich hinter der Verbreitung und Nutzung anderer Web-2.0-Angebote. (Vgl. für einen allgemeinen Überblick über empirische Studien zu der Verbreitung und Nutzung von Weblogs Neuberger et al. 2007). Nur 7 % der Onliner haben bereits Blogs besucht, Twitter liegt mit 3 % nochmals deutlich dahinter (vgl. Busemann/Gscheidle 2010). Insbesondere im Vergleich zu den hohen Nutzungszahlen von „Wikis" (Wikipedia) und Videoportalen (YouTube) fallen die Werte zurück und stehen im starken Kontrast zu der hohen medialen Aufmerksamkeit, die beide Anwendungen genießen.

Insgesamt wächst jedoch die Nutzerschaft von Web-2.0-Anwendungen. 73 % aller Internetnutzer haben 2010 bereits einmal Onlineenzyklopädien besucht (2009: 65 %), und 39 % waren bereits in einem privaten Netzwerk (2009: 34 %). Die Nutzung erfolgt, wie sich anhand der Daten in den Vorjahren bereits herausstellte, vorwiegend passiv. Busemann und Gscheidle sprechen daher von einer „Zweiklassengesellschaft der Mitmachanwendungen". Zum einen gibt es eine große Nutzeranzahl bei Web-2.0-Anwendungen wie Videoportalen, Wikipedia und privaten Netzwerken. Auf der anderen Seite gibt es Web-2.0-Formen wie Fotocommunities, Lesezeichensammlungen, berufliche Netzwerke, Weblogs und „Micro-Blogging"-Dienste, die relativ kleine Zielgruppen bedienen (vgl. Busemann/Gscheidle 2010).

Erste Befragungen zu Motiven der Nutzung von Web-2.0-Angeboten haben ergeben, dass Video- und Fotocommunities – wie das traditionelle Fernsehen – vorwiegend zur Unterhaltung und zum Zeitvertreib konsumiert werden (vgl. Haas et al. 2007). Als Hauptnutzungsmotive von Wiki-Websites werden die Informationen, die leicht zugängliche Sprache und die Aktualität genannt. Ein Vorteil im Vergleich zu traditionellen Medien ist die zeitunabhängige und fokussierte Verfügbarkeit der Informationen (vgl. Haas et al. 2007). „Wikis" sind dadurch vergleichbar mit den klassischen Printmedien, bei denen das Informationsbedürfnis im Vordergrund steht. Für die Nutzung sozialer Netzwerkseiten gibt es vorwiegend kommunikative Motive. Bezüglich des Kommunikationsmotivs existieren die geringsten Überschneidungen mit den klassischen Medien wie Fernsehen oder Printmedien. „Podcasts" werden stark mit zeitsouveräner Nutzung assoziiert und haben daher den größten Überschneidungsbereich mit klassischen Medienangeboten (vgl. Haas et al. 2007).

2.4.8.5 Mediennutzertypen des Web 2.0

Nutzertypologien hinsichtlich Web-2.0-Nutzern in Deutschland beziehen sich vorwiegend auf die ARD/ZDF-Online-Studie und MedienNutzerTypologie. Eine entsprechende Typenbildung wird zumeist auf den Aktivitätsgrad der Nutzer bezogen (selber Inhalte einstellen, sich vernetzen und die Anzahl der genutzten Anwendungen).

Oehmichen (vgl. Oehmichen 2004) hat aufgrund einer Datenanalyse der ARD/ZDF-Online-Studie zwei Basis-Nutzertypen definiert, die zwei Grundlinien der Habitualisierung der Internet-Nutzung repräsentieren. Zum einen gibt es die aktiv-dynamischen Nutzer und zum anderen die selektiv-zurückhaltenden Nutzer. Aktiv-dynamische Nutzer sind relativ häufig und kontinuierlich online und kennzeichnen sich durch die Vielseitigkeit der Nutzeranwendungen aus. Die selektiv-zurückhaltenden Nutzer nutzen das Medium spezieller, d. h. reduziert auf einige wenige Funktionen und Inhalte.

Van Eimeren und Frees (Van Eimeren/Frees 2007) orientieren sich an diesen zwei Kategorien und bilden angelehnt an diese Kriterien sechs Typen. Die aktiv-dynamischen Nutzer beinhalten die jungen Hyperaktiven, die jungen Flaneure, die E-Consumer und die routinierten Info-Nutzer. Die Gemeinsamkeit der Gruppe liegt beim aktiven, intensiven und stark habitualisierten Umgang mit dem Internet. Zu der Gruppe der selektiv-zurückhaltenden Internetanwender gehören die Selektivnutzer und die Randnutzer. Charakteristika dieser beiden Gruppen sind, dass in ihrem Medien-(Alltag) das Internet noch keinen zentralen Platz hat und sie sich in ihrer Nutzung auf wenige Angebote und Funktionen beschränken.

Eine ähnliche Orientierung an der möglichen Partizipation und an der Interaktion im Zusammenhang mit Web-2.0-Anwendungen nehmen auch Gerhards, Klingler und Trump (vgl. Gerhards et al. 2008) in ihrer Studie zu Motivation und Nutzung von Web-2.0-Angeboten vor. Nutzertypen werden auf Basis der Dimensionen „Grad der Mitgestaltung" (der sich auf einem Kontinuum von rein betrachtender Nutzung bin hin zu Herausgabe von Inhalten bezieht) und „Kommunikationsgrad" (auf einem Kontinuum von rein individueller bis hin zu öffentlich vernetzter Kommunikation) gebildet. Somit finden sich an dem einen Ende die klassischen Mediennutzer – betrachtend und nicht öffentlich kommunizierend (Bei-

2.4 Mediennutzung

spiel sind die Infosucher und Unterhaltungssucher) – und an dem anderen Ende die Nutzer, die die speziellen Web-2.0-Mitgestaltungs- und Kommunikationsmöglichkeiten verwenden (Beispiel sind die Produzenten und Selbstdarsteller[107]).

2.4.9 Zusammenfassung und Fazit

In diesem Kapitel wurde deutlich, dass die theoretischen Ansätze der Mediennutzung „Uses-and-Gratifications" und „Lebensstil-Konzept" im Kontext des Untersuchungsgegenstandes zum einen interpretativ erweitert und zum anderen auf einen Teilaspekt reduziert werden müssen.

Erste Anhaltspunkte zu einer Erweiterung des (massenmedialen) Uses-and-Gratifications-Ansatzes im Kontext des Web 2.0 wurden theoretisch-deskriptiv/-konzeptionell in diesem Kapitel erarbeitet. Um die „Bedürfnis-Befriedigungs"-Struktur des Modells beizubehalten und durch diese auf die Motive der Nutzung schließen zu können, wurde an dem motivationalen Fundament keine Veränderung vorgenommen. Stattdessen wurde mit den bestehenden Modulen gearbeitet und deren Interdependenzverhältnis systematisch analysiert und interpretativ erweitert.

Eine interpretative Erweiterung in Bezug auf den Aktivitätsbegriff im Uses-and-Gratifications-Modell ist in diesem Kapitel bereits klar herausgestellt worden. Auf dieser Basis gilt es empirisch zu ergründen, wie sich das Interdependenzverhältnis der erweiterten Aktivität auf die Motive der Nutzung auswirkt. In diesem Kapitel wurden zum einen die klassischen Motive der massenmedialen Mediennutzung skizziert. Zum anderen wurden bereits erste Motive herauskristallisiert, die mögliche Erklärungsansätze für eine erweiterte Aktivität des Mediennutzers im Web 2.0 darstellen können: „Impressionmanagement" und „Affiliationsbedürfnis".

Weiterhin wurde im Kontext des Lebensstil-Konzeptes die Möglichkeit dargelegt, die Determinante „Beruf" als Einflussfaktor der Mediennutzung herauszufiltern und somit die drei Gruppen Wissenschaftler, Wissenschaftsjournalisten und Laien getrennt zu untersuchen. Mit der Fokussierung auf den Einflussfaktor des positionellen Merkmals „Beruf" kann der Einfluss zudem differenzierter in Bezug auf Mediennutzungsverhalten, Nutzungsweise und Medienselektion un-

---

107 Es wurden acht Nutzertypen im Web 2.0 unterschieden: Produzenten sind hauptsächlich an der Verbreitung Ihrer Werke interessiert, Kommunikation und Vernetzung sind nur insofern interessant, als sie der Verbreitung ihrer Werke dienen, Kommunikation mit der Community ist zweitrangig. Selbstdarstellern geht es hauptsächlich um die eigene Person und nicht um ein künstlerisches Werk. Klassische Beispiele sind Blogger oder Menschen, die ihre Person in Social-Networking-Tagebüchern darstellen.

tersucht werden. Weiterhin stellt sich die Frage wie sich der Einfluss der positionellen Determinante auf den motivationalen Ansatz darstellt.

Es wird im empirischen Teil somit auch das Interdependenzverhältnis des kontextuellen und des motivationalen Mediennutzungsansatzes analysiert. Es findet somit auch eine Zusammenführung des Uses-and-Gratifications-Ansatzes und des Lebensstil-Konzeptes statt. Das Interdependenzverhältnis stellt sich insbesondere in der Einflussnahme des positionellen Merkmals „Beruf" auf die Motive der Mediennutzung dar. Eine Erweiterung, insbesondere des Uses-and-Gratifications-Ansatzes vor diesem Hintergrund, wird aufgrund der empirischen Ergebnisse im Schlussteil diskutiert (vgl. Kapitel 4).

Das in diesem Kapitel erarbeitete Gerüst der motivationalen Mediennutzung, als auch der kontextuellen Mediennutzung, im Forschungsfeld Web 2.0 bildet die Struktur des Erhebungs- und Auswertungsinstrumentes der empirischen Mediennutzungsanalyse. Jedoch fußt das Forschungsdesign in Bezug auf die Motive der Nutzung auf einer explorativen Vorgehensweise im empirischen Teil. Das beruht auf zwei Erklärungsansätzen.

Zum einen wurde in diesem Kapitel deutlich, dass es dezidiert zu Mediennutzung von Wissenschaftsmedienformaten wenig Forschung gibt und zu Mediennutzung zu Wissenschaftsmedienformaten im Web 2.0 eine Forschungslücke besteht. Motiv-Hypothesen aus angrenzenden Forschungsfeldern herzuleiten schien im Kontext eines „neuen" Medienformats nicht sinnvoll. Zum Zweiten schien eine Hypothesen testende Vorgehensweise im Rahmen des Forschungsgegenstands „Motive" der Nutzung nicht zielführend. (vgl. Kapitel 3). Fragen und Fragetechniken, die operationalisierte Hypothesen darstellen, können die Erforschung des „sensiblen" Forschungsgegenstandes „Motive", welcher nah an der Intimsphäre liegt und teilweise im Unterbewusstsein verankert ist, eher behindern. Die „Überkategorien" der hier dargestellten Motive dienen daher zu einer Orientierung, sollen jedoch nicht einschränkend auf die Forschungsmethode einwirken (vgl. Kapitel 3).

Im nächsten Kapitel werden auf Grundlage der Kapitel 2.1, 2.2, 2.3 und 2.4 vor dem empirischen Teil die Forschungsfragen spezifiziert und in Teilfragen überführt.

2.5 Zusammenfassung und Forschungsfragen

In den ersten drei Kapiteln (2.1; 2.2; 2.3) wurde „Wissenschaftskommunikation" aus einer theoretischen Perspektive erarbeitet, die Hauptmerkmale veränderter Kommunikationsstrukturen des Web 2.0 dargelegt, sowie eine Bestandsaufnahme

2.5 Zusammenfassung und Forschungsfragen

von Wissenschaftsblogs in Deutschland vorgenommen. In Kapitel 2.3 konnten somit erste theoretisch-deskriptive Antworten auf die Frage gegeben werden, wie sich die Wissenschaftskommunikation durch den Einfluss des Web 2.0 in Form von Wissenschaftsblogs verändert und wie weit Web 2.0 in der Wissenschaftskommunikation etabliert ist. Weiterhin wurde in Kapitel 2.4 die theoretische Basis aus der Perspektive der Mediennutzung im Kontext des Forschungsgegenstandes für die empirische Mediennutzungsanalyse von Wissenschaftlern, Wissenschaftsjournalisten und Laien im Web 2.0 erarbeitet.

Weitere Antworten auf die Forschungsfragen werden in der Zusammenführung mit dem empirischen Teil dieser Arbeit gegeben. Wie in Kapitel 2.4 dargelegt, begründet sich die Methode der Beantwortung der Forschungsfragen nach der Funktion und dem Potenzial von Wissenschaftsblogs, sowie der Einordnung der durch die Nutzung von Wissenschaftsblogs entstehenden Kommunikationsstrukturen im Web 2.0, in einer Motivexploration der Mediennutzung von Wissenschaftsblogs durch Wissenschaftler, Wissenschaftsjournalisten und Laien. Forschungsfrage 2 und 3 „welche Motive hinter der Mediennutzung von Wissenschaftsblogs stehen" und „welche Anwendungen des Web 2.0 bereits in der Wissenschaftskommunikation etabliert und verbreitet sind" dienen somit als Indikatoren für die Forschungsfragen 4 und 5.

Im Folgenden werden die Forschungsfragen aus Kapitel 1.2 in weitere Teilfragen überführt, die sich über die theoretische Erarbeitung des Forschungsfeldes ergeben haben.

Forschungsfrage 1: „Wie verändert sich die Wissenschaftskommunikation durch das Web 2.0?"

In Kapitel 2.3 wurde auf Basis der dargelegten Veränderung der Kommunikation im Web 2.0 (Kapitel 2.2), einer Definition von Wissenschaftsblogs und vor dem Hintergrund der „Wissenschaftskommunikation" (Kapitel 2.1) bereits auf einer theoretisch-deskriptiven Ebene erarbeitet, wie sich die Wissenschaftskommunikation durch den Einfluss des Web 2.0 in Form von Wissenschaftsblogs verändert.

In Anlehnung an die skizzierten klassischen Modelle der Wissenschaftskommunikation (vgl. Kapitel 2.1.2) wird des Weiteren auf einer theoretisch-konzeptionellen Ebene eine Veränderung der Wissenschaftskommunikation durch den Einfluss des Web 2.0 auf Basis der Erkenntnisse von Kapitel 2.2 und der empirischen Ergebnisse diskutiert. Folgende Fragen werden beantwortet:

- Wie weit können die traditionellen Modelle der Wissenschaftskommunikation die Kommunikation über Wissenschaftsblogs reflektieren?
- Welches Potenzial bietet die Kommunikation über Wissenschaftsblogs angesichts der bisherigen Defizite der Wissenschaftskommunikationsmodelle?

Kritische Aspekte sind die Selektivität, Qualität, Aktualität und Relevanz der traditionellen Wissenschaftsberichterstattung.

Forschungsfrage 2: „Wie weit sind Web-2.0-Anwendungen in der Wissenschaftskommunikation in Deutschland etabliert, welche Formate werden genutzt?"

Es hat sich in Kapitel 2.3 gezeigt, dass nach einer eng gefassten Definition Wissenschaftsblogs bisher das etablierteste und verbreitetste Web-2.0-Wissenschaftsmedienformat darstellen. Diese Schlussfolgerung begründet sich jedoch auf einer theoretisch-deskriptiven Analyse. Über die Nutzungsweise und Art der Nutzung von Wissenschaftsblogs wird im empirischen Teil dieser Arbeit weiterhin der Etablierungsgrad von Wissenschaftsblogs aus der Perspektive der Nutzer analysiert.

Die Fragestellung nach der Nutzung weiterer Web-2.0-Anwendungen im Kontext der Wissenschaftskommunikation wird aus drei Gesichtspunkten empirisch erforscht. Zum einen wird die Nutzung von, in Kapitel 2.3 klassifizierten, Web-2.0-Wissenschaftsmedienformate empirisch untersucht. Zum anderen wird untersucht, wie weit allgemeine Web-2.0-Formate im Kontext der Wissenschaftskommunikation verwendet werden. Aus einer dritten Perspektive wird die Antwort auf die Frage gesucht, wie weit die Akteure der Wissenschaftskommunikation, Wissenschaftler, Wissenschaftsjournalist und Laie, Web-2.0-Formate unabhängig von einem wissenschaftlichen Kontext verwenden.

Forschungsfrage 3: „Aus welchen Motiven werden Wissenschaftsblogs von der Fach- und (Laien-)Öffentlichkeit genutzt?"

In Kapitel 2.4 wurde das Forschungsfeld „Mediennutzung" vor dem Hintergrund des Web 2.0 und im Kontext des Interesses an spezifischen Berufsgruppen in Anlehnung an das Uses-and-Gratifications-Modell und das Lebensstil-Konzept aufgearbeitet.

Es wurde deutlich, dass der Uses-and-Gratifications-Ansatz, der die Möglichkeit bietet, Motivkataloge der Mediennutzung zu generieren, und auf der Vorstellung basiert, dass Medien aus einer Bedürfnisbefriedigung heraus genutzt werden, im Kontext des Web 2.0 erweitert werden muss.

Zudem wurde im Rahmen des Lebensstil-Konzeptes die Möglichkeit dargelegt, die Determinante „Beruf" als Einflussfaktor der Mediennutzung herauszufiltern und somit eine Erweiterung des Modells in Form einer „Reduktion" vorzunehmen.

Eine Erweiterung beider Modelle gilt es jetzt empirisch zu prüfen. Des Weiteren wird eine Zusammenführung beider Modelle vorgenommen und das Interdependenzverhältnis des motivationalen und kontextuellen Ansatzes untersucht. Vor diesem Hintergrund stellen sich die folgenden Fragen:

2.5 Zusammenfassung und Forschungsfragen

- Welchen Motivkatalog bedienen die drei Akteursgruppen Wissenschaftler, Wissenschaftsjournalisten und Laien in der Mediennutzung von Wissenschaftsblogs?
- Inwieweit sind die massenmedialen Motive im Forschungsfeld „Wissenschaftsblogs" anwendbar und wie sind diese zu gewichten?
- Welche neuen Motive kommen im Web 2.0 in der Nutzung von Wissenschaftsblogs dazu? Welche Rolle spielt die Aktivität in Form von „Vernetzungsmöglichkeiten" und „Interaktionsmöglichkeiten" bezüglich einer Motiverweiterung?
- Welchen Einfluss hat das positionelle Merkmal „Beruf" auf das Mediennutzungsverhalten und die Motive der Nutzung?

Forschungsfrage 4: „Welche neuen Kommunikationsstrukturen entstehen durch die Nutzung von Wissenschaftsblogs, und für welche Form der Kommunikation werden die neuen Kommunikationsstrukturen verwendet?"

Wissenschaftsblogs können nach der Definition dieser Forschungsarbeit sowohl von Wissenschaftlern als auch von Wissenschaftsjournalisten geführt werden. Über die Nutzung von Wissenschaftsblogs entstehen somit neue Kommunikationsstrukturen/-wege in der Wissenschaftskommunikation, da sowohl Wissenschaftler, Wissenschaftsjournalisten als auch Laien Wissenschaftsblogs nutzen können.

Es gilt nun empirisch zu untersuchen, welche Form der Kommunikation innerhalb dieser neuen Kommunikationsstrukturen/-wege stattfindet und wie diese vor dem Hintergrund der klassischen Kommunikationsstrukturen der Wissenschaftskommunikation, die in Kapitel 2.1.2 dargestellt wurden, eingesetzt werden. Daher stellen sich folgende Fragen.

- Welche der neu entstehenden Kommunikationsstrukturen werden primär von der Gruppe der Wissenschaftler, Wissenschaftsjournalisten und Laien genutzt und wie sind diese interpretativ in die Wissenschaftskommunikation einzuordnen?
- Ist die Kommunikation über Wissenschaftsblogs in der Außen- oder Binnenkommunikation anzusiedeln? Welches sind die Unterschiede und Gemeinsamkeiten zu den klassischen Kommunikationsstrukturen?
- Zu welchem Zweck werden Wissenschaftsblogs in den jeweiligen Kommunikationsstrukturen eingesetzt?

Forschungsfrage 5: „Worin bestehen die Funktion und das Potenzial von Wissenschaftsblogs in der Wissenschaftskommunikation?"

Aus der theoretisch-deskriptiven erarbeiteten Veränderung der Wissenschaftskommunikation aufgrund des Einflusses des Web 2.0 ergeben sich einige Problemfelder und Fragestellungen, die bereits unter Abschnitt 1.1 skizziert und in Kapitel 2.3 weiter ausgeführt wurden. Folgende Fragestellungen bieten Anhaltspunkte um auf die Funktion und das Potenzial von Wissenschaftsblogs in der Wissenschaftskommunikation schließen zu können:

- Welchen Einfluss haben Wissenschaftsblogs auf den Forschungsprozess der Wissenschaftler und den beruflichen Alltag der Wissenschaftsjournalisten?
- Werden Wissenschaftsblogs von den Akteuren der Wissenschaftskommunikation beruflich oder privat genutzt, und wie sind diese neben anderen Medien in der privaten und beruflichen Nutzung (e.g. Fachpublikationen) einzuordnen?
- Können Nutzer-generierte Inhalte im Kontext der Vermittlung und des Austauschs von wissenschaftlichem Wissen eine Rolle spielen?
- Was bedeutet es für den Laien, wenn wissenschaftliches Wissen auf die (Laien-) Öffentlichkeit ohne das „Gatekeeping" des Wissenschaftsjournalismus stößt? Bergen Wissenschaftsblogs das Potenzial in sich, den Wissenstransfer aus der Wissenschaftskommunikation in die (Laien-)Öffentlichkeit zu verbessern?
- Inwieweit spielen die Merkmale von Weblogs und Web 2.0 sowie die veränderte Kommunikation in der Verwendung des Formats eine Rolle? Stichwörter sind „Partizipationsmöglichkeiten", „Vernetzungsmöglichkeiten" sowie die „Entstehung neuer Öffentlichkeiten". Werden die Potenziale ausgeschöpft?

3. Empirie

3.1 Einleitung

Wie in den Kapiteln 1, 2.4 und 2.5 erläutert, ist die primäre Zielsetzung des empirischen Teils, die Motive der Nutzung von Wissenschaftsblogs der drei Akteursgruppen Wissenschaftler, Wissenschaftsjournalisten und Laien zu erforschen und auf Basis der jeweiligen Motivkataloge in einer Zusammenführung mit den Erkenntnissen aus Kapitel 2 eine Einordnung von Wissenschaftsblogs in die „Wissenschaftskommunikation" vorzunehmen und Forschungsfrage 4 und 5 zu beantworten.

Trotz des detailliert deskriptiv-theoretisch/-konzeptionellen Teils dieser Arbeit in dem das Forschungsfeld über die angrenzenden Teilbereiche „Wissenschaftskommunikation" und „Web 2.0" definiert und erschlossen wurde, wird im empirischen Teil dieser Arbeit eine weitestgehend explorative Herangehensweise gewählt.

Das ist auf den Forschungsgegenstand „Motive" der Mediennutzung zurückzuführen (vgl. Kapitel 2.4; Abschnitt 3.4). Weiterhin ist das darin begründet, dass, wie in Kapitel 2 dargestellt, es zum Zeitpunkt der Datenerhebung wenig belastbare wissenschaftliche Erkenntnisse dezidiert zu der Nutzung von Wissenschaftsblogs gab, auf deren Grundlage eine Hypothesen getriebene Untersuchung sinnvoll gewesen wäre.

Es schien weiterhin methodisch nicht sinnvoll Hypothesen aus den angrenzenden Teilbereichen in Bezug auf die spezifischen Nutzergruppen und das „neue" Medienformat „Wissenschaftsblog" herzuleiten, in einen Fragebogen zu operationalisieren und „abzufragen". Zum einen da es zu einer Beeinflussung der Interviewpartner kommen würde und keinen Freiraum für neue mögliche Motive geben würde. Weiterhin ist im Kontext des Forschungsgegenstandes „Motive" eine Abfrage vorgegebener Motive als Fragetechnik nicht sinnvoll. Stattdessen gilt es im Rahmen sensibler Fragetechniken zusammen mit dem Interviewpartner (teilweise im Unterbewusstsein verankerte) Motive zu erspüren. Auf dieser Grundlage wird an dieser Stelle der Forschungsarbeit weiterhin mit Forschungsfragen gearbeitet. Erst nach dem qualitativen Teil der Empirie werden daher in Bezug auf die Motive der Nutzung Hypothesen gebildet.

Die herausgearbeiteten Merkmale der „Wissenschaftskommunikation", des „Web 2.0" und der „Mediennutzung" finden jedoch im empirischen Teil dieser Arbeit auf unterschiedliche Weise Verwendung.

Der Standardmotivkatalog von McQuail (Unterhaltung, Identität, Information) sowie die Erkenntnisse aus der Sozialpsychologie in Bezug auf neue Motive in der Web 2.0 Mediennutzung (Impressionsmanagement, Affiliationsbedürfnis) werden bei der Auswertung des empirischen Teils als erster Orientierungsrahmen der Motiv-Kategorien eingesetzt. Des Weiteren werden die herausgearbeiteten Merkmale der Wissenschaftskommunikation und des Web 2.0 im Fragebogen berücksichtigt. Die dargelegten Modelle der Mediennutzung strukturieren somit das Erhebungs- und Auswertungsinstrument. Zudem bilden die Erkenntnisse des theoretisch-deskriptiven Teils den theoretischen Bezugsrahmen um die empirischen Ergebnisse einordnen und bewerten zu können (vgl. Kapitel 4).

Im Folgenden werden einige Erläuterungen zum Forschungsdesign gegeben (vgl. Kapitel 3.3) und das methodische Vorgehen skizziert (vgl. Kapitel 3.2).

3.2 Struktur und Vorgehensweise

Abbildung 11: Empirisches Vorgehen

Figure 11

Empirisches Vorgehen

| Qualitativer Teil (Kapitel 3.4) | Quantitativer Teil (Kapitel 3.6) |

Motivexploration

Phasenmodell

Leitfaden Interviews	Standardisierte Online-Befragung
	Verifikation Motive
	Offene Motivabfrage

Mediennutzungsverhalten

Triangulationsverfahren

Mediennutzungsverhalten

Analyse und Diskussion der Ergebnisse (Kapitel 3.9)

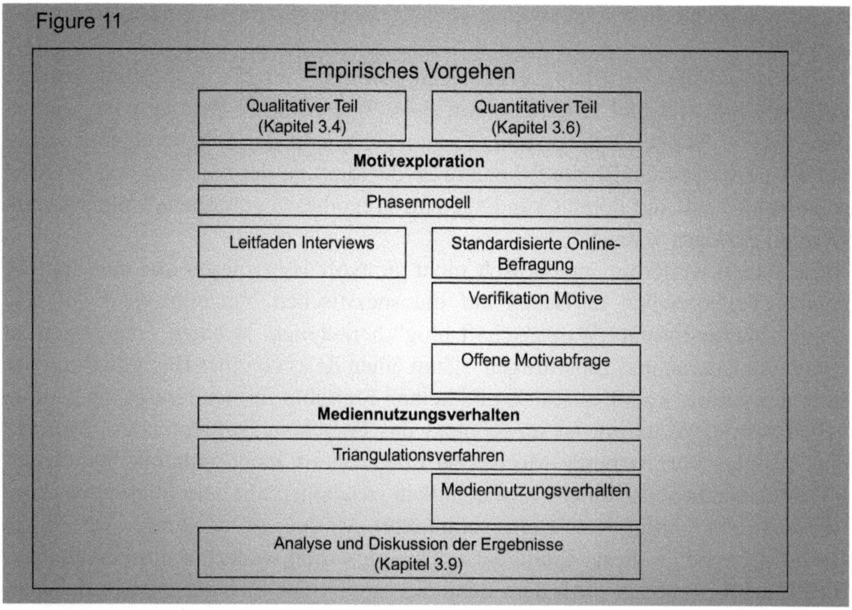

Quelle: Eigene Darstellung

3.3 Das Phasenmodell

Um dem weitestgehend explorativen Charakter des Forschungsvorhabens gerecht zu werden, wurde in Bezug auf die Motivexploration der drei Akteursgruppen Wissenschaftler, Wissenschaftsjournalisten und Laien im empirischen Teil auf das Phasenmodell (vgl. Phasenmodell von Barton/Lazarsfeld 1955) der empirischen Sozialforschung zurückgegriffen. Das Wort impliziert, dass im Phasenmodell eine qualitative (Kapitel 3.4) und quantitative Methode (3.6) hintereinander angewendet werden. Es werden Hypothesen in Bezug auf die Motive der Nutzung nach dem qualitativen Teil gebildet. Die Motivexploration erfolgt über drei Erhebungsinstrumente in den zwei Phasen des methodischen Vorgehens. Bei der Untersuchung weiterer Aspekte des Mediennutzungsverhaltens der drei Akteursgruppen jenseits von Motiven im quantitativen Teil wird zudem das Triangulationsmodell (vgl. Denzin 1970) angewendet.

Im Folgenden werden sowohl detailliert die Forschungsschritte des methodischen Vorgehens als auch die Wahl und Erstellung der Erhebungsinstrumente aufgezeigt, begründet und erläutert. Weiterhin werden Maßnahmen dargelegt, die angewendet wurden, um die Validität, Reliabilität und Objektivität der Ergebnisse zu erzielen. Ferner werden dann die Einschränkungen und Grenzen, mit denen die Verfasserin angesichts des Forschungsgegenstandes konfrontiert war, aufgezeigt.

3.3 Das Phasenmodell

Das Ergründen von Motiven der Mediennutzung ist forschungstechnisch kompliziert. Das hat verschiedene Gründe. Zum einen sind Motive der Mediennutzung oft im Unterbewusstsein verankert. Das „tiefenpsychologische" Motiv ist dem Nutzer teilweise selber nicht bewusst, insbesondere dann, wenn die Hinwendung zu einem Medium bereits ein alltägliches Ritual darstellt. Weiterhin sind Motive nicht direkt beobachtbar. Der Forscher ist auf die Auskunftsfähigkeit des Mediennutzers angewiesen. Dies wird dadurch erschwert, das Motive nah an der Intimsphäre der Rezipienten liegen. Und selbst dann, wenn Motive dem Nutzer bewusst sind, werden diese oftmals nicht preisgegeben (vgl. Abschnitt 3.4.6).

Zudem findet sich in der Methodenliteratur wenig zu der Erforschung von Mediennutzungsmotiven. Die präferierte Forschungsmethode bei wissenschaftlichen Arbeiten zu Motiven der Mediennutzung ist ein quantitatives Vorgehen, das sich an klassischen Motivkatalogen anlehnt. Quantitative Verfahren setzen jedoch ein fundiertes Wissen zum Forschungsgegenstand voraus und erfordern ein erhebliches Maß an Standardisierung und Komplexitätsreduktion (vgl. Gläser/Laudel 2009: 26f.).

Ein quantitatives Verfahren im ersten Methodenschritt ist aus verschiedenen Gründen angesichts des Erkenntnisinteresses und des Forschungsgegenstandes nicht zielführend. Primär ist ein quantitatives Verfahren aufgrund mangelnden Vorwissens zum Untersuchungsgegenstand auszuschließen. Weiterhin weisen quantitative Methoden in Form einer standardisierten Befragung bei der Explorierung von Mediennutzungsmotiven die folgenden Defizite auf (vgl. Huber 2004: 32).

- Die gefundenen Motive hängen von den Vorgaben des Forschers ab.
- Oft ist es schwierig, überhaupt Motivdimensionen zu formulieren – vor allem bei wenig erforschten Gegenständen.
- Es ist davon auszugehen, dass sich Menschen selbst Motive zuschreiben, die in ihr Weltbild passen und ihre Handlung rational erscheinen lassen.
- Durch einen standardisierten Fragebogen kann die subjektive Bedeutung von Handlungsmustern nicht ermittelt werden.

Zudem gilt das Erkenntnisinteresse dieser Forschungsarbeit drei unterschiedlichen Nutzergruppen. Rein statistische Daten würden nicht ausreichen, um Erklärungsmuster, die zu den jeweiligen Motiven der drei Gruppen führen, herauszufiltern und somit dem Erkenntnisinteresse gerecht zu werden.

In einem ersten Forschungsschritt war daher ein qualitatives Vorgehen unabkömmlich. Qualitative Verfahren bieten die Möglichkeit Erklärungsmuster zu generieren (vgl. Gläser/Laudel 2009: 27). Zudem bieten qualitative Verfahren im Gegensatz zu quantitativen Verfahren durch ihre offene Struktur und Flexibilität die Möglichkeit, während des Forschungsprozesses neue Erkenntnisse zu explorieren, in den Interviews die Motive „einzukreisen", durch Hinterfragen tiefer liegende Motive zum Vorschein zu bringen (zu ergründen, zu erspüren) und Erklärungen und Zusammenhänge dieser Motive aufzudecken.

Die Zielsetzung der Forschungsarbeit war jedoch nicht nur „Repräsentanz" (vgl. Lamnek 1995a: 118), sondern – soweit in Bezug auf den Untersuchungsgegenstand möglich – verifizierte und statistisch relevante Ergebnisse zu generieren. Weiterhin sollten Aspekte der Mediennutzung jenseits von Motiven eingeholt und die Häufigkeiten der Merkmalsausprägungen dargestellt werden (vgl. Gläser/Laudel 2009: 27). Daher wurden in der vorliegenden Arbeit beide Paradigmen der empirischen Sozialforschung kombiniert.

Es gibt wenig Literatur zu integrativen Möglichkeiten der beiden Forschungstraditionen (Kelle/Erzberger 1999: 328). Die zwei klassischen Kombinationsmöglichkeiten sind das Phasenmodell (Barton/Lazarsfeld 1955) und das Triangulationsmodell (Kelle/Erzberger 1999). Das Wort „Phasenmodell" impliziert, dass die qualitative Methode und quantitative Methode hintereinander angewendet werden, um den Forschungsgegenstand zu explorieren sowie Begründungszusammenhänge aufzudecken. Im Triangulationsverfahren (vgl. Denzin 1970) wird das gleiche Forschungsfeld aus verschiedenen Perspektiven untersucht, und im Gegensatz zum Phasenmodell kommen die qualitativen und quantitativen Verfahren simultan zur Anwendung.

Im Kontext dieser Arbeit wird in Bezug auf die Motive der Nutzung der drei Gruppen das Phasenmodell angewendet. Jedoch impliziert dieses Vorgehen keine Abwertung des qualitativen Teils (vgl. Dahinden 2001: 525). Die Ergebnisse des qualitativen Teils werden ausgiebig erläutert und präsentieren bereits valide Ergebnisse. Kernmotive des qualitativen Teils werden quantitativ verifiziert und stellen so das klassische Phasenmodell dar. Zudem wird durch die Hinzuziehung weiterer Aspekte des Medienutzungsverhaltens der drei Akteursgruppen im quantitativen Teil partiell das Triangulationsmodell bedient.

3.4 Qualitativer Teil

3.4.1 Qualitative Verfahren

Qualitative Verfahren „beschreiben ein komplexes Phänomen in seiner ganzen Breite" (vgl. Brosius et al. 2008: 20). Sie sind daher die präferierte Methode in der Kommunikations- und Sozialwissenschaft, um ein wenig erforschtes Forschungsfeld zu explorieren.

Es können nicht nur Motivstrukturen mittels der qualitativen Methode herauskristallisiert, sondern auch Erklärungen für Zusammenhänge generiert werden (vgl. Gläser/Laudel 2006: 72). Eine qualitative Methode bietet die Möglichkeit, Motive „einzukreisen" und durch Hinterfragen auch tiefer liegende Motive zum Vorschein zu bringen und Erklärungen und Zusammenhänge dieser Motive aufzudecken.

Weiterhin bieten qualitative Verfahren durch ihre offene Struktur und Flexibilität die Möglichkeit, während des Forschungsprozesses neue Erkenntnisse zu explorieren, den „klassischen" Motiv-Katalog zu erweitern und durch Rückfragen mögliche „neue" Motive zu erkunden. Die Ausgangsfrage, wie Krotz konstatiert, kann im Forschungsprozess „entwickelt, präzisiert oder sonst modifiziert werden", und es kann zum Vorschein kommen, „dass sie mit ganz anderen und unerwarteten Sachverhalten zusammenhängt" (Krotz 2003: 248).

3.4.2 Alternativen der qualitativen Methoden

Bei der Entscheidung für eine qualitative Erkenntnisgewinnung als ersten Schritt im Forschungsprozess stehen verschiedene Methoden zur Verfügung. Eine einheitliche Klassifizierung der unterschiedlichen qualitativen Methoden ist in der Literatur nicht zu finden. Zum einen gibt es Einteilungen je nach dem Grad der Theoriebezogenheit, von theoretisch voraussetzungsreichen zu interpretativen Methoden (vgl. Flick 2001; Krotz 2003), zum anderen Einteilungen anhand der einzelnen Methoden, die jeweils quantitativ oder qualitativ verwendet werden können, wie Experiment, Beobachtung und Befragung (vgl. Lamnek 1993). Einzelinterviews, Gruppendiskussionen und die qualitative Inhaltsanalyse fallen nach Krotz (vgl. Krotz 2003) in die Kategorie der interpretativen Methoden. Im Kontext des explorativen Charakters dieser Arbeit sind nur interpretative Verfahren in einem ersten Schritt sinnvoll. Da eine Inhaltsanalyse ohne zuvor geführte Befragung in der Mediennutzungsforschung keine geeignete Verwendung findet, bleiben Einzelinterviews und Gruppendiskussionen als geeignete Alternativen des qualitativen Teils. Weiterhin wird in der Literatur die Methode der teilnehmenden Beobachtung als Möglichkeit zur Eruierung der Motive der Mediennutzung von Scholl aufgeführt (vgl. Scholl 2003: 112f.). Im Folgenden werden die drei Alternativen diskutiert und dargelegt, warum die Entscheidung auf Einzelinterviews gefallen ist.

„Die wissenschaftliche Beobachtung ist die systematische Erfassung und Protokollierung von sinnlich oder apparativ wahrnehmbaren Aspekten menschlicher Handlungen und Reaktionen" (Gehrau 2002: 25f.). Die Form der teilnehmenden Beobachtung als Methode gibt dem Forscher die Möglichkeit, direkt am Alltagsleben der Untersuchungsperson teilzunehmen. Der Forscher kann von außen das Mediennutzungsverhalten beobachten und protokollieren. Ihm fehlt jedoch die Innenansicht, d. h., die Mediennutzungsmotive bleiben dem Forscher verschlossen. Um an die „Innenansicht" zu kommen, muss die Untersuchungsperson „aktiv" mit einbezogen werden.

Im Rahmen der Motivexplorationen wurde bereits die Variante Tagesablaufbefragung der Beobachtung durchgeführt. Die Untersuchungspersonen müssen entweder eigenständig mehrmals täglich ihr Mediennutzungsverhalten und die Motive aufschreiben oder tun dies mit Hilfe von Beepern, die sie darauf aufmerksam machen (vgl. Scholl, 2003: 112f.). Die Nachteile dieser Methode sind die hohen Anforderungen an die Untersuchungsteilnehmer. Weiterhin ist es zweifelhaft, wie weit eine reine Selbstauskunft über die wirklichen Motive Aufschluss geben kann. Ein Zwiegespräch, bei dem über gezieltes und vorsichtiges Nachfragen Motive ermittelt werden, scheint hier zielführender zu sein.

Gruppendiskussionen und Einzelinterviews zeichnen sich beide durch ihre Flexibilität und Offenheit aus. Der Vorteil von Gruppendiskussionen gegenüber Einzelinterviews ist, dass sich die Teilnehmer gegenseitig inspirieren können und es aus praktischen Gründen weniger aufwendig ist, als alle Untersuchungspersonen einzeln zu befragen (vgl. Lamnek 1993: 131). Huber, die Gruppendiskussionen im Kontext von Motivexplorationen verwendet hat, sieht folgende

3.4 Qualitativer Teil

Vorteile bei diesem Untersuchungsgegenstand: Durch den Kontakt der Diskussionsteilnehmer werde eine lockere Gesprächsatmosphäre geschaffen, und Teilnehmer würden in „Abgrenzung oder Übereinstimmung" intensiver über eigene „Erfahrungen und Bewertungen" berichten (Huber 2004: 36f.).

Jedoch besteht bei Gruppendiskussionen auf der anderen Seite die Gefahr, dass die Teilnehmer sich in der Form beeinflussen, dass die individuellen Ansichten der Gruppe untergeordnet werden und nicht zum Vorschein kommen. Weiterhin ist es unwahrscheinlich, dass Befragte in der Gruppe „intimere" Motive, wie „Selbstdarstellung", preisgeben, die Motive bei der Nutzung von Web 2.0 sein können (vgl. Kapitel 2.4.6.4). Angesichts der partiellen Intimität des Themas und des Forschungsziels, im ersten Schritt möglichst alle Facetten von Motiven zu generieren, wurde von einer Gruppendiskussion als Methode abgesehen. Zudem geht es in dieser Studie um einen Vergleich unterschiedlicher Nutzergruppen, die nicht gemeinsam befragt werden sollen, um Beeinflussung vorzubeugen.

Es bleibt im Rahmen der qualitativen Methoden das Einzelinterview als Alternative. „Qualitative Interviews können unter anderem geführt werden: als Experteninterviews, in denen die Befragten als Spezialisten für bestimmte Konstellationen befragt werden ..., oder als Interviews, in denen es um die Erfassung von Deutungen, Sichtweisen und Einstellungen der Befragten selbst geht" (Hopf 1993: 15). Das Einzelinterview bietet die dargelegten Vorteile der qualitativen Methode und offeriert im Gegensatz zu den anderen beiden Methoden die Möglichkeit, durch eine „intime" Atmosphäre die Basis zu schaffen, tiefer liegende Strukturen zu ermitteln. Weiterhin können durch den Dialog und die Nachfragemöglichkeiten Zusammenhänge aufgedeckt und im offenen Interviewprozess kontinuierlich neue Aspekte elaboriert werden. Daher schienen einzelne Interviews trotz erheblich höherer Zeitinvestition zu ergiebigeren Ergebnissen zu führen und zudem die Reliabilität der Ergebnisse zu erhöhen.

3.4.3 Einzelinterviews

Einzelinterviews können in verschiedenen Varianten durchgeführt werden. Die Form der Gesprächsführung ist zumeist kongruent mit der Bezeichnung des Interviews. Der Grad der Strukturierung reicht von schwächer oder gar nicht strukturiert bis zu der Verwendung von geschlossenen Fragebögen. Das narrative Interview ist die am schwächsten strukturierte Interviewform. Im Prinzip findet hier außer der initiierenden Frage zu Beginn des Interviews keine Interaktion in der Interviewsituation statt, sondern der Befragte erzählt assoziativ über den Untersuchungsgegenstand bzw. das Thema (vgl. Küsters 2009).

Im Kontext des Erkenntnisinteresses schien es sinnvoll, den richtigen Mix zwischen einem narrativen, unstrukturierten Interview und einem Leitfrageninterview zu finden, das durch ein grobes Fragekonzept gestützt ist (vgl. Kapitel 3.4.4). Bei einem vollen narrativen Interview könnte sich das Problem ergeben, dass sich der Interviewpartner nur einer Thematik widmet und wichtige Aspekte auslässt. Des Weiteren sind Motive teilweise im Unterbewusstsein verankert. Daher ist eine aktive Rolle des Interviewers in der Gesprächsführung zentral, um Motive gemeinsam mit dem Gesprächspartner herauszuarbeiten.

Interviews können neben dem Grad der Strukturierung entsprechend dem Gesprächspartner klassifiziert werden, z. B. als Experteninterviews. „Experte", wie es Gläser und Laudel formuliert haben, wird nicht nur im klassischen Sinne als „Angehöriger einer Funktionselite, der über besonderes Wissen verfügt" verstanden, sondern auch als Person die „aufgrund der individuellen Position und seiner persönlichen Beobachtungen eine besondere Perspektive auf den jeweiligen Sachverhalt hat" (Gläser/Laudel, 2009: 11).

Im Kontext dieser Forschungsarbeit können die Interviews als teilstrukturierte Experteninterviews eingeordnet werden. Aus Kontinuitätsgründen wird jedoch der Begriff „Leitfadeninterview" verwendet. Das Expertentum der Gesprächspartner besteht aus der besonderen Perspektive der Wissenschaftler und Wissenschaftsjournalisten auf das Medienformat „Wissenschaftsblog". Die dritte Gruppe der wissenschaftlichen Laien, die im Kontext dieser Arbeit von Interesse ist, wird aufgrund der Problematik einer repräsentativen Stichprobe bei den Interviews erst im quantitativen Teil der Methode, hinzugezogen (vgl. Kapitel 3.4.8).

3.4.4 Der Gesprächsleitfaden

Ziel der qualitativen Methode war es, gemeinsam mit dem Interviewpartner Motive der Nutzung von Wissenschaftsblogs zu explorieren, zu ergründen und zu erspüren. Es wurde daher eine möglichst offene Form der Interviewführung angestrebt. Als Orientierungsrahmen und um den Bezug zum theoretischen Teil zu gewährleisten, wurde jedoch ein rudimentäres Fragenkonzept in Form von Leitfragen eingesetzt, das dem assoziativen Gesprächsverlauf assistierte.

Die Leitfragen stellen somit die Verbindung zwischen den theoretischen Erwägungen und der qualitativen Datenerhebung dar. Es gilt die Maxime: „Leitfragen charakterisieren das Wissen, das beschafft werden muss, um die Forschungsfrage zu beantworten" (Gläser/Laudel 2009: 91).

Bei der Entwicklung eines klassischen Gesprächsleitfadens bei Interviews haben Miller und Crabtree (Miller/Crabtree 2004: 192) folgende zu beachtende Punkte formuliert:

3.4 Qualitativer Teil

- Die Fragestellung breit fassen, um einer ausführlichen Antwort Raum zu geben.
- Klar definierte Terminologien verwenden, um Interpretation zu vermeiden und den gewünschten Sachverhalt zu beleuchten (Validität).
- Fragen leicht und klar verständlich formulieren.
- Das Gedächtnis stimulieren, insbesondere da es sich um zurückliegende Ereignisse handelt.
- Vermeiden, eine Antwort vorzugeben. Dies gilt insbesondere, um Verzerrungen durch eine Vorbelastung des Forschers zu vermeiden.
- Interesse und Motivation des Befragten wecken.

Im Kontext der vorliegenden Forschungsarbeit war die Formulierung von Leitfragen ein komplexes Unterfangen. Zum einen galt es dem explorativen Charakter des Forschungsvorhabens gerecht zu werden und somit den Interviewpartnern keine Motive vorzugeben, zum anderen war es das definierte Ziel, diese zu generieren. Diese Schwierigkeit wurde dadurch verstärkt, dass es in der Methodenliteratur wenig Exempel für Fragestellungen zur Motivgewinnung gibt.

Zudem war eine konventionelle Herangehensweise im Sinne einer Fragebogenkonstruktion, die Forschungsfragen und Hypothesen erst in Dimensionen, dann in Indikatoren unterteilt und diese wiederum in konkrete Fragen operationalisiert (vgl. Brosius et al. 2008: 133-135) angesichts des Forschungsgegenstandes nicht möglich.

Traditionell gilt in der Forschung: „Your research questions formulate what you want to understand; your interview questions are what you ask people in order to gain that understanding. (...)" (Maxwell 1996: 74).

Stattdessen wurde primär Gebrauch gemacht von unterschiedlichen Fragetechniken, die zum Ziel hatten, Motive zu ergründen. Teilweise waren die Fragen vorher festgelegt, und teilweise wurden sie situationsbedingt während der Interviews entwickelt.

Eine Schwierigkeit der Frageformulierungen war, dass Motive teilweise sehr intim und, wie bereits dargestellt, im Unterbewusstsein verankert sein können. Daher war eine Form der Befragung das Projizieren von Antworten und das Stellen von provokanten Fragen, um den Interviewpartner zur Reflexion zu bewegen. Es wurden partiell aus dem gleichen Grund auch gezielt falsche Unterstellungen als Fragetechnik eingesetzt. Ein weiteres Mittel war, den Interviewpartner aufzufordern, Vergleiche mit anderen Medien zu ziehen und sich dadurch der spezifischen Vorteile und Nachteile und der damit verbunden Nutzungsmotive in Bezug auf Wissenschaftsblogs bewusst zu werden und diese zu formulieren. Zu Beginn der Interviews wurde jeweils mit einer offenen Frage zu Motiven begonnen. Angelehnt an die Fragetechnik des narrativen Interviews galt es hier, den Gesprächspartner „unbeeinflusst" erzählen zu lassen und bei den sich darstellenden Motiven nachzuhaken.

Zudem wurde bei der Interviewführung auf die folgenden Punkte geachtet. Es wurde aktiv zugehört und somit Vertrautheit mit dem Untersuchungsgegenstand und Verständnis vermittelt. Der Interviewpartner ist dann tendenziell gewillter, Details preiszugeben (vgl. Rubin/Rubin 1995: 76). Weiterhin wurden Bewertungen vermieden und die Fragen und Themenblöcke flexibel gestellt, um abrupte Themenwechsel, die den Gesprächspartner überrumpeln und den Informationsfluss behindern würden, zu vermeiden (vgl. Gorden 1975: 383; Haller 2001: 101).

3.4.5 Fragestellungen – Wissenschaftler und Wissenschaftsjournalisten

Neben den Fragetechniken gab es ein grobes Raster von Leitfragen, die in Bezug zu den Forschungsfragen standen und sich teilweise aus den theoretischen Vorüberlegungen ableiteten. Somit konnten einerseits die Ergebnisse im Kontext der Theorie analysiert und andererseits die Forschungsfragen beantwortet werden.

Die zwei theoretischen Ansätze der Mediennutzung der Arbeit fungierten somit sowohl zur Strukturierung des Interviewleitfadens als auch zur Bildung von ersten Oberkategorien bei der Auswertung (vgl. 3.4.12). Die methodische Vorgehensweise ist trotz des explorativen Charakters in diesem Punkt theoriegeleitet.

Als weitere Richtschnur bei der Fragenformulierung sind die theoretischen (und deskriptiven) Aufarbeitungen des ersten Teils (Kapitel 2) in Bezug auf das Web 2.0 und Teile der Wissenschaftskommunikation eingeflossen. Wie in Abschnitt 3.1 erläutert, wurden die Erkenntnisse des ersten Teils jedoch nicht zu Hypothesen verdichtet und die Forschungsfragen im klassischen Sinne in Leitfragen operationalisiert (vgl. 3.4.4).

Stattdessen wurde das Gespräch bewusst auf Aspekte der veränderten Kommunikation des Web 2.0 (vgl. Kapitel 2.2), die im ersten Teil herausgearbeitet wurden, und Merkmale der Wissenschaftskommunikation (vgl. Kapitel 2.1) gelenkt, um mögliche Motive, die miteinander im Zusammenhang stehen können, herauszukristallisieren.

Der Gesprächsleitfaden wurde in sechs Themenblöcke strukturiert:

1. Demografische Daten als Einstiegsfrage
2. Rhythmus der Nutzung
   Der Rhythmus der Nutzung kann Aufschluss darüber geben, wie die Nutzung in den Alltag integriert ist (z. B. in der Pause, im Arbeitsablauf) und dadurch Motive wie „Entspannung" (z. B. Mittagspause) herauskehren.

3. **Mediennutzungsmotive Wissenschaftsblogs**
   Wie im oberen Abschnitt dargelegt, wurde das Gespräch auf die besonderen Merkmale von Wissenschaftsblogs und Web 2.0 gelenkt. Themen sind die herausgearbeiteten Merkmale des ersten Teils (Kapitel 2), wie z. B. der subjektive Charakter von Weblogs, die fehlende redaktionelle Struktur, Vernetzungsmöglichkeiten und die neuen Nutzungsoptionen. Ziel war es, den Befragten Merkmale des Web 2.0 und Weblogs zu Bewusstsein zu bringen und dadurch gezielt Motive herauszuarbeiten.
4. **Mediennutzungsmotive im Kontext des Berufes**
   In diesem Komplex wurden Merkmale der „Scientific Community" und der Wissenschaftskommunikation angesprochen, z. B. traditionelle Kommunikationskanäle und die etablierten Formate der beruflichen Mediennutzung wie peer-geprüfte Fachpublikationen. Ziel war es, herauszuarbeiten, wie weit Wissenschaftsblogs im beruflichen Alltag aufgrund welcher Motive genutzt werden und wie sie neben anderen Formaten der Wissenschaftskommunikation einzuordnen sind.
5. **Mediennutzung von Wissenschaftsmedienformaten im Vergleich zu Wissenschaftsblogs**
   In diesem Themenblock sollten die Befragten durch eine Darstellung von Vor- und Nachteilen verschiedener Wissenschaftsmedien aktiv zum Reflektieren über Wissenschaftsblogs angeregt werden und somit die Motive aus dem Unterbewusstsein ins Bewusstsein gebracht werden.
6. **Welche anderen Wissenschaftsmedienformate aus dem Web 2.0 nutzen Sie?**
   Bei dieser Frage geht es darum, einen ersten Eindruck zu gewinnen, welche weiteren Wissenschaftsmedienformate des Web 2.0 neben Wissenschaftsblogs bereits genutzt werden. In dieser Frage werden die Formate generiert, die in der quantitativen Befragung abgefragt werden. Eine Auswertung erfolgt jedoch nur auf Basis der quantitativen Erhebung.

3.4.6 Grenzen der Methode

Die Befragung allgemein und das Interview als Methode der qualitativen Sozialforschung zeigen Grenzen auf, die es zu minimieren gilt. Zwei mögliche Hauptfehlerquellen von Interviews als Erhebungsinstrument sind auf die Eigenauskunft und das Erinnerungsvermögen der Befragten zurückzuführen. Weiterhin ist der Forscher darauf angewiesen, dass die Interviewpartner eine gewisse konstante Einstellung bezüglich des Untersuchungsthemas haben, damit die Ergebnisse Reliabilität und Validität aufweisen können (vgl. Brosius et al. 2008: 136).

Ein methodenimmanentes Problem der retrospektiv ausgerichteten Befragung besteht darin, dass zurückliegendes Verhalten abgerufen wird. Insbesondere bei habituellen Verhalten wie der Mediennutzung ist dies problembehaftet, da es zweifelhaft ist, inwieweit sich das Thema der Befragung im Gedächtnis verankert hat und im Rahmen der Befragung abrufbar ist. Wie bei Abschnitt 3.4.4 erläutert, wurde daher durch verschiedene Fragetechniken versucht, das Erinnerungsvermögen und das Unterbewusstsein der Gesprächspartner zu aktivieren.

Weitere Restriktionen der Erhebungsmethode hängen mit der Eigenauskunft der Befragten zusammen. Häufig stimmen die Auskunft einer Person und das eigentliche Verhalten einer Person nicht überein. Dafür gibt es verschiedene Erklärungsansätze. Zwei mögliche Faktoren sind die Einflüsse von „sozialer Erwünschtheit" und die „Good-Looking-Tendenz" (vgl. Brosius et al. 2008: 130). Beide Faktoren hängen mit einer positiven und nicht realen Darstellung der eigenen Person zusammen. „Soziale Erwünschtheit" bezeichnet die Tendenz der Befragten, sich besser darzustellen und das zu antworten, was sie als gesellschaftlich und sozial akzeptiert voraussetzen (vgl. Hurrle/Kieser 2005: 589). Ein ähnliches Phänomen sind das „Self-serving-Attributions-Verhalten" (vgl. Wortman et al. 1973) und die „konstruierte Biographie" (Fuchs-Heinritz 2000: 278). Beim „Self-serving-Attributions-Verhalten" werden gute Leistungen in Verbindung mit der eigenen Person gebracht, schlechte Leistungen externen Faktoren zugewiesen. Die „konstruierte Biografie" weist darauf hin, dass Menschen Widersprüchlichkeiten in der eigenen Biografie oft wegblenden.

Im Kontext dieser Arbeit galt es, diesen Tendenzen insbesondere bei der Generierung von Motiven, die im Zusammenhang mit einer möglichen eigenen Aktivität stehen, vorzubeugen. Eine aktive Kommentierung kann zum Beispiel Selbstdarstellung und Eitelkeit implizieren. Das sind zwei Motive, die nah an der Intimsphäre liegen und nur ungern zugegeben werden. Ansätze, dem vorzubeugen, bestanden darin, Vertrautheit zu schaffen, das Positive dieser Eigenschaften herauszukehren und durch Projektionsfragen – z. B. „würden Sie sagen, andere machen das" – von der eigenen Person zu distanzieren. Weiterhin wurde versucht, sich als Interviewer im Hintergrund zu halten, damit der Interviewpartner nicht das Gefühl hat, sich vor dem Interviewer darstellen zu müssen (vgl. Brosius et al. 2008: 130).

Zudem galt es, dem Fehlerquell der „Ja-Sager-Tendenz" vorzubeugen, die im Zusammenhang mit „geringer Ich-Stärke" oder einer „sozialen Behauptungsstrategie" stehen kann (vgl. Schnell et al. 2005: 354-355). Es wurde daher darauf geachtet, kein Motiv direkt abzufragen, sondern es wurden bewusst zwei oder mehrere Motive projiziert, die ausgewählt werden mussten. Zudem wurde darauf geachtet, die Interviews zeitlich straff durchzuführen, um die optimale Konzentration der Interviewpartner zu gewährleisten und somit valide Antworten zu

3.4 Qualitativer Teil

erhalten (vgl. Brosius et al.: 137). Länger geführte Interviews waren auf das Mitteilungsbedürfnis der Interviewpartner zurückzuführen.

3.4.7 Grad der Standardisierung und Kontrolle

Basis des wissenschaftlichen Forschungsprozesses ist eine systematische und intersubjektiv nachvollziehbare Vorgehensweise, die zu einer maximal erreichbaren Objektivität, Validität und Reliabilität (vgl. Bortz/Döring 2006) der Ergebnisse führt. Weiterhin sollte sich das methodische Vorgehen, so weit beim Forschungsgegenstand möglich und adäquat, nach den vier methodologischen Prinzipien der sozialwissenschaftlichen Forschung richten: das „Prinzip der Offenheit", das „Prinzip des theoriegeleiteten Vorgehens", das „Prinzip des regelgeleiteten Vorgehens" und das „Prinzip vom Verstehen als Basishandlung" (vgl. Gläser/Laudel 2009: 29-33).[108] Es wurden verschiedene Maßnahmen in der vorliegenden Forschungsarbeit vom Forscher ergriffen, diesen Prinzipien im Forschungsprozess gerecht zu werden. Einige Punkte werden in diesem Abschnitt erläutert, weitere bei den jeweiligen Forschungsschritten dargestellt. Aspekte, die den quantitativen Teil betreffen, werden unter 3.6.3 und 3.6.8 dargestellt.

Um eine optimale Reliabilität des Forschungsprozesses zu erreichen und sicherzustellen, dass valide Daten eingesammelt werden, wurde ein Pretest durchgeführt. Der erstellte Leitfaden und die ausgewählten Fragetechniken wurden somit auf Effektivität, Verständlichkeit und Sinnhaftigkeit der Fragen geprüft. Der Pretest erfolgte mit einem Wissenschaftsblogger, der auch als freier Journalist tätig ist und somit der Gruppe der Wissenschaftler und Wissenschaftsjournalisten zugeordnet werden kann.

Nach dem Pretest wurden die Reihenfolge der Themenblöcke geändert (obwohl diese auch teilweise flexibel bei den Interviews eingesetzt werden) und leichte sprachliche Veränderungen vorgenommen sowie Begrifflichkeiten ausgetauscht, die zu Konfusionen führen könnten. Die weiteren Interviews erfolgten auf Basis eines fast unveränderten Fragebogens.

Das „Prinzip des Verstehens als Basishandlung" (Meinefeld 1995: 83-94) setzt ein gemeinsames Verständnis des Untersuchungsgegenstandes bei Interviewer und Befragten voraus. Diese ist die Grundlage, um bei den Auswertungen angemessene Rückschlüsse ziehen zu können. Bei dem Untersuchungsgegenstand wird nicht von fundamentalen Verständnisschwierigkeiten ausgegangen, jedoch herrscht oft be-

---

108 Mayring spricht auch von sechs Gütekriterien, die für die qualitative Forschung genutzt werden können: Verfahrensdokumentation, argumentative Interpretationsabsicherung, Regelgeleitetheit, Nähe zum Gegenstand, kommunikative Validierung, Triangulation (vgl. Mayring 1999: 119).

züglich des Begriffs „Web 2.0" und den dazugehörigen Diensten Unklarheit. Die Themenblöcke des Gesprächsleitfadens wurden daher zu Beginn der Interviews mitgeteilt und offene Fragen geklärt. Hierbei ging es primär darum, von der gleichen Definition von Begriffen auszugehen. Bei Unklarheiten sollte eine Einschätzung des Begriffs „Web 2.0" und der zugeordneten Dienste gegeben werden.

Ein fundiertes Wissen des Untersuchungsgebietes aus der Sicht des Forschers impliziert Vor- und Nachteile. Zum einen findet der Forscher sich besser in der Gedankenwelt der Befragten zurecht. Zum anderen ist Vorsicht geboten, die eigene Sichtweise dem Interviewpartner aufzudrängen und Antworten durch Fragestellungen vorwegzunehmen. Um dem entgegenzuwirken, wurde vor den Interviews in einem Dokument die eigene Perspektive hinsichtlich des Untersuchungsgegenstandes protokolliert. Durch die aktive Reflexion sollte eine (unbewusste) Bestätigung der eigenen Ansichten in der Befragung vorgebeugt werden.

Weiterhin wurden zusätzlich zu den Tonaufnahmen im Anschluss an die Gespräche kurz Merkmale, Probleme und Ereignisse im Umkreis der Interviews skizziert, um diese „Lerneffekte" in die weiteren Interviews mitzunehmen. Die Gesprächsprotokolle hatten zudem Funktionen in der Auswertung der Daten. Sie beinhalteten die Rahmenbedingungen (Zeitpunkt des Interviews, Dauer, Ort, allgemeine Störfaktoren wie Zeitdruck des Interviewpartners, weitere soziodemografische Daten der Interviewer, Bemerkungen zur Nachinterviewphase etc.) und dienten als Orientierung bei der Evaluation (vgl. Deppermann 2001: 24; Froschauer/ Lueger 2003: 74f.).

Weiterhin galt es, die Reliabilität der Interviewaussagen so weit wie möglich zu optimieren. Diese wird bereits durch die Befragung mehrerer Gesprächspartner erhöht. So konnten die Antworten und Meinungen im Verhältnis und Vergleich zu anderen Einschätzungen evaluiert und generalisiert werden, was sich in der Kategorienbildung darstellte. Weiterhin wurde die Reliabilität der Aussagen durch die Verifizierung im quantitativen Teil und die offene Abfrage in diesem weiter erhöht.

3.4.8 Stichprobenauswahl

„Die Auswahl von Interviewpartnern entscheidet über die Art und die Qualität der Informationen" (Gläser/Laudel 2009: 117). Um valide Ergebnisse zu erzielen, gilt es im Allgemeinen, eine Stichprobe zu ziehen, welche repräsentativ die Grundgesamtheit des Forschungsgegenstandes widerspiegelt, den es zu explorieren gilt. Die angestrebte Grundgesamtheit bzw. der Untersuchungsgegenstand dieser -forschungsarbeit sind die Wissenschaftsblognutzer in Deutschland, insbe-

3.4 Qualitativer Teil

sondere die Wissenschaftsblognutzer aus der Gruppe der Wissenschaftler, Wissenschaftsjournalisten und Laien.

Die Grundgesamtheit der Wissenschaftsblognutzer in Deutschland ist jedoch nicht bekannt. Das hängt zum einen damit zusammen, dass bereits die Anzahl der Wissenschaftsblogs in Deutschland nicht zu ermitteln ist (vgl. Kapitel 2.3). Zum anderen besteht die Wissenschaftsblogosphäre aus einigen größeren Aggregierungsplattformen, aber auch vielen kleinen Einzelblogs, die keine Nutzeranalysen durchführen, sodass keine Daten der Nutzer zu generieren sind. Zudem gibt es keine Erhebungen aus der Gruppe der Wissenschaftler und Wissenschaftsjournalisten über die Anzahl und demografische Struktur der Wissenschaftsblognutzer aus der jeweiligen Gruppe. Dies kann auch damit zusammenhängen, dass das Medienformat „Wissenschaftsblog" relativ neu ist.

In Anbetracht des Mehrmethodendesigns dieses Forschungsvorhabens war ein weiterer Aspekt, dass der Schwerpunkt des qualitativen Teils darin lag, ein detailliertes und umfassendes Bild zu Motiven der Nutzung aus unterschiedlichen Blickwinkeln zu generieren. Das bedeutet möglichst divergierende Nutzertypen, insbesondere hinsichtlich ihrer Web-2.0-Erfahrung, zu interviewen, um verschiedene Perspektiven und somit ein breites und ein umfassendes Bild zu Motiven der Nutzung dieses Formates zu generieren. Die Verifizierung und statistische Auswertung so wie Gewichtung der Motive sollte im zweiten quantitativen Teil erfolgen.

Aufgrund dieser Prämissen erfolgte eine Auswahl der Interviewpartner in einem ersten Schritt theoretisch entsprechend typischen Fällen. „Typische Fälle" sind Merkmalsträger, die „besonders charakteristisch für alle Merkmalsträger in der Grundgesamtheit stehen" (Brosius et al. 2009: 83). Das primäre Merkmal, auf welches es zu achten galt und welches es ermöglichte, die Wissenschaftsblognutzer in drei Nutzergruppen zu unterteilen, war der Beruf. Die Determinante „Beruf als Einflussfaktor" und die Trennung der Nutzergruppen in Wissenschaftler, Wissenschaftsjournalisten und Laien sind auf die theoretischen Vorüberlegungen des Lebensstil-Konzeptes zurückzuführen (vgl. 2.4.7).

Um das positionelle Merkmal „Beruf" als zusammenführendes Merkmal der jeweiligen Nutzergruppe herauszufiltern und es somit als Determinante zu bestimmen, galt es, bei der Stichprobengenerierung eine breite Varianz anderer positioneller Merkmale, z. B. demografischer Faktoren, bei den Interviewpartnern sicherzustellen. Somit konnten der Beruf als gemeinsame Konstante und Alleinstellungsmerkmal herauskristallisiert werden und Motivstrukturen auf dieses zurückgeführt werden.

Weiterhin war es wichtig, innerhalb der beruflichen Gruppen Varianz in Bezug auf Fachrichtung, berufliche Stellung und Web-2.0-Affinität sicherzustellen, damit, so weit möglich, alle Facetten und Perspektiven der jeweiligen Gruppe in einem Motivkatalog bzw. alle Einflussfaktoren berücksichtigt werden die zu unterschiedlichen Motiven führen können. Es wurde bei der Auswahl der Interviewpartner daher auf die Varianz bezüglich folgender Merkmale geachtet: Altersstruktur/Hierarchieebene, Geschlecht, Internet/Webaffinität (Blogger und tendenziell Web-1.0-Nutzer). Bei der Gruppe der Wissenschaftler wurde des Weiteren auf Varianz sowohl in der Fachdisziplin (Biochemie bis Informatik) als auch hinsichtlich der Position im Wissenschaftsbetrieb (Doktorand bis Professor) geachtet. In der Gruppe der Wissenschaftsjournalisten war es wichtig, Journalisten aus verschiedenen Medien (Print, Online, TV) zu befragen.

Aufgrund der fehlenden Determinante „Beruf", in einem „positiven" Sinne als zusammenführender Faktor der Gruppe der Laien verstanden, wurde von einer theoretischen Auswahl in der Gruppe der Laien im Rahmen des ersten Forschungsschritts abgesehen. Da der Beruf kein Alleinstellungsmerkmal der Gruppe bzw. nicht definiert und eingegrenzt ist, schien eine erheblich höhere Stichprobe notwendig als bei den anderen beiden Gruppen, um die Motive auf diesen Faktor zurückzuführen, der in sich bereits dispers ist. Insbesondere in Anbetracht des Erhebungsinstruments der Einzelinterviews im qualitativen Teil, der limitierten Kapazität des Forschers und des Mehrmethodendesigns, welche eine umfassendere Stichprobe im zweiten Teil zum Ziel hat, schien eine Generierung der Motive der Laien im qualitativen Teil nicht sinnvoll. Stattdessen wurde die dritte Gruppe der Laien erst bei der quantitativen Befragung hinzugezogen.

Die theoretische Auswahl wurde bei der Rekrutierung der Teilnehmer mit dem Schneeballprinzip kombiniert. Das Schneeballprinzip wird angewendet, um Angehörige einer nicht bekannten Grundgesamtheit lokalisieren zu können (vgl. Noelle-Neumann/Kepplinger 1987). Nach einer groben theoretischen Auswahl/Bestimmung der Merkmale der potenziellen Gesprächsteilnehmer wurden die Interviewpartner über das Schneeballprinzip rekrutiert. Das Schneeballverfahren kann in der vernetzten Blogosphäre sinnvoll eingesetzt werden, da über vielseitige Verlinkungen (vgl. Kapitel 2.2) Informationen schnell gestreut werden können. Die theoretische Auswahl stellte das Suchraster da, nach denen die möglichen Gesprächspartner, die über das Schneeballprinzip lokalisiert wurden, final ausgewählt wurden.

Die Ansprache der Interviewteilnehmer erfolgte daher teilweise gezielt, teilweise auf Empfehlung von befreundeten Wissenschaftlern und Wissenschaftsjournalisten, die wiederum Empfehlungen aussprachen. Weiterhin wurden potenzielle Interviewpartner bei Blog-Events oder Wissenschafts-Events angesprochen oder partiell auch Gesprächspartner in der Gruppe der Wissenschaftsjournalisten über eine „Kaltakquise" generiert. Zudem wurden weitere Gesprächspartner über die Hilfe der Wissenschaftsblogosphäre herauskristallisiert. Über eine Vernetzung der Wissenschaftsblogger untereinander konnten weitere Nutzer von Wissen-

3.4 Qualitativer Teil

schaftsblogs aus der Gruppe der Wissenschaftsjournalisten und Wissenschaftler bestimmt werden, die in das Suchraster der theoretischen Auswahl passten.

Alternativ wäre es auch möglich gewesen, bereits die Interviewpartner des qualitativen Teils online in Form einer Aufforderung auf einer Wissenschaftsblogaggregierungsseite oder über Einzelblogs zu rekrutieren. Es wurde aus drei Gründen davon abgesehen. Zum einen bedeutet das immer eine Selbstauswahl und zieht eine bestimmte Gruppe von Interviewteilnehmern an, die auch ein bestimmtes Verhalten der Nutzung an den Tag legen. Dieses könnte die Motive in eine bestimmte Richtung verzerren. Zum Zweiten erschien es unwahrscheinlich, die Varianz der weiteren Merkmale über ein solches Verfahren sicherzustellen. Zum Dritten ist es Ziel dieser Studie, den zweiten Teil der Untersuchung online durchzuführen. Eine Online-Aufforderung bereits im ersten Teil schien nicht zielführend, da dadurch die Teilnahme und Teilnehmerzahl in der zweiten quantitativen Befragung beeinträchtigt worden wäre.

3.4.9 Form und Anzahl der Interviews

Die Anzahl der Interviewpartner wurde im Voraus nicht festgelegt. Es wurde stattdessen das Prinzip der theoretischen Sättigung der Grounded Theory (vgl. Glaser/Strauss 1967; Strauss 2004) angewendet. Das Prinzip der theoretischen Sättigung sieht eine Eingrenzung der Stichprobe vor „wenn sich im Hinblick auf die gegenstandsbezogene Theorie keine neuen Informationen mehr ergeben" (Nawratil 1999: 341). Es wurden, darauf basierend, ab dem Zeitpunkt keine neuen Interviewpartner rekrutiert, als die Interviews zu keinen signifikant neuen Erkenntnissen führten und sich zentrale Motive wiederholten. Dies erfolgte nach jeweils sechs Interviews in der Gruppe der Wissenschaftler und Wissenschaftsjournalisten.

Obwohl die Interviews in Form von („Tiefen"-)Interviews geführt wurden, wurde nicht auf ein persönliches Gespräch gepocht. Beide Interviewformen, das persönliche Gespräch und das Telefoninterview, haben Vor- und Nachteile im Kontext des Untersuchungsfeldes. Gläser und Laudel (vgl. Gläser/Laudel 2009: 153) haben die Vor- und Nachteile der jeweiligen Interviewform wie folgt zusammengefasst. Die Vorteile der Telefoninterviews sind die Zeit- und Kostenersparnis für den Forscher und die Flexibilität für die Interviewpartner. Die Nachteile sind eine geringere Kontrolle und geringere Ausbeute an Informationen. Zudem können Störungen nicht erkannt werden, es entgehen visuelle Informationen und die Körpersprache der Interviewpartner.

Auf inhaltlicher Ebene sind in Bezug auf den Forschungsgegenstand die Vor- und Nachteile wie folgt zu sehen. Interviews in Form von persönlichen Gesprächen schaffen eine intimere und vertrautere Atmosphäre. Dies kann von Vorteil sein, jedoch auch negative Effekte haben, wenn die „Chemie" zwischen Interviewer und Interviewten nicht stimmt. Einige Nutzungsmotive können nah an der eigenen Intimsphäre liegen, jedoch ist nicht gegeben, dass ein persönliches Treffen einen höheren Erfolg hat, Intimes zu erfahren. Die Telefonatsituation kann hier erfolgsversprechender sein, da sie eine gewisse Anonymität bietet, die es erleichtert, über bestimmte Dinge zu sprechen. Weiterhin war davon auszugehen, dass nur wenige Motive in der Intimsphäre liegen und der größte Teil des Forschungsgegenstandes „neutrale" Themen sind, im Gegensatz zu einer Forschung, die die eigene Biografie des Interviewteilnehmers betreffen.

Ein weiterer Aspekt, der in die Wahl der Interviewform mit hineinspielte, war die Verfügbarkeit der Interviewteilnehmer. Bei der Durchführung der Interviews, besonders in dem Berufsfeld der Wissenschaftsjournalisten, gab es Restriktionen. Zum einen hängt die „Verfügbarkeit und Erreichbarkeit potenzieller Interviewpartner ... von der Arbeitsbelastung ab", so Gordon (Gordon 1975: 203). Die Arbeitsbelastung der Wissenschaftsjournalisten war im Sommer 2009 durch die Medienkrise und den Personalmangel besonders ausgeprägt. Dieses erschwerte die Rekrutierung potenzieller Interviewteilnehmer. Aufgrund geringer erscheinenden Zeitaufwandes war es daher im speziellen der Wunsch einiger Wissenschaftsjournalisten, die Interviews telefonisch durchzuführen. Die „Hemmschwelle" der Interviewpartner, an Interviews teilzunehmen, wurde durch das Angebot eines telefonischen Interviews erheblich minimiert.

Bei praktischen Überlegungen überwogen die Vorteile des Telefoninterviews gegenüber den Nachteilen. Aus logistischer und finanzieller Sicht war es leichter für den Forscher, die Interviews telefonisch durchzuführen und somit eine breitere geografische Varianz der Interviewpartner abzudecken. Des Weiteren waren Aspekte wie die Körpersprache der Interviewpartner im Zusammenhang mit dem Forschungsgegenstand nicht elementar. Da auch im Rahmen des Forschungsfeldes die Vorteile des persönlichen Gesprächs gegenüber den Nachteilen nicht überwogen, wurden fast alle Interviews telefonisch durchgeführt. Insgesamt wurden 12 Interviews durchgeführt, von denen eines ein persönliches Gespräch war.

3.4 Qualitativer Teil

Abbildung 12: Untersuchungssteckbrief Interviews
Figure 12

Zeitraum:	August, September 2009
Anzahl:	6 Wissenschaftler,
	6 Wissenschaftsjournalisten
Dauer:	30 min – 1,5 Stunden
Varianz Wissenschaftsjournalisten	Soziodemografische Varianz, Medien Varianz (Print, Online, TV), strukturelle Varianz (festangestellte und freie Wissenschaftsjournalisten), Varianz in der Web 2.0 Affinität
Varianz Wissenschaftler	Soziodemografische Varianz, fachliche Varianz (unterschiedliche Disziplinen), hierarchische Varianz (wissenschaftlicher Mittelbau, Professor)
Form (Ort)	11 Telefoninterviews
	Ein persönliches Interview: München (1)

Quelle: Eigene Darstellung

3.4.10 Durchführung der Interviews und Transkription

„Gespräche sind – im Gegensatz zu schriftlichen Dokumenten – flüchtige Ereignisse. Sie müssen eigens durch Aufzeichnung konserviert werden, wenn sie zum Untersuchungsgegenstand werden sollen." (Deppermann 2001: 31). In Anbetracht des explorativen Charakters dieser Forschungsarbeit, die zu weiten Teilen eine materialgestützte Kategorienbildung vorsieht, war eine vollständige, passiv registrierende Datenerfassung der Gespräche grundlegend. Bei der späteren Analyse können flüchtige Details sowie die „Formulierungen, die kaum bemerkt werden, entscheidend sein" (Deppermann 2001: 31).

Eine Alternative der Datenerfassung sind handschriftliche Protokolle. Handschriftliche Protokolle können jedoch zu fundamentalen Verzerrungen und Datenverlusten führen. Weiterhin können ausschlaggebende Merkmale der Interviewprozesse, die sich nicht im Gedächtnis verankert haben und über eine Introspektion nicht abrufbar sind, verloren gehen (vgl. Heritage 1984: 238ff.).

Daher war eine Tonaufnahme der Interviews eine unabkömmliche Datenbasis, da sie eine „präzise Auswertung möglich macht und man sich mit voller Aufmerksamkeit dem Gespräch widmen kann (Froschauer/Lueger 2003: 68). Die zwölf Interviews ergaben zusammen 14 Stunden Tonmaterial, die vom Forscher manuell genau transkribiert wurden. Die Transkription erfolgte nach den Transkriptionsregeln von Gläser und Laudel [109] (Gläser/Laudel 2009: 194).

Die Transkription erfolgte weitestgehend ohne paraverbale Äußerungen oder prosodische Parameter, was für die Gesprächsanalyse elementar ist (vgl. Kuckartz 2007: 45). In Anbetracht des Untersuchungsgegenstands wurde diese Art der Auswertung bewusst ausgelassen.

Um eine Referenzierung bei der Auswertung zu erleichtern, wurden Timecodes in die Transkripte integriert. Weiterhin wurden die Interviews im Anschluss mit Dateinamen versehen und numerisch anonymisiert.

3.4.11 Auswertungsmethode qualitative Inhaltsanalyse

Die Komplexität des Untersuchungsfeldes wird sukzessive reduziert, was bereits bei der Auswertung der Interviews durch die qualitative Inhaltsanalyse beginnt. „Social activities need to be distinguished before any frequency or percentage can be attributed to any distinction" (Bauer et al. 2000: 8).

Die Auswertung der 14 Stunden Interviewmaterial war ein langwieriger und komplexer Prozess, was auf den explorativen Charakter dieser Forschungsarbeit zurückzuführen ist. Die Interviewtechnik war durch einen Leitfaden gestützt (vgl. 9.3.4), jedoch gab es viele Ad-hoc-Fragen, verschiedene Fragetechniken ohne inhaltlichen Bezug und weite Teile von unstrukturierten Elementen. Dieses Vorgehen hatte zur Konsequenz, dass es keine direkte inhaltliche Beziehung zwischen den Kategorien, den Fragen und der Reihenfolge der Antworten gab.

Trotz des explorativen Charakters des qualitativen Teils war das Vorgehen der Auswertung ein induktiver und deduktiver Prozess. In einem ersten Schritt wurden die Inhalte, die sich sinngemäß glichen, zusammengetragen. Die Textbausteine wurden aus dem Originaltext extrahiert und in einer Excel-Tabelle manuell eingefügt. Auf Basis der theoretischen Vorüberlegungen wurde ein Kategoriensystem erstellt. Dieses diente als primäres Suchraster und zur ersten Strukturierung der Daten und wurde mit den Textbausteinen abgeglichen. Es war jedoch nicht Ausschlusskriterium für neue Kategorien.

---

109 Es wird in Standardorthographie verschriftet und keine literarische Umschrift verwendet. Nichtverbale Äußerungen (z. B. Lachen, Räuspern, Husten, Stottern) werden nur dann transkribiert, wenn sie einer Aussage eine andere Bedeutung geben, Besonderheiten der Antwort mit „Ja" oder „Nein" (zögernd, gedehnt, lachend etc.) werden vermerkt, Unterbrechungen im Gespräch werden vermerkt, unverständliche Passagen werden gekennzeichnet (vgl. Gläser/ Laudel 2009: 194).

3.4 Qualitativer Teil

Die Auswertungsmethode lehnt sich an der qualitativen Inhaltsanalyse von Gläser und Laudel (vgl. Gläser/Laudel 2006: 193) an. Der Ansatz von Gläser und Laudel (vgl. Gläser/Laudel 2006) bezieht sich in der Interpretation der Daten nur auf die extrahierten Informationen. Hierin unterscheidet sich die Auswertungsmethode vom klassischen Ansatz von Mayring (Mayring 1999).

Das primäre Suchraster wurde auf Basis der theoretischen Überlegungen gebildet, die den Prozess der Codierung anwiesen (vgl. Gläser/Laudel 2006: 193). Die Kategorien werden im Einzelnen in Kapitel 3.4.12 erklärt und definiert. Die Hinleitung zu der Kategorienbildung wird am Ende des Abschnitts kurz dargestellt. Eine Auswertung der Interviews erfolgte in fünf Durchläufen. Zwei weitere Kontrolldurchläufe der Originaltexten/Transkriptionen erfolgten nach sechs Monaten Abstand. Dadurch, dass die Interviews relativ unstrukturiert geführt worden sind, war die Kategorisierung ein immer wiederkehrender Prozess. Nach der quantitativen Umfrage wurde eine wiederholte Auswertung der Interviews vorgenommen, und Aspekte, die bei der Umfrage zum Tragen kamen, wurden „hervorgeholt" und die Begründungszusammenhänge herausgefiltert.

Qualitative Methoden basieren auf dem Prinzip der Offenheit. Neue Unterkategorien und Kategorien wurden während des Codierungsprozesses gebildet. Es wurden im Auswertungs- und Extraktionsprozess flexibel Kategorien hinzugefügt, um Aspekte darstellen zu können, die durch die bisherigen Kategorien nicht abgebildet wurden.

„Patentrezepte für die Kategorienbildung im engeren Sinne gibt es nicht; je nach Untersuchungsgegenstand müssen dazu immer wieder neue Entscheidungen gefällt werden." (Kriz/Lisch 1988: 134). Die Kategorien wurden aufgrund erster Annahmen über Sinnzusammenhänge und Merkmalsausprägungen gebildet, die dann im Auswertungsprozess verdichtet, spezifiziert und erweitert wurden. Die Variablen und Merkmalsausprägungen, die zu einer Kategorienbildung führten, wurden vom Forscher frei charakterisiert und nicht hierarchisch angeordnet, sondern nominal skaliert. Die Auswertung und Zuordnung der Daten erfolgt nach menschlichem Ermessen. Es gilt daher, die methodenimmanente Subjektivität der Auswertung zu minimieren und die Reliabilität der Ergebnisse zu erhöhen.

Im Kontext des Untersuchungsgegenstandes ist anzumerken, dass die Kategorisierung mit einigen Schwierigkeiten versehen war. Motive wurden von verschiedenen Interviewpartnern jeweils in einem etwas anderen Wortlaut oder Kontext genannt und waren oft versteckt hinter generischen Aussagen. Weiterhin war es schwierig, Motive teilweise nur einer Kategorie zuzuordnen, weil sie im Verbund mit anderen Motiven standen, sich überschnitten oder verschiedenen Kategorien zugeordnet werden konnten. Es wurden zudem in den Interviews Themen angesprochen, die nicht eindeutig einem Motiv im Sinne eines Grundbedürfnisses zuzuordnen sind. Es wurden somit auch Kategorien um Aspekte ergänzt, die nicht vom Modell erfasst wurden, aber als relevant für die Beantwortung der Forschungsfrage erachtet wurden. Um Kategorien abgrenzen zu können, konnten jedoch nicht alle Details und Differenzierungen aufgenommen werden. Trotzdem wurde versucht, die Antworten und Kategorien nicht zu kleinteilig zu gestalten und zumeist die Antworten im Zusammenhang mit einem Grundbedürfnis zu koppeln bzw. zu klassifizieren. Die Bildung einer Metastruktur war essenziell, um eine Systematik herzustellen und eine klare Auswertung vornehmen und die drei Gruppen vergleichen zu können.

Zudem kam es während der Interviews auch zu vielen Themen jenseits von Motiven der Blognutzung, die eine Einschätzung von Wissenschaftsblogs in der Wissenschaftskommunikation zum Inhalt hatten, oder auch – da einige der Interviewpartner selber Blogger waren – zu Motiven des Bloggers, einen Blog selber zu führen. Auf eine Darstellung dieser Themen muss weitestgehend aus Fokussierungsgründen verzichtet werden. Zwei Aspekte aus der jeweiligen Gruppe wurden jedoch bei der Ergebnisdarstellung berücksichtigt, da sie im Kontext einer Einordnung von Wissenschaftsblogs in die Wissenschaftskommunikation von Relevanz sind.

Da diese Forschungsarbeit eine Einzelarbeit ist, war die Maßnahme des „konsensuellen Codierens", bei der mindestens zwei Forscher sich auf ein Codierungsverfahren einigen und dabei zur erhöhten Reliabilität beitragen, nicht möglich (vgl. Hopf 1995). Es wurden daher andere Maßnahmen ergriffen, um die Reliabilität der Ergebnisse zu gewährleisten.

Es wurden Code-Memos erstellt, die die Merkmale einer Kategorie zusammenfassen. Damit sollte eine systematische Kategorisierung sichergestellt sein, die intersubjektiv nachvollziehbar ist. Weiterhin wurde eine „unvoreingenommene" zweite Auswertung der Daten mit erheblichem Zeitabstand (um das Erinnerungsvermögen zu minimieren) vorgenommen. Missverständliche Zuordnungen wurden nach der zweiten Auswertung überdacht und angepasst.

Im Kontext des Uses-and-Gratifications-Ansatzes werden menschliche Bedürfnisse als (Meta-)Motive der Mediennutzung vorausgesetzt (vgl. 2.4.3). Es galt daher, die Antworten der Interviewpartner auf Grundbedürfnisse der Mediennutzung zurückzuführen. Als erste Klassifizierung und Kategorisierung erfolgte eine Orientierung am klassischen Motivkatalog von McQuail (vgl. Kapitel 2.4.6.2).

Neben den Standardmotiven wie Information, Unterhaltung, Identität und parasoziale Interaktion musste die mögliche Aktivität der Nutzer und die korrespondierenden Motive integriert werden. Hier wurden die neuen sozialpsychologischen Erkenntnisse aus der Literatur (Affiliationsbedürfnis und Impressionsmanagement) für die Motiverklärungen hinsichtlich des Web 2.0 zurate gezogen (vgl. 2.4.6.4). Auch wurde versucht, Motive auf einer „Praxisebene" (z. B. Aktualität der Informationen), der Metabedürfnisstruktur in Form von Subkategorien zu-

3.4 Qualitativer Teil

zuordnen, und nur im Falle der Unmöglichkeit einer Zuordnung wurden die Kategorien erweitert.

Nicht alle Motive spiegelten sich in den Interviews wider. Die Hauptkategorie des Standardkatalogs „parasoziale Interaktion" wurde nicht nach der Definition von McQuail in den Interviews reflektiert. Elemente, die dieser Kategorie zugeordnet werden können, wurden der übergeordneten Kategorie „Identität" und der neu erstellten Kategorie „Aktivität" mit der Unterkategorie „Affiliationsbedürfnis" zugeordnet. Einige Motive kamen erst im Kontext der Befragung der Laien bei der offenen Abfrage im quantitativen Teil zum Vorschein, so die Untergruppen der Kategorien „Information": „Neugier" und „Bildung".

Angelehnt an das Lebensstil-Konzept von Rosengren bildeten die berufliche Nutzung und Motive, die im Kontext der beruflichen Nutzung standen, eine eigene Kategorie, obwohl das Metamotiv dahinter teilweise ein Informations- oder Identitätsmotiv war.

Das heißt, die Blöcke „Web-2.0-Nutzung" und „allgemeine Mediennutzung" wurden jeweils getrennt ausgewertet. Die Daten wurden nicht weiter interpretiert und analysiert, sondern wurden bei der Erstellung des Fragebogens im quantitativen Teil hinzugezogen. Eine Auswertung in Bezug auf die Mediennutzung und Web-2.0-Nutzung erfolgte auf Basis der quantitativen Daten.

Nach dem ersten Durchlauf der Auswertung gab es unzählige Unterkategorien, die bei einem zweiten Durchlauf verstärkt zusammengezogen wurden. Insbesondere im Hinblick auf den zweiten Teil der Methode, die Befragung, wurden verstärkt Gemeinsamkeiten der zwei Gruppen gesucht und die Formulierungen angeglichen. Es stellte sich heraus, dass die Motive jenseits der bewusst beruflichen Motive bzw. Motive, die im direkten Zusammenhang standen mit der Rolle des Wissenschaftlers oder Wissenschaftsjournalisten, zu großen Teilen die gleichen waren, allerdings mit unterschiedlichen Ausprägungen.

Das primäre Suchraster und die Kategorien werden im folgenden Abschnitt erläutert. Die Kategorisierung hat keine Allgemeingültigkeit und erhebt keinen universalen Anspruch an Sinnhaftigkeit. Weiterhin können nicht alle Motive, besonders auf einer „oberflächlichen" Praxisebene (z.B. „Formatfreiheit"), auf ein Grundbedürfnis zurückgeführt werden. Stattdessen gilt es, auf Grundlage der Motive die Antworten zu systematisieren und Kategorien zwecks Klarifizierung und Übersichtlichkeit zu bilden. Da es Überschneidungen der Motive gibt und mehrere Motive den Metamotiven zugrunde liegen – so wie die Kategorie „Beruf" mehrere Motive vereint, die auch andere Kategorien beinhalten –, sind Zuordnungen aufgrund eigener definitorischen Ansätze und im Kontext der Forschungslogik erfolgt. Im Kontext der Forschungsarbeit waren Sinn und Zweck der Kategorisierung, Motive herauszukristallisieren, um auf dieser Basis zu diskutieren und im Kon-

text der drei Gruppen vergleichen zu können. Erste Kategorisierungen wurden nach den Durchgängen überarbeitet, erweitert oder zusammengelegt.
Im Folgenden werden die Kategorien, aufgrund derer eine erste Kategorisierung vorgenommen wurde, dargestellt.

Abbildung 13: Die Kategorien

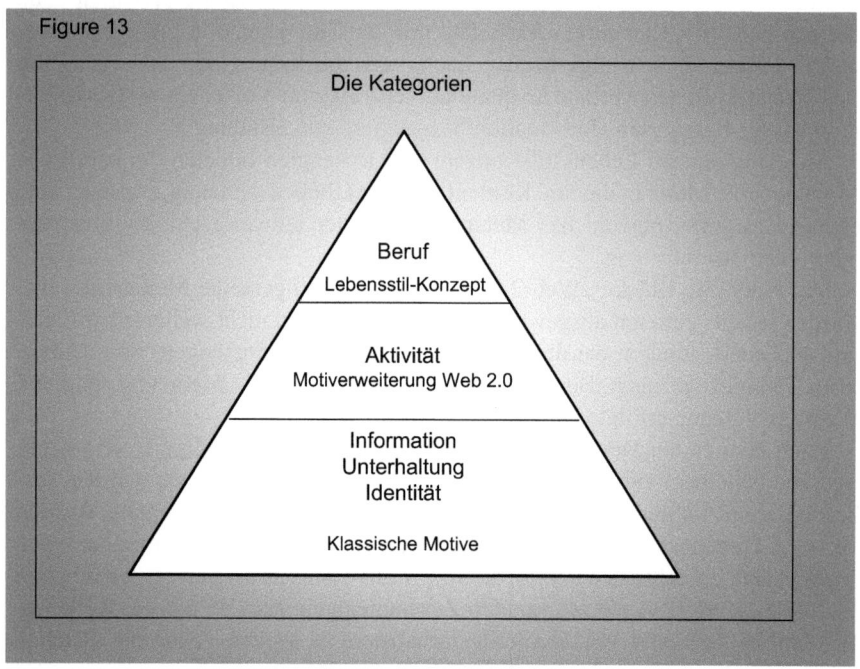

Quelle: Eigene Darstellung

3.4.12 Die Kategorien

Die Kategorien wurden, wie im letzten Abschnitt dargestellt, aus Kapitel 2.4 hergeleitet. Die gebildeten Kategorien erheben keinen Anspruch auf Allgemeingültigkeit und Universalität. Teilweise werden sie im Kontext der Arbeit mit spezifischen Definitionen erweitert oder eingeschränkt. Die Kategorien dienen der Strukturierung und Klarifizierung sowie als Vergleichshilfe zwischen den Gruppen. Ein großer Teil der Unterkategorien wurde frei gewählt und definiert.

Es gilt, hinsichtlich aller Befragten oder einzelnen Gruppen über die (Meta-) Kategorien Tendenzen, Orientierung und Gewichtung in die eine oder andere Richtung zu erkennen.

3.4 Qualitativer Teil

Bevor Strömungen der Überkategorien zusammengefasst werden, ist anzumerken, dass die drei übergeordneten Motive „Identität", „Unterhaltung" und „Information" von den Zuordnungen nicht klar zu trennen sind. Einigen Motiven sind mehrere Kategorien, bzw. bestimmte Kategorien nicht exakt zuzuordnen. Dieses wird jeweils in der Auswertung angemerkt. Es ging nicht darum, die beste Zuordnung zu finden (die Definition/Eingrenzung der Kategorie liegt im Blick des Forschers, wie angemerkt, sind diese keine universalen Kategorien), sondern darum, anhand der Kategorien Gewichtungen feststellen zu können und die Aussagen zu differenzieren.

Die Metakategorien auf Grundlage des klassischen Katalogs von McQuail (vgl. 2.4.6.2) und Erkenntnisse aus der Sozialpsychologie (vgl. 2.4.6.4) stellen sich wie folgt dar.

Abbildung 14: Definition der Kategorien

Figure 14	
Kategorie	Zugeordnete Motive
Beruf	Information für den bzw. im beruflichen Alltag, (Identität auf Basis des eigenen Tätigkeitsprofils), Affiliationsbedürfnis in Bezug auf die berufliche Identität, Motive, die Anleihe bei anderen Kategorien nehmen, jedoch eindeutig auf die berufliche Praxis zurückzuführen sind.
Information	Orientierung in der Umwelt, Ratsuche, Neugier, Bildung, Sicherheit durch Wissen
Unterhaltung	Unterhaltung, Eskapismus, Entspannung, kulturelle Erbauung, Zeit verbringen, emotionaler Release, Spaß
Identität	Bestärkung der persönlichen Werte, Suche nach Verhaltensmodellen, Identifikation mit anderen, sich selber kennenlernen, soziale Empathie, sehen was andere machen, Identitätsstabilisierungen im Vergleich mit anderen
Aktivität	Affiliationsbedürfnis (Grundbedürfnis, mit anderen Menschen in sozialen Kontakt zu treten), Austausch mit anderen, Diskussionskultur, Impressionsmanagment, Darstellungen der eigenen Identität

Quelle: Eigene Darstellung

Die Kategorie Beruf und Aktivität bilden Sonderkategorien, da diese grundsätzlich keine Bedürfnisse darstellen.

Im Folgenden gibt es Erläuterungen zu den Kategorien, die auf Basis der theoretischen Vorüberlegungen als primäres Suchraster fungieren. Unterkategorien wurden im Prozess der Auswertung gebildet.

A. Information

Information ist neben Unterhaltung eine der Hauptfunktionen der Medien und eines der Hauptmotive der Nutzung. Unter „Information" wird nach McQuail Orientierungswissen, Bildung und Sicherheit durch Wissen verstanden (vgl. Abschnitt 2.4.6.2).

Im Kontext der vorliegenden Forschungsarbeit ist die Kategorie zentral, jedoch definiert sie sich primär über Unterkategorien und nimmt nur marginal Anleihe bei dem klassischen Verständnis dieses Begriffs. Wie unter 3.4.13/ 3.4.14 dargestellt, kamen während der Interviews viele Attribute, die im Kontext eines Informationsbedürfnisses genannt wurden und dieses spezifizierten, zum Vorschein. Diese Attribute können grundsätzlich nicht als Bedürfnisse gewertet werden, sind aber im Rahmen des Forschungsinteresses elementar und wurden aus Systematisierungsgründen diesem Motiv als Unterkategorien zugeordnet.

Das Informationsbedürfnis konnte nicht klar in Motive in solche des Kontextes des Berufes und des Kontextes der Freizeit getrennt werden. Auch Informationen, die im Rahmen der Freizeit konsumiert werden, können bewusst oder unbewusst in die berufliche Arbeit einfließen, insbesondere dann, wenn die berufliche Arbeit der Umgang mit Wissen ist (vgl. D). Teilweise wurden Aspekte des Informationsbedürfnisses daher der Kategorie „Beruf" zugeordnet, vor allem bei der Gruppe der Wissenschaftsjournalisten, da deren alltägliche berufliche Tätigkeit der Umgang mit Informationen ist.

B. Identität

„Die Identität eines Menschen entwickelt sich im Zusammenspiel von situativen Erfahrungen und übersituativer Verarbeitung dieser Erfahrungen." (vgl. Haußer 1995, zitiert nach Schmidt 2006:72) Die situativen Komponenten der Selbstwahrnehmung, Selbstbewertung und der personalen Kontrolle als des Bedürfnisses, auf die Umwelt Einfluss zu nehmen, werden zu Identitätskomponenten generalisiert: Selbstkonzept, Selbstwertgefühl und Kontrollbewusstsein. Gegenüber dem klassischen Identitätskonzept, das die Stabilität und Einheit der persönlichen Identität betont, setzt sich immer mehr ein dynamisches Identitätsverständnis durch: „Identität wird heute als komplexe Struktur aufgefasst, die aus einer Vielzahl einzelner Elemente besteht (Multiplizität), von denen in konkreten Situationen jeweils Teilmengen aktiviert sind oder aktiviert werden (Flexibilität)" (Döring 2003: 325; Schmidt 2009: 72) Für diese Identitätsarbeit spielen Massenmedien eine wichtige Rolle, weil sie bestimmte kollektive oder individuelle Identitäten als Vorbilder und Wirklichkeitsentwürfe präsentieren (vgl. Paus-Haase et al. 1999). Die Kategorie „Identität" bedarf einer speziellen Erläuterung, da sie vorwiegend

3.4 Qualitativer Teil

auf einer Interpretationsleistung des Forschers beruht und nur partiell im Sinne von Identitätstheorien zu verstehen ist.

Nach McQuail wird unter den Begriff „Identität" Folgendes subsumiert: Bestätigung der eigenen Werte, Suche nach Verhaltensmodellen, Identifikation mit anderen und sich selber kennenlernen.

Dem Begriff „Identität" liegen verschiedene Konnotationen zugrunde. Identität steht im Kontext dieser Arbeit als Überkategorie für alle Motive, die im Zusammenhang stehen mit einem Interesse an und einem „Verhältnis" mit der Person hinter dem Blog. Sei es, um im Vergleich die eigene Identität zu bilden oder im Sinne von „parasozialer Interaktion". In der Kategorie „Identität" sind daher Motive zu finden, die auf den subjektiven Charakter und die Beziehung zum Autor des Blogs zurückzuführen sind. Weiterhin spielte die starke Meinungsgetriebenheit von Blogs eine zentrale Rolle, die sich in dieser Kategorie widerspiegelt.

Ein zentraler Aspekt, der insbesondere von der Gruppe der Wissenschaftler wiederholt genannt wurde, ist auf „berufliche Identitätsbildung" zurückzuführen. Das Motiv drückt ein Verhältnis zum Blogautor in seiner Rolle als „Wissenschaftler" aus. Teilweise wurde dieses Motiv der Kategorie „Beruf" zugeordnet, teilweise reflektierte es sich in Motiven der Kategorie Identität.

Im Abschnitt 2.4 wurden Motive im Kontext des Identitätsmanagements, also im Rahmen der Darstellung der eigenen Identität diskutiert. Der Begriff nach dieser Definition im Sinne eines Impressionsmanagements (vgl. 2.4) ist der Kategorie „Aktivität" zugeordnet.

McQuail zeigt in seinem Modell (vgl. 2.4) weiterhin die Meta-Kategorie „Integration und soziale Interaktion" auf und versteht darunter: Soziale Empathie, Zugehörigkeitsgefühl, Geselligkeitsersatz und Gesprächsgrundlage. Diese Motive haben sich von sich aus in den Interviews nicht herauskristallisiert, daher wurde keine eigene Kategorie gebildet. Teilweise wurden Motive dieser Kategorie, z. B. soziale Empathie, in der Kategorie Identität subsumiert.

C. Unterhaltung

Die Kategorie Unterhaltung beinhaltet alle Motive, die McQuail unter dem Überbegriff „Unterhaltung" zusammengefasst hat, und wurde vom Forscher nicht erweitert. Motive dieser Kategorie sind Unterhaltung im klassischen Sinne wie Spaß, aber auch Eskapismus und Entspannungsmotive.

D. Beruf

Diese Kategorie wird abgeleitet von dem Lebensstil-Konzept von Rosengren. Sie beinhaltet Motive, die im Zusammenhang mit der beruflichen Nutzung stehen oder in einer erweiterten Interpretation auf die berufliche Stellung zurückzuführen sind. In einer ersten Auswertung wurden der übergeordneten Kategorie „Beruf" zu großen Teilen die drei Untergruppen „Information", „rein beruflich/produktionsbezogen" (die Nutzung steht im direkten Kausalzusammenhang mit der beruflichen Verwendung) und „Identität" zugeordnet.[110]

Bei einer zweiten Auswertung der Interviews und Strukturierung der Kategorien wurde versucht, diese drei Kategorien weitestgehend zu trennen, um Unklarheiten vorzubeugen. Dennoch sind Motive der Kategorie „Beruf" vorwiegend auf Informations- oder Identitätsmotive zurückzuführen. Wenn eine klare berufliche Nutzung im Vordergrund stand, wurden die Motive der Kategorie „Beruf" zugeordnet. Wenn die allgemeine Nutzung, die auch privat erfolgt, im Vordergrund stand, wurden die Motive den anderen beiden Kategorien zugeordnet.

Ein erklärungsbedürftiges Motiv ist das Vernetzungsbedürfnis der Wissenschaftler, welches dieser Kategorie zugeordnet wurde. Ein Vernetzungsbedürfnis war in der Gruppe der Wissenschaftler ein wiederkehrendes Motiv. Dieses Motiv ist jedoch nicht im Sinne einer aktiven Verlinkung im Kommentarfeld zu verstehen (vgl. Kapitel 2.5), sondern zielt auf die Möglichkeit ab, über Blogs Einsicht in andere wissenschaftliche Disziplinen zu bekommen, einen interdisziplinären Austausch in den Kommentierungen verfolgen zu können und nur wahlweise die Möglichkeit in Anspruch zu nehmen, sich zu beteiligen. Nach diesem Verständnis beinhaltet die Vernetzung keine Aktivität und wird daher auch nicht dieser Kategorie zugeordnet.

Es bleibt die Schwierigkeit, die Motive jeweils im Kontext einer privaten oder beruflichen Nutzung zu sehen (vgl. A). Insbesondere in der Gruppe der Wissenschaftsjournalisten kann das Informationsbedürfnis nicht eindeutig auf die „Privatperson" oder den „Forscher" bezogen werden. Zudem gibt es in der Kategorie „beruflich/bewusst" produktionsbezogene Motive, die nicht zwingend Einfluss auf die Arbeit des Forschers haben, aber unmissverständlich im Kontext seiner beruflichen Rolle entstehen.

---

110 Diese erste Kategorisierung geschah aus verschiedenen Gründen. Die Aufnahme von (wissenschaftlichen) Informationen, auch wenn sie im privaten Kontext erfolgt, kann nicht bewusst getrennt werden von Informationen, die im beruflichen Kontext aufgenommen werden. Insbesondere bei der Gruppe der Wissenschaftsjournalisten kann nicht ausgeschlossen werden, dass die Informationen (inspirierend) in die Arbeit mit einfließen. Identität war zunächst „Beruf" zugeordnet, vorwiegend zurückzuführen auf die Gruppe der Wissenschaftler. Es wurden danach aber wieder die Kategorien getrennt und „Information", nur wenn sie klar „produktionsbezogen" war, „Beruf" zugeordnet. Bei „Identität" ging es um Motive beider Gruppen, die im Kontext standen, sich selber in der Rolle des Wissenschaftlers oder Wissenschaftsjournalisten zu sehen bzw. als solcher zu handeln und Interesse am Blogautor zu haben in dessen Rolle als Wissenschaftler bzw. Wissenschaftsjournalist.

3.4 Qualitativer Teil

E. Aktivität

Motive, die im Zusammenhang standen mit den neuen partizipativen Nutzungsmöglichkeiten von Wissenschaftsblogs (vgl. Kapitel 2.4), sind in der Kategorie „Aktivität" angesiedelt. Als Orientierungsrahmen wurden die Erkenntnisse der Sozialpsychologie (vgl. Kapitel 2.4) in Form des Impressionsmanagements (eigene Identitätsbildung) und des Affiliationsbedürfnisses herangezogen. Das Affiliationsbedürfnis, „sich mit anderen auszutauschen", steht im Kontext dieser Forschungsarbeit in zwei Konnotationen. In der Gruppe der Wissenschaftler war die Vernetzung mit anderen Wissenschaftlern ein wiederkehrendes Motiv, jedoch stand sie nicht zwingend im Zusammenhang mit einer eigenen Aktivität (vgl. C, Abschnitt 3.4.13). Einige Motive standen weder mit einem Impressionsmanagement noch einem Affiliationsbedürfnis im Zusammenhang. Es bleibt weiteren Forschungsarbeiten vorbehalten, die psychologischen Bedürfnisstrukturen dieser Motive zu erklären. Die vorliegende Forschungsarbeit beschränkt sich auf eine Darstellung dieser Motive.

Im Kontext der Auswertung wurden die Interviews anonymisiert und mit Nummern versehen. Um eine rudimentäre Einordnung vornehmen zu können, seien folgende Informationen gegeben.

Abbildung 15: Interviewpartner Wissenschaftler

Figure 12

Interview 1	Postdoktorand, Sozialwissenschaft, Alter 32
Interview 2	Professor, Naturwissenschaft, Alter 42
Interview 3	Professor, Naturwissenschaft, Alter 62
Interview 4	Postdoktorand, Naturwissenschaft, Alter 27
Interview 5	Doktorand, Naturwissenschaft, Alter 27
Interview 6	Doktorand, Naturwissenschaft, Alter 28

Quelle: Eigene Darstellung

Abbildung 16: Interviewpartner Wissenschaftsjournalisten

Interview 7	Freier Wissenschaftsjournalist, Print und Online, Alter 63
Interview 8	Freier Wissenschaftsjournalist, Print, Alter 50
Interview 9	Chefredakteur, TV, Alter 40
Interview 10	Freier Wissenschaftsjournalist, Radio, Alter 24
Interview 11	Festangestellter Wissenschaftsjournalist, Online, Alter 38
Interview 12	Festangestellter Wissenschaftsjournalist, Online, Alter 40

Quelle: Eigene Darstellung

Obwohl auch weibliche Personen unter den Interviewpartnern waren, wurden zwecks Anonymisierung der Interviews keine weiblichen Formen in den Formulierungen verwendet.

Die Ergebnisse werden im nächsten Abschnitt präsentiert. Die Auswertung wird gemäß der erfolgten Kategorisierung dargestellt und mit Zitaten belegt. Die Zitate dienen dazu, die Arbeitsweise aufzuzeigen und die Fälle plastisch darzustellen (Gläser/Laudel 2006: 266). Bei den qualitativen Daten wird keine Komplexitätsreduktion vorgenommen, wie es die Quantifizierung erlaubt.

3.4.13 Auswertung Interviews – Wissenschaftler

A. Information

Das Motiv „Information" stand bei allen Interviewpartnern im Vordergrund. „Information" wurde unter verschiedenen Gesichtspunkten und Aspekten in Bezug auf die Nutzung von Wissenschaftsblogs genannt. Selbst Motive, die im Zusammenhang mit Identitäts- und Unterhaltungsmotiven standen, waren gekoppelt mit einer Form von Informationsaufnahme.

Im Folgenden wird differenziert, welche Form von Information und welches Verständnis von Information im Kontext der Interviews vorherrschte.

3.4 Qualitativer Teil

Im klassischen Sinne – also so, wie das Informationsbedürfnis von McQuail (vgl. Kapitel 2.4) beschrieben und im Kontext der Medienfunktion[111] hinsichtlich der Bipolarität von Information und Unterhaltung definiert wird – versteht man unter Informationsbedürfnis ein Überblickswissen. Wissenschaftsblogs werden jedoch nicht als Informationsquelle im Sinne von Überblickswissen, Orientierung und des letzten Standes der Forschung im eigenen Fachbereich genutzt. Keiner der Befragten hat ein Informationsbedürfnis in diesem Kontext genannt oder Fragen in diese Richtung bestätigt. Stattdessen wurden sie dezidiert verneint.

Orientierungswissen, um auf dem Laufenden zu bleiben, Wissen über Entwicklungen und den letzten Stand der Forschung, besonders das eigene Fachgebiet betreffend, werden über wissenschaftliche Papers und Fachjournale bezogen (vgl. Kapitel 2.1.2.5). „Neueste Forschungsergebnisse kann man nicht anders als in Fachjournalen lesen, weil die eher dort veröffentlicht werden als in Blogs, solange sich an den strukturellen Gegebenheiten des wissenschaftlichen Publikationswesens nichts ändern wird. Für den Wissenschaftler sind Publikationen weitaus wichtiger als ein Blogbeitrag" (1).

Unter den intensiven Nutzern von Web-2.0-Anwendungen innerhalb der Interviewpartner gab es jedoch eine Tendenz, in der Mediennutzung wissenschaftliche Papers, die eigene Fachdisziplin betreffend, heranzuziehen und Wissenschaftsblogs zur Informationsaufnahme bezüglich Wissenschaftsthemen angrenzender Disziplinen zu nutzen. Wissenschaftsblogs können in diesem Kontext ein spezifisches Überblickswissen bieten, jedoch keinen generellen Überblick über Themen in den Wissenschaftsnachrichten. *„Ich komme mit den wissenschaftlichen Papern, die ich eigentlich lesen müsste, fast nicht hinterher und das versuche ich dann in anderen Fächern über die Wissenschaftsblogs aufzunehmen."* (6)

Generell gab es eine Tendenz unter den Interviewten, die regelmäßig Wissenschaftsblogs nutzen, selten bis gar nicht Wissenschaftsblogs aus der eigenen Fachdisziplin zu lesen, sondern Blogs anderer Fachdisziplinen zu verfolgen. *„Ich versuche mich über wissenschaftliche Blogs über die Themen auf dem Laufenden zu halten, die nicht unbedingt mit meinem Gebiet zu tun zu haben."* (4)

Das formulierte Informationsbedürfnis der Interviewpartner war demnach kein allgemeines Orientierungswissen.

---

111 Vergleiche Medienfunktion Meyen, Zitat

A.1 Spezifische (Nischen-) Informationen, die in anderen Medien nicht gefunden werden

Dieses Motiv wurde am häufigsten von den Interviewpartnern formuliert. Das Hauptinteresse, Wissenschaftsblogs zu nutzen, liegt in den spezifischen Informationen, die nicht in den klassischen Leitmedien gefunden werden. Teilweise waren Aussagen in diesem Kontext auch mit einem „Anti-traditional-Media-Sentiment" gekoppelt, bei denen bewusst die klassischen Medien abgelehnt wurden. Fast alle Interviewpartner haben dieses Motiv klar formuliert: *„In Wissenschaftsblogs finde ich Informationen, die in anderen Medien nicht drin stehen"* (5) und *„Wissenschaftsblogs bieten einen guten Überblick bei speziellen Sachen, die nicht in den Tageszeitungen sind"* (5), *ferner: „In Wissenschaftsblogs finde ich Themen, über die sonst keiner berichtet"* (2), oder *„Ich würde sagen,, einer der Punkte ist die Breite der Information. Sachen die man in den klassischeren Medien nicht unbedingt kriegt, dass ich mich darüber informieren kann"*, (4) und *„Wissenschaftsblogs geben Randthemen eine größere Aufmerksamkeit"* (1).

A.2 Tiefere, dichtere, fundiertere Informationen

Neben speziellen und spezifischen Informationen, die in Wissenschaftsblogs gefunden werden, wurde die Tiefe, Fundiertheit und Dichte von Informationen in Wissenschaftsblogs besonders hervorgehoben. Diese drei Attribute wurden in dieser Klassifizierung zusammengefasst, da es sinngemäß die gleiche Form von Information ausdrückt. Das Thema „Qualität der Information" spielt auf andere Bedeutungskonnotationen an und wird daher gesondert diskutiert.

Generell zielten Aussagen in diesem Bereich darauf ab, dass Themen tiefer gehend behandelt werden (Basiswissen wird vorausgesetzt), mit „höherem Anspruch", es wird gleich auf „Fachwissen-Niveau" eingestiegen: *„In Wissenschaftsblogs findet man andere Themen, wie z. B. bei SZ Wissen. Vielleicht ist es wirklich, dass der Anspruch ein wenig größer in den Wissenschaftsblogs ist, da man eben die grundlegendsten Informationen als gegeben voraussetzt"* (5). In den Aussagen wurden häufig die klassischen Leitmedien als direkter Vergleich hinzugezogen. Klassische Leitmedien würden durch redaktionelle Restriktionen nicht die gleiche Tiefe und Fundiertheit erzielen: *„In Wissenschaftsblogs finde ich am meisten Tiefe, redaktionelle Beiträge sind oft stark vereinfacht, da sie inhaltlich nicht so vertraut sind und redaktionell beschränkt in Zeichenzahl und Layout"* (1). Teilweise standen diese Aussagen auch nahe dem Attribut „ungefiltert": *„Ich habe in der Informatik viele Seiten, die würde ich aufbereitet überhaupt nicht bekommen, das ist für mich attraktiv"* (2). Es wurde weiterhin be-

3.4 Qualitativer Teil

mängelt, dass die klassischen Medien vereinfachen und komprimieren. Wissenschaftsblogs bieten den Raum für ausführliche Informationen: *„Was am Ende in der Lokalzeitung steht, weicht oft sehr stark davon ab, was in dem wissenschaftlichen Projekt passiert (hier künstliche Intelligenz). Es findet eine sehr starke Vereinfachung und Komprimierung statt .... Das ist null Informationsgehalt für den, der weiß, was künstliche Intelligenz ist, und wissen will, was passiert in dem Projekt genau. Die Aussage, „es geht um künstliche Intelligenz", ist zu allgemein. Blogs gehen in die Tiefe, die haben nicht das Ziel einen Artikel zu schreiben, der abgedruckt werden soll und von jedem verstanden wird. Die Informationstiefe und Informationsdichte ist eine ganz andere. Das macht es ein attraktives Medium"* (1).

A.3 Authentische, ungefilterte, glaubhafte, direkte Information

Ein weiterer Aspekt, der im Zusammenhang mit Informationen, die man in Wissenschaftsblogs sucht, genannt wurde, war das Authentische, Ungefilterte, Direkte, Glaubhafte der Information. Wie im letzten Abschnitt wurden sinngemäß ähnliche Attribute zu einer Kategorie zusammengefasst. Wissenschaftsblogs müssen sich nicht an formalen, redaktionellen Standards orientieren. Insbesondere bei den Wissenschaftsjournalisten, war dies ein wichtiges Motiv, das jedoch auch bei den Wissenschaftlern eine Rolle spielte.

Das Attribut „ungefiltert" hat verschiedene Facetten. Für die Wissenschaftler war es ein wichtiges Motiv unter seinesgleichen, ungefiltert, jenseits der konventionellen, redaktionellen Strukturen zu kommunizieren. Dieser Punkt wird in Form von „ungefilterte Einblicke in andere Wissenschaftsbereiche" in der Kategorie Beruf und Identität noch weiter ausgeführt. Formulierungen dieses Motivs waren: *„Ich wüsste gar nicht, welche Funktion ein Wissenschaftsjournalist in der Kommunikation haben sollte. Die Beiträge in Wissenschaftsblogs sind so originell, die Entwicklungsprozesse so eindrücklich, so authentisch. Dadurch, dass ein Wissenschaftler die schreibt, entsteht eine Historie, eine Authentizität, die könnte ein Wissenschaftsjournalist nicht erreichen. Ein Wissenschaftsjournalist würde ja schon wieder etwas aufbereiten, was anderes daraus machen müssen. Das wäre ja so eine Art Ghostwriter, und das wäre ja nicht, was ich suche. Das würde einiges von dem Authentischem und Glaubhaften rausnehmen"* (2).

Im Vergleich zum professionell-redaktionellen Journalismus zeichnete sich eine generelle Tendenz in den Interviews mit den Wissenschaftlern ab, die ein kritisches Verhältnis zum Wissenschaftsjournalismus zum Ausdruck bringt (vgl. Kapitel 2.1.2): *„Wissenschaftsjournalismus, so wie ich ihn wahrnehme, z. B. wenn ich „Süddeutsche Wissen" oder „Zeit" lese, ist eher an ein größeres Publikum adressiert. Da muss das ausgewogen sein, muss aufbereitet werden, darf* *nicht mehr so einseitig sein. Dann geht eben vieles, von dem verloren, was ich eigentlich suche"* (1). *„Wissenschaftsjournalismus versucht ja ein rundes Bild von einem Thema abzugeben, und das braucht man in einem Blog nicht. Da kann man seine Sicht schreiben"* (6).

A.4 Qualität

Die Qualität[112] der Inhalte von Wissenschaftsblogs, die in Weblogs häufig kritisch betrachtet wird (vgl. Kapitel 2.4), wurde bei den befragten Wissenschaftlern in Bezug auf Wissenschaftsblogs besser als bei redaktionellen Wissenschaftsseiten eingeschätzt.

Dafür gab es zwei Erklärungsansätze in den Interviews. Zum einen wurden von allen Interviewpartnern Wissenschaftsblogs von Wissenschaftlern präferiert (anstatt von Wissenschaftsjournalisten). Der Wissenschaftler-Kollege fungiert als Garant der Qualität der Inhalte. Der Wissenschaftler schließt von sich auf den Autor, was eng mit Identitätsmotiven verknüpft ist (vgl. C. Identität). *„In Wissenschaftsblogs sind qualitativ sehr hochwertige Beiträge, ein gewisses Niveau wird eingehalten, weil die Wissenschaftsblogs mit dem eigenen Namen assoziiert werden"* (1). *„Das hängt vom Autor ab, der ist vertrauensbildend. Wenn es völlig anonym ist, dann muss man dem nachgehen"* (5). Weiterhin: *„Qualität ist in Wissenschaftsblogs nicht das Problem. In traditionellen Medien gibt es auch Fälle, da steht der größte Blödsinn drin. Ich glaube nicht, dass in Wissenschaftsblogs da einer totalen Blödsinn schreibt, die Leute haben das schon ernsthaft im Auge, ich glaube dass das seriöse Dinge sind"* (3.) Weiterhin: *„Man bekommt ein Gefühl, wer die Blogger sind, was die machen in Bezug auf Qualität"* (6).

Zum Zweiten hing die Einschätzung der Qualität mit einem generellen Vorbehalt gegenüber den klassischen, traditionellen Medien zusammen, der sich durch fast alle Interviews mit Wissenschaftlern zog. Es gab ein „Anti-traditional-Media-Sentiment", in dem die Qualität in traditionellen Wissenschaftsmedien sehr kritisch betrachtet wurde, da Wissenschaftsjournalisten nicht die Fachkompetenz und die fachliche Tiefe eines Wissenschaftlers hätten und sich oft Fehler einschleichen würden (vgl. Kapitel 2.1.2.4). *„Wenn die Wahl zwischen einem redaktionellen Beitrag oder einem Beitrag eines Wissenschaftlers in Blogform wäre, würde ich die Blogform wählen. Mir sind direkte Einblicke des Wissen-*

---

112 „Qualität" ist ein komplexer Begriff in der Kommunikationswissenschaft, der je nach Interpretationsansatz auf verschiedenen Kriterien beruht. Kriterien, die im Allgemeinen die Qualität eines Medienproduktes beschreiben, sind angelehnt an Kohring: Relevanz, Richtigkeit, Transparenz, Sachlichkeit, Ausgewogenheit, Vielfalt und Verständlichkeit (vgl. Kohring 2007: 26). Im Kontext dieser Arbeit beruht das Qualitätsverständis auf einer subjektiven Empfindung der Interviewpartner.

3.4 Qualitativer Teil

schaftlers lieber. Journalisten komprimieren und verfälschen, weil der Journalist in einem speziellen Thema nicht drin stecken kann. Es gibt große Qualitätsprobleme in den traditionellen Medien, wenn über Wissenschaft berichtet wird. Eine Erfahrung ist, dass Wissenschaftsblogs von der inhaltlichen Qualität, nicht von der sprachlichen Qualität, besser sind. Es lohnt sich eher, Meinungen mit reinzunehmen und in der wissenschaftlichen Blogosphäre zu tummeln, wenn es um bestimmte Themen und Projekte geht, als in traditionellen Medien. Das ist in anderen Bereichen durchaus anders, wie im politischen Bereich". (1)

Trotzdem traut man der Qualität der Beiträge nicht in dem Maße, dass man sich im Kontext der eigenen wissenschaftlichen Arbeit darauf beziehen würde. Dafür müssten die Inhalte der Beiträge durch wissenschaftliche Papers bestätigt werden. *„Ein bisschen lernt man ja in unseren Disziplinen, alles so anzuzweifeln. Wenn es plausibel klingt, dann schau ich in die Richtung weiter. Gibt es da Literatur dazu, ist das nur eine Idee von dem. Es muss einfach irgendwo ein Paper dazugeben, wissenschaftliche Veröffentlichung auf dem klassischen Weg ... Wissenschaftsblogs sind qualitativ hochwertig, aber man traut dem nicht komplett"* (5).

A.5 Zeitliche Direktheit

Im Gegensatz zu empirischen Studien zu Weblogs und den Netzwerkanalysen (vgl. Kapitel 2.4), die als besonderes Merkmal die Aktualität von Blogs und die Schnelligkeit der Verbreitung von Neuigkeiten im Web 2.0 hervorkehren, wurde das Motiv nur von einem Interviewpartner genannt. *„Wissenschaftsblogs sind sehr aktuell. Ein Paper oder Artikel in der Zeitung hat einen gewissen Vorlauf, aber so ein Blog hat zeitliche Direktheit und Nähe zu den Ereignissen."* (5) Bei den Wissenschaftsjournalisten wurde die Aktualität der Informationen als Motiv teilweise sogar dezidiert verneint, besonders im Verhältnis zum Online-Journalismus.

B. Beruf

Mediennutzung mit direktem Einfluss auf den Beruf (es wird dafür das Attribut „produktionsbezogen" verwendet) findet bei Wissenschaftlern, je nach Fachgebiet, primär in Form von wissenschaftlichen Journalen statt (vgl. Kapitel 2.1.2). Andere Medien bieten keinen konkreten Forschungsbezug im Sinne des aktuellen Standes der Forschung, der zitiert werden kann, und können somit keinen direkten Einfluss auf die wissenschaftliche Arbeit nehmen. Bei den Interviews wurde der direkte Vergleich zu wissenschaftlichen Journals provokant herbeigeführt, um die Vor- und Nachteile von Wissenschaftsblogs herauszukristallisieren.

Wissenschaftsblogs sind nach Ansicht aller Interviewpartner nicht vergleichbar mit wissenschaftlichen Journalen, und die Nutzung von Wissenschaftsblogs wird in keinem Zusammenhang mit der Nutzung von wissenschaftlichen Journalen gesehen. Wissenschaftsblogs befriedigen ganz andere Bedürfnisse, und jeder direkte Vergleich wurde von allen Interviewpartnern negiert. „Blogs sehe ich als eine weitere Ebene an, die nicht peer-geprüfte Papers erklären soll, sondern Informationen ergänzt." (4) Es besteht daher keine Konkurrenz zu wissenschaftlichen Journalen und der wissenschaftlichen Publikationsinfrastruktur. „Für mich sind Wissenschaftsblogs und peer-geprüfte Publikationen zwei völlig verschiedene paar Schuhe. In der Wissenschaft offiziell zu sprechen, geht mit sehr starken Formalisierungen einher" (2). Es werden nicht die Informationen auf der Ebene von Fachjournalen in Wissenschaftsblogs gesucht und erwartet. „Wissenschaftsblogs sind nicht wirklich integraler Bestandteil meiner Arbeit, weil die ganz andere Sachen machen zu dem, was ich mache. Es geht mehr um Strömungen, Schlagworte und Skandale."(6) Der Wissenschaftler ist auf Zitationen und wissenschaftliche Veröffentlichungen in seiner Tätigkeit als Wissenschaftler angewiesen. Kein Forscher würde neueste Forschungsergebnisse jenseits der wissenschaftlichen Publikationsinfrastruktur preisgeben. *„Man muss aufpassen seine eigene Forschung ins Netz zu stellen, weil: Man möchte es ja in einem Journal unterbringen."* (5)

Auch eine direkte Inspiration auf inhaltlicher Ebene für die eigene Forschung im eigenen Gebiet wurde von keinem Interviewpartner angegeben. Es gab eine Ausnahme bei den Interviews: Ein Befragter gab an, über Rückkanale in den Blogs auf ein Interesse in der Gesellschaft hingewiesen wurden zu sein, was eine neue Form von Energiesparlampen betrifft (Photonik-Forscher).

Mögliche Funktionen von Wissenschaftsblogs im beruflichen Kontext wurden stattdessen in den folgenden drei Punkten gesehen: die Möglichkeit, sich über Methoden im Forschungsprozess auszutauschen; auf einer Praxis-Ebene ungefilterte, alltägliche Einblicke in andere Forschungsbereiche und Disziplinen zu bekommen und die Möglichkeit, sich über Wissenschaftsblogs mit anderen Wissenschaftlern auszutauschen und interdisziplinär zu vernetzen.

Von der Hälfte der Interviewpartner (3 von 6) wurde gesagt, dass Wissenschaftsblogs auf der „Methodik-Ebene" konkreten Einfluss auf die eigene Arbeit haben oder das Potenzial dazu hat. Methoden sind fachunabhängig, und der Forscher kann sich auch an anderen Disziplinen orientieren. Der Vorteil von Wissenschaftsblogs ist, dass der Autor die Methode selber ausprobiert hat, sagen kann, welche Vor- und Nachteile sie hat und welche Probleme es gab. Die Methode kann in Weblogs detailreicher als in anderen Wissenschaftsmedien dargestellt werden, und der Nutzer kann über die Kommentarfunktion nachfragen.

Des Weiteren bieten Wissenschaftsblogs ungefilterten Einblick in die alltägliche Arbeit anderer Forscher. Sie zeigen auf, mit welchen Labor- und Alltagsproblemen der Wissenschaftler kämpft, welche aktuellen Themen an anderen Instituten bearbeitet werden und wie andere Forscher handeln. Weblogs können in dieser

3.4 Qualitativer Teil

Form auf Ratgeber-Ebene bei der eigenen Alltags-Arbeit eine Stütze sein und praktische Tipps geben (vgl. Kategorie „Identität").

Das Thema „Einblicke in andere Forschungsbereiche und angrenzende Disziplinen" und die Möglichkeit der Vernetzung und der Austausch mit anderen Forschern waren weitere zentrale Punkte. Vernetzung wurde vorwiegend nicht im praktischen Sinn als Verlinkung auf andere Blogs verstanden (vgl. Definitionen der Kategorien, Abschnitt 3.4.12). In Bezug auf eine eigene Aktivität in Form einer Verlinkung waren die Forscher eher zurückhaltend. Vernetzung bedeutet, dass verschiedene Forscher aus unterschiedlichen Disziplinen aufeinander Bezug nehmen und kommunizieren können. Bereits eine passive Teilnahme an diesem Prozess wurde als Vernetzung verstanden.

In der Kategorie „Beruf" wurden bei den Wissenschaftlern die meisten Motive genannt, die mit den neuen Möglichkeiten des Web 2.0 im Zusammenhang stehen und die über die klassischen Kommunikationsmöglichkeiten der traditionellen Medien hinausgehen. Im Vergleich nutzen die Wissenschaftsjournalisten das Medium eher klassisch als normales Informations- und Recherchemedium.

Bei den Interviews war zu spüren, dass die Möglichkeit, zeit- und ortsunabhängig mit anderen Forschern zu kommunizieren, ein Hauptmotiv der Nutzung von Wissenschaftsblogs war und die Interviewpartner froh waren, den „ungeliebten Mediator Wissenschaftsjournalist" übergehen zu können.

B.1 Ungefilterte Einblicke in andere Forschungsbereiche

Wissenschaftsblogeinträge geben einen ungefilterten Einblick in die alltägliche Arbeit eines Wissenschaftlers. Dieses kann ein praktisches Problem im Laboralltag betreffen, die Gefühlswelt des Forschers während des Forschungsprozesses, neue rechtliche Rahmenbedingungen oder Einblicke in andere Arbeitsbereiche der Wissenschaft. In dieser Form können Wissenschaftsblogs als praktischer Ratgeber fungieren. *„Wissenschaftsblogs bieten einen direkten Einblick in die alltägliche Arbeit und Einblicke in andere Arbeitsbereiche der Wissenschaft: wie da geforscht wird, was dafür Probleme sind."* (1) *„Persönlich reizt es mich, etwas zu lesen von jemanden im anderen Institut oder einer anderen Uni, um zu sehen, dass es teilweise ähnliche Sorgen gibt oder auch, was die anders machen"* (1).

Diesem Motiv liegen sowohl Informations- als auch Identitätsmotive zugrunde. Es bestand ein großes Interesse an anderen Forschern und der Möglichkeit, zu sehen, wie diese arbeiten, um sich daran orientieren zu können oder sich zu vergleichen.

B.2 Konkrete Inspiration/ Information auf der Methodik-Ebene

Information und Inspiration auf der Methodik-Ebene wurde am häufigsten genannt in Bezug darauf, was Wissenschaftsblogs in der Wissenschaftskommunikation konkret leisten können. „Es gibt Wissenschaftsblogs, die einen hohen Anteil an Methodik haben. Da habe ich dann schon Tipps übernehmen können, wie man einfachere und günstigere Methoden übernehmen kann."(4) Auf der Methoden-Ebene können Wissenschaftsblogs auf die eigene Forschungsarbeit direkt Einfluss nehmen: *„Wissenschaftsblogs sind für mich eine Art Praxisliteratur auf der Methodik Ebene: Wie hat das ein anderer Forscher gemacht, was sind Probleme, worauf muss man achten. Wissenschaftsblogs können mir auf der Methodik-Ebene in der eigenen Forschung helfen, da sie Methoden im Detail und realistisch darstellen"* (1). Der Vorteil von Wissenschaftsblogs ist, dass sie auf Probleme hinweisen können, in der Darstellung nicht formal begrenzt sind und der Autor Erfahrung mit der Methode hat.

Weiterhin bietet die Kommentarfunktion die Möglichkeit nachzufassen: *„Wissenschaftsblogs bringen auf der Methodikebene etwas. Die Methoden sind ja allgemein bekannt, und die Ergebnisse, die man mit den Methoden erreicht, die müssen veröffentlicht werden – es geht also um die Methodikoptimierung. In der Fachliteratur stehen solche Details nicht drin. Man macht den Knoten, schreibt aber nicht, wie man das macht. Auf dieser Ebene sind Wissenschaftsblogs sehr interessant. Weiterhin kann man schreiben, ich komme mit der Methode nicht klar, es kommt immer nur Schrott raus. Wär gut, wenn man jemanden da hätte, der es weiß und der bereit ist, sein Wissen zu teilen. Informationen, die in normalen Sachen nicht drinstehen. Dann muss man die anschreiben, und die müssen Lust haben, zurückzuschreiben. Es ist gut, wenn man weiß, dass eine Methodik funktioniert. Aus welcher Disziplin die stammt, ist egal. Kann auch Theologie sein."* (5).

Besonders wurde der Punkt hervorgehoben, dass der Autor die Methode bereits angewendet haben sollte und dadurch über Detail- und Praxiswissen verfügt: *„Die direkt in der Forschung tätig sind, schreiben die Ergebnisse viel realistischer, auch Methoden, wie hab ich das letztendlich gemacht. Das ist wie – als ob man auf Doktoranden-Seminare fährt, da sind auch die Leute, da kann man sich über den Kleinkram unterhalten, wenn ich das und das mach, dann funktioniert das so, und probier doch Mal das, dann funktioniert das besser. Das hab ich aus den Diskussionen bei Blogs auch schon rausgefunden."* (6)

Dieses Motiv kann einer speziellen Form eines Informationsbedürfnisses zugeordnet werden.

3.4 Qualitativer Teil

B.3 Vernetzung und Austausch mit anderen Wissenschaftlern/ Einblicke/ Anregungen aus anderen Disziplinen

Die Punkte „Vernetzung", „Austausch mit anderen Forschern" und „Anregungen aus anderen Disziplinen" wurden zusammengefasst. *„Blogs und soziale Netzwerke können sich im Punkt ‚Vernetzung' ergänzen. Bei „Social Networks" kann man jemanden finden, der in einem bestimmten Bereich forscht, aber ich weiß im Grunde nicht viel, was er forscht, über Wissenschaftsblogs bekomme ich einen direkteren und tieferen Einblick in die alltägliche Arbeit von Wissenschaftlern und habe Lust mich mit der Person zu vernetzen."* (6).

Vernetzung steht für einen (interdisziplinären) Austausch über Fachgrenzen hinweg zwischen Wissenschaftlern, der auch nur passiv wahrgenommen werden kann. *„Wissenschaftsblogs fördern sehr stark die Vernetzung von Wissenschaftlern, auch interdisziplinär, da man mit vielen Bloggern im Austausch steht. Ein persönliches Netzwerk in der Wissenschaft ist wichtig, insbesondere vor dem Hintergrund der interdisziplinären Forschung."* (1). Das Potenzial dieses Motivs wurde weiterhin darin gesehen, dass ein interdisziplinäres Denken gefördert wird. Zudem steht es für die Möglichkeit, in direkten Austausch mit anderen Forschern über deren Blog zu treten oder eine interdisziplinäre Diskussion zu verfolgen. *„Wissenschaftsblogs fördern, dass man stärker interdisziplinär denkt, weil man über Wissenschaftsblogs die Möglichkeit hat, ungefiltert in andere Wissenschaftsbereiche zu schauen, mit denen man sonst nichts zu tun hat. Zeitungsartikel können nicht diesen Einblick gewähren. So ist man nicht nur perspektivisch auf das eigene Fachgebiet konzentriert."* (1).

Wie bei dem übergeordneten Begriff „Aktivität" lässt diese Kategorie auf ein Affiliationsbedürfnis schließen.

C. Identität

Motive, die mit dem Blogautor, dem Verhältnis zum Blogautor und dem subjektiven Charakter von Wissenschaftsblogs im Zusammenhang stehen, kommen durch unterschiedliche Aspekte zum Ausdruck. Wie unter 3.4.12 dargelegt, wurden diese Aspekte unter dem Oberbegriff „Identität" zusammengefasst. Nach McQuail sind dieser Kategorie im strikten Sinne nur Motive zuzuordnen, die eine Beziehung zum Autor ausdrücken und dadurch zur eigenen Identitätsbildung beitragen. Dies beruht auf der Annahme, dass sich die eigene Identität im Vergleich mit anderen Personen herausbildet. Es werden Orientierungspersonen gesucht, die einem ähnlich sind und die eigene Identität bestärken oder gegensätzlich sind, um sich abzugrenzen. Diese Kategorie wurde um weitere Aspekte erweitert, die in den Interviews zur Sprache kamen und mit dem Autoren des Blogs im Zusammenhang standen.

Es zog sich eine Tendenz durch die Interviews, dass Identitätsmotive zumeist im Zusammenhang mit Informationsmotiven genannt wurden und im Sinne einer „beruflichen Identität" zu verstehen sind. Identitätsmotive als reines Interesse an der anderen Person, jenseits deren Rolle als Forscher, wurden bei den Interviews mit den Wissenschaftlern nicht genannt. *„Es geht um Information und Themen, nicht die andere Person zu verfolgen, was denkt die. Ich denke, bei den Wissenschaftsblogs geht es mir mehr um die Information, wobei – bei Blogs ist es meistens sehr schwer, zu trennen, dass was das Blog dann ausmacht, ist, dass immer auch noch was Persönliches mit drin steckt. Die wissenschaftliche Information hat bei mir bei wissenschaftlichen Blogs auf jeden Fall den höheren Stellenwert."* (4).

Der stark subjektive Charakter von Weblogs war jedoch ein wichtiges Motiv, Blogs zu nutzen. „Ein Blog muss subjektiv sein. Die Wissenschaft versucht ja, objektiv zu sein. Aber Wissenschaftler haben auch Motive. Durch das Blog kann die Wissenschaft menschlichen Charakter bekommen. Es ist ja idiotisch, zu sagen, Wissenschaft sei objektive Wahrnehmung. Es gibt zwar Zahlen, wenn ich die Länge eines Stabes messe, aber die Zahlen selbst, das Interesse, warum Sie den Stab gemessen haben, warum, das hat ja mit Objektivität nichts zu tun, die können Sie woanders finden." (3).

C.1 Forscher zu Forscher kommunizieren

Ein Hauptmotiv der Nutzung der Wissenschaftler in den Interviews war ein großes Interesse aus eigener Forscherperspektive an anderen Forschern. Es wurde kein Mal, auch bei Nachfrage, das Motiv genannt „Interesse am Autor", wohl aber „Interesse am Wissenschaftler" hinter dem Blog. Das Identitätsmotiv wurde um die berufliche Dimension erweitert und bezog sich auf die Orientierung, in der Rolle des Wissenschaftlers an anderen Wissenschaftlern Interesse zu haben. Dieses Motiv ist vergleichbar mit einem ungefilterten Einblick in andere Forschungsbereiche (vgl. B). Der Forscher orientiert sich an „Gleichgesinnten": Wie gehen die in der Forschung vor? Welche Probleme haben die? Wie bewältigen sie diese? *„Ich interessiere mich für Sachthemen, aber auch was beschäftigt den Wissenschaftler dahinter. Zum Beispiel bei der Methode, die hat jemand wirklich gemacht."* (5). *„Ein wesentlicher Bestandteil bei wiederkehrenden Besuchen auf Weblogs ist die persönliche Beziehung zum Wissenschaftler. Man hat ein Bild von dem Autor, wer das ist, was der so arbeitet und was den motiviert."* (1).

Zudem zeigte sich bei den Interviews mit den Wissenschaftlern eine klare Tendenz, dass Wissenschaftler Blogs von anderen Wissenschaftlern gegenüber den Blogs von Wissenschaftsjournalisten präferieren. *„Ich kann mich mit den Wissenschaftlern besser identifizieren, als mit den Journalisten. Gerade wenn es*

3.4 Qualitativer Teil

um fachspezifische Themen geht, die mit dem Berufsbild an sich zu tun haben." (1). *„Die Beiträge, die ein Wissenschaftler schreibt, sind so originell, die Entwicklungsprozesse so eindrücklich dargestellt, so authentisch. Das könnte ein Wissenschaftsjournalist nicht erreichen, der würde ja wieder etwas aufbereiten."* (2).

Diese Aussagen wurden weiterhin bestärkt durch eine kritische Grundhaltung gegenüber dem Wissenschaftsjournalismus (vgl. A), der Informationen aus der Forschung nach Ansicht der Forscher defizitär kommuniziert. Ein zentrales Element, das sich durch die Interviews zog, war das Bedürfnis, aus diversen Motiven von Forscher zu Forscher kommunizieren zu können.

C.2 Meinung

Im Verhältnis zu den Wissenschaftsjournalisten war „Meinungen verfolgen" kein dezidiertes Motiv der Wissenschaftler. Im Gegensatz zu den Wissenschaftsjournalisten gab es auch keine Mehrheit bei den Interviewpartnern, die Weblogs präferieren, die die Bestätigung der eigenen Meinung erwarteten. Antworten in Bezug auf „Meinung bestätigen" oder „bewusst Weblogs mit konträrer Meinung verfolgen" waren gemischt. *„Ich lese lieber Blogs mit gegenteiliger Meinung. Es ist wichtig, sich mit Argumenten der Gegenseite auseinanderzusetzen. Das finde ich persönlich ganz spannend."* (1). Das könnte mit der wissenschaftlichen Debattenkultur/Argumentationskultur zusammenhängen, die Teil des Erkenntnisfortschritts ist.

C.3 Vertrauensbildend/Garant für Qualität

Ein Aspekt in Bezug auf den Blogautor, der wiederholt genannt wurde, war dessen Funktion als Garanten für Qualität (vgl. Information). Insbesondere bei Blogs von Wissenschaftlern wurde von sich als Wissenschaftler auf den Autor geschlossen und dadurch Vertrauen in die Qualität gesetzt. Der Autor fungiert so als *„vertrauensbildende Maßnahme."* (4) *„Der persönliche Bezug ist wichtig im Kontext der Qualitätssicherung und der Vertrauensbildung, aber Sachthemen stehen im Vordergrund."* (4) Weiter: *„Ich denke, die Person hinter dem Blog, die macht für mich dann auch die Bewertung aus, wie ich die Informationen, die ich kriege, einordne, und wenn ich dann gute, verlässliche Artikel lese, dann weiß ich auch für die Zukunft, dass ich mich auf die Informationen dieses Blogs dann auch verlassen kann."* (2) Zudem: *„Das hängt vom Thema ab, wenn es um Methodik geht, hängt es vom Autor ab, also vertrauensbildend, wenn es völlig anonym ist, dann muss man dem nachgehen, das ist komplizierter, dann schau ich, hat das vielleicht schon jemand gemacht, den ich mit (Namen kenne), nicht* *nur eine Idee, sondern jemand wirklich gemacht."* (5) *„Bei Sachthemen, ob der sich auskennt, spielt eine große Rolle, vertrauensbildende Maßnahme".* (1)

Ein Interviewpartner hob generell die Subjektivität der Blogs als Motiv hervor.

D. Aktivität

Generell waren die Befragten, sowohl die Wissenschaftler als auch die Wissenschaftsjournalisten, was die eigene Aktivität in der Blognutzung in Form von Kommentaren betrifft, sehr zurückhaltend. Wissenschaftsblogs wurden vorwiegend zur passiven Informationsaufnahme genutzt. Selbst die Befragten, die selber einen Blog führen, gaben an, sich bezüglich des Kommentierens sehr zurückzuhalten. *„Wenn jemand sagt, er würde was so und so machen und ich kann 100-prozentig sicher sein, dass das so nicht geht, dann schreibe ich: ‚Bist Du wirklich sicher, dass das so funktioniert hat?' Sonst bin ich eher zurückhaltend."* (5) Weiterhin: *„Für mich ist die Kommentarmöglichkeit relativ unwichtig. Ich konsumiere Wissenschaftsblogs, aber ich mache keinen Dialog daraus."* (2) Konkrete Vernetzungsmöglichkeiten in Form von Verlinkungen über die Kommentarfunktion wurden gar nicht wahrgenommen.

Die Gründe für eine Eigenaktivität in Form von Kommentaren zu erforschen, war schwierig. Nur einer der Befragten gab an, zu kommentieren, um seine Meinung kundzutun, was als eine Form des Impressionsmanagement zu interpretieren wäre. Dies wurde sogar bestätigt. *„Ich glaube, jedes Bloggen ist Teil einer Selbstdarstellung. Sobald ich eine Äußerung von mir tue, ist das immer Selbstdarstellung."* (2). Ein Interviewpartner gab an, aus einer Form von Streitkultur zu kommentieren. *„Ich würde denken, dass persönliche Gefühle eine Rolle spielen. In der Form, dass man gewisse Autoren hat, an denen man sich gut reiben kann."* (1).

Vorwiegend wurde ausgesagt, nur zu kommentieren, wenn es der Sachdiskussion dient und man selber davon lernen kann. *„Es ist der Gedankenaustausch und das Verstehen. Wenn es nur um pure Meinungsmache geht, dann nicht."* (3) *„Ich kommentiere auch schon Mal. Ich würde sagen, im Gegensatz zu anderen Leuten kommentiere ich eher selten. Meistens kommentiere ich auf Blogs, die dann wirklich ganz weit weg sind von meinem Thema, aus der Physik oder Geisteswissenschaften. Wenn ich nachfrage, das sind dann eher solche Themen oder eben, wenn es ganz nah an meinem Thema grenzt, dass ich dann auch fachlich mitdiskutieren kann."* (2) *„Ich setze mich nur Diskussionen aus, wenn sie wirklich wissenschaftlich sind."* (4)

Sehr kritisch wurden sensationalistische Debatten wie „pro und kontra Homöopathie" und „Kreationismus" etc. gesehen. Zu dieser Form von Diskussion gab

3.4 Qualitativer Teil

es eine generelle Abwehrhaltung, und keiner der Interviewten gab an, sich bei dieser Art von Diskussion zu beteiligen. Pure Meinungsmache und Selbstdarstellung wurden von fast allen vehement kritisiert.

Des Weiteren gab es allgemein gewisse Vorbehalte, sich darzustellen. Es wurden Sanktionen der „Scientific Community" gefürchtet, und die Angst, etwas Falsches zu schreiben. Die meisten Interviewpartner waren sich der Öffentlichkeit und der Möglichkeit, dass Blogs durch Verlinkungen eine große Reichweite erzielen können, bewusst und werteten dies in Bezug auf eine eigene Aktivität kritisch. *„Man muss aufpassen, seine eigenen Inhalte ins Netz zu stellen."* (5)

E. Unterhaltung

Aussagen, die im Zusammenhang standen mit Motiven von Unterhaltung und Entspannung, wurden immer im Kontext von Informationsaufnahme formuliert. *„Bei Blogs ist es schwer zu trennen, aber die wissenschaftliche Information hat bei mir bei wissenschaftlichen Blogs auf jeden Fall den höheren Stellenwert."* (4) Es gab keine Aussagen, in denen formuliert wurde „zum Spaß", ohne ein Informationsmotiv dabei zu nennen. In der Gruppe der Wissenschaftler überwogen als Additiv zur Informationsaufnahme gewisse Unterhaltungselemente. *„Für mich sind Wissenschaftsblogs Edutainment. Ich möchte etwas lernen, aber auch gut unterhalten werden."* (2) *„Wissenschaftsblogs sind die Bildzeitung für etwas höher Gebildete. Wie wenn ich morgens am Kiosk vorbeigehe und denke, Whow, klasse Schlagzeile."* (2) *„Es sind qualitativ hochwertige Beiträge, die mir Spaß machen zu lesen."* (1)

Das Thema „Entspannung" wurde in der Gruppe der Wissenschaftler fast nicht genannt, mit Ausnahme des Themenkomplexes „Tagesrhythmus". Aussagen waren hier: Wissenschaftsblogs fungieren als „kurze Zwischenerfrischung" oder dazu, den „Kopf freizubekommen". *„Ich nutze es auf der Arbeit in kurzen Pausen, wenn man dann im Labor eine Zeit lang gestanden ist, dann liest man Blogs, um den Kopf freizukriegen, aber das Kopf-frei-Kriegen, das funktioniert bei mir eben auch, indem ich mich über Wissenschaft informiere. Wissenschaft ist für mich nicht was Schreckliches, wo ich mich ununterbrochen anstrengen muss, um das zu verstehen, sondern das macht mir auch einfach Spaß, mich über Themen zu informieren."* (4)

Der unterhaltende Charakter von Wissenschaftsblogs wurde zudem auf die unkonventionelle, subjektive Schreibweise der Autoren zurückgeführt. *„Die Artikel sind unterhaltsam geschrieben, da kommt ja auch die Begeisterung der Wissenschaftler durch, das geht schon mit."* (4) *„Die Leute, die Blogs schreiben, machen etwas interessant auf eine unorthodoxe Weise."* (2)

F. Anti-Motive und Öffentlichkeit

Zwei weitere Themen, die in den Interviews wiederholt zur Sprache kamen, werden im Kontext der Arbeit diskutiert. Obwohl diese nicht als Motive bestimmten Kategorien zugeordnet werden, stehen sie in Bezug zu den anderen Motiven und den Forschungsfragen. Der erste Punkt betrifft Aussagen zu „Anti-Motiven", der zweite Punkt betrifft Wissenschaft und Öffentlichkeit.

F.1 Anti-Motive

Ein Hauptkritikpunkt bezüglich Wissenschaftsblogs, das häufig in verschiedenen Formulierungen genannt wurde, war die Kritik, dass Wissenschaftsblogs kein Leitmedium darstellen, sondern Leitmedien kommentieren würden. Die Interviewpartner bezogen das auf eine subjektive Empfindung von fehlender Relevanz und geringe Reichweite. *„Ich merke, dass in Wissenschaftsblogs Diskussionen stattfinden, die woanders initiiert werden. Das Spiel hat ja woanders stattgefunden. Mein Verdacht ist, dass es Unterhaltung über das Spiel gibt. Ich gucke mir lieber das Spiel selbst an."* (3) *„Sie wollen ja etwas lesen, um mit jemandem darüber sprechen zu können, und wenn Sie jetzt einen Blog lesen, haben Sie ein Problem, jemanden zu finden, mit dem Sie über den Blog sprechen können. Sie haben kein Problem, jemanden zu finden, der die FAZ gelesen oder Science gelesen hat."* (3)

Die Nutzung von Wissenschaftsblogs gehöre aus diesem Grund nicht zwangsläufig in den täglichen Medienmix, und andere Medien wurden als wichtiger empfunden, wenn man mit dem Zeitbudget haushalten müsse. *„Ich lese Publikationen, Wissenschaftsmeldungen, die FAZ, Wissenschaftszeitungen, Sachbücher. Bei Blogs habe ich nicht das Gefühl, dass ich etwas verpasse. Ich bin ja Generalist. Ich kann mich ja überall rumtun. Ich habe gar nicht das Bedürfnis, mich in Blogs zu informieren. Der Tag hat nur 24 Stunden, ich kann nicht alles lesen."* (3)

F.2 Wissenschaft und Öffentlichkeit

Das Thema „Öffentlichkeit" kam aus unterschiedlichen Perspektiven zur Sprache. Wie in Kapitel 2.1.2 dargestellt, wird die Drittmittelfinanzierung in der Wissenschaft immer wichtiger. Dadurch kann eine stärkere Präsenz der Wissenschaft in der Öffentlichkeit von Vorteil sein. *„Es ist wichtig, der Frage nachzugehen: Wie vermitteln wir Wissenschaft an die Öffentlichkeit, weil Öffentlichkeit durch Steuerungsmittel indirekt für die Gelder zuständig ist?"* (2) Zudem wird eine direkte Ebene zwischen Wissenschaftler und Öffentlichkeit durch Wissenschaftsblogs möglich. In den Interviews kam es daher wiederholt zu Diskussionen rund

3.4 Qualitativer Teil

um die Themen, „Wissenschaft an die Öffentlichkeit kommunizieren", „die Rolle des Wissenschaftlers in der Öffentlichkeit" und „die eigene Sichtbarkeit in der Öffentlichkeit".

Allgemein gab es die Tendenz in den Interviews, dass eine stärkere Präsenz der Wissenschaft in der Öffentlichkeit wichtig ist. *„In Bezug auf Forschungsgelder halte ich Sichtbarkeit von Forschung sogar für sehr, sehr wichtig."* (2). *„Ich habe schon die Erfahrung gemacht, wenn das Thema ansprechend in der Öffentlichkeit ist, dass die Einnahmen von Drittmitteln leichter fallen."* (5) *„Wenn man bei einem Forschungsprojekt die Mittel gekürzt bekommt, steht es nicht in der Zeitung, beim Fußball schon."* (4) Es kam auch zur Sprache, dass *„Wissenschaftsblogs im Kontext des Peer-Review-Verfahrens wichtig"* sein können, *„da sie Möglichkeit haben, dieses zu kritisieren."* (3)

Jedoch wurde die eigene Sichtbarkeit, die in Form von Kommentaren möglich ist, eher kritisch gesehen (vgl. E. Aktivität). „Für mich ist die Sichtbarkeit in der Öffentlichkeit ein Nebeneffekt, den ich im Kopf habe, also ich schreib ja meinen Namen dazu. Daher ist es mir wichtig, dass ich mich nicht unbedacht äußere." (6) „Prinzipiell muss man damit rechnen, dass die eigenen Argumente öffentlich wahrgenommen werden, das hemmt sicherlich manchmal. Wenn man doch noch Fehler hatte in der eigenen fachlichen Arbeit, besteht die Gefahr öffentlich, auseinandergenommen zu werden." (1)

Zudem werden Sanktionen der *„Scientific Community"* gefürchtet. *„Die einen sagen ‚guter Vortrag', die anderen sagen ‚Selbstdarsteller'. Da ist schon eine gewisse Reserviertheit."* (2)

Die Interviewpartner, die selber einen Blog führen, sahen in Wissenschaftsblogs zudem ein wichtiges Medium, Wissen einer (Laien-)Öffentlichkeit zugänglich zu machen.

„Manchmal schreibe ich sehr spezifisch an Wissenschaftler, aber generell an Laien. Es geht darum, die Allgemeinheit stärker für wissenschaftliche Themen zu interessieren, und es kann mir in der täglichen Arbeit sehr helfen, zu überlegen, wie kann man das vermitteln." (1) *„Ich finde, es ist ein Teil meiner Aufgabe als Wissenschaftler, das, was ich arbeite, auch nach außen verständlich zu kommunizieren. Und da ist das Blog ein geeignetes Mittel. Sowohl an Laien als auch an Fachpublikum. Grundsätzlich meine ich, wenn Gelder öffentlich vergeben werden, sollte man die Erkenntnisse, die daraus kommen, wieder zurückgeben an die Öffentlichkeit."* (4)

F. Rhythmus im Tagesablauf

Mit den Fragen dieses Themenkomplexes galt es, durch eine weitere Fragetechnik Motive der Kategorie „Freizeit" zu generieren und Aufschluss über eine berufliche Nutzung zu erzielen. Teilweise wurden die Aussagen bereits im Zusammenhang mit der Kategorie „Unterhaltung" besprochen. Es ist zu beachten, dass die Nutzung von Wissenschaftsblogs vorwiegend in den Tagesablauf integriert ist und als „Zwischenerfrischung" mit wissenschaftlichem Bezug gesehen wird. Der Zeitpunkt der Nutzung im Tagesverlauf variiert. *„Meiner Meinung nach geht es in den Arbeitsablauf mit rein. Man schaut in der Früh nicht unbedingt, nach dem Mittagessen im klassischen Mittagsloch und vielleicht am Nachmittag zwischen 3 Uhr und 4 Uhr noch mal. Abends eher weniger, da schau ich, dass ich nicht mehr wissenschaftlich unterwegs bin."* (5) *„Ich gehe auf Wissenschaftsblogs oft in den Wartezeiten im Forschungsalltag."* (4) *„Auf Wissenschaftsblogs gehe ich in der Mittagpause oder nach der Arbeit."* (1).

Einige Partner haben die Nutzung als in den beruflichen Alltag integriert gesehen. *„Auf Chemieblogs (Chemikerin) gehe ich schon morgens, wenn ich im Labor ankomme, auf die anderen die ich abonniert habe, gehe ich eher abends."* (6) *„Ich nutze Wissenschaftsblogs 2-3 Mal am Tag. Ich habe nicht den Hang, Arbeit und Freizeit so stark zu trennen. Die Nutzung integriert sich in den Ablauf der Arbeit und abends in den Übergang zur Freizeit."* (3).

G. Mediennutzung Web 2.0

Der Themenkomplex „Mediennutzung" allgemein fungierte als Fragetechnik, um über einen direkten Vergleich Motive für die Mediennutzung von Wissenschaftsblogs zu generieren.

Weiterhin wurde dezidiert nach der Nutzung von Web 2.0 im Kontext der Wissenschaftskommunikation gefragt. Wie in Kapitel 5 dargestellt, gab es zum Zeitpunkt der Datenerhebung keine weiteren Web-2.0-Formate, die dezidiert der Wissenschaftskommunikation zuzuordnen waren bzw. ein dezidiertes Wissenschaftsmedienformat darstellten. Dies reflektiert den Tenor in den Interviews. Neben Wissenschaftsblogs waren im Prinzip keine weiteren Formate bekannt. Eine Ausnahme in der Gruppe der Wissenschaftler bilden „Social Networks". „Social Networks" speziell für Wissenschaftler waren in der Entstehungsphase, und ein Interviewpartner hat die Nutzung deutlich herausgekehrt. Von den allgemeinen Web-2.0-Formaten waren die etabliertesten Dienste „Wikis" und Videoportale. Teilweise wurden diese im Kontext der Wissenschaftskommunikation genutzt, d. h., es wurden Inhalte, die der Wissenschaftskommunikation zuzuordnen sind (vgl. 3.2.4), darüber konsumiert. Diese Tendenz wurde in der quantitativen Befragung bestätigt und geht einher mit einem allgemeinen Nutzungsverhalten gegenüber Web-2.0-Formaten anderer empirischer Studien (vgl. 7.9.4).

3.4 Qualitativer Teil

3.4.14 Auswertung Interviews – Wissenschaftsjournalisten

Die Kategorisierung der Motive wurde, sofern es der Forschungsgegenstand erlaubte, zwischen den beiden Akteursgruppen Wissenschaftler und Wissenschaftsjournalisten angeglichen, um die Motive direkt vergleichen zu können. In einem ersten Auswertungsdurchlauf wurden die differierenden Formulierungen eines sinngemäß gleichen Motivs getrennt gewertet. Bei den wiederholten Zuordnungen ergaben sich jedoch sehr klare Gemeinsamkeiten und Unterschiede, und die Gemeinsamkeiten wurden mit Hinblick auf den zweiten quantitativen Methodenteil bewusst zusammengefasst.

Die gemeinsamen Kategorien und Unterkategorien, die bereits in der Gruppe der Wissenschaftler detailliert erläutert wurden, werden daher nicht wiederholt erklärt. Stattdessen werden in der Auswertung bereits Vergleiche der zwei Gruppen vorgenommen.

Im Gegensatz zu der Auswertung der mit den Wissenschaftlern geführten Interviews wurde hier die Kategorie „Information" teilweise mit der Kategorie „Beruf" zusammengezogen, da die Informationsaufnahme in Form von Recherche ein zentrales Element der täglichen Arbeit von Wissenschaftsjournalisten ist. Um einen direkten Vergleich mit der Gruppe der Wissenschaftler vornehmen zu können, wurde Informationsaufnahme, die klar im beruflichen Kontext stand, der Kategorie „Beruf" zugeordnet; und Motive, die vergleichbar waren mit der Informationsaufnahme der Wissenschaftler, wurden der Kategorie „Information" subsumiert.

A. Information

Die Motive der Kategorie „Information" der Gruppe der Wissenschaftsjournalisten sind in vielen Punkten übereinstimmend mit der Gruppe der Wissenschaftler. Kontrovers wurde das Thema „Qualität der Information" in der Gruppe der Wissenschaftsjournalisten diskutiert, und zwei weitere Unterkategorien mit Attributen eines Informationsbedürfnisses wurden in dieser Gruppe gebildet: zum einen „facettenreiche Information", zum anderen ungefilterte Information in Sinne von „Formatfreiheit".

A.1 Orientierungswissen – Überblick

Die Gruppe der Wissenschaftsjournalisten stimmte mit der Gruppe der Wissenschaftler überein, dass in Wissenschaftsblogs keine Form von Information gesucht wird, die ein Überblickswissen und eine Orientierung über aktuelle Wissenschaftsthemen darstellt. Die Aussagen der Wissenschaftsjournalisten verneinten

dies eindeutig: „*Das Thema ist schon vorbei, wenn es in einem Blog auftaucht*" (7) und: „*Blogs bieten keine Orientierung und keinen Überblick.*" (8)
Für diese Form von Information wurde der professionell-redaktionelle Journalismus im Vorteil gesehen: „*Professioneller Journalismus ist da besser, schneller, umfangreicher*" (10), und: „*Mir reichen drei Leitmedien, um zu verstehen, was die Öffentlichkeit bewegt.*" (9)

A.2 Nischenthemen, über die traditionelle Medien nicht berichten

Wie bei den Wissenschaftlern herrschte ein spezielles Informationsbedürfnis vor. Wissenschaftsblogs bieten spezifische Themen, über die andere Medien nicht berichten. Von den Wissenschaftsjournalisten wurde das folgendermaßen formuliert: „*Wissenschaftsblogs bieten Themen, über die die traditionellen Medien nicht berichten oder nicht gut berichten, gerade bei Ereignissen, wo es viele unterschiedliche Aspekte gibt.*" (8)

A.3 Tiefe, Fundiertheit der Themen

Es wurde der Aspekt der Tiefe und Fundiertheit der Informationen auch in der Gruppe der Wissenschaftler genannt. Jedoch wurde diesem Aspekt nicht die gleiche Gewichtung wie in der Gruppe der Wissenschaftler zugesprochen. Attribute dieser Unterkategorie wurden in einem Atemzug mit weiteren Motiven genannt. Wissenschaftsblogs bieten für Wissenschaftsjournalisten: „*Information, Aspekte eines Themas von anderer Seite und vertiefende Information.*" (11) Weiterhin wurde die Möglichkeit von Wissenschaftsblogs hervorgehoben, konzentriert in Themen eintauchen zu können: „*Wissenschaftsblogs bieten die Möglichkeit sehr konzentriert in eine Thematik einzusteigen. Sie geben einen Anhaltspunkt, Informationen, die man braucht, rauszusuchen. Die muss man aber noch mal nachrecherchieren. Gucken: Wo kommt das her? Wo ist die Originalquelle?*" (9)

A.4 Facettenreichtum der Informationen

Im Gegensatz zu der Gruppe der Wissenschaftler sahen Wissenschaftsjournalisten einen großen Vorteil von Blogs darin, dass sie verschiedene Aspekte eines Themas bieten. Dadurch könne man sich „schneller ein Bild machen von einem Thema, das ich reflektieren will, oder einer Information, die ich aufgeschnappt habe." (9). Dieses Motiv zielt im Prinzip auf die Meinungsvielfalt ab, wurde aber oft einfach als „facettenreicher", „verschiedene Perspektiven" „unterschiedliche Aspekte eines Themas" (8) in Bezug auf ein Informationsbedürfnis umschrieben. Daher wird dieser Aspekt als einzelner Punkt in dieser Kategorie dargestellt.

3.4 Qualitativer Teil 165

A.5 Ungefilterte, direkte, authentische Informationen

Wie in der Gruppe der Wissenschaftler werden Informationen in Wissenschaftsblogs als ungefilterter und direkter angesehen. Häufiger als bei den Wissenschaftlern wurde bei Wissenschaftsjournalisten in diesem Kontext die Formatfreiheit von Blogs betont. In Wissenschaftsblogs kann der Autor frei schreiben, mehr von sich einbringen und muss nicht die formellen Anforderungen redaktioneller Seiten erfüllen. „Ungefiltert" wurde von der Gruppe der Wissenschaftsjournalisten hauptsächlich in dieser Konnotation verstanden und war ein Motiv, welches spezifisch von dieser Gruppe genannt wurde. Wissenschaftsjournalisten waren daran interessiert, wie und welche Themen jenseits von redaktionellen Zwängen und Format- und Themenvorgaben kommuniziert werden. In der Gruppe der Wissenschafter zielte das Attribut „ungefiltert" insbesondere darauf ab, einen Einblick in den Alltag von anderen Wissenschaftlern zu bekommen.

A.6 Aktualität der Information

Das Thema „Aktualität" der Informationen und Schnelligkeit der Informationsverbreitung in der Blogosphäre wurde in den Interviews nicht als Stärke von Wissenschaftsblogs gesehen. Die Mehrheit der Wissenschaftsjournalisten sah Informationen in Weblogs im Vergleich zum redaktionell-professionellen Online-Journalismus nicht als aktueller an.

A.7 Qualität

Die Qualität der Inhalte in Wissenschaftsblogs wurde von der Gruppe der Wissenschaftsjournalisten, im Gegensatz zu der Gruppe der Wissenschaftler, kritisch debattiert. *„Ich habe starke Vorbehalte gegenüber der Qualität in Wissenschaftsblogs. Die Qualität ist außerordentlich verschieden."* (8)
In der Gruppe der Wissenschaftsjournalisten begründet sich diese Kritik primär auf fehlenden redaktionell-professionellen Vermittlungsstrukturen. In Weblogs steht nicht, wie bei professionell-redaktionellen Seiten, die Redaktion als Garant für Qualität im Vordergrund. Stattdessen beruht eine Einschätzung der Qualität zumeist auf einem Vertrauensverhältnis zu der Person hinter dem Blog. Es zeichnete sich in den Interviews keine so starke Bindung zu dem Blogautor wie in der Gruppe der Wissenschaftler ab, jedoch der gleiche Kausalzusammenhang. *„Bei denen, die ich regelmäßig lese, habe ich volles Vertrauen, gerade Bloggen ist ja so eine Sache, die viel mit Vertrauen zu tun hat. Ich weiß da ist ein profundes Wissen dahinter."* (12) Der Tenor in Bezug auf die Qualität ist daher wie bei der Gruppe der Wissenschaftler, dass man mit der Zeit ein Gefühl dafür bekommt, wie hochwertig die Beiträge eines Wissenschaftsblogs sind. Dies

hängt stark mit dem Vertrauensverhältnis zu der Person, die dahinter steht, zusammen (vgl. Identität). *"Bei denen, die ich lese und kenne, gehe ich davon aus, dass die Qualität stimmt. Bei Autoren, die ich nicht kenne, versuche ich herauszufinden, was ich davon halten kann inhaltlich. Ich bin da schon kritisch, wenn ich jemanden da nicht kenne, dann muss er durch die Schreibe erst einmal beweisen, dass er weiß, wovon er redet."* (11). *"Wenn man es liest, bekommt man den Eindruck, ob es hochwertig ist oder nicht. Es gibt schon ein paar Leute, die grundsätzlich eine gewisse Qualität durchhalten."* (10)

B. Beruf

Eine berufliche Mediennutzung (mit direkten Einfluss auf das Verfassen eines Beitrags) in der Gruppe der Wissenschaftsjournalisten kann sich in folgender Art und Weise abzeichnen: Medien können zur thematischen Inspiration und Themenfindung genutzt werden; zur Recherchequelle als Orientierung, um sich für oder gegen ein Thema zu entscheiden; als Recherchequelle bei bereits gefundenem Thema und als direkte Vorlage für einen Artikel, Medien können zitiert und (bei Online-Medien) verlinkt werden.

Nur einer der Interviewpartner gab an, bisher durch einen Wissenschaftsblogeintrag für ein Thema inspiriert wurden zu sein (der Text ist jedoch noch nicht veröffentlicht worden). Alle anderen Wissenschaftsjournalisten sagten aus, dass Wissenschaftsblogs nicht zur thematischen Inspiration und Themenfindung und zur Entscheidung für oder gegen ein Thema genutzt werden. *"Also ich bin bisher nicht durch Blogs auf ein Thema gestoßen. Ich benutze sie nicht zur Themenfindung, ich benutze sie auch nicht zur Inspiration und Orientierung."* (11)

Weiterhin gab keiner der Befragten an, bisher einen Artikel zu einem Thema, welches er in einem Blog gefunden hat, veröffentlicht zu haben. Daher hatte auch noch keiner der Interviewpartner einen Wissenschaftsblogartikel zitiert oder verlinkt. Das wurde sogar klar ausgeschlossen, weil *"Blogs keine zitierfähige Quelle seien"*. (8) Weiterhin wurde gesagt: *"Ich hab bisher nie einen Artikel geschrieben, weil ich einen Blogeintrag gelesen habe. Also ich weiß, das sind anonyme News, die kann ich als Journalist gar nicht verwerten."* (10)

Stattdessen werden Wissenschaftsblogs im beruflichen Kontext zur Recherchequelle genutzt, wenn ein Thema bereits herauskristallisiert ist. Teilweise wird diese Recherchequelle mit „kritischem Auge" gesehen. Die Recherche kann informativ-thematisch ausgerichtet sein, aber auch auf Basis der Meinungsgetriebenheit von Blogs in Bezug auf Meinungen und Diskussionspunkte, die in der wissenschaftlichen Blogosphäre stattfinden. Ein weiteres Motiv der Kategorie „Beruf" hängt mit der möglichen Funktion von Wissenschaftsblogs als „Visitenkarte für freie Wissenschaftsjournalisten" zusammen.

3.4 Qualitativer Teil

Es ist anzumerken, dass die Ergebnisse der Interviews viel zurückhaltender in Bezug auf den beruflichen Einfluss von Wissenschaftsblogs in der Gruppe der Wissenschaftsjournalisten ausgefallen sind, als die Daten der quantitativen Online-Befragung des zweiten Methodenteils. Jedoch wurden bei den Interviews bereits deutlich die Tendenzen der beruflichen Nutzung von Wissenschaftsblogs herausgestellt.

B.1 Blogs als Recherchequelle mit „kritischem Auge"

Wissenschaftsblogs werden primär im beruflichen Kontext als weitere „*Recherchequelle mit kritischem Auge*" (11) eingeschätzt. Wenn ein Thema bereits feststeht, können Blogs als vertiefende Recherchequelle genutzt werden. Jedoch gaben nur wenige der Interviewten an, direkt und bewusst bei gezielten Recherchen in Wissenschaftsblogs zu suchen. Die meisten gaben an, über eine Suchmaschinen-Suche einzusteigen und dann bei der Recherche zu einem Thema auf Weblogs zu stoßen und da zu verweilen.

B.2 Überblick über Meinungen, Diskussionspunkte

Ein Merkmal der Gruppe der Wissenschaftsjournalisten war ein großes Interesse an der Meinungsgetriebenheit und Meinungsvielfalt von Wissenschaftsblogs (vgl. Kategorie Identität und Information). Im Kontext der beruflichen Nutzung ist dieses Interesse als eine spezielle Form der Recherche einzuordnen, die darin besteht, sich schnell einen Überblick über Meinungen zu verschaffen. „*Ein großes Motiv ist einfach eine andere Meinung zu lesen. Für mich sind Blogs in erster Linie eine Meinungsäußerung. Wenn es darum geht, ein Thema zu recherchieren, kann ich in Wissenschaftsblogs nachschauen, was andere Leute dazu für eine Meinung haben.*" (11)

Das Motiv „Überblick über Meinungen" muss jedoch differenziert werden. Zum einen wurde von der Gruppe der Wissenschaftsjournalisten als Motiv dafür, auf einen Blog zu gehen, angegeben, so schnell einen Überblick über kritische, umstrittene Punkte aus verschiedenen Perspektiven zu einem sehr spezifischen Thema zu bekommen. Der Vorteil für Wissenschaftsjournalisten besteht darin, sich dadurch schnell in ein Fachthema einarbeiten zu können, ohne sich langwierig Fachwissen aneignen zu müssen. Als Beispiel wurden Fachdiskussionen von zwei Experten genannt, die zentrale und kontroverse Punkte einnehmen. „*Ich gehe auf Wissenschaftsblogs, um zu sehen, was es an Meinungen gibt und was gerade so bestritten wird. Ich habe zum einen einen Artikel von Herrn Rahmstorf (Professor Rahmstorf, Klimaforscher), und dann lese ich im Zweifelsfall seinen Blog dazu und die Kommentare. Das sind Informationen, die ich dem Original-*

paper nicht entnehmen kann, wenn ich nicht in der Materie drinstecke. Ich kann nie so tief drinstecken wie der Wissenschaftler selbst, der in dem Bereich liest. Und wenn sich dann Fachkollegen in die Haare kriegen, ist das sehr spannend zu verfolgen." (11)

Zum anderen gibt es ein Motiv der Wissenschaftsjournalisten, auf Wissenschaftsblogs zu gehen, um generelle Meinungen, Strömungen und Tendenzen mitzubekommen. Wissenschaftsblogs können einen Rückkanal in die Öffentlichkeit bilden und aufzeigen, welche Themen die allgemeine Öffentlichkeit und die Laien bewegen. *„Man kann auf Wissenschaftsblogs Tendenzen erkennen, z. B. wenn immer wieder Themen aufkommen und es gibt immer wieder eine Diskussion. Man erkennt natürlich ein gewisses Interesse, was besteht."* (8) „Man sieht in Wissenschaftsblogs, wo der Nerv getroffen wird." (11)

Der zweite Punkt wurde jedoch kontrovers diskutiert. Einige Interviewpartner haben dem entgegengesetzt, nur Leitmedien würden diese Funktion erfüllen können. Wissenschaftsblogs zeigen durch den „Long Tail" (vgl. Kapitel 2.2) nur zerstückelte Ansätze auf und keine wirklichen Tendenzen. *„Wissenschaftsblogs sind zu zersplittert und Long Tail. Diese Funktion hat eher ein Medium wie Der Spiegel."* (8)

B.3 Blogs als Visitenkarte des Wissenschaftsjournalisten

Ein spezifisches Motiv im Kontext des Berufes, welches von drei Interviewpartnern dezidiert genannt wurde, war die Selbstvermarktung von freien Wissenschaftsjournalisten über Wissenschaftsblogs. *„Für freie Journalisten werden Wissenschaftsblogs in Zukunft bestimmt wichtiger, weil sie eine Möglichkeit sind, sich selber vorzustellen. Es gibt ja so ein paar Ausnahmejournalisten wie den Stefan Niggemeier, der ja durch seine Blogs viel bekannter geworden ist als durch seine Artikel in der FAZ. Er ist einer der bekanntesten deutschen Medienjournalisten, weil der halt bloggt. Mit der FAZ allein wäre der nicht so populär geworden."* (7)

Wissenschaftsjournalisten können somit Wissenschaftsblogs nutzen, um sich über Kollegen und deren Schreibweise zu informieren. Redakteure nutzen Wissenschaftsblogs, wenn ein Artikel an einen externen Wissenschaftsjournalisten vergeben werden soll und sie sich ein Bild machen möchten. *„Es gibt ja auch relativ viele angehende Wissenschaftsjournalisten, die bloggen. Die können z. B. auch ganz gerne Themenvorschläge oder so bei uns einreichen. Was ich ganz gerne über Blogs mache, ist, dass ich mich über die Schreibe von Leuten informiere. Also die Art und Weise, wie sie Sachen aufbereiten. Es ist für mich eine ganz wichtige Funktion von Wissenschaftsblogs, dass sie eine Selbstdarstellung von Leuten sind."* (11)

Einer der Interviewpartner, der selber einen Blog führt, setzte Wissenschaftsblogs bereits zur Eigenvermarktung ein.

3.4 Qualitativer Teil

C. Identität

Identitätsmotive, bei denen die Subjektivität des Blogs, jedoch nicht der Autor des Blogs im Vordergrund stand, hatten eine stärkere Gewichtung bei den Wissenschaftsjournalisten als bei den Wissenschaftlern.

Von der Gruppe der Wissenschaftsjournalisten wurde im Gegensatz zu der Gruppe der Wissenschaftler wiederholt das Motiv genannt, dezidert an der Meinung des Weblog-Autors interessiert zu sein. Wissenschaftler haben Motive in dieser Richtung nur bei konkreter Nachfrage kundgetan. *„Es ist das Interesse an einer Person und seine Meinung, so ein bisschen wie Kolumnen. Der Schreibstil spielt eine Rolle, was früher Kolumnen waren, sind jetzt Blogs. Man interessiert sich dezidiert für die Meinung von einer Person, weil sie Dinge auf den Punkt bringt."* (12) Weiterhin wurde im Gegensatz zu den Wissenschaftlern von den Wissenschaftsjournalisten klar formuliert, dass sie Weblogs präferieren, die die eigene Meinung bestätigen und mit denen man sich identifizieren kann. *„Ich verfolge Weblogs von Leuten, die ich mag."* (10) *„Ich lese Wissenschaftsblogs von Leuten, die ich kenne, mit denen ich mich identifizieren kann."* (11) *„Ich lese eher Wissenschaftsblogs von Autoren, bei denen ich das Gefühl habe, die schwimmen auf einer Wellenlänge."* (12) Keiner aus der Gruppe der Wissenschaftsjournalisten gab an, bewusst auf Weblogs von Leuten zu gehen, die anderer Meinung sind, um sich mit diesen auseinanderzusetzen.

Im Gegensatz zu der Gruppe der Wissenschaftler, bei denen immer die Information im Vordergrund stand oder das Interesse dem Autor in seiner Funktion als Wissenschaftler galt, wurde seitens der Wissenschaftsjournalisten nur von einem Interviewpartner das Motiv genannt, jenseits seiner beruflichen Rolle Interesse am Autor zu haben: *„Ich gehe auf Blogs, weil mich interessiert, was ein Autor gerade so macht, ohne ein bestimmtes Thema zu recherchieren."* (11)

Ein weiteres Merkmal der Gruppe der Wissenschaftsjournalisten in dieser Kategorie besteht darin, dass keine klaren Präferenzen angegeben wurden, einen Wissenschaftler- oder Wissenschaftsjournalistenblog zu verfolgen. Im Gegensatz zu den Wissenschaftlern spielten für die Wissenschaftsjournalisten in ihrem Verhältnis zu anderen Wissenschaftsjournalisten Identitätsmotive keine Rolle. Das Interesse an anderen Wissenschaftsjournalisten war nur auf der Ebene der Schreibweise relevant. Wie schreiben Kollegen jenseits von redaktionellen Zwängen, also „formatfrei", und im Kontext ihrer beruflichen Beschäftigung.

D. Aktivität

In der Gruppe der Wissenschaftsjournalisten herrscht eine große Diskrepanz zwischen einem hohen Interesse an Meinungen und Diskussionen und einer ablehnenden Haltung gegenüber einer eigenen Kommentierung. Die Themen „eigene Aktivität" und „Interaktion" wurden von der Gruppe der Wissenschaftsjournalisten noch zurückhaltender gesehen als von der Gruppe der Wissenschaftler. Selbst die bloggenden Wissenschaftsjournalisten gaben an, gar nicht bis kaum zu kommentieren. *„Ich bin nicht auf Debatten aus. Ich kommentiere nicht, da Leute, die kommentieren, sich selber bestätigen wollen."* (10) *„Ich kommentiere nicht"*, (7) oder: *„Ich beteilige mich nicht an Debatten. Sie haben eine wichtige Rolle, aber manchmal sind sie beleidigend und es fehlt die kritische Distanz."* (11)

Da nur sehr wenige der Interviewpartner innerhalb der zwei Gruppen aktiv waren und selber kommentierten und dieses auch nicht im Zusammenhang mit einem Motiv kommuniziert wurde, war es schwierig, die Beweggründe dahinter zu klassifizieren. *„Ich bin kein intensiver Kommentierer. Ich kommentier immer mal wieder. Aber ich bin keiner, der sich auf Kommentarschlachten einlässt, weil ich nicht die Zeit hab. Man muss sich zudem seiner Meinung sicher sein. Ich bin sehr oft sehr offen."* (12)

Im Gegensatz zu der Gruppe der Wissenschaftler gab keiner der Wissenschaftsjournalisten als Motiv an, aus einer Sachdiskussion lernen oder seine Meinung kundtun zu wollen. Ein Affiliationsbedürfnis, das sich in einer konkreten Verlinkung sichtbar macht, fiel auch hier weg.

E. Unterhaltung

Unterhaltungsmotive wurden in den Gesprächen mit den Wissenschaftsjournalisten – im Gegensatz zu denen mit der Gruppe der Wissenschaftler – nur im Kontext des Themenkomplexes „Tagesrhythmus" erwähnt. Wie bei den Wissenschaftlern standen die Motive dieser Kategorie immer im Verbund mit einem Informationsmotiv. Die meisten Wissenschaftsjournalisten gaben an, Blogs während der Arbeitszeit als kurze Zwischenerfrischung und Pause zu nutzen. Die Gruppe der Wissenschaftler und der Wissenschaftsjournalisten unterschieden sich in dieser Kategorie dadurch, dass die Wissenschaftsjournalisten dezidiert Entspannung als Motiv angaben und keinen direkten Unterhaltungswert im Sinne von Spaß und Entertainment in Wissenschaftsblogs sahen. *„Ich gehe auf Wissenschaftsblogs, wenn ich mich mal ablenken muss und wenn ich mal eine Pause brauche von Dingen, die mich stark beschäftigen. Also für mich ist es eine Ablenkung und Zwischenerfrischung."* (9) Weiterhin wurde die Nutzung auch direkt als „entspannte Form der Informationsaufnahme" bezeichnet, oder es sei *„-nicht Entspannung, sondern Informationsaufnahme, die nicht 100 % Konzentration fordert."* (8).

Ein Unterhaltungs- und Spaßmotiv wurde von der Gruppe der Wissenschaftsjournalisten nicht genannt, aber Motive in dieser Richtung traten in Verbindung

3.4 Qualitativer Teil

mit einer unterhaltsamen Schreibweise des Autors zum Vorschein. *"Das ist, was ich mit dem Stichwort ‚Lebendigkeit' gemeint habe. Weil es eben so unfertig ist, wie eben Unterhaltung, die man so zwischendurch führt."* (10) *"Ich würde Blogs eher als Unterhaltung einschätzen, weil Blogs kommentieren, was schon veröffentlicht ist."* (8) Blogs wurden aber nicht unterhaltsamer als redaktionell-professionelle Seiten eingeschätzt, es seien *"Blogs nicht unterhaltender als redaktionelle Seiten."* (11)

F. Anti-Motive und Wissenschaftsjournalismus versus Weblogs

In der Gruppe der Wissenschaftsjournalisten gab es wie in der Gruppe der Wissenschaftler neben den Motiven der Nutzung zwei Themen, die diskutiert wurden. Zum einen geht es um Anti-Motive, die sich in ähnlicher Form wie bei den Wissenschaftlern darstellen, und zum anderen um das Verhältnis von Wissenschaftsblogs und Journalismus. Im Kontext von Anti-Motiven schloss sich die Gruppe der Wissenschaftsjournalisten den Wissenschaftlern in der Kritik an, dass Wissenschaftsblogs die Relevanz von Leitmedium fehle. *"Ich habe nicht den Eindruck, dass man das gelesen haben muss, um an dem Tag mitreden zu können. Es ist eine Kommentierung, es sind Meinungen von Menschen, die genauso dastehen wie andere Meinungen auch. Wissenschaftsblogs bieten zu wenig Fakten. ... In den Blogs wird ja nur noch das kommentiert, was dann irgendwo schon erschienen ist."* (8)

"Mir reichen in der Regel drei Leitmedien, um zu verstehen, was die Öffentlichkeit bewegt. FAZ, Zeit, Spiegel, das reicht mir. Dann habe ich die Themen angeschlagen, dann weiß ich, wie die Agenda ungefähr aussieht. Wenn ich das noch Online unterfüttere, dann weiß ich, welche Diskussionsstränge sich durch die Öffentlichkeit im Moment ziehen." (9)

Das zweite Thema umfasst das Verhältnis von Wissenschaftsblogs und Wissenschaftsjournalismus. Nach Einschätzung der Wissenschaftsjournalisten sind Blogs keine Gefahr für den Wissenschaftsjournalismus. Professionell-redaktionelle Seiten werden als qualitativ hochwertiger und „professioneller" betrachtet, im Sinne von: „Da steht eine Bildredaktion dahinter" etc. Wissenschaftsblogs werden als Ergänzung für solche Fälle gesehen, zu denen die traditionellen Medien nicht berichten oder nicht gut berichten, und als Medium, das jenseits redaktioneller Zwänge die pure Meinungsäußerung unterstützt.

G. Tagesrhythmus

Wie bei den Wissenschaftlern zielt die Frage bezüglich des Tagesrhythmus der Nutzung darauf ab, Erkenntnisse darüber zu gewinnen, inwieweit die Nutzung in den beruflichen Alltag integriert ist. Weiterhin um Motive der Kategorie „Unterhaltung" zu generieren (vgl. Kategorie Unterhaltung).

Es zeichnet sich wie bei den Wissenschaftlern bei den Wissenschaftsjournalisten die Tendenz ab, dass die Nutzung in den Tagesablauf integriert ist, jedoch vorwiegend als kurze Ablenkung zwischendurch fungiert, *„Ich hab so einen Punkt, an dem ich hänge, und ich lenke mich ab, indem ich auf einen Blog gehe."* (11) *„Ich gehe auf Wissenschaftsblogs, wenn ich mich mal ablenken muss und wenn ich mal ne Pause brauche von Dingen, die mich stark beschäftigen. Also für mich ist die Nutzung eine Ablenkung und Zwischenerfrischung."* (9)

H. Mediennutzung im Web 2.0

Wie in der Gruppe der Wissenschaftler war zum Zeitpunkt der Interviews die Web-2.0-Nutzung sowohl generell als auch speziell auf Wissenschaftsmedienformate bezogen noch sehr zurückhaltend. Neben den Tendenzen, die für die Gruppe der Wissenschaftler aufgezeigt wurden, also die relativ häufige Erwähnung der allgemeinen Web-2.0-Anwendungen „Wikis" und „Videoportale", setzte sich die Gruppe der Wissenschaftsjournalisten verstärkt mit „Micro-Blogging" auseinander. Im August 2009 war „Micro-Blogging" erst in der Etablierungsphase, daher war die Nennung und Nutzung weitaus geringer als in der quantitativen Befragung, die im Januar 2010 durchgeführt wurde. Im Gegensatz zu der Gruppe der Wissenschaftler wurden „Social Networks" nicht dezidiert genannt.

3.4.15 Vergleich der zwei Akteursgruppen

In den folgenden Abschnitten wird eine erste Zusammenfassung der Kernpunkte der Interviews aufgrund eines direkten Vergleichs der zwei Gruppen gegeben.

Dominierendes Motiv beider Gruppen ist ein Informationsbedürfnis. Dieses Motiv wird jedoch nicht gemäß McQuail klassisch als Orientierung und generelle Übersicht über aktuelle Wissenschaftsthemen verstanden. Primär geht es beiden Gruppen um spezifische Nischenthemen, die in anderen Medien nicht zu finden sind. Ein Informationsbedürfnis wird von beiden Gruppen im Zusammenhang mit verschiedenen Attributen genannt. Die Attribute der beiden Gruppen sind größtenteils kongruent, unterscheiden sich jedoch hinsichtlich der Stärke der Zustimmung. Beide Gruppen sehen Informationen in Wissenschaftsblogs als tiefer, fundierter und authentischer an, jedoch sind diese Einschätzung und die Zustimmung zu diesen Attributen in der Gruppe der Wissenschaftler noch stärker ausgeprägt. Tendenziell schätzt die Gruppe der Wissenschaftsjournalisten Wissenschaftsblogs kritischer ein als die Gruppe der Wissenschaftler. Das spiegelt sich auch in Aussagen zu der Qualität der Informationen wider. Die Gruppe der Wissen-

3.4 Qualitativer Teil

schaftler sieht in diesem Punkt den klassischen Journalismus fragwürdiger und schätzt die Qualität der Wissenschaftsblogs als „sehr gut" ein. In der Gruppe der Wissenschaftsjournalisten ist es umgekehrt. Beide Gruppen gaben den Aspekt der ungefilterten und direkten Information als Motiv an. Jedoch steht hinter dem Wort „ungefiltert" eine andere Interpretation bei der jeweiligen Gruppe. Die Gruppe der Wissenschaftsjournalisten sieht „ungefiltert" als Formatfreiheit jenseits redaktioneller Zwänge an, bei Wissenschaftlern ging es darum, den Wissenschaftsjournalismus zu umgehen und Informationen direkt aus der Wissenschaft zu erhalten. Beide Gruppen sahen die Aktualität und Schnelligkeit der Informationsverbreitung durch Wissenschaftsblogs nicht als besonderes Merkmal. Ein Punkt, der nur bei den Wissenschaftsjournalisten zur Sprache kam, war der Facettenreichtum und das Multiperspektivistische der Information.

Motive, die im Zusammenhang mit dem Beruf standen, sind in beiden Gruppen nicht eindeutig von den anderen Kategorien zu trennen, werden aber in Bezug auf den theoretischen Zugang der Arbeit bewusst getrennt ausgewertet. Zumeist lag den Motiven, die im beruflichen begründet Kontext waren, ein Informationsbedürfnis oder teilweise auch ein Identitätsmotiv zugrunde. Die Kategorie Beruf beinhaltet zudem nicht nur Motive, die eine direkte berufliche Nutzung implizieren, sondern auch solche, die mit der beruflichen Rolle und beruflichen Identität im privaten Kontext im Zusammenhang stehen.

Ein Merkmal der Kategorie Beruf ist, dass sie die meisten Motive beinhaltet, die mit den „neuen" Nutzungsmöglichkeiten von Weblogs in Verbindung stehen. In der Gruppe der Wissenschaftler sind die Motive stärker auf eine berufliche Identität im privaten Kontext zurückzuführen. Ein starkes Motiv ist die Möglichkeit des (ungefilterten) Einblicks in andere Wissenschaftsbereiche und Disziplinen. Dieser Punkt wird auch unter praktischen Gesichtspunkten gesehen: Wie sieht der Laboralltag anderer Wissenschaftler aus? Mit welchen praktischen Problemen haben diese zu kämpfen? Ein weiterer wichtiger Aspekt ist der Austausch mit anderen Forschern in Form von Vernetzungsmotiven. Vernetzung wird hier nicht als selber erstellte Verlinkung verstanden, sondern als interdisziplinärer Austausch in den Kommentaren und als Möglichkeit, sich über einen Blog mit anderen Wissenschaftlern zu vernetzen. Wissenschaftsblogs werden nicht wie Peer-Review-Journale in die formale Wissenschaftskommunikation eingeordnet. Inspiration inhaltlicher Art, wie man sie durch Peer Review bekommt, sahen die Wissenschaftler nicht. Ein zentrales Motiv mit direkten Einfluss auf die Forschungsarbeit stellen Informationen auf der Methodik-Ebene dar. In Wissenschaftsblogs können Details und Erfahrungsberichte mit Praxistipps eingesehen werden, und es gibt die Möglichkeit der Interaktion.

Auch in der Gruppe der Wissenschaftsjournalisten ist die Nutzung von Wissenschaftsblogs im beruflichen Kontext kaum mit der Nutzung klassischer Medien vergleichbar. Ein direkter inhaltlicher Einfluss auf die berufliche Arbeit war in den Interviews marginal erkennbar. Wissenschaftsblogs werden nicht zur Inspiration und Themenfindung genutzt. Weiterhin gaben die Wissenschaftsjournalisten zum Zeitpunkt der Interviews an, keine Artikel von Wissenschaftsblogs zu zitieren oder zu verlinken. Wissenschaftsblogs werden jedoch mit kritischem Auge als Recherchequelle eingesetzt. Zudem zeichnete sich die Gruppe der Wissenschaftsjournalisten durch ein hohes Interesse an Meinungen aus. Im beruflichen Kontext spielte das in Bezug auf zwei Punkte eine Rolle. Zum einen bieten Wissenschaftsblogs einen Rückkanal in die Öffentlichkeit und zeigen auf, welche Themen die Öffentlichkeit bewegen. Zum anderen bieten sie die Möglichkeit, eine Fachdiskussion zwischen zwei Experten zu verfolgen und sich darüber schnell in ein Thema einzuarbeiten und Problempunkte aufgezeigt zu bekommen. Ein weiterer Aspekt auf beruflicher Ebene ist die Funktion von Wissenschaftsblogs, als Visitenkarte für Wissenschaftsjournalisten eingesetzt zu werden. Ein Motiv, auf Wissenschaftsblogs zu gehen, besteht deshalb darin, sich über die Themenschwerpunkte und den Schreibstil von freien Wissenschaftsjournalisten ein Bild zu machen.

Beide Gruppen, die Wissenschaftler und die Wissenschaftsjournalisten, zeichnen sich durch ein eher passives Mediennutzungsverhalten gegenüber Weblogs aus. Daher sind Motive einer möglichen Aktivität schwer zu ergründen. In beiden Gruppen war kaum ein Interesse oder Motiv aufzuspüren, das darauf abzielte, sich selber darzustellen und kundzutun. Bei den Wissenschaftlern gaben die Kommentierer an, sich nur zu äußern, wenn es der Sache dient, das Thema voranbringt und sie davon lernen können. Da die Gruppe der Wissenschaftsjournalisten noch zurückhaltender war, war über die Interviews kein Motiv hinter einer Aktivität zu generieren.

In beiden Gruppen spielen Identitätsmotive in verschiedenen Aspekten der Nutzung eine Rolle. Eine stärkere Gewichtung erhielten Identitätsmotive in der Gruppe der Wissenschaftler, die insbesondere im Rahmen der beruflichen Identitätsbildung, nämlich bei dem Vergleich mit anderen Forschern, wiederholt von Bedeutung waren. In der Gruppe der Wissenschaftsjournalisten war kein Vergleich mit anderen Wissenschaftsjournalisten über Wissenschaftsblogs erkennbar. Jedoch gab es in dieser Gruppe auch das Motiv, aus purem Interesse an der Person hinter einem Wissenschaftsblog dieses zu besuchen, und zwar jenseits der eigenen Rolle als Wissenschaftler oder Wissenschaftsjournalist.

Weiterhin spielte das Identitätsmotiv bei der Thematik mit hinein, ob die Wissenschaftler oder Wissenschaftsjournalisten eher Blogs verfolgen, wenn diese eine der eigenen Meinung gleiche oder konträre Meinung vertreten. Bei der Gruppe der Wissenschaftsjournalisten spielte dieser Aspekt eine wichtige Rolle, und es wurden tendenziell Weblogs mit ähnlicher Meinung verfolgt. Generell bestand in dieser Gruppe ein hohes Interesse an Meinungen. Die Gruppe der Wissenschaftler war durchaus interessiert an konträren Meinungen. Zudem war ein Vertrauensverhältnis zu dem Autor des Blogs wichtig in Bezug auf die Akzeptanz der Qualität des Blogs. Der Autor fungierte als Garant. Ein wichtiger Aspekt dieser Kategorie ist die klare Aussage der Wissenschaftler lieber Wissenschaftsblogs von anderen Wissenschaftlern zu verfolgen als von Wissenschaftsjournalisten. Eine solche Tendenz war in der Gruppe der Wissenschaftsjournalisten nicht erkennbar.

Unterhaltungsmotive kamen in beiden Gruppen primär nur durch den Themenkomplex „Rhythmus der Nutzung" zum Vorschein. Bei beiden Gruppen standen Unterhaltungsmotive immer im Zusammenhang mit Informationsaufnahme. Es gab jedoch eine klare Unterscheidung der beiden Gruppen. Die Gruppe der Wissenschaftsjournalisten sah die Nutzung von Wissenschaftsblogs als Entspannung an. Bei den Wissenschaftlern dominierten Unterhaltung und Spaß im Gegensatz zu Entspannung.

In Bezug auf Anti-Motive ähnelten sich beide Gruppen in ihren Einschätzungen. Der Hauptkritikpunkt an Wissenschaftsblogs ist, dass diese kein Leitmedium darstellen und dadurch weniger Relevanz besitzen. Zudem wurde in der Gruppe der Wissenschaftler das Thema „Wissenschaft" in der Öffentlichkeit diskutiert, was generell als wünschenswert angesehen wurde. Die Gruppe der Wissenschaftsjournalisten diskutierte das Thema „Blogs versus Journalismus", wobei beide Seiten als sich ergänzend und nicht als sich ersetzend eingeschätzt wurden.

Bei beiden Gruppen war die Nutzung weiterer Web-2.0-Angebote – insbesondere in Bezug auf Wissenschaftsmedienformate – noch marginal und wurde speziell im beruflichen Kontext als nicht wichtig eingeschätzt.

3.4.16 Zusammenfassung und Fazit

Der qualitative Teil der Methode hat erste Erkenntnisse, Tendenzen und Erklärungszusammenhänge zum Untersuchungsgegenstand aufgezeigt. Wie dargestellt wurden die Ergebnisse der 12 Interviews im Kontext der dahinterliegenden Motivstrukturen gebündelt und kategorisiert. Es konnte somit, angelehnt an die fünf Metakategorien (vgl. Abschnitt 3.4.12), ein erster Motivkatalog der Gruppe der Wissenschaftler und Wissenschaftsjournalisten einschließlich Unterkategorien eruiert werden.

An dieser Stelle sollten vier Punkte beachtet werden. Es hat sich nach den Interviews gezeigt, dass die Motive der zwei Gruppen, die nicht im direkten Zusammenhang mit dem Beruf stehen, weitestgehend kongruent sind. Teilweise wurden unterschiedliche Formulierungen für die Motive verwendet, insbesondere für diejenigen, die in den Unterkategorien gebündelt werden. Es wurde daher bei den Sub-Kategorien, so weit möglich, eine Angleichung der Gruppe der Wissenschaftler und derjenigen der Wissenschaftsjournalisten vorgenommen, um die Gruppen direkt vergleichen zu können. Dies war insbesondere hinsichtlich des quantitativen Teils der Methode essenziell. Jedoch war in den Interviews schon bei identischen Motiv-Kategorien eine unterschiedliche Gewichtung der Motive erkennbar. Weiterhin wurde bereits in der Auswertung des qualitativen Teils deutlich, dass das Nutzerverhalten beider Gruppen bezüglich Wissenschaftsblogs zu großen Teilen auf eine Meta-Ebene zurückzuführen ist, nämlich auf die klassischen Grundbedürfnisse der Mediennutzung, sodass das Grundraster von McQuail bestehen bleiben konnte. Auch Motive der beruflichen Nutzung stehen vorwiegend mit klassischen Motiven in Verbindung. Neue Motive wurden in der Kategorie „Aktivität" gebündelt, jedoch kamen die Motive der Sozialpsychologie aus der Web-2.0-Forschung (vgl. Abschnitt 2.2) peripher zum Tragen. Es ergaben sich in dieser Kategorie auch vereinzelt neue Motive, die einem Grundbedürfnis nicht klar zugeordnet werden konnten.

Ein dritter Aspekt, der im Kontext der vorliegenden Forschungsarbeit zentral ist, betrifft den qualitativen Teil insgesamt. Die Ergebnisse bilden zum einen die Basis für den quantitativen Teil. Es gilt in einem zweiten quantitativen Schritt im Sinne des Phasenmodells die herausgestellten Motive und Tendenzen zu gewichten, d. h. nach Häufigkeiten statistisch zu analysieren und zu verifizieren. Weiterhin kann auf Basis einer Quantifizierung der Ergebnisse ein Vergleich der drei Gruppen vorgenommen werden. Zudem wird die Reliabilität der zentralen Motive erhöht. Zum einen durch die statistische Überprüfung, zum anderen durch die offene Frage im quantitativen Teil. Somit werden die Motive aus drei unterschiedlichen Blickwinkeln in der vorliegenden Arbeit beleuchtet und generiert.

Eine häufige Kritik am Phasenmodell lautet (vgl. 3.2), dass dieser Ansatz den qualitativen Teil der Erhebung abwertet und nur die Ergebnisse des quantitativen Teils als valide und finale Ergebnisse betrachtet. Dies wird in vorliegender Forschungsarbeit bewusst vermieden. Wegen des explorativen Charakters dieser Forschungsarbeit sind die herausgearbeiteten Erklärungszusammenhänge und detaillierten Beschreibungen der Motive der Mediennutzung im Kontext zentral, um den Forschungsgegenstand und die Ergebnisse des quantitativen Teils verstehen und aufgrund der Forschungsfragen einordnen zu können. Daher stehen die Ergebnisse der Interviews in Teilen gleichberechtigt neben dem quantitativen Teil. Insbesondere die Erklärungsansätze sowie Nuancen der Motive, die aus der Notwendigkeit der Komplexitätsreduzierung als Basis des quantitativen Teils rationalisiert werden mussten, werden bei der Endauswertung hinzugezogen und im Kontext der Arbeit als valide Ergebnisse betrachtet.

Der vierte Punkt betrifft die Gruppe der Laien. Wie in 3.4.8 dargestellt und begründet, wurde die Gruppe der Laien im qualitativen Teil der Methode nicht hinzugezogen. Die offene Frage im quantitativen Teil (vgl. 3.6.4) hatte somit neben der Erhöhung der Reliabilität der Ergebnisse die Funktion, neue Motive der Gruppe der Laien zu generieren. Wie dargestellt, hat sich bei der Auswertung der Interviews gezeigt, dass die Kategorien neben der Meta-Kategorie „Beruf" in beiden Gruppen häufig kongruent waren. Daher wurden die Motiv-Kategorien jenseits der Kategorie „Beruf" allen drei Gruppen zur Verifizierung zugeordnet, sodass die Gruppen direkt verglichen werden konnten.

Der quantitative Teil der Methode setzt in Bezug auf die herausgefilterten Motive eine Reduzierung des Forschungsgegenstandes voraus, um die Daten statistisch auswerten zu können. Angelehnt an die erste Reduzierung durch eine systematische Kategorisierung der Daten, müssen weitere Reduzierungen des Forschungsgegenstandes vorgenommen werden. Dies erfolgt im nächsten Abschnitt in Form von Motivstatements, die in Bezug auf die Motive als Hypothesen fungieren (vgl. 3.6).

3.5 Herleitung der Hypothesen

Die Motive aus den Interviews und die übergeordneten Kategorien bilden somit Teil-Hypothesen für den quantitativen Teil der Methode. Die Hauptmotive der zwei Gruppen wurden zu Statements verdichtet. Der Begriff „Hypothese" ist aus den dargelegten Gründen des letzten Abschnitts eingeschränkt zu betrachten, insbesondere in Bezug auf die der Gruppe der Laien. Die Statementformulierung hatte zum Ziel, primär die Erkenntnisse zu gewichten und statistisch zu analysieren, jedoch nicht, die Ergebnisse des qualitativen Teils grundlegend infrage zu stellen. Das Ziel war letztlich, im Gesamtfazit die Erkenntnisse beider Erhebungen in Bezug zueinander auszuwerten.

Die Statements wurden auf Basis der Aussagen der Interviews gebildet. Die Formulierungen wurden, wo es möglich und sinnvoll war, aus den Interviews übernommen. Bei Motiven, die weniger intim waren und in Bezug auf soziale Erwünschtheit als neutral zu werten sind, wurden die Motive direkt mit der an die Interviewpartner gerichteten Formulierung abgefragt, um eine höchstmögliche Authentizität und Nähe zum Untersuchungsgegenstand zu schaffen. Eine Ausnahme bildeten die Motive der Kategorie „Aktivität", da bei diesen die Möglichkeit der „sozialen Erwünschtheit" bestand. Es wurden solche Umschreibungen in den Interviews eingesetzt, die als Identitätsmotiv gewertet wurden, jedoch wurde der Begriff an sich nicht in der Formulierung genannt.

Es wurden einige Statements, insbesondere solche der Kategorie „Aktivität", allen drei Gruppen aus Vergleichsgründen vorgelegt, obwohl sie nicht von allen Gruppen genannt wurden. Bei einigen Statements galt es in Anlehnung an die Forschungsfrage weitere Aspekte zu generieren und die Aussagen der Interviews abzusichern. Statements, die allen drei Gruppen vorgelegt wurden, von diesen jedoch nicht formuliert wurden, können nicht als Hypothese der jeweiligen Gruppe im klassischen Sinn gewertet werden. Die Statements werden nur als Hypothese verstanden, wenn sie von der jeweiligen Gruppe formuliert wurden. Eine Ausnahme bildet die Gruppe der Laien, da diese nicht interviewt wurde. Hier fungieren die Statements als „Hypothese".

Es sei kurz angemerkt, dass das Statement, Blogs von Wissenschaftlern oder Wissenschaftsjournalisten zu präferieren, gesondert betrachtet werden muss, da es nur partiell mit einem Motiv, hier einem Identitätsmotiv, in Verbindung steht. Primär ist dieses Statement angelehnt an die Forschungsfrage und soll Aufschluss darüber geben, auf welchen Kommunikationsebenen Wissenschaftsblogs primär eingesetzt werden.

Abbildung 17: Motive aller drei Akteursgruppen

Kategorie	Statements
A. Unterhaltung	*Wissenschaftsblogs bieten entspannte Informationsaufnahme.*
	Wissenschaftsblogs sind/bieten Informationsaufnahme mit Unterhaltungswert.
B. Information	*Wissenschaftsblogs bieten sehr spezifische (Nischen-) Themen, über die andere Medien nicht berichten.*
	Wissenschaftsblogs sind authentischer, glaubhafter und direkter als professionell-redaktionelle Seiten.
	Wissenschaftsblogs bieten tiefere und dichtere Informationen als redaktionell-professionellen Seiten.
	Wissenschaftsblogs bieten qualitativ hochwertigere Beiträge als redaktionell-professionelle Seiten.
C. Identität	*Ich lese Wissenschaftsblogs von Autoren, mit denen ich auf einer Wellenlänge schwimme.*
	Ich lese Wissenschaftsblogs von Autoren die eine andere Sichtweise haben, um mich mit Ihnen auseinanderzusetzen.
	Ich lese Wissenschaftsblogs, um zu gucken, was ein Autor gerade so macht, was der schreibt, ohne ein bestimmtes Thema zu verfolgen.
D. Aktivität	*Ich kommentiere, aber nur, wenn die Diskussion sachdienlich ist.*
	Ich kommentiere, um meine Meinung kundzutun.
	Ich kommentiere, um Feedback auf meine Meinung zu bekommen.

A. Statements im Kontext von Unterhaltung

Unterhaltungsmotive wurden in den Interviews immer im Zusammenhang mit einem Informationsbedürfnis formuliert, was sich in den Statements widerspiegelt. Motive der Kategorie „Unterhaltung" waren „Unterhaltung" oder „Entspannung" (das zweite Statement kann nur aus Sicht der Wissenschaftler als Hypothese dienen).

3.5 Herleitung der Hypothesen

B. Statements im Kontext von Information

Motive im Kontext eines Informationsbedürfnisses wurden mit den genannten Attributen zusammengefasst. In den Interviews wurde der direkte Vergleich mit redaktionell-professionellen Seiten vorgenommen, der hier übernommen wurde.

C. Statements im Kontext von Identität

In diesem Themenkomplex wurden wie bei der Kategorie „Aktivität" die Formulierungen der Interviews übernommen, welche als die „Meta"-Motive interpretiert wurden. Da der Bezug nicht augenscheinlich ist, wird er im Folgenden kurz erläutert. Die drei Themenblöcke, die in den Statements reflektiert werden, sind die Folgenden.

Identitätsbildung durch Bestätigung: Es werden Blogs von Autoren gelesen, mit denen man sich identifizieren kann und die die eigene Meinung bestätigen. (Information mit Meinung)

Identitätsbildung durch Abgrenzung/Streitkultur: Es werden Weblogs gelesen, die eine gegensätzliche Meinung verfolgen, um sich abzugrenzen und dadurch die eigene Identität zu bilden. (Information mit Meinung)

Pures Identitätsmotiv: Das Interesse an dem Wissenschaftsblog ist im Prinzip losgelöst von einem Informationsbedürfnis. Es steht hier das direkte Interesse an einer Person im Vordergrund.

D. Statements im Kontext von Aktivität

Wie bei der Kategorie „Identität" wurden Formulierungen aus den Interviews übernommen, und aufgrund der Gefahr der sozialen Erwünschtheit wurde das Motiv nicht direkt in das Statement integriert. Da in den Interviews wenige Motive zu erkennen waren, Aktivität jedoch ein zentrales Merkmal der Weblogkommunikation darstellte, wurde ein weiteres Motiv als mögliches Erklärungsmodell hinzugezogen, was nicht genannt wurde. Die Grundbedürfnisse, die zu Motiven der Kategorie Aktivität" führen können, sind nicht ausreichend erforscht (vgl. Kapitel 2.4). Daher kann über die „Meta-Motive" an dieser Stelle nur spekuliert werden.

Motiv „Sachdiskussion": Wahrheitssuche, wissenschaftlicher Diskurs
Motiv „Meinung kundtun": Eigene Darstellung/Impression Management
Motiv „Feedback auf die Meinung erhalten": Streitkultur, mit anderen diskutieren

Statements Wissenschaftler beruflich

Nicht alle Motive/Statements in diesem Block haben direkten beruflichen Einfluss. Die Statements sind jedoch angelehnt an die Kategorie „Beruf" und stehen im Verhältnis zu der Identität des Wissenschaftlers.

Abbildung 18: Motive Wissenschaftler beruflich

Motive Wissenschaftler beruflich	*Wissenschaftsblogs bieten einen ungefilterten Einblick in die alltägliche Arbeit von anderen Wissenschaftlern und in andere Arbeitsbereiche der Wissenschaft.*
	Wissenschaftsblogs bieten Hilfe und Inspiration auf der Methodikebene: Wie hat das ein anderer Forscher gemacht, welche Probleme gibt es, worauf muss man achten?
	Wissenschaftsblogs bieten Inspiration für meine eigene Forschung.
	Wissenschaftsblogs bieten informellen Austausch und Vernetzung mit anderen Forschern.
	Ich lese lieber Wissenschaftsblogs von anderen Wissenschaftlern als von Wissenschaftsjournalisten.

Statements Wissenschaftsjournalisten beruflich

Eine Ausnahme bei dieser Kategorie bildet das Statement „ungefiltert/Formatfreiheit". Es kann nicht direkt beruflich eingeordnet werden, jedoch wurde es in dieser Konnotation nur von der Gruppe der Wissenschaftsjournalisten genannt und scheint in Zusammenhang mit dem redaktionellen Strukturen, in die der Wissenschaftsjournalist eingebettet ist, zu stehen.

Abbildung 19: Motive Wissenschaftsjournalisten beruflich I.

Motive Wissenschaftsjournalisten beruflich	*Wissenschaftsblogs sind nicht so gefiltert wie professionell-redaktionelle Seiten.*
	Wissenschaftsblogs sind eine weitere Recherchequelle, die ich mit kritischem Auge betrachte.
	Wissenschaftsblogs sind eine weitere Recherchequelle. (Dieses Statement dient einer Differenzierung und Spezifizierung des oben genannten Statements)
	Wissenschaftsblogs bieten einen (schnellen) Überblick über Diskussions-/ Streitpunkte und Meinungen bei sehr spezifischen Fach-/Expertendiskussionen.
	Ich gehe auf Wissenschaftsblogs, um mich über die Schreibweise und Themen anderer Wissenschaftsjournalisten zu informieren.
	Ich gehe auf Wissenschaftsblogs, um zu sehen, wo bei Diskussionen der Nerv getroffen ist, wo Trends liegen, was die Öffentlichkeit bewegt.
	Ich gehe auf Wissenschaftsblogs, um zu gucken, was ein Autor gerade so macht, was der schreibt, ohne ein bestimmtes Thema zu recherchieren.
	Ich lese lieber Wissenschaftsblogs von anderen Wissenschaftsjournalisten, als von Wissenschaftlern.

Obwohl die folgenden Statements nicht in den Interviews genannt wurden, sollte eine konkrete produktionsbezogene/berufliche Nutzung in der Gruppe der Wissenschaftsjournalisten spezifiziert werden. Zu dem Zeitpunkt der Interviews wurde eine konkrete Einbindung verneint, jedoch gab es bereits Artikel, die direkt auf Wissenschaftsblogs verlinkt haben. Daher wurden die folgenden Statements integriert.

Abbildung 20: Motive Wissenschaftsjournalisten beruflich II.

Einfluss auf Beruf des Wissenschaftsjournalisten	*Ich bin schon einmal durch einen Wissenschaftsblog zu einem Artikel inspiriert worden.* *Ich habe schon einmal von einem eigenen Artikel auf einen Wissenschaftsblogartikel verlinkt.* *Ich habe schon einmal in einem eigenen Artikel einen Wissenschaftsblogartikel zitiert.*

3.6 Quantitativer Teil

3.6.1 Quantitative Verfahren

Wie in 1.3, 3.1 und 3.5 dargelegt, beinhaltete der quantitative Teil der Methode verschiedene Zielsetzungen. Zum einen ging es darum, im Rahmen des Phasenmodells die Ergebnisse des qualitativen Teils zu verifizieren, zu gewichten, Tendenzen aufzuzeigen, die über den Einzelfall hinaus Repräsentativität erzielen und die Reliabilität der Ergebnisse erhöhen. Zum Zweiten war die Zielsetzung Nutzungsmotive der Gruppe der Laien zu erforschen. Zum Dritten sollten im Sinne eines Triangulationsmodells weitere Aspekte der Mediennutzung der drei Akteursgruppen eingeholt werden.

Quantitative Verfahren eignen sich für die Umsetzung dieser Ziele. „Quantifizierung ermöglicht es, eine große Zahl von Fällen zu untersuchen" (Daschmann 2003: 262). Weiterhin kann aufgrund des Messvorgangs, eine „systematische Zuordnung von Zahlen oder Symbolen zu den Merkmalen der Objekte" (Friedrichs 1990: 97) vorgenommen werden. Auf dieser Grundlage konnten die herausgearbeiteten Motive des qualitativen Teils nach Häufigkeiten analysiert und Vergleiche zwischen den drei Gruppen vorgenommen werden. Zudem konnte auf Basis einer größeren Stichprobe die Gruppe der Laien integriert werden, und die Merkmale der Mediennutzung seitens der drei Gruppen konnten im Rahmen der theoretischen Überlegungen auf Basis des Einflussfaktors „Beruf" als Determinante der Mediennutzung statistisch untersucht werden.

In den folgenden Abschnitten wird wie beim qualitativen Teil systematisch die Vorgehensweise des quantitativen Teils dargelegt, und die Grenzen der Methode werden aufgezeigt. Die Maßnahmen der Qualitätssicherung sowie der Reliabilität, Objektivität und Validität werden erläutert. Im Gegensatz zum qualitativen Teil werden zu Beginn jedoch nicht verschiedene Alternativen der quantitativen Erhebung durchgespielt, da es angesichts des Mehrmethodendesigns unabkömmlich war, im zweiten Schritt eine Befragung durchzuführen, in der die Ergebnisse des qualitativen Teils integriert sein können. Es wird jedoch erläutert, warum als Erhebungsinstrument des quantitativen Teils eine standardisierte Online-Befragung gewählt wurde.

3.6.2 Die online-basierte Befragung

Das Erhebungsinstrument des quantitativen Teils der Methode ist die onlinebasierte, schriftliche Befragung in Form des standardisierten Fragebogens.

Die schriftliche Online-Befragung birgt einige Vorteile gegenüber anderen Befragungsformen wie der Face-to-Face-Befragung oder der Paper-and-Pencil-Befragung. Ein Vorteil äußert sich darin, dass hohe Stichprobenumfänge zeit- und kosteneffizient generiert werden können. Zudem wird durch die Anonymität einer Beeinflussung durch den Fragenden vorgebeugt, und die Befragungsteilnehmer sind gewillter, offen und ehrlich zu antworten (vgl. Bortz/Döring 2006). Weiterhin bietet speziell die Online-Befragung, Vorteile wie multimediale Präsentationsmöglichkeiten, eine automatische Dateneingabe und die Modularisierung des Fragebogens (vgl. Brosius et al. 2009: 126), was sich in der Flexibilität der Fragebogengestaltung äußert. Eine Rotation und Filterung von Fragen und Antwortvorgaben ist somit ermöglicht (vgl. Möhring/Schlütz 2003).

Zu den Nachteilen der schriftlichen Befragung können der Rücklauf[113] und die Ausschöpfungsquote wie auch relativ hohe Verweigerungsraten zählen, besonders im Vergleich zu Face-to-Face-Befragungen. Online-Befragungen können jedoch deutlich höhere Rücklaufquoten erreichen, vorausgesetzt, dass der Fragebogen den Nutzungsgewohnheiten der Befragten angepasst ist (vgl. Armborst 2006). Bei der Fragebogengestaltung und Konzeptionierung wurde daher dezidiert auf diesen Punkt geachtet.

Ein weiterer kritischer Punkt der schriftlichen Befragung (postalisch und online) ist die unkontrollierte Erhebungssituation (vgl. Bortz 1984: 180). Es gibt keine Möglichkeit für den Forscher, auf die Befragungssituation einzuwirken. Es kann nicht kontrolliert werden, ob die Zielperson selber den Fragebogen ausfüllt, alle Fragen beantwortet werden und die Reihenfolge eingehalten wird (vgl. Scholl

---

113 Bei Beilagenbefragungen, die die Leserschaft einer spezifischen Zeitschrift erreichen will, welche vergleichbar ist mit der Leserschaft von spezifischen Blogportalen, liegt die Rücklaufquote bei 20 % (vgl. Scholl 2003: S. 49).

3.6 Quantitativer Teil

2003: 49). Den letzten beiden Punkten konnte in der Online-Befragung durch die Automatisierung und Filterfragen jedoch vorgebeugt werden.

Weitere Nachteile, speziell von Online-Befragungen, werden von Brosius (Brosius et al. 2008: 126) in der möglichen Mehrfachteilnahme, der Selbstselektion der Befragten und der Gestaltung des Fragebogens gesehen. Der Selbstselektion der Online-Befragung konnte nicht vorgebeugt werden, jedoch wurden verschiedene Maßnahmen ergriffen, ihre Nachteile einzugrenzen (vgl. 3.6.7; 3.6.8). Weiterhin wurde der Fragebogen kurz gehalten, sofern dies im Kontext des Forschungsinteresses möglich war, da im Internet kompliziertere und langwierige Themen und Prozesse selten bearbeitet werden. Einer Mehrfachteilnahme wurde durch die Angabe der E-Mail-Adresse entgegenzuwirken versucht. Zudem wurden Dopplungen aus der Stichprobe entfernt (vgl. 3.6.8).

Im Kontext des Forschungsvorhabens überwogen die Vorteile einer Online-Befragung gegenüber den Nachteilen deutlich. Eine Online-Befragung über den Forschungsgegenstand ist der effizienteste Weg, an die Nutzer dieses Mediums zu gelangen. Dieses Vorgehen ist partiell vergleichbar mit der Beilagenbefragung von Zeitschriften, die zum Ziel hat, die Leserschaft einer bestimmten Zeitschriftenmarke zu befragen. Der ausschlaggebende Vorteil lag in der Möglichkeit, eine hohe Stichprobenzahl zu erzielen. Über weitere Befragungsmodi wäre dies nicht oder nur mit erheblichem Aufwand generierbar gewesen. Insbesondere deswegen, weil die Grundgesamtheit der Nutzerschaft nicht bekannt ist und keine weiteren Kontaktdaten vorliegen, die die Möglichkeit einer Face-to-Face- oder E-Mail-Befragung eröffnen würden. Aufgrund des Untersuchungsgegenstandes, der die Wissenschaftsblognutzer in Deutschland zum Inhalt hat, und der Internet-Affinität der Zielgruppe war es plausibel, eine standardisierte Online-Befragung über Wissenschaftsblogseiten durchzuführen.

3.6.3 Qualitätskriterien der Untersuchung

Bei allen Schritten der quantitativen Untersuchung wurde darauf geachtet, die Gütekriterien der Wissenschaft in Form von Objektivität, Gültigkeit und Zuverlässigkeit einzuhalten (vgl. Klammer 2005: 61-67). Die Kriterien werden in den jeweiligen Abschnitten in Bezug auf den Forschungsschritt jeweils gesondert diskutiert. Insbesondere bei der Fragebogenkonstruktion und der Umsetzung wird die Einhaltung der Gütekriterien wiederholt dargelegt. Im Folgenden werden, zusammenfassend für den gesamten Forschungsprozess des quantitativen Teils, einige Punkte erläutert.

Die Objektivität einer Erhebung ist gegeben, wenn das Messergebnis in keinem direkten Zusammenhang mit dem Forscher steht (vgl. Beller 2004). Die Unabhängigkeit der Ergebnisse kann sich sowohl in der Durchführungs- als auch in der Auswertungsobjektivität widerspiegeln. Die Durchführungsobjektivität wurde durch eine standardisierte Fragestellung in der Online-Befragung sichergestellt. Die Auswertungsobjektivität wurde durch ein vorwiegend geschlossenes Antwortformat erzielt. Weiterhin gab es eine rechnergestützte Erhebung und Auswertung, welche die Auswertungsobjektivität sichergestellt hat.

Die Validität der Ergebnisse ist gegeben, wenn die Messergebnisse „ein Abbild der tatsächlichen Merkmalsausprägungen" darstellen. In anderen Worten: „Von einer Gültigkeit der Messung wird dann gesprochen, wenn die verwendeten Verfahren das messen, was wir messen wollen" (Hartmann 1972: 110f.). Im Kontext des Forschungsgegenstandes wurde daher auf die folgenden Punkte geachtet. Ein kritischer Faktor des Erhebungsinstrumentes der Befragung – wie bereits im qualitativen Teil mehrfach erläutert – das Problem der sozialen Erwünschtheit (vgl. Diekmann 1999). Dem wurde durch eine Anonymisierung der Befragung entgegengewirkt (bis auf die Angabe der E-Mail-Adressen). Zudem wurde auf einige Punkte im Rahmen der Inhaltsvalidität geachtet. Die Fragen wurden sinnvoll und treffend formuliert, und es wurde darauf geachtet, alle Facetten des Forschungsgegenstandes auszuschöpfen (vgl. Möhring/Schlütz 2003; Bortz/Döring 2006). Weiterhin wurde die Verständlichkeit der Formulierungen sichergestellt und bei den Antwortvorgaben darauf geachtet, alle möglichen und relevanten Alternativen zu geben. Um die Validität weiter zu erhöhen, wurde ein Pretest des Fragebogens mit einem Wissenschaftler, einem Wissenschaftsjournalisten und einem Laien durchgeführt. Verbesserungsvorschläge in Bezug auf das Untersuchungsdesign und das Erhebungsinstrument wurden eingearbeitet.

Das Gütekriterium „Reliabilität" erfordert von der Untersuchung bei der gleichen Messung das gleiche Ergebnis. Die Reliabilität einer Untersuchung ist demnach umso höher, je geringer der Messfehler. Im Rahmen des Untersuchungsgegenstandes wurde, wie dargelegt, durch verschiedene Maßnahmen versucht, die Reliabilität der Untersuchung zu optimieren. Angesichts des Forschungsgegenstandes stößt dieses Prinzip aufgrund verschiedener Faktoren an Grenzen. Aufgrund externer Störfaktoren ist eine identische Erhebung nie durchführbar (vgl. Bortz/Döring 2006). Zudem ist ein besonderes Problem der Reliabilität, dass sich Einstellungen und Merkmalsausprägungen bei Personen schnell verändern können (vgl. Beller 2004). Insbesondere in Bezug zum Untersuchungsgegenstand Web 2.0 scheint diese Gefahr gegeben, weniger hinsichtlich der Motive als bezüglich des Nutzungsverhaltens und der Nutzung weiterer Web-2.0-Formate, da der Markt dieser Anwendungen sich permanent ändert und rasant wächst. Möglichkeiten in quantitativen Erhebungen, die Reliabilität der Ergebnisse sicherzustellen, sind der Paralleltest und der Retest. Angesichts des Mehrmethodendesigns dieser Forschungsarbeit, der Problematik, eine große Stichprobe zu generieren, und der

Schnelllebigkeit des Untersuchungsgegenstandes wurde davon abgesehen. Eine Form von Retest kann in Bezug auf die Motiverforschung in den drei Erhebungsmethoden gesehen werden. Wie im Schlussteil dargestellt, führten die drei Formen der Erhebung zu klaren Tendenzen und Wiederholungen der Motive.

3.6.4 Der Fragebogen – inhaltliche Konzeption

Die Konzeption des Fragebogens setzte sich aus den theoretischen Vorüberlegungen, den Forschungsfragen und den Ergebnissen des qualitativen Teils zusammen. Wie unter 3.6 dargelegt, bestehen die Ziele der quantitativen Befragung darin, die Ergebnisse und Motive des qualitativen Teils zu verifizieren, die Motive der Gruppe der Laien zu generieren und das Mediennutzungsverhalten der erwähnten Wissenschaftsblognutzer in Bezug auf Wissenschaftsblogs und das Web 2.0 zu erforschen.

Der Fragebogen kann daher in zwei Hauptthemenblöcke unterteilt werden: zum einen in Bezug auf die Mediennutzungsmotive, zum anderen in Bezug auf das Mediennutzungsverhalten.

Im Folgenden werden die Überlegungen zu der inhaltlichen Konzeption beider Teilbereiche dargestellt. Die formale Entwicklung wird im nächsten Abschnitt präsentiert.

In Bezug auf die Erforschung der Mediennutzungsmotive seien folgende Überlegungen zwecks der Kontinuität des Forschungsansatzes vom qualitativen Teil zum quantitativen Teil sowie als Basis der Fragebogenkonzeptionierung kurz zusammengefasst. Wie bereits mehrfach erläutert, liegt der kritische Punkt im Rahmen der Untersuchung von Motiven der Mediennutzung in der Unterbewusstseinsverankerung der Motive, dem Reflexionsvermögen der Nutzer und partiell in den Implikationen sozialer Erwünschtheit.

Angesichts des explorativen Charakters dieser Forschungsarbeit und der Sensibilität und Komplexität des Forschungsgegenstandes mussten kreative Forschungsschritte entwickelt werden, um Motive zu ergründen. Der klassische Weg einer Operationalisierung von Forschungshypothesen und Forschungsfragen in Testfragen war sowohl im qualitativen als auch im quantitativen Teil der Methode nicht adäquat.

Im qualitativen Teil war es möglich, durch die Flexibilität des Erhebungsinstrumentes und verschiedene Fragetechniken Motive sensibel aufzuspüren (vgl. 3.4.1). Diese Vorgehensweise war in einem standardisierten Online-Fragebogen nicht möglich und auch nicht zielführend, da es zum einen galt, die bereits erforschten Motive statistisch zu verifizieren und abzufragen, und nur in einem zweiten Punkt, insbesondere in Bezug auf die Gruppe der Laien, die Zielsetzung war, neue Motive zu generieren.

Es wurde in Bezug auf die erste Zielsetzung der Weg über Statements gewählt, die als Forschungshypothesen in Bezug auf die herauskristallisierten Motive fungieren (vgl. 3.5). Die gefundenen Motive aus den Interviews wurden verdichtet, kategorisiert und in Statements umgewandelt, die die Motive direkt oder indirekt repräsentieren.

Einige Aspekte der Statementformulierung seien kurz erläutert. Die Statements stehen entweder direkt für ein Motiv oder sind ein Indikator für ein dahinterliegendes Motiv. Um Verfälschungen vorzubeugen, die Objektivität und Validität der Ergebnisse zu gewährleisten und den Einfluss des Forschers zu minimieren, wurde versucht, die Formulierungen der Interviewpartner, da wo es möglich und zielführend war, für die Motive zu übernehmen. Weiterhin war diese Herangehensweise von der Idee geleitet, eine „natürliche" Gesprächssituation zu schaffen und somit Hemmschwellen abzubauen. Bei Motiven, die weniger intim waren, konnten direkte Formulierungen benutzt werden, die teilweise bereits das Motiv in der Formulierung enthielten. Bei intimeren Motiven der Kategorien „Identität" und „Aktivität" wurden Umschreibungen verwendet, die sowohl von den Interviewpartnern formuliert als auch vom Forscher als Motive dieser Kategorie klassifiziert wurden, um dem Problem der sozialen Erwünschtheit im Antwortverhalten zu entkommen. Weiterhin wurde darauf geachtet, die Formulierungen klar, einfach und verständlich zu halten. Die Sinnhaftigkeit und Inhaltsvalidität wurde über den Pretest überprüft.

Als weiterer wichtiger Punkt in Bezug auf die Statements und die statistische Abfrage/Verifizierung der bereits herauskristallisierten Motive sei an dieser Stelle wiederholt (vgl. Abschnitt 3.4.12), dass Motive jenseits der Kategorie „Beruf" zwischen der Gruppe der Wissenschaftler und Wissenschaftsjournalisten angeglichen wurden. Die Angleichung ermöglicht es, die Motive zwischen den drei Gruppen direkt vergleichen zu können und Tendenzen und Gewichtungen der jeweiligen Gruppe darzustellen und zu analysieren. Daher wurden die Motive der zwei Gruppen „Wissenschaftler" und „Wissenschaftsjournalisten" auch der Gruppe der Laien zur Verifizierung vorgelegt.

Neben den Statements zu den Motiven, die einen zentralen Aspekt/Teil des standardisierten Online-Fragebogens darstellten und die Verifikation der bereits explorierten Motive zum Ziel hatten, wurde in Bezug auf die Motivexploration eine offene Frage in den Fragebogen integriert. Die offene Frage diente zum einen der Generierung „weiterer" Motive der Laien, aber auch möglicher weiterer Motive der Gruppe der Wissenschaftler und Wissenschaftsjournalisten. Das Prinzip einer offenen Frage in Bezug auf Mediennutzungsmotive von Bloggern wurde bereits von Kaye (vgl. Kaye 2006) angewendet. Im Gegensatz zu dem Ansatz von Kaye wurde in diesem Fragebogen die offene Frage nicht mit einer gewünschten Anzahl von Motivantworten kombiniert. Das hing damit zusammen,

3.6 Quantitativer Teil

dass durch die Statements bereits viele Motive abgefragt wurden und nicht davon auszugehen war, dass alle Nutzer weitere neue Motive haben. Daher war die offene Frage auch die Einzige nicht „Must-Answer-Frage".

Die zweite Zielsetzung, der Online-Befragung war es, Wissenschaftsblogs im Kontext der Mediennutzung jenseits von Motiven der drei Gruppen zu bewerten. Die Fragen dieses Themenkomplexes standen im Bezug zu den Forschungsfragen und den theoretischen Vorüberlegungen. Primäres Ziel dieses Themenkomplexes war es, herauszufinden, wie etabliert aus Perspektive der Nutzung Wissenschaftsblogs bereits in der Wissenschaftskommunikation sind und welche weiteren Formate des Web 2.0 genutzt werden. Angelehnt an den theoretischen Ansatz von Rosengren, sollten weiterhin Merkmale der Wissenschaftsblognutzer und die Gemeinsamkeiten und Unterschiede in Bezug auf die Nutzung von Wissenschaftsblogs der drei Gruppen erforscht und dargestellt werden. Es wurden teilweise ähnliche Fragetechniken wie bei den qualitativen Interviews angewendet. Durch eine bewusste Kontrastierung und den direkten Vergleich mit anderen Medien wurden die Befragungsteilnehmer animiert, über Wissenschaftsblogs zu reflektieren und eine Einschätzung im Verhältnis zu anderen Medien abzugeben.

Zusammenfassend sollte das Erhebungsinstrument der standardisierten Online-Befragung im Sinne eines Triangulationsmodells gewährleisten, dass die Ergebnisse dieses zweiten Empirie-Teils weitere Indikatoren und eine weitere Perspektive neben den Motiven der Nutzung für eine Einordnung von Wissenschaftsblogs in die Wissenschaftskommunikation darstellen.

Im Folgenden werden die einzelnen Themenblöcke und die jeweilige Zielsetzung des Blockes vorgestellt. Die Fragen neben den Statements wurden in sieben Themenkomplexe unterteilt, die sinnvollen Gesprächsabschnitten nachempfunden sind. Die Blöcke können jeweils als Indikator zur Beantwortung von Teilfragen der Forschungsfragen gewertet werden.

Die formale Entwicklung und der Aufbau des Fragebogens werden im nächsten Abschnitt dargestellt.

1. Soziodemografie: Zielsetzung ist die Bildung rudimentärer Nutzertypen der drei Gruppen „Wissenschaftler", „Wissenschaftsjournalisten" und „Laien".
2. Nutzung von Wissenschaftsblogs: Zielsetzungen sind, den Etablierungsgrad der Nutzung im alltäglichen Medienmix zu erkennen sowie eine Verankerung in der beruflichen Nutzung.
3. Wie sind die Nutzer auf Wissenschaftsblogs aufmerksam geworden? Zielsetzungen sind auch hier die Routine im Umgang und somit den Etablierungsgrad zu ergründen.
4. Funktionen von Wissenschaftsblogs/Web-2.0-Funktionen/Kommentarfunktion: Zielsetzung ist, zu erfahren, wie aktiv und versiert die Nutzer im Um-

gang mit weiteren Web-2.0-Applikation der Wissenschaftsblogaggregierungsportale sind und welche Relevanz den neuen Nutzungsoptionen des Web 2.0, z. B. den Kommentarmöglichkeiten, zukommt.
5. Nutzung Wissenschaftsmedienformate Web 2.0: Zielsetzung ist, zu erfahren, welche weiteren Wissenschaftsmedienformate im Web 2.0 bereits genutzt werden.
6. Dienste im Internet/Web-2.0-Dienste/Wichtigkeit der Dienste: Zielsetzungen sind die Versiertheit im Umgang mit Web 2.0 zu erfahren und eine Einschätzung der Relevanz für die drei Gruppen zu bekommen (da gezielt Wissenschaftsmedienformate im Web 2.0 marginal genutzt wurden).
7. Nutzung der Medien hinsichtlich wissenschaftlicher Themen privat/beruflich/Wichtigkeit der Medien: Zielsetzungen sind, durch einen direkten Vergleich herauszufinden, wie Wissenschaftsblogs neben anderen Medien in der Wissenschaftskommunikation eingeordnet werden und ob sie tendenziell im privaten oder beruflichen Kontext genutzt werden.

3.6.5 Formale Entwicklung und Aufbau des Fragebogens

Angelehnt an die Gütekriterien der Untersuchung (vgl. 3.6.3) und in Bezug auf forschungspraktische Aspekte, wurde auf verschiedene formale Punkte bei der Formulierung der Fragen, der Antwortvorgaben, der Reihenfolge der Fragen und der inhaltlichen Fragebogengestaltung geachtet (vgl. Scholl 2003; Friedrichs 1980).

Schriftliche Befragungen (vgl. 3.6.2) setzen eine eigenständige Bearbeitung des Fragebogens bei den Befragten voraus. Um die Validität der Ergebnisse zu erhöhen, wurde daher darauf Wert gelegt, die Fragen leicht verständlich zu formulieren und Fragen und Antwortvorgaben in einfacher Syntax einzusetzen, um die Validität der Ergebnisse sicherzustellen.

In der Befragungsmethodik gibt es die Alternative, zwischen offenen und geschlossenen Fragen (vgl. Bortz/Döring 2006: 213ff.). Geschlossene Fragen ermöglichen, die Ergebnisse nach Häufigkeiten statistisch auswerten zu können. Dies war die Zielsetzung des quantitativen Teils. Die Fragen zum Mediennutzungsverhalten wurden daher in der Form geschlossener Fragen mit Antwortvorgaben in nominalen oder ordinalen Skalenniveaus abgefragt. Eine Ausnahme bildete die offene Frage zu weiteren möglichen Motiven, die einen zentralen Forschungsaspekt darstellte. Weitere offene Fragestellungen wurden in Anbetracht der statistischen Auswertung weitestgehend vermieden.

Die Antwortkataloge wurden in Form der Alternativen „multiple punch" oder „single punch" präsentiert. Es wurden gezielt einige Filterfragen in den Fragebogen

3.6 Quantitativer Teil

integriert. Es gab eine Filterfrage in Bezug auf das positionelle Merkmal „Beruf", um so eine Auswertung entsprechend den drei Gruppen untereinander und in Bezug zur Gesamtstichprobe vornehmen zu können. Weitere Filterfragen hinsichtlich forschungspraktischer Aspekte wurden bei der Abfrage von Diensten eingesetzt. Die Nutzer dieser Dienste wurden teilweise zu der Häufigkeit der Nutzung und teilweise zu der Einschätzung der Wichtigkeit befragt.

Die Statements wurden in Form einer Intervallskala von 1 bis 6 abgefragt. 1 steht für „stimme voll und ganz zu", und 6 steht für „stimme gar nicht zu". Es wurde keine Skala mit einem möglichen Mittelwert angegeben, damit die Teilnehmer tendenziell zustimmen oder verneinen mussten. Zudem konnten durch eine Skalierung 6 Differenzierungen innerhalb der jeweiligen Gruppen sichtbar werden. Eine tendenzielle Zustimmung wurde bei einer Angabe von 1 bis 3 gewertet.

Weitere Maßnahmen wurden in Bezug auf die Frageformulierungen und Reihenfolge der Fragestellungen ergriffen, um die Reliabilität und Validität der Ergebnisse zu erhöhen. Dem Problem der sozialen Erwünschtheit sollte über eine indirekte Motivformulierung entgegengewirkt werden. Weiterhin wurden durch die Verwendung unterschiedlicher Fragetypen Antworttendenzen vorgebeugt. Diese lockerten den Fragebogen auf und sollten die Befragten aus einem routinierten Antwortmodus holen.

Es wurde weiterhin auf die Reihenfolge der Themenkomplexe bei der Fragebogenentwicklung geachtet. Bei einer Befragung erhöht sich anfänglich die Aufmerksamkeit der Befragten, nimmt jedoch, je länger die Befragung anhält, ab (vgl. Diekmann 1999). Dieses war insbesondere bei der Bewertung der Motivstatements zentral, die somit weitestgehend in die erste Hälfte des Fragebogens integriert wurden. Um zudem Primacy- und Recency-Effekten vorzubeugen, wurden die Statements während der Befragung randomisiert und die Reihenfolge flexibel programmiert. Weiterhin wurden die Statements je nach Anzahl in zwei bis drei Blöcke unterteilt, die zwischen den anderen Fragen auftauchten, um kognitive und affektive Ausstrahlungseffekte zu vermeiden und die höchstmögliche Konzentration der Teilnehmer bei der Beantwortung der Fragen zu erzielen. Die Randomisierung wurde nur bei den Statements angewendet, da diese jeweils die längsten Antwortvorgabenkomplexe beinhalteten und inhaltlich am emotionalsten und intimsten waren.

Weitere kritische Punkte, auf die es gilt, in einer Fragebogenkonzeption zu achten, wie Konsistenz- und Kontrasteffekte sowie Non-Opinions und Kontrollfragen, schienen beim Untersuchungsgegenstand weniger ins Gewicht zu fallen.

Es wurde ein technischer Pretest durchgeführt, um die Funktion und einfache Bedienbarkeit des Umfrageinstruments zu gewährleisten. Ein Pretest sollte mit „einer begrenzten Zahl von Fällen, die strukturell denen der endgültigen Stichprobe entsprechen" (Friedrichs 1980: 153) durchgeführt werden. Daher wurden drei inhaltlichen Pretests mit einem Wissenschaftler, einem Wissenschaftsjournalisten und einem Laien durchgeführt, um die Verständlichkeit der Fragen und die Validität der Ergebnisse zu garantieren (vgl. 3.6.3).

Die Befragung beinhaltete zudem ein Einleitungschart und ein Abschlusschart. Auf dem Einleitungschart wurde der Kontext der Befragung als wissenschaftliches Forschungsprojekt dargestellt, über die voraussichtliche Dauer informiert sowie den Teilnehmern Anonymität zugesichert. Auf dem Abschlusschart wurde den Teilnehmern gedankt und die Möglichkeit gegeben, durch die Angabe ihrer E-Mail-Adresse am Gewinnspiel teilzunehmen.

Der Online-Fragebogen wurde mit Hilfe der Software EXAVO programmiert. Das Layout wurde neutral gestaltet und marginal an das Layout der jeweiligen Weblogs, auf denen die Umfrage durchgeführt wurde, angepasst, um den User durch einen zu starken Kontrast nicht abzuschrecken.

3.6.6 Stichprobe

Ziel einer Stichprobe in einem quantitativen Verfahren ist es, statistische Repräsentativität zu generieren. Angesichts des Forschungsgegenstandes war dies nur eingeschränkt möglich.

Die gewünschte Grundgesamtheit der Befragung bildeten alle Nutzer von deutschsprachigen Wissenschaftsblogs in Deutschland. Diese Gruppe umfasst per Definition alle Wissenschaftsblognutzer aus der Gruppe der Wissenschaftler, Wissenschaftsjournalisten und Laien. Die Anzahl der Nutzer von Wissenschaftsblogs aus den jeweiligen Gruppen und die Grundgesamtheit der Nutzer von Wissenschaftsblogs in Deutschland ist jedoch nicht bekannt (vgl. 2.3).[114] Es konnte daher keine statistisch repräsentative Stichprobe, sondern nur eine eingeschränkt repräsentative Stichprobe erzielt werden.

Eine (statistisch) repräsentative Stichprobengenerierung ist ein wiederholt auftretendes Problem im Zusammenhang mit Online-Befragungen. Zum einen hängt das damit zusammen, dass die Grundgesamtheit aller Internetnutzer nicht bekannt ist. Zudem basiert die Online-Befragung zumeist auf einer Selbstselektion, die einige Tücken birgt. (Seeber 2008; Scholl 2003: 46; vgl. van Eimeren/Frees: 2006).

Aufgrund der unbekannten Grundgesamtheit, des dispersen Charakters der Blogosphäre in Form einer unbestimmten Anzahl von Einzelblogs, der Wahl der Online-Befragung als Erhebungsinstrument und angesichts des Untersuchungs-

---

114 Zum einen da es kein gültiges Gesamtverzeichnis zu den deutschsprachigen Weblogs generell und spezifisch zu Wissenschaftsblogs gibt. Zum anderen, da es keine Erhebungen zum Zeitpunkt der Befragung gab, wie viele Wissenschaftsjournalisten und Wissenschaftler in Deutschland Wissenschaftsblogs nutzen, und die Gesamtanzahl auch nicht ermittelt werden kann.

3.6 Quantitativer Teil

gegenstandes in Form der Wissenschaftsblognutzer in Deutschland boten sich dem Forscher jedoch keine wirklichen Alternativen zu einer Stichprobengenerierung über eine Selbstselektion auf ausgewählten Wissenschaftsblogportalen (vgl. 3.6.7). Die Methode der Selbstselektion im Kontext von Online-Erhebungen wird von der Forschung jedoch toleriert (vgl. Seeber 2008).

Um die Risiken und Einschränkungen der Selbstselektion zu minimieren und die Reliabilität der Stichprobe zu erhöhen, wurde die Selbstselektion mit einer systematischen Zufallsstichprobe (vgl. 3.6.7) verbunden. Dies war auf der Wissenschaftsblogaggregierungsplattform „Scienceblogs" aufgrund der Reichweite dieser Plattform und aufgrund der technischen Verfügbarkeit möglich. Bei weiteren Wissenschaftsblogportalen konnte diese Rekrutierungsform nicht angewendet werden.

Wie im qualitativen Teil (vgl. 3.4) wurde zudem das Schneeballverfahren in der Stichprobengenerierung hinzugezogen, insbesondere um die Teilnahme von Wissenschaftsblognutzern, die der Gruppe der Wissenschaftler oder Wissenschaftsjournalisten angehören, zu erhöhen. Das Schneeballverfahren kann im Web 2.0 sehr effektiv angewendet werden, da die Blogosphäre und die Kommunikationskanäle des Web 2.0 diverse Vernetzungsmöglichkeiten bieten und Hinweise leicht ausgetauscht werden können. Da die Grundgesamtheit aller Weblogs nicht abgrenzbar ist, ist das Schneeballprinzip ein häufig gewähltes Rekrutierungsinstrument (vgl. Welker et al. 2005).

Es werden im Folgenden kurz die Alternativen zu einer selbst rekrutierten Stichprobe dargelegt sowie die Maßnahmen, die angewendet wurden, um deren Unwägbarkeiten vorzubeugen. Die forschungspraktische Rekrutierung der Teilnehmer wird im nächsten Abschnitt dargelegt.

Eine Alternative zu einer selbst rekrutierten Stichprobe ist eine Adressenstichprobe, wie sie bei schriftlichen Befragungen durchgeführt wird und bereits bei Online-Erhebungen angewendet wurde. Dieses könnte über die E-Mail-Adressen der Nutzer erfolgen, sofern diese bekannt sind (vgl. Scholl 2003: 46). Die E-Mail-Adressen der Wissenschaftsblognutzer waren jedoch nicht verfügbar und auch nicht über die Wissenschaftsblogplattformen generierbar, da diese keinen Newsletter oder andere Formen der E-Mail-Anmeldung integriert hatten.

Somit war die primäre Ausgangslage eine selbst rekrutierte Stichprobe. Eine kontrollierte Stichprobe ist jedoch über eine Selbstselektion kaum realisierbar (vgl. Scholl 2003: 47). Es galt nun, die Risiken dieser Methode zu minimieren. Ein kritischer Punkt der Selbstselektion besteht darin, dass die Stichprobe einseitig ausfallen kann, da vor allem Nutzer teilnehmen, die per se ein Interesse an dem Thema besitzen und ein gewisses Mitteilungsbedürfnis haben, andererseits gibt es bewusste Verweigerer. Um Anreize zu einer Teilnahme zu schaffen und eine vielseitigere Stichprobe zu generieren, wurde die Befragung daher mit einem

Gewinnspiel verknüpft. Das Gewinnspiel beinhaltete verschiedene Preise, die insbesondere für die Gruppe der Wissenschaftler und Wissenschaftsjournalisten von Interesse waren. Das hatte zum Ziel, unterschiedliche Nutzer anzusprechen, die Teilnahme seitens dieser beiden Gruppen zu erhöhen und die Überrepräsentation von intrinsisch motivierten und Mitteilungsbedürftigen einzuschränken.

Weiterhin kann die Selbstrekrutierung zu einer Gelegenheitsstichprobe führen, bei denen Nutzer überrepräsentiert sind, die oft im Internet sind und zufällig auf den Fragebogen stoßen (vgl. Bortz/Döring 2006). Der Fragebogen wurde daher über mehrere Wochen online gestellt, um auch Nutzer, die das Netz gering frequentieren, anzusprechen. Eine spezifische Gefahr von Online-Befragungen kann die Teilnahme von Trollen sein. Trolle sind „unerwünschte Nutzer ... die Lust an der Zerstörung treibt." (Armborst 2006: 148). In der Forschung konnten jedoch erhöhte Falschangaben bei Online-Befragungen im Verhältnis zu schriftlichen Befragungen nicht bestätigt werden (Bortz/Döring 2006). Um die Validität der Stichprobe zu sichern und den Risiken der Selbstselektion, wie im Fall der Mehrfachteilnahme, vorzubeugen, wurden die Daten der Online-Befragung vor der Auswertung einer Qualitätskontrolle unterzogen.

Trotz der kombinierten Methoden der Stichprobengenerierung, die eingesetzt wurden, um die Repräsentativität der Stichprobe zu erhöhen, kann der Anspruch einer statistischen Repräsentativität für alle deutschsprachigen Wissenschaftsblognutzer aus der Gruppe der Laien, der Wissenschaftler und Wissenschaftsjournalisten in dieser Forschungsarbeit nicht gestellt werden. Wegen unzureichender Daten über die Grundgesamtheit ist davon vollends abzusehen. Die Ergebnisse der quantitativen Erhebung müssen im Kontext einer eingeschränkten Repräsentativität bewertet werden. Insbesondere eine anteilige Nutzung der drei Gruppen kann nicht valide dargestellt werden, da die Gruppe der Wissenschaftler und Wissenschaftsjournalisten partiell gesondert angesprochen wurden.

3.6.7 Rekrutierung der Teilnehmer

Die forschungspraktische Rekrutierung der Teilnehmer und die Umsetzung der kombinierten Stichprobenmethoden werden hier dargelegt.

Die Stichprobe wurde primär über die Einbindung der Online-Befragung auf den beiden größten (in Bezug auf die Anzahl der Blogger) und reichweitenstärksten deutschsprachigen Wissenschaftsblogplattformen „Scilogs" und „ScienceBlogs" rekrutiert (vgl. Kapitel 2.4). „Scilogs" und „ScienceBlogs" sind die einzigen Wissenschaftsblogaggregierungsplattformen in Deutschland und bündeln zusammen 115 Einzelblogs. Über eine Bekanntmachung der Umfrage auf diesen beiden Blogplattformen war davon auszugehen, dass der größte Teil der Wissenschaftsblognutzer in Deutschland darüber Kenntnis erhält.

3.6 Quantitativer Teil

Der Online-Fragebogen wurde mittels EXAVO programmiert und per Verlinkung auf einen festplatzierten Banner im Content-Bereich auf beiden Seiten eingebunden. Die beiden Aggregierungsplattformen vereinen ca. 90% der Wissenschaftsblognutzer in Deutschland. Angesichts der Unbekanntheit der Anzahl weiterer Einzelblogs, deren Verstreutheit und der im Vergleich geringen Nutzeranzahl/Reichweite wurde von der gezielten Einbindung des Online-Fragebogens in vereinzelten Blogs aus forschungspragmatischen Gründen abgesehen. Die Befragung wurde vom 5. November 2009 bis 20. Januar 2010 auf „ScienceBlogs" und vom 10. Dezember 2009 bis 1. Februar 2010 auf „Scilogs" online gestellt.

Um den Unwägbarkeiten der Selbstrekrutierung entgegenzuwirken, wurden die Nutzer der Wissenschaftsblogplattform „ScienceBlogs" auf unterschiedliche Art und Weise direkt und gezielt angesprochen, um eine vielseitige und hohe Stichprobe zu generieren. Die Online-Befragung wurde in Verbindung mit einem Gewinnspiel auf verschiedene Arten beworben. Es wurden fest integrierte Banner im Content-Bereich und Standard-Banner (Skyscraper und Superbanner, Grafik plus Link zur Umfrage) im Werbebereich geschaltet, die auf die Umfrage und das Gewinnspiel aufmerksam machten und zu einer Teilnahme aktivieren sollten. Um die Selbstrekrutierung mit einer systematischen Zufallsstichprobe zu verbinden, gab es weiterhin über den Zeitraum der Online-Befragung einen randomisierten Pop-up-Banner, der bei jedem fünften Nutzer plakativ im Zentrum der Homepage auf „Scienceblogs" erschien und diesen aufforderte, an der Umfrage teilzunehmen. Auf der Wissenschaftsblogaggregierungsplattform „Scilogs" wurde in dem Zeitraum vom 20. Dezember 2009 bis 1. Februar 2010 ein Banner im Content-Bereich geschaltet.

Da sich insbesondere in den ersten zwei Wochen der Befragung abzeichnete, dass aus der Gruppe der Wissenschaftler und Wissenschaftsjournalisten nur sehr wenige Nutzer teilnahmen, wurden diese beiden Gruppen gesondert angesprochen (Banner im Content- und Werbe-Bereich). Zudem wurde der Preis des Gewinnspiels entsprechend der besonderen Relevanz für diese beiden Gruppen ausgewählt.

Weiterhin wurde gezielt das Schneeballverfahren angewendet, um die Stichprobe dieser beiden Gruppen zu erhöhen. Dies geschah über die Initiierung verschiedener Netzwerkeffekte und Kommunikationskanäle des Web 2.0. Es wurden der ScienceBlogs-Feed und der ScienceBlogs-Facebook-Auftritt genutzt, um auf die Umfrage aufmerksam zu machen, und die Nutzer gebeten, weitere Nutzer anzusprechen. Weiterhin wurden die Autoren (35 Wissenschaftsblogger) der Wissenschaftsblogplattform „ScienceBlogs" im internen Forum gebeten, andere Wissenschaftler und Wissenschaftsjournalisten auf die Umfrage aufmerksam zu machen, von denen sie wissen, dass sie Wissenschaftsblogs nutzen. Es wurde zudem die Gruppe der Wissenschaftsjournalisten über eine Notiz im WPK-Newsletter

(WPK = Wissenschaftliche Pressekonferenz) zu einer Teilnahme aufgefordert und über den Wisskom-E-Mail-Verteiler (Wisskom = Wissenschaftskommunikation) wurde ein Aufruf zu der Teilnahme an der Umfrage gestartet, gerichtet an alle Wissenschaftsjournalisten, die Wissenschaftsblogs nutzen.

Insgesamt haben 345 Wissenschaftsblognutzer an der Befragung teilgenommen, davon 104 Wissenschaftler, 62 Wissenschaftsjournalisten und 179 Laien.

Eine Rücklaufquote kann nicht valide ermittelt werden, da unbekannt ist, wie viele Nutzer von Wissenschaftsblogs Kenntnis über die Befragung hatten. Eine Bruttostichprobe kann über die Anzahl der Personen definiert werden, die zumindest die erste Seite der Umfrage angesehen haben, weil das die Kenntnis über die Befragung voraussetzt. In dem Zeitraum der Befragung waren 2700 Leute auf der Startseite, 300 haben angefangen und abgebrochen und 345 haben den Fragebogen komplett beantwortet. Die Beendigungsquote liegt deutlich über der Quote anderer Befragungen, was mit der Online-Affinität und Selbstauskunftsfreude der Zielgruppe zusammenhängen muss.

Wie bereits mehrfach angemerkt, erhebt die Stichprobe keinen Anspruch auf statistische Repräsentativität. Aufgrund der hohen Bruttostichprobe und der langen Laufzeit der Umfrage scheint es jedoch wahrscheinlich, dass ein großer Teil der deutschsprachigen Wissenschaftsblogosphäre und Wissenschaftsblognutzer von der Befragung wusste.

3.6.8 Qualitätssicherung der Daten

Bei der Fragebogenkonzeptionierung (vgl. 3.6.4) und Stichprobengenerierung (vgl. 3.6.6) wurde bereits dargestellt, wie eine Optimierung der Untersuchung gemäß den Qualitätskriterien „Objektivität", „Validität" und „Reliabilität" vorgenommen wurde. Eine weitere Qualitätssicherung wurde bezüglich der erhobenen Datenbestände nach der Sicherung der Daten serverseitig durchgeführt, um die Auswertungsobjektivität, Validität und die Qualität der Ergebnisse zu gewährleisten.

Es wurde eine Datenbereinigung vorgenommen, und invalide Daten wurden entfernt. Da in der Fragebogenkonzeptionierung gezielt kein Zurück-Bottom zum Einsatz kam, kamen Dopplungen aufgrund von Filterfragen nicht zum Tragen. Es wurden Dopplungen entfernt, die aufgrund gleicher E-Mail-Adressen erkennbar waren. Ein Datensatz wurde aufgrund des gleichen Namens in einer anderen E-Mail-Adresse entfernt. Weiterhin gab es sieben bewusste Falsch-Antworten bei der offenen Frage, die ebenfalls gelöscht wurden (vgl. 3.6.8). Zudem wurden drei Datensätze entfernt, die aufgrund einer zu geringen Zeitspanne bei der Beantwortung der Fragen keine validen Ergebnisse darstellten.

3.6 Quantitativer Teil

3.6.9 Ergebnisdarstellung

Im folgenden Abschnitt werden die Ergebnisse der Online-Befragung dargestellt. Die Berechnungen und statistischen Auswertungen dieser Untersuchung wurden mittels der Statistiksoftware „SPSS" durchgeführt. Die grafische Aufbereitung der Daten erfolgte mit „Mircosoft Excel".
Die Ergebnisse wurden mit Hilfe beschreibender Statistik nach Häufigkeiten ausgewertet und analysiert. Weiterhin wurden der H-Test nach Kruskal-Wallis und der U-Test nach Mann und Whitney durchgeführt, um die Unterschiede und Gemeinsamkeiten der Motive der drei Gruppen in Bezug auf statistische Signifikanz auswerten zu können, was im Verhältnis zu einer möglichen Erweiterung des Lebensstil-Konzeptes sinnvoll war.
Die Ergebnisse des Themenblockes zum Mediennutzungsverhalten jenseits der Motive wurden zuerst in Form der Gesamtstichprobe präsentiert, dann wurde eine Auswertung der jeweiligen drei Gruppen vorgenommen. Somit konnten die Gruppen im Vergleich untereinander und zur Gesamtstichprobe sowie Tendenzen und Merkmale der jeweiligen Gruppe, die in Bezug zur Determinante „Beruf" standen, systematisch analysiert werden.
Die Forschungshypothesen in Form von Motivstatements aus dem qualitativen Teil (vgl. 3) sollten weiterhin verifiziert oder falsifiziert werden. Die Statements wurden über eine Intervallskala von 1 bis 6 abgefragt. Durch die gerade Skalierung musste die Beantwortung der Frage eine Tendenz zur Bejahung oder Verneinung des Statements aufzeigen. Das Statement wurde nach Interpretation des Forschers als mit „ja" beantwortet gewertet, wenn über die Hälfte (50 %) der jeweiligen Gruppe auf der Skala einen Wert von eins bis drei angegeben hat. Die Auswertung erfolgte im direkten Vergleich der drei Gruppen.
Die Reihenfolge der Darstellung der Ergebnisse ist angelehnt an die Themenblöcke des Fragebogens. Die Ergebnisse zu den Motiven werden zuerst analysiert. Die Motivstatements der drei Gruppen werden einzeln und im Zusammenhang analysiert (die Gesamtstichprobe war in diesem Kontext irrelevant, da es um eine Verifikation oder Falsifikation der Statements der jeweiligen Gruppe ging).
Die Auswertung der offenen Fragen folgt anschließend. Die Auswertungssystematik und der Codierungsprozess sind angelehnt an die Auswertung der Interviews mittels der qualitativen Inhaltsanalyse. Zum Schluss werden die Fragen zum Mediennutzungsverhalten diskutiert. Eine Analyse erfolgt zuerst in Bezug auf die Gesamtstichprobe und dann bezüglich des Nutzungsverhaltens der drei Gruppen (im Verhältnis zur Gesamtstichprobe und zueinander).
Eine Auswertung der Daten erfolgt in drei Schritten. Im ersten Schritt werden die Daten deskriptiv ausgewertet. In einem zweiten Schritt werden die Daten jeweils innerhalb der Gruppe, im Verhältnis zu den anderen Gruppen und im

Verhältnis zur Gesamtgruppe analysiert. Dies erfolgt im Fazit der jeweiligen Fragestellung. Zum Dritten gibt es ein Gesamtfazit des quantitativen Teils pro Nutzergruppe, in dem die Kernpunkte der drei Erhebungsmethoden zusammengezogen werden.

Es sei angemerkt, dass es bei der Beantwortung von Fragen mit vorgeschalteten Filterfragen zu unterschiedlichen Stichprobenumfängen (N) kommen kann.

3.7 Auswertung der Motive der Nutzung

3.7.1 Auswertung der Motiv-Statements

Wie im letzten Abschnitt dargelegt, wurden die Motivstatements nach der Interpretation des Forschers als bestätigt gewertet, wenn mehr als 50 % innerhalb einer Gruppe die Werte 1 bis 3 angegeben haben. Fast alle vorgegebenen Statements wurden von den drei Gruppen nach dieser Definition bestätigt, und bei den meisten Statements gab es Gruppen übergreifend ähnliche Gewichtungen. Ein wichtiger Wert der Auswertung war weiterhin der Top-2-Wert, der prozentual die Zustimmung der Skala eins und zwei zusammenfasst. Hohe Top-2-Werte sind daher Indikatoren für eine starke Zustimmung des Statements.

Jeder Themenkomplex hat einen kurzen Einführungsparagrafen und einen Fazitteil, der die wichtigsten Merkmale zusammenfasst. Um einer Wiederholung und Redundanz vorzubeugen, werden daher im Schlussteil nur Aspekte der Auswertung und zentrale Indikatoren, die in der Gesamtanalyse relevant sind, wieder aufgegriffen.

Bei der Analyse der Daten wurde auf die folgenden Punkte geachtet. Im Kontext der Motive sollten Gewichtungen und Tendenzen der jeweiligen Gruppen aufgezeigt werden. Daher war es relevant, wie homogen und mit welcher Stärke die jeweilige Gruppe dem Statement zugestimmt hatte. Als weitere Indikatoren wurden berücksichtigt, wie das Statement innerhalb der Gruppe im Vergleich zu den anderen Statements und zu den anderen Gruppen bewertet wurde.

Wie im letzten Abschnitt kurz angerissen, wurden die Statements weiterhin auf statistisch signifikante Unterschiede zwischen den drei Gruppen getestet. Zuerst wurde der Kolmogorov-Smirnov-Test der Verteilung der Variable auf Normalverteilung durchgeführt, um zu testen, ob der T-Test angewendet werden kann. Eine Normalverteilung konnte in der Stichprobe nicht bestätigt werden, daher war der T-Test nicht anwendbar. Es wurde aus diesem Grund auf den H-Test nach Kruskal-Wallis zurückgegriffen, der Aufschluss über statistisch signifikante Unterschiede zwischen den drei Gruppen bei der Beantwortung der Statements

3.7 Auswertung der Motive der Nutzung 197

gibt. Weiterhin wurde der U-Test nach Mann und Whitney durchgeführt, um statistisch signifikante Unterschiede zwischen jeweils zwei Gruppen zu überprüfen. Ein statistisch signifikanter Unterschied zwischen den beiden Variablen ist bei einem Wert unter 0,05 gegeben.

3.7.1.1 Motive der Kategorie „Unterhaltung"

Motive im Kontext von Unterhaltung haben bei allen drei Gruppen sehr hohe Zustimmung erhalten. In der Gruppe der Wissenschaftler und der Laien gab es nur bei dem Statement „Wissenschaftsblogs bieten sehr spezifische (Nischen-) Themen, über die andere Medien nicht berichten" höhere Werte. Die Wissenschaftsjournalisten haben diesem Statement auch mit einer klaren Zweidrittel-Mehrheit zugestimmt, jedoch gab es einige andere Statements mit höherer Zustimmung.

Abbildung 21: Statement: Wissenschaftsblogs sind/bieten entspannte Informationsaufnahme

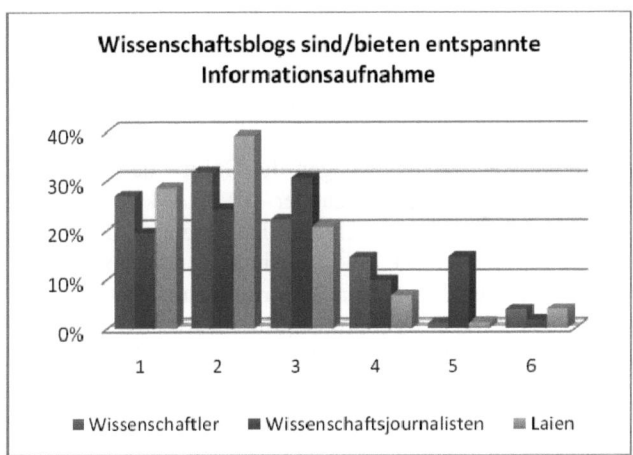

Die höchste Zustimmung hat dieses Statement von den Laien bekommen. Die Zustimmung zu diesem Statement lag bei über 80 % (88,3 %) mit einem hohen Top-2-Wert von (67,6 %). Innerhalb der Gruppe der Laien lag dieses Statement an zweiter Stelle vor „Wissenschaftsblogs bieten Informationsaufnahme mit Unterhaltungswert". Bei den Wissenschaftlern lag dieses Statement an dritter Stelle hinter „Informationsaufnahme mit Unterhaltungswert" mit einer hohen Zustimmung von 80 % (80,8 %) und einem Top-2-Wert von 58,7 %. Im Vergleich zu den anderen Gruppen und innerhalb der eigenen Gruppe am geringsten wurde dieses Statement von den Wissenschaftsjournalisten bestätigt mit einem Top-2-Wert von 43,5 % und einer Zustimmung von 74,2 %. Nach dem Kruskal-

und-Wallis-Test war der Unterschied zwischen den drei Gruppen statistisch signifikant mit einem Wert von 0,009. Nach dem Mann und Whitney Test war der Unterschied nur zwischen der Gruppe der Laien und Wissenschaftsjournalisten mit einem Wert von 0,002 signifikant.

Abbildung 22: Statement: Wissenschaftsblogs sind/bieten Informationsaufnahme mit Unterhaltungswert.

Wie bei dem vorherigen Statement liegen die Gruppe der Wissenschaftler und die Gruppe der Laien sehr eng beieinander mit einer klaren Zustimmung von über 80 %. Die Gruppe der Wissenschaftler hat zu einem Drittel voll und ganz zugestimmt (32,7 %) und erzielte eine Zustimmung von 86,5 %. Innerhalb der eigenen Gruppe ist das fast die höchste Bewertung eines Statements. Die Gruppe der Wissenschaftler ist die einzige Gruppe, die im Kontext von Freizeitmotiven „Unterhaltung" höher als „Entspannung" bewertet hat. Die Gruppe der Laien bewertete das Statement auch mit über 80 % Zustimmung (87,7 %, Top 2 65,9 %), jedoch mit weniger Zustimmung als das Statement in Bezug auf „Entspannung". Auch dieses „Freizeit/Unterhaltung-Statement" erhielt von der Gruppe der Wissenschaftsjournalisten im Vergleich zu den anderen beiden Gruppen und innerhalb der Gruppe die geringste Zustimmung und weniger als das Statement im Kontext von „Entspannung" (72,6 %, Top-2-Wert 41,9 %). Nach dem H-Test besteht mit 0,002 ein statistisch signifikanter Unterschied zwischen den drei Gruppen. Nach dem U-Test besteht zwischen der Gruppe der Wissenschaftsjournalisten und Laien mit 0,001 ein statistisch signifikanter Unterschied, ebenso zwischen der Gruppe der Wissenschaftsjournalisten und Wissenschaftler mit 0,003.

Fazit: Motive im Kontext von Unterhaltung (Unterhaltung/Entspannung) haben insbesondere in der Gruppe der Laien und Wissenschaftler fast die höchste Zustimmung der Statements erhalten, mit einer noch deutlicheren Zustimmung von

3.7 Auswertung der Motive der Nutzung

den Laien. Die Gruppe der Wissenschaftsjournalisten hat diesen Statements auch mit einer über Zwei-Drittel-Mehrheit klar zugestimmt, jedoch im Verhältnis zu den anderen beiden Gruppen und innerhalb der eigenen Gruppe deutlich geringer. Die Gruppe der Laien bzw. Wissenschaftsjournalisten hat dem Statement „Entspannung" marginal höher zugestimmt, die Gruppe der Wissenschaftler dem Statement „Unterhaltung".

3.7.1.2 Motive der Kategorie „Information"

Bei allen drei Gruppen erzielte das Statement „Wissenschaftsblogs bieten sehr spezifische (Nischen-) Themen" die höchste Zustimmung von allen Statements. Die weiteren Statements innerhalb dieses Komplexes wurden von den drei Gruppen sehr unterschiedlich eingeschätzt. Die Gruppe der Laien zeichnete sich durch die höchste Zustimmung zu Statements dieses Motivkomplexes aus, die Gruppe der Wissenschaftsjournalisten durch die geringste.

Abbildung 23: Statement: Wissenschaftsblogs sind authentischer, glaubhafter und direkter als professionell-redaktionelle Seiten.

Dieses Statement hat in der Gruppe der Laien mit über 80 % (80,4 %, Top 2 50,3 %) die höchste Zustimmung im Vergleich zu den anderen beiden Gruppen und innerhalb der eigenen Gruppe erhalten (das Statement ist hinsichtlich der Zustimmung an vierter Stelle). In der Gruppe der Wissenschaftler nimmt dieses Statement mit einer Zustimmung von ca. zwei Dritteln eine mittlere Position (65,4 %, Top 2 39,4 %) ein und rangiert bei den Statements im Kontext von Information an dritter Stelle. In der Gruppe der Wissenschaftsjournalisten gab es im Vergleich der drei Gruppen und innerhalb der eigenen Gruppe mit Abstand die geringste Zustimmung. Mit 50 % wurde dieses Statement neutral gewertet

(Top 2 35,5 %). Der größte Teil der Wissenschaftsjournalisten, ca. ein Drittel (30,6 %), hat Skala 4 gewählt, also eine leichte Ablehnung. Der H-Test hat einen statistisch signifikanten Unterschied zwischen den drei Gruppen von 0,001 bei diesem Statement festgestellt. Der U-Test hat einen Unterschied von statistischer Signifikanz zwischen der Gruppe der Wissenschaftler und Laien von 0,006 festgestellt, ferner zwischen den Wissenschaftsjournalisten und Laien von 0,002.

Abbildung 24: Statement: Wissenschaftsblogs bieten sehr spezifische (Nischen-) Themen, über die andere Medien nicht berichten.

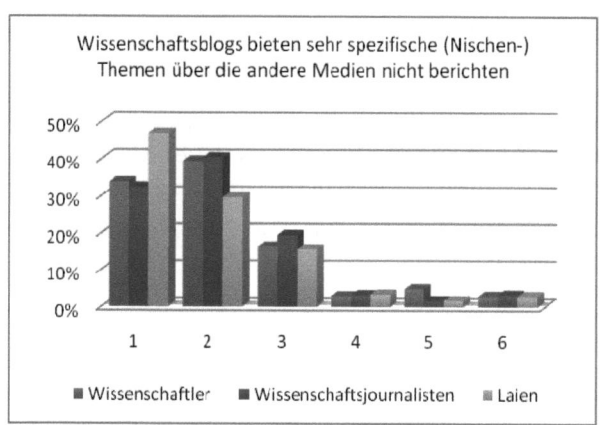

Diesem Statement wurde von allen drei Gruppen von allen Statements am stärksten zugestimmt. Den höchsten Wert mit über 90 % erhielt dieses Statement von den Laien (92,2 %, Top 2 76,5 %). Einen Wert über 90 % erhielt dieses Statement auch von der Gruppe der Wissenschaftsjournalisten (91,9 %, Top 2 72,6 %). Im Verhältnis zu den anderen beiden Gruppen erhielt dieses Statement die geringste Zustimmung von der Gruppe der Wissenschaftler mit über 80 % (89,4 %, Top 2 73,1 %). Nach dem U-Test unterscheiden sich die drei Gruppen bei diesem Statement nicht signifikant.

Dieses Statement hat von allen drei Gruppen im Vergleich und innerhalb der jeweiligen Gruppe eine mittlere Zustimmung bekommen. In der Gruppe der Wissenschaftler und Wissenschaftsjournalisten lag die Zustimmung bei diesem Statement höher als bei dem Statement „Wissenschaftsblogs sind authentischer, glaubhafter und direkter als professionell-redaktionelle Seiten". Bei der Gruppe der Laien war die Zustimmung geringer.

Die Gruppe der Laien erzielte bei diesem Statement im Vergleich der drei Gruppen die höchste Zustimmung, innerhalb der Gruppe rangierte dieses Statement jedoch im Mittelfeld mit einer Zustimmung von 76,5 % (Top 2 44,7 %).

3.7 Auswertung der Motive der Nutzung

Innerhalb der Statements im Kontext von „Information" rangiert dieses Statement jedoch an vierter und letzter Stelle.

Abbildung 25: Statement: Wissenschaftsblogs sind/bieten tiefere und dichtere Informationen als redaktionell-professionelle Seiten.

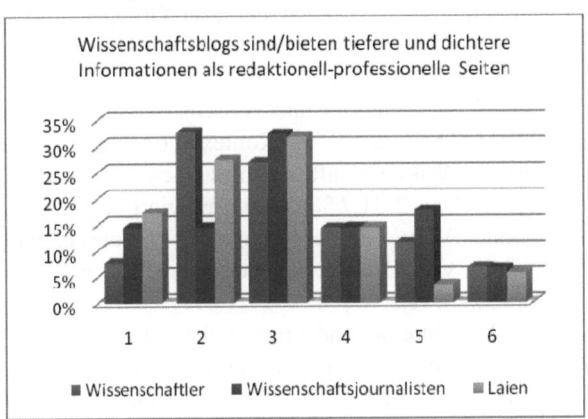

In der Gruppe der Wissenschaftler gab es eine mittlere Zustimmung von ca. zwei Dritteln (67,3 %, Top 2 40,4 %). Das Statement wird damit von den Statements im Kontext von „Information" als das Zweitwichtigste erachtet.

Abbildung 26: Statement: Wissenschaftsblogs sind/bieten qualitativ hochwertigere Beiträge als auf redaktionell-professionellen Seiten.

In der Gruppe der Wissenschaftsjournalisten erzielte dieses Statement auch eine mittlere Zustimmung mit über 60 % (61,3 %, Top 2 29 %) und liegt damit in dieser Gruppe auch an zweiter Stelle der „Informations-Statements". Gemäß dem

U-Test unterscheidet sich nur die Gruppe der Wissenschaftsjournalisten und Laien signifikant mit einem Wert von 0,014. Nach dem H-Test unterscheiden sich die drei Gruppen mit einem Wert von 0,024.
Dieses Statement wurde von den drei Gruppen sehr unterschiedlich bewertet. Die höchste Zustimmung im Vergleich der drei Gruppen und innerhalb der Gruppe erzielt dieses Statement seitens der Laien mit einer klaren Zustimmung von 78,2 % (Top 2 46,4 %).
In der Gruppe der Wissenschaftler und Wissenschaftsjournalisten liegt dieses Statement innerhalb der Statements im Kontext von „Information" an letzter Stelle. In der Gruppe der Wissenschaftler gab es eine marginale Zustimmung des Statements mit 57,7 % (Top 2 31,7 %). Damit rangiert das Statement innerhalb der Gruppe im untersten Viertel. In der Gruppe der Wissenschaftsjournalisten ist dieses Statement eines von Dreien, welchem nicht mehrheitlich zugestimmt wurde (43,5 %, Top 2 24,2 %).
Nach dem H-Test besteht eine eindeutige statistisch signifikante Varianz zwischen den Gruppen mit einem Wert von 0,000. Nach dem U-Test besteht ein Unterschied zwischen der Gruppe der Wissenschaftler und Laien von 0,001, zwischen den Wissenschaftsjournalisten und Laien von 0,000, jedoch nicht zwischen den Wissenschaftsjournalisten und Wissenschaftlern.
Fazit: Diese Kategorie hat mit dem Statement zu spezifischen (Nischen-) Informationen das Motiv mit der höchsten Zustimmung von allen drei Gruppen. Alle Statements in dieser Kategorie, die im direkten Vergleich mit professionell-redaktionellen Seiten formuliert wurden, wurden sehr kontrovers von den drei Gruppen gesehen. Jedoch rangierte innerhalb der drei Gruppen der größte Teil der Statements im Mittelfeld. Bei allen Statements gab es die höchste Zustimmung seitens der Laien, gefolgt von der Gruppe der Wissenschaftler. Die Wissenschaftsjournalisten gaben im Vergleich die geringste Zustimmung zu den Statements, und dem Statement in Bezug zur „Qualität" wurde mehrheitlich nicht zugestimmt.

3.7.1.3 Motive der Kategorie „Identität"

Statements im Kontext von „Identität" haben von allen drei Gruppen innerhalb der Gruppe jeweils eine mittlere Zustimmung erhalten. In der Gruppe der Wissenschaftler lagen die Statements innerhalb der eigenen Gruppe von der Zustimmung relativ weit oben.
Von allen drei Gruppen wurde das Statement „Ich lese Wissenschaftsblogs von Autoren, mit denen ich auf einer Wellenlänge schwimme" mit über 70 % am höchsten von den drei Statements im Kontext von „Identität" bestätigt. Die höchste Zustimmung erhielt das Statement von der Gruppe der Laien mit 76,5 % (Top 2

3.7 Auswertung der Motive der Nutzung

50,8 %). Im Vergleich zu den anderen Statements innerhalb der Gruppe liegt es von der Zustimmung im Mittelfeld. In der Gruppe der Wissenschaftler stimmen 73,1 % (Top 2 51 %) dem Statement zu, was innerhalb dieser Gruppe eine relativ hohe Zustimmung darstellt (an fünfter Stelle). Die Gruppe der Wissenschaftsjournalisten stimmt dem Statement mit 71 % (Top 2 46,8 %) zu, damit liegt das Statement innerhalb der Gruppe im Mittelfeld. Nach dem H- und U-Test gibt es statistisch keinen signifikanten Unterschied zwischen den drei Gruppen.

Abbildung 27: Statement: Ich lese Wissenschaftsblogs von Autoren, mit denen ich auf einer Wellenlänge schwimme.

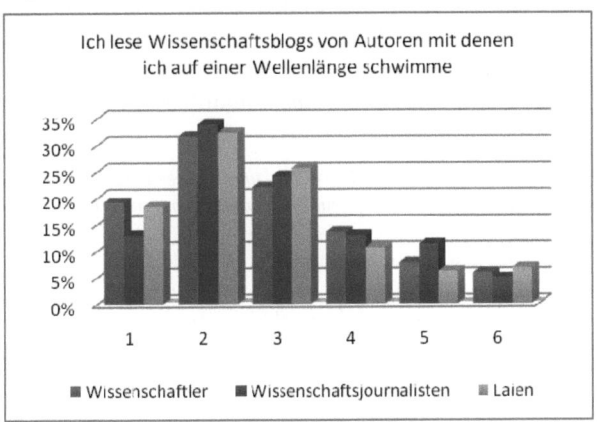

Abbildung 28: Statement: Ich lese Wissenschaftsblogs von Autoren die eine andere Sichtweise haben, um mich mit Ihnen auseinanderzusetzen

„Ich lese Wissenschaftsblogs von Autoren, die eine andere Sichtweise haben, um mich mit ihnen auseinanderzusetzen" liegt in der Gruppe der Laien und der Wissenschaftsjournalisten hinsichtlich der Zustimmung innerhalb der Gruppe knapp hinter dem Statement „Ich lese Wissenschaftsblogs von Autoren, mit denen ich auf einer Wellenlänge schwimme". In der Gruppe der Wissenschaftler gibt es eine deutlich geringere Zustimmung im Vergleich mit dem vorherigen Statement. Bei allen drei Gruppen liegt die Zustimmung bei um die 70 %, und innerhalb aller Gruppen rangiert dieses Statement an 8. Stelle. Die Gruppe der Laien erzielte wieder die höchste Zustimmung mit dem einzigen Wert über 70 % (72,1 %, Top-2-Wert 47,5 %). Danach folgte die Gruppe der Wissenschaftsjournalisten mit 69,4 % (Top 2 43,5 %). Im Verhältnis die niedrigste Zustimmung gab es in der Gruppe der Wissenschaftler mit 68,3 % (48,1 %). Weder beim H- noch beim U-Test gab es statistisch einen signifikanten Unterschied zwischen den drei Gruppen.

Abbildung 29: Statement: Ich lese Wissenschaftsblogs, um zu gucken, was ein Autor gerade so macht, was der schreibt, ohne ein bestimmtes Thema zu verfolgen.

Dieses Statement wurde von den drei Gruppen sehr unterschiedlich eingestuft. In der Gruppe der Wissenschaftsjournalisten und der Laien lag dieses Statement signifikant hinter den beiden anderen Statements im Kontext von „Identität" und bekam marginale Zustimmungswerte (innerhalb der jeweiligen Gruppe rangiert es im untersten Viertel). Die Gruppe der Wissenschaftler hat dieses Statement im Unterschied dazu mit einem Wert über 70 % relativ hoch bewerte und ordnet es innerhalb der „Identitäts-Motive" an zweiter Position mit einer Zustimmung von 70,2 % (Top 2 43,3 %) ein. Die Gruppe der Wissenschaftsjournalisten erzielte einen Wert von 56,5 % (43,5 %). Die Laien erzielten bei diesem Statement den niedrigsten Wert von 54,2 % (Top 2 27,9 %). Nach dem U-Test gibt es einen

3.7 Auswertung der Motive der Nutzung

statistisch signifikanten Unterschied zwischen der Gruppe der Laien und Wissenschaftler mit einem Wert von 0,003. Nach dem H-Test gibt es einen statistisch signifikanten Unterschied von 0,012 zwischen den drei Gruppen.

Fazit: Die ersten beiden Motive im Kontext von „Identität" erzielten bei allen drei Gruppen eine mittlere, aber deutliche Zustimmung um die 70 %. Am höchsten wurde von allen drei Gruppen das Statement „Ich lese Wissenschaftsblogs von Autoren, mit denen ich auf einer Wellenlänge schwimme" bewertet. Nur das Statement „Ich lese Wissenschaftsblogs, um zu gucken, was ein Autor gerade so macht, was der schreibt, ohne ein bestimmtes Thema zu verfolgen" wurde sehr kontrovers eingestuft, mit einer marginalen Zustimmung der Gruppe der Wissenschaftsjournalisten und Laien. Die Gruppe der Wissenschaftler stufte dieses Motiv/Statement im Verhältnis zu den anderen beiden Gruppen sehr hoch ein und erzielte generell in der Kategorie „Identität" die höchsten Werte innerhalb der Gruppe im Vergleich zu den anderen beiden Gruppen.

3.7.1.4 Motive der Kategorie „Aktivität"

Außer dem Statement „Ich kommentiere, aber nur wenn die Diskussion sachdienlich ist", welchem bei allen drei Gruppen mit ca. zwei Dritteln zugestimmt wurde, bekamen die Statements in dieser Kategorie von allen Statements die geringste Zustimmung. Bei allen Statements in dieser Kategorie gab es eine relativ große Gruppe, die Skala 6 („stimme überhaupt nicht zu") angegeben hat und die Gruppe derjenigen darstellt, die nicht kommentiert und/oder nicht aus dieser Motivation heraus.

Abbildung 30: Statement: Ich kommentiere, aber nur wenn die Diskussion sachdienlich ist.

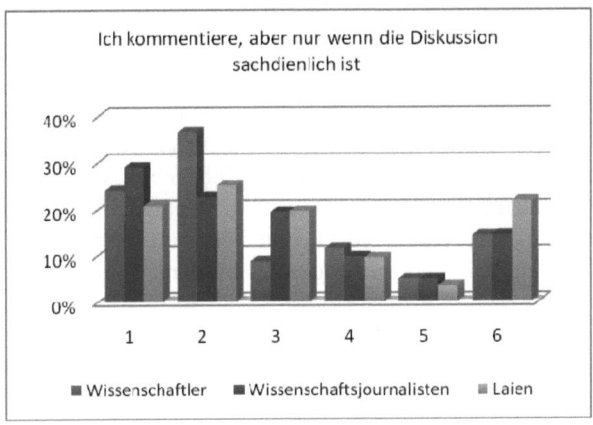

Von den drei Statements im Kontext von „Aktivität" erzielte dieses Statement im Vergleich mit den drei Gruppen und im Vergleich innerhalb der jeweiligen Gruppen mit Abstand die höchste Zustimmung.
Die höchste Zustimmung im Vergleich der drei Gruppen gab es mit 71 % von der Gruppe der Wissenschaftsjournalisten (Top 2 46,8 %). Von der Gewichtung innerhalb der Gruppe rangierte dieses Statement an gleicher Position mit einem Wert von 69,2 % und einem signifikant höheren Top-2-Wert von 60,6 % in der Gruppe der Wissenschaftler. Im Vergleich die niedrigste Zustimmung gab es von der Gruppe der Laien mit 65,4 % (Top 2 45,8 %). Nach dem H- und U-Test gab es keinen signifikanten Unterschied zwischen den drei Gruppen.

Abbildung 31: Statement: Ich kommentiere, um meine Meinung kundzutun.

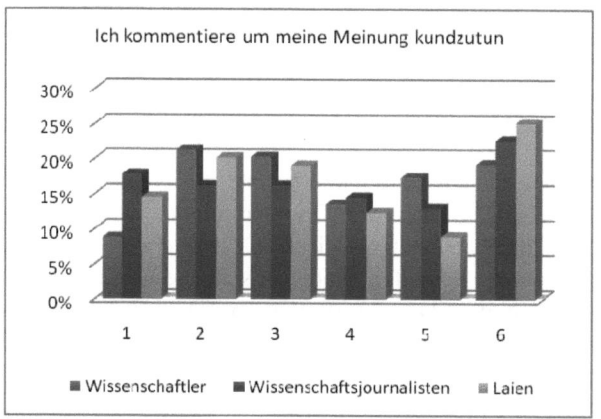

Dieses Statement wurde mit einer marginalen Zustimmung von 53,6 % (Top 2 34,6 %) am höchsten im Vergleich der drei Gruppen von der Gruppe der Laien eingestuft. Die Gruppe der Wissenschaftler und Wissenschaftsjournalisten erzielte mit jeweils 50 % eine neutrale Einschätzung gegenüber diesem Statement, also ohne mehrheitliche Zustimmung. Der Top-2-Wert lag bei der Gruppe der Wissenschaftsjournalisten mit 33,9 % gegenüber 29,8 % etwas höher. Im Vergleich zu den anderen Statements rangierte dieses Statement bei allen Gruppen im unteren Fünftel. Nach dem H- und U-Test konnte kein statistisch signifikanter Unterschied zwischen den drei Gruppen festgestellt werden.

3.7 Auswertung der Motive der Nutzung

Abbildung 32: Statement: Ich kommentiere, um Feedback auf meine Meinung zu bekommen

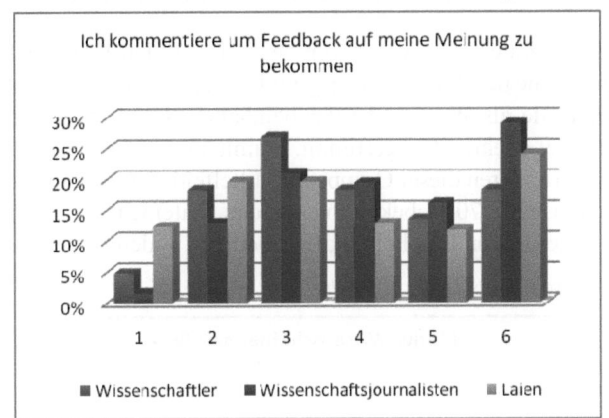

Dieses Statement erzielte bei allen drei Gruppen im Vergleich zu den anderen Statements die geringste Zustimmung. Eine Zustimmung, wenn auch marginal, gab es nur von der Gruppe der Laien mit 51,4 % (Top-2-Wert 31,8 %). Die Gruppe der Wissenschaftler stand diesem Statement mit 50 % neutral gegenüber (Top-2-Wert 33,9 %), und die Gruppe der Wissenschaftsjournalisten stimmten mehrheitlich diesem Statement nicht zu, 35,5 % (Top-2-Wert 14,5 %). Von den Statements innerhalb der Kategorie „Aktivität" war dieses das Einzige mit statistisch signifikanten Unterschieden zwischen den drei Gruppen: zwischen der Gruppe der Wissenschaftler und Journalisten mit einem Wert von 0,038 und zwischen der Gruppe der Laien und Wissenschaftsjournalisten mit einem Wert von 0,020.

Fazit: Motive im Kontext von „Aktivität" bekommen im Vergleich zu den anderen Statements bei allen drei Gruppen die geringste Zustimmung. Nur das Statement „Ich kommentiere, aber nur wenn die Diskussion sachdienlich ist" bekommt von allen drei Gruppen eine Zustimmung. Es gibt zwischen den drei Gruppen bei den Motiven im Kontext von „Aktivität" deutliche Unterschiede. Bei dem ersten Statement „Ich kommentiere, aber nur wenn die Diskussion sachdienlich ist" erzielen die Wissenschaftler und Wissenschaftsjournalisten signifikant höhere Zustimmung als die Laien. Andere Motive im Kontext von „Aktivität" werden von der Gruppe der Wissenschaftler und Wissenschaftsjournalisten nicht bestätigt oder sogar, wie von den Wissenschaftsjournalisten, verneint. Nur in der Gruppe der Laien gibt es auch bei den anderen Motiven im Kontext von „Aktivität" eine marginale Zustimmung. Wie bei den Interviews bereits angedeutet wurde, ist eine Kommentierung der Fachöffentlichkeit verhalten und findet zumeist im „Dienste" der wissenschaftlichen Erkenntnis statt.

3.7.1.5 Motive der Kategorie „Beruf" – Wissenschaftler

Statements dieser Kategorie, die nur von den Wissenschaftlern abgefragt wurden und vorwiegend eine berufliche Nutzung implizieren oder explizit Motive des Nutzers in seiner Rolle als Wissenschaftler beinhalten, wurde durchschnittlich von einer Zwei-Drittel-Mehrheit zugestimmt. Damit rangieren diese Statements im Vergleich zu den anderen dieser Gruppe im Mittelfeld. Eine überdurchschnittliche Zustimmung mit über 70 % bekommt nur das Statement „Wissenschaftsblogs bieten einen ungefilterten Einblick in die Arbeit von anderen Wissenschaftlern".

Abbildung 33: Motive Wissenschaftler beruflich

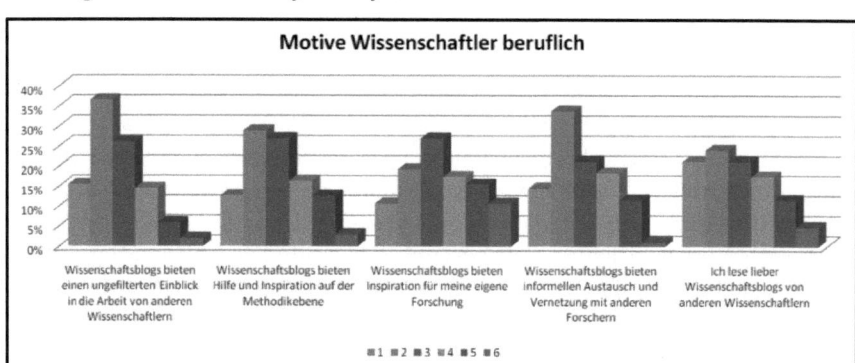

Statement: Wissenschaftsblogs bieten einen ungefilterten Einblick in die Arbeit von anderen Wissenschaftlern

Das Statement „Wissenschaftsblogs bieten einen ungefilterten Einblick in die Arbeit von anderen Wissenschaftlern" erzielte im Vergleich der Statements im Kontext der Kategorie „Beruf" die höchste Zustimmung mit 77,9 % (Top 2 51,9 %). Im Vergleich zu allen Statements dieser Gruppe erzielte dieses Statement den vierthöchsten Wert.

Statement: Wissenschaftsblogs bieten Hilfe und Inspiration auf der Methodikebene

Dem Statement „Wissenschaftsblogs bieten Hilfe und Inspiration auf der Methodikebene" wurde von ca. zwei Dritteln der Wissenschaftler zugestimmt (68,3 %, Top-2-Wert 41,3 %). Innerhalb der auf den Beruf bezogenen Statements rangierte das Statement hinsichtlich der Zustimmung an dritter Stelle, und im Vergleich aller Statements ist die Zustimmung im Mittelfeld einzuordnen.

3.7 Auswertung der Motive der Nutzung

Statement: Wissenschaftsblogs bieten Inspiration für meine eigene Forschung

Das Statement „Wissenschaftsblogs bieten Inspiration für meine eigene Forschung" erzielte in der Gruppe der Statements im Kontext von „Beruf" mit deutlichem Abstand die geringste Zustimmung mit 56,7 % (Top-2-Wert 29,8 %). Im Verhältnis zu allen Statements der Wissenschaftler war dieser fast der geringste Wert eines Statements.

Statement: Wissenschaftsblogs bieten informellen Austausch und Vernetzung mit anderen Forschern

Dem Statement hat eine Zwei-Drittel-Mehrheit mit 69,2 % (Top 2 48,1 %) zugestimmt, es liegt damit im Verhältnis zu allen Statements der Wissenschaftler im Mittelfeld. In der Gruppe der Statements im Kontext von „Beruf" liegt es hinsichtlich der Zustimmung an zweiter Stelle. Es gab eine marginal höhere Bewertung dieses Statements als bei „Wissenschaftsblogs bieten Hilfe und Inspiration auf der Methodikebene".

Statement: Ich lese lieber Wissenschaftsblogs von anderen Wissenschaftlern als von Wissenschaftsjournalisten

Das Statement „Ich lese lieber Wissenschaftsblogs von anderen Wissenschaftlern" erzielte eine Zwei-Drittel-Mehrheit mit einer Zustimmung von 66,3 % (Top 2 45,2 %). Im Verhältnis zu den anderen Statements dieser Gruppe und im Verhältnis zu allen Statements ist dieses jedoch eine eher geringe Zustimmung im unteren Viertel.

Fazit: Die Statements im Kontext von „Beruf" erzielten im Durchschnitt eine Zustimmung in der Höhe einer Zwei-Drittel-Mehrheit und befinden sich hinsichtlich der Zustimmungsintensität im Mittelfeld aller Statements. Hervorstechend ist das Statement „Wissenschaftsblogs bieten einen ungefilterten Einblick in die Arbeit von anderen Wissenschaftlern" mit einer überdurchschnittlichen Zustimmung.

3.7.1.6 Motive der Kategorie „Beruf" – Wissenschaftsjournalisten

Statements dieser Kategorie, die in den Interviews nur von den Wissenschaftsjournalisten formuliert wurden und vorwiegend auf eine berufliche Nutzung hinweisen, erzielten im Vergleich zu den Statements der Wissenschaftler der Kategorie „Beruf" und im Vergleich zu allen Statements innerhalb der eigenen Gruppe größtenteils überdurchschnittlich hohe Werte mit teilweise über 80 % Zustimmung.

Abbildung 34: Motive Wissenschaftsjournalisten beruflich

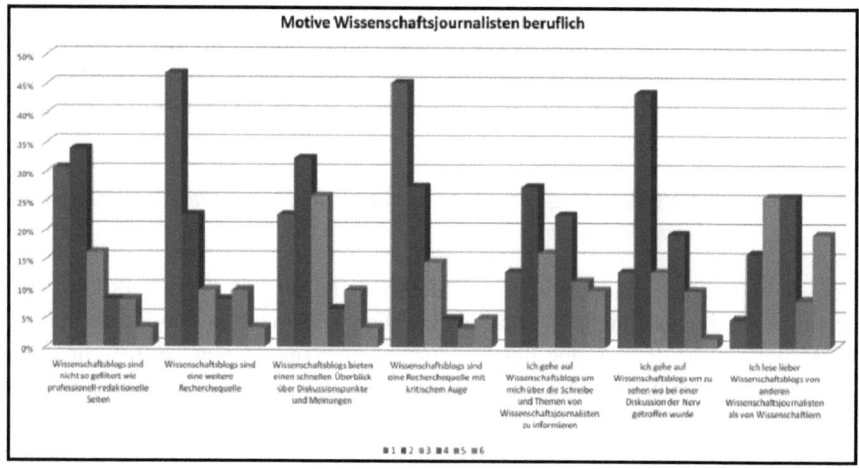

Statement: Wissenschaftsblogs sind eine weitere Recherchequelle

Dieses Statement erzielte eine klare Zustimmung von fast 80 % (79 %, Top-2-Wert 69,4 %). Im Verhältnis zu den anderen Statements dieser Gruppe steht es an fünfter Stelle, und im Verhältnis zu allen Statements der Wissenschaftsjournalisten an sechster Stelle und erzielt somit eine überdurchschnittlich hohe Zustimmung.

Statement: Wissenschaftsblogs bieten einen schnellen Überblick über Diskussionspunkte und Meinungen.

Das Statement „Wissenschaftsblogs bieten einen schnellen Überblick über Diskussionspunkte und Meinungen" erhielt eine sehr hohe Zustimmung über 80 % (80,6 %, Top 2 64,8 %). Es gehört damit zu den drei Statements mit der höchsten Zustimmung im Kontext von „Beruf" und zu den vier Statements mit der höchsten Zustimmung von allen Statements der Wissenschaftsjournalisten.

Statement: Wissenschaftsblogs sind eine Recherchequelle mit kritischem Auge

Dieses Statement erzielte seitens der Wissenschaftsjournalisten mit fast 90 % die höchste Zustimmung der Statements im Kontext „Beruf" (87,1 %, Top 2 72,6 %). Im Vergleich zu allen Statements der Wissenschaftsjournalisten gab es bei diesem Statement die zweithöchste Zustimmung.

3.7 Auswertung der Motive der Nutzung

Statement: Ich gehe auf Wissenschaftsblogs, um mich über die Schreibweise und Themen von Wissenschaftsjournalisten zu informieren

Das Statement „Ich gehe auf Wissenschaftsblogs um mich über die Schreibweise und Themen von Wissenschaftsjournalisten zu informieren" hat mit 56,5 % (Top 2 40,3 %) von allen Statements im Kontext von „Beruf" die geringste Zustimmung erhalten, wurde aber von einer Mehrheit bejaht. Auch im Verhältnis zu allen Statements der Wissenschaftsjournalisten lag die Zustimmung im unteren Viertel.

Statement: Ich gehe auf Wissenschaftsblogs, um zu sehen, wo bei einer Diskussion der Nerv getroffen wurde.

Dieses Statement wurde mit einer deutlichen Zwei-Drittel-Mehrheit (69,4 %, Top-2-Wert 56,5 %) bestätigt. Innerhalb der Gruppe der Statements, bezogen auf den beruflichen Kontext, ist das jedoch eine eher geringe Zustimmung. Im Verhältnis zu allen Statements liegt die Zustimmung im Mittelfeld.

Statement: Wissenschaftsblogs sind nicht so gefiltert wie professionell-redaktionelle Seiten.

Das Statement „Wissenschaftsblogs sind nicht so gefiltert wie professionell-redaktionelle Seiten" erhielt eine sehr hohe Zustimmung von über 80 % (80,6 %, Top 2 64,5 %). Im Vergleich zu den anderen Statements im Kontext des Berufes rangiert dieses Statement an dritter Stelle und im Vergleich mit allen Statements an vierter Stelle.

Statement: Ich lese lieber Wissenschaftsblogs von anderen Wissenschaftsjournalisten als von Wissenschaftlern.

Dies ist das einzige Statement in dieser Kategorie, das nicht bestätigt wurde, und eines von drei Statements innerhalb der Gruppe der Wissenschaftsjournalisten (46,8 %, Top 2 21 %), das nicht bestätigt wurde.

Abbildung 35: Berufliche Nutzung Wissenschaftsjournalisten

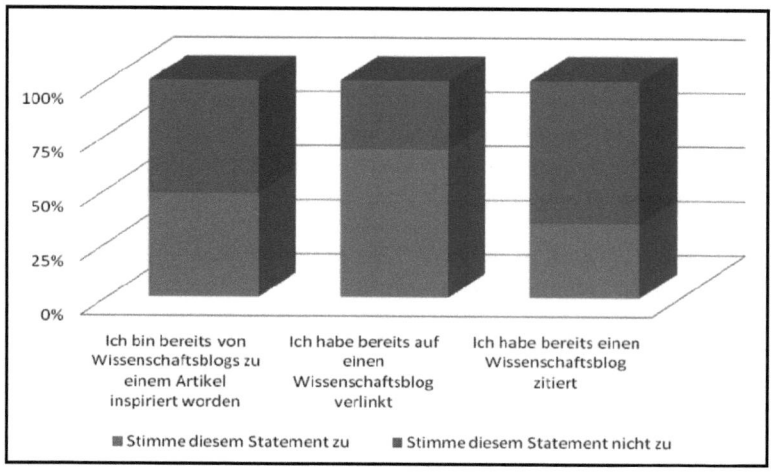

Statement: Ich bin bereits von Wissenschaftsblogs zu einem Artikel inspiriert worden.

Dieses Statement wie auch die nächsten zwei Statements stehen nicht im Zusammenhang mit einem Motiv, sondern sollen aufzeigen, wie weit Wissenschaftsblogs bereits konkreten Einfluss auf die alltägliche Arbeit von Wissenschaftsjournalisten haben. Von den drei Statements erzielt dieses die höchste Zustimmung. Knapp die Hälfte der Wissenschaftsjournalisten (48 %) sind bereits einmal zu einem Artikel durch einen Wissenschaftsblog inspiriert worden.

Statement: Ich habe bereits auf einen Wissenschaftsblog verlinkt.

Ungefähr ein Drittel der Wissenschaftsjournalisten gaben an bereits auf einen Wissenschaftsblog verlinkt zu haben (32 %). Das sind erheblich weniger als die Zahl derer, die zu einem Artikel inspiriert wurden, und marginal weniger als die, die bereits einen Artikel zitiert haben.

Statement: Ich habe bereits einen Wissenschaftsblog zitiert.

Ein Drittel der Wissenschaftsjournalisten (34 %) hat bereits einen Wissenschaftsblog zitiert. Das sind marginal mehr als auf einen Wissenschaftsblog verlinkt haben.

Fazit: Im Vergleich zu den Wissenschaftlern erhält eine große Anzahl der Statements in der Kategorie „Beruf" sehr hohe Zustimmungen. Drei der Statements

3.7 Auswertung der Motive der Nutzung

erzielen Zustimmungen von über 80 % und sind unter den Top-vier-Statements dieser Gruppe: „Wissenschaftsblogs bieten einen schnellen Überblick über Diskussionspunkte und Meinungen", „Wissenschaftsblogs sind eine Recherchequelle mit kritischem Auge" und Wissenschaftsblogs sind nicht so gefiltert wie professionell-redaktionelle Seiten". Die letzten drei Statements dieser Kategorie müssen gesondert betrachtet werden, da diese nicht in den Interviews formuliert wurden, sondern aufgrund des Erkenntnisinteresses in den Fragebogen integriert wurden. Trotz Verneinung eines direkten Einflusses von Wissenschaftsblogs auf die Artikelverfassung zeigen diese Werte bereits eine signifikante Integration von Wissenschaftsblogs in der beruflichen Nutzung. Das Statement „Ich lese lieber Wissenschaftsblogs von anderen Wissenschaftlern" ist eines der wenigen Statements, dem nicht zugestimmt wurde. Eine inhaltliche Analyse erfolgt dazu im Schlussteil.

3.7.1.7 Motive – Laien

Abbildung 36: Ich lese lieber Wissenschaftsblogs von Wissenschaftlern als von Wissenschaftsjournalisten - Laien

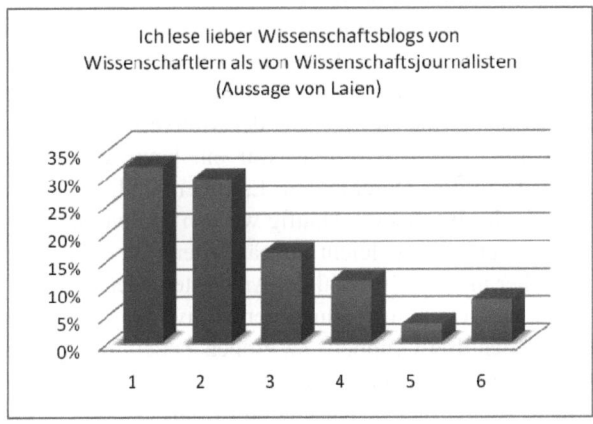

Die Gruppe der Laien zeigte mit einem Wert von 80 % eine klare Präferenz für Wissenschaftsblogs von Wissenschaftlern gegenüber denen von Wissenschaftsjournalisten.

3.7.2 Motive der offenen Frage

Insgesamt haben 246 Teilnehmer der Befragung die offene Frage nach Motiven beantwortet. Zehn Antworten wurden aufgrund von Invalidität entfernt. Drei davon hatten als Antwort „keine". Insgesamt gab es demnach 236 valide Antworten, die teilweise mehrere Motive beinhalteten. In der Gruppe der Laien haben 118 Teilnehmer (66 %) die Frage beantwortet, in der Gruppe der Wissenschaftler 72 (69 %) und in der Gruppe der Wissenschaftsjournalisten 46 (74 %).

Die offene Frage wurde insbesondere mit Blick auf die Gruppe der Laien gestellt. Den Laien sollte die Möglichkeit gegeben werden weitere Motive anzugeben, da sie nicht durch Einzelinterviews befragt wurden. Bei der Gruppe der Wissenschaftler und Wissenschaftsjournalisten wurde ein marginaler Rücklauf erwartet, da davon ausgegangen wurde, dass die Hauptmotive durch die Interviews generiert wurden. In der Gruppe der Wissenschaftler und Wissenschaftsjournalisten war jedoch der Rücklauf proportional höher als in der Gruppe der Laien.

Weiterhin haben die Teilnehmer der Befragung größtenteils die offene Frage nicht so verstanden, „neue" Motive zu nennen, die bisher im Kontext der Befragung nicht abgefragt wurden. Viele Motive, die sich bereits in den Statements manifestiert hatten, wurden in anderen Formulierungen bestätigt.

Die Häufung bestimmter Motive in den jeweiligen Gruppen zeigt klare Merkmale und Tendenzen der drei Gruppen auf. Zu einem großen Teil wurden die Hauptmotive der Interviews wiederholt.

Eine Auswertung der offenen Frage erfolgte in einem ersten Schritt, angelehnt an die bestehende Kategorisierung. In einem zweiten Schritt wurden Kategorien für alle Motive gebildet, die nicht in das Schema der bisherigen Kategorien und Unterkategorien passten. Eine Gewichtung der Motive wurde auf die Anzahl der Antworten bezogen.[115] Die Auswertung war ein langwieriger und komplexer Prozess und erfolgte in drei Durchläufen. Es traten ähnliche Probleme auf wie bei der Auswertung der Interviews. Häufig wurden Motive in Verbund mit weiteren Motiven genannt oder in leicht abgeändertem Wortlaut. Die Anzahl der Motive spiegelt daher nicht die Anzahl der Antworten wieder.

Es wurde erst eine Gesamtauswertung der Motive vorgenommen und danach eine Zuordnung zu den drei Gruppen. Zu großen Teilen reflektieren die offenen Motive die Merkmale der drei Gruppen, die sich bereits in den Statements darstellten. Drei neue Kategorien haben eine „kritische Masse" erreicht: Neugier, Interesse und Bildung/Weiterbildung. Diese drei Kategorien wurden hauptsächlich von der Gruppe der Laien angegeben und sind somit dem Motivkatalog der Laien hinzuzufügen. Nach McQuail sind diese drei neuen Motive als Unterkategorien der Kategorie „Information" zuzuordnen. Neben diesen drei Kategorien dominierten die klassischen Kategorien, die bereits bei den Interviews vorherrschend waren.

---

115 Wobei dies nicht repräsentativ ist, jedoch Tendenzen aufzeigen kann. Es kann nicht ausgeschlossen werden, dass die Teilnehmer teilweise Motive, die bereits abgefragt wurden, bewusst nicht angaben. Dies kann zu einer Verfälschung bei einer Auswertung nach Anzahl führen.

3.7 Auswertung der Motive der Nutzung

Gruppen übergreifend hatte das Motiv „Information" die häufigste Nennung. Wie bei den Interviews wurde „Information" oftmals in Verbindung mit Attributen wie „ungefiltert", „spezifisch" oder auch „Unterhaltung" genannt. Neu an der offenen Frage ist eine relativ häufige Nennung des Zusatzes „Aktualität" der Information. Im Gegensatz zu den Interviews wurde „Information" auch ohne Attribut angegeben. In der Gruppe der Wissenschaftler spielten „Vernetzung/Austausch", „Identitätsmotive" und „Unterhaltung" wiederkehrend eine große Rolle. Bei den Wissenschaftsjournalisten war das häufigste Motiv „Verfolgen von Diskussionen". Beide Tendenzen reflektieren die Ergebnisse der Statements und der Einzelinterviews.

Nach einer anfänglichen Gesamtdarstellung der genannten Motive wurde bei einer Überarbeitung des Textes aus Effizienz-, Klarifikations- und Darstellungsgründen davon abgesehen. Stattdessen wurden vereinzelnd Motive als Beispielmotive der jeweiligen Kategorie zitiert.

3.7.2.1 Offene Motive – Wissenschaftler

In der Gruppe der Wissenschaftler haben 72 der Teilnehmer der Online-Befragung die offene Frage beantwortet. Der Rücklauf lag bei 69 %. Der größte Anteil von Motiven ist wie bei den anderen beiden Gruppen einem Informationsbedürfnis zuzuordnen. Ein Merkmal dieser Gruppe der offenen Frage war die Häufung von Motiven der Kategorie „Beruf" mit einem Fokus auf Vernetzungsmotive und „ungefilterte Einblicke in andere Forschungsbereiche". Weiterhin zeichnete sich die Gruppe durch eine relativ starke Nennung von Unterhaltungsmotiven aus.

A. Informationen

Das am häufigsten genannte Motiv in der offenen Abfrage war Information (38). Ein Informationsbedürfnis ohne weitere Spezifikation wurde 11 Mal angegeben. Formulierungen, die dieser Kategorie zugeordnet wurden, waren: „Informieren" oder „Überblick erhalten".

Innerhalb der Motive im Kontext von „Information", waren spezifische Informationen, die in anderen Medien nicht zu finden sind, am ausgeprägtesten (14). Dieses Motiv wurde in den folgenden Formulierungen gespiegelt: „Aggregation fachlich spezifischer Informationen als Ausgangspunkt für weiterführende Recherchen", „Information über Themen, die oft erst später oder unzureichend in den anderen Medien auftauchen" und „Teils Hintergrundwissen aus meinem Fachgebiet lesen, teils ‚Über-den-Tellerrand-Gucken'".

Während in den Interviews mit den Wissenschaftlern die Schnelligkeit und die Aktualität der Informationen nicht besonders hervorgehoben wurden, gehörten diese innerhalb der Gruppe der Laien und der Gruppe der Wissenschaftler zu den am häufigsten genannten Attributen eines Informationsbedürfnisses (10). Formulierungen waren z. B.: „unmittelbare Informationsaufnahme/gewisse Schnelligkeit", „schnell an spannende Informationen kommen" und „Schnelle, direkte Informationen".

A.1 Neugier/Interesse

Auch in der Gruppe der Wissenschaftler wurde Interesse/Neugier als neue Unterkategorie von „Information" vier Mal genannt. Im Verhältnis zu der Gruppe der Laien war die Nennung jedoch marginal.

B. Unterhaltung

Einen relativ großen Stellenwert (innerhalb der drei Gruppen anteilig den größten Stellenwert) hatten Motive im Kontext von „Unterhaltung" (8 Mal) in der Gruppe der Wissenschaftler. „Unterhaltung" wurde jedoch fast immer im Zusammenhang mit „Information" genannt (wie bereits in den Interviews). Ein neues Attribut in der Kategorie „Unterhaltung" ist „Spaß". Formulierungen, die dieser Kategorie zugeordnet wurden, waren: „Kurzweilige Unterhaltung mit Tiefgang", „Unterhaltung und Information" (4 Mal) „Unterhaltung und gleichzeitig fundierte Information" und „Spaß am Lesen/an der Sache".

C. Beruf

Identitätsmotive auf einer beruflichen Ebene in der Rolle des Forschers waren wie in den Einzelinterviews ein zentrales Motiv unter den Wissenschaftlern (9 Mal). Motive, die dieser Kategorie zugeordnet wurden, standen im Zusammenhang mit „ungefilterter Informationsaufnahme", „Einblicke in andere Forschungsbereiche" und „gucken was andere Forscher machen". Weitere Formulierungen waren: „Interesse an Verknüpfung wissenschaftlicher Artikel und Darlegung themenbezogener eigener Erfahrungen" „„Neugier, Interesse, schauen, was andere Wissenschaftler machen", „Einsicht in Meinungen/Arbeitsweisen anderer Wissenschaftler mit ähnlichen oder anderen Schwerpunkten", „Um einen Einblick in verschiedenen Themen zu erhalten von fachlich kompetenten Leuten", „Wissen aktuell halten, was machen andere, womit beschäftigen sich Kollegen, neue Ideen", „Interesse an anderen Forschern ungefilterte Informationen zu erhalten".

Den zweiten großen Aspekt der Kategorie „Beruf" bildeten, wie bei den Einzelinterviews, Vernetzungsmotive. Vernetzungsmotive wurden nur von der Gruppe der Wissenschaftler bei der offenen Frage angegeben und bezogen sich auf Motive im Kontext von „Vernetzung" und „interdisziplinären Austausch über Fachgrenzen hinweg". Vernetzungsmotive spiegelten sich in den folgenden

3.7 Auswertung der Motive der Nutzung

Formulierungen wieder: „Der Ideenaustausch und andere Perspektiven zu entwickeln, andere Themen kennen zu lernen, die ich sonst nicht sehe."; „Auf dem neuesten Stand zu bleiben. Überblick zu bekommen. Quer-Anregungen zu bekommen (Interdisziplinarität)."; „Da ich in einem extrem interdisziplinären Feld arbeite (Evolutionsforschung zu Religiosität und Religionen) ist der Austausch über Regional- und Fachgrenzen hinweg essenziell. Es hat sich dazu inzwischen eine ‚Web-Fach-Öffentlichkeit' gebildet" und „Informationsaustausch mit anderen Wissenschaftlern".

Neben Vernetzungs- und Identitätsmotiven im Zusammenhang mit der Kategorie „Beruf" wurden weiterhin die Motive „Inspiration für die eigene Arbeit" und „Hilfe auf der Methodikebene" bekundet. Die Formulierungen waren: „Inspiration und interessante Hinweise für die eigene Arbeit" und „Informationen über ein ganz bestimmtes Thema oder eine Methode schnell zu erlangen, ohne groß suchen zu müssen".

D. Identität – Meinungen

Auch bei der Gruppe der Wissenschaftler wurde „Meinungen verfolgen" genannt, jedoch nur zwei Mal: „Information, Unterhaltung, Meinungsbeobachtung der Leser" und „Information, rascheres Feedback, verschiedene Meinungsbilder bzw. Erkenntnisstände erhalten".

E. Sonstiges

Weitere Motive, die vereinzelt von der Gruppe der Wissenschaftler genannt wurden, standen primär im Zusammenhang mit wissenschaftlichen Forschungsprojekten und stellten sich in den folgenden Formulierungen dar: „Teil meiner Aufgabe in einem Projekt"; „PR für eigene Projekte"; „Auseinandersetzung mit Wissenschaftsblogs im universitären Zusammenhang", „Informiertheit über neue Formen des Web 2.0"; „Zu beobachten, wie sich dieses Medium entwickelt."

Weiterhin wurde vereinzelt die ‚Watchblog-Funktion' für den Wissenschaftsjournalismus genannt.

Fazit: Wie die anderen beiden Gruppen zeichnet sich die Gruppe der Wissenschaftler durch eine sehr starke Nennung von Informationsmotiven aus. Im Vergleich der drei Gruppen gab es anteilig die höchste Nennung von spezifischen Informationen innerhalb der Kategorie. Wie bei der Gruppe der Laien gab es eine häufige Nennung von „Aktualität" in Bezug auf die Informationen, was sich nicht in den Einzelinterviews abgezeichnet hatte. Ein Merkmal dieser Gruppe ist die im Vergleich stärkste Nennung von Unterhaltungsmotiven. Weiterhin ist ein Merkmal der Gruppe die wiederholte Nennung von Motiven der Kategorie „Beruf", die bereits in den Interviews herauskristallisiert wurden. Ein Fokus liegt hier auf Motiven in Bezug auf interdisziplinäre Vernetzung und Einblick in andere Forschungsbereiche. Beide Motive sind ein Alleinstellungsmerkmal der Gruppe der Wissenschaftler.

3.7.2.2 Offene Motive – Wissenschaftsjournalisten

Aus der Gruppe der Wissenschaftsjournalisten nahmen 72 an der offenen Frage teil. Der Rücklauf war daher 69. Auch in der Gruppe der Wissenschaftsjournalisten dominierten Informationsmotive. Ein Merkmal dieser Gruppe, das die Tendenz der Interviews bestätigt, ist die wiederholte Nennung von „Meinungen und Diskussionen verfolgen". „Meinungen und Diskussionen verfolgen" wurden zu einer Kategorie zusammengefasst und der Kategorie „Beruf" der Wissenschaftsjournalisten untergeordnet, angelehnt an die Kategorisierung der Interviews. „Diskussionen verfolgen" wurde von keiner anderen Gruppen dezidiert genannt. Weiterhin tauchte wiederholt das Motiv „Recherche" auf. Alle anderen Motive, die genannt wurden, waren hinsichtlich der Häufigkeit marginal.

A. Information

Das zentrale Motiv der offenen Frage ist ein Informationsbedürfnis. Im Gegensatz zu den anderen beiden Gruppen wurde das Informationsbedürfnis selten durch Attribute spezifiziert. In der Gruppe der Wissenschaftler wurden 14-mal Motive eines Informationsbedürfnisses genannt.

Information allgemein wurde 10-mal genannt. Formulierungen, die dieser Kategorie zugeordnet wurden, waren z. B. „Fachkundige Informationen bekommen", „Informationen sammeln, um mein Weltbild zu vervollkommnen", und „Hintergrundinfos".

Spezifische Informationen wurden von der Gruppe der Wissenschaftsjournalisten selten genannt (3 Mal). Wortlaute dieser Kategorie waren: „Spezialinfos" und „Themen zu finden, die in den übrigen Medien noch nicht so stark vertreten sind".

Im Gegensatz zu den anderen beiden Gruppen wurde das Attribut „Aktualität" von den Wissenschaftsjournalisten nur einmal genannt und wie folgt formuliert: „Aktuelle Entwicklungen und Ergebnisse der Wissenschaft und Forschung (insbesondere Neurologie, Epigenetik, Psychologie, Physik) zeitnah verfolgen".

Das Attribut „ungefiltert" wurde von den Wissenschaftsjournalisten zweimal genannt. Wie in den Interviews bezieht sich „ungefiltert" hier auf „Formatfreiheit" und ist wiederholt ein Alleinstellungsmerkmal der Gruppe der Wissenschaftsjournalisten. Formulierungen waren: „Meinungen zu erfahren, die nicht durch Redaktionen ‚geglättet' worden sind."

3.7 Auswertung der Motive der Nutzung

A.1 Neugier

Auch von der Gruppe der Wissenschaftsjournalisten wurde „Neugier" als Motiv neu genannt (5-mal). Es wurde häufiger als von den Wissenschaftlern genannt, jedoch signifikant geringer als von den Laien.

B. Unterhaltung

Das Motiv „Unterhaltung" wurde nur einmal von der Gruppe der Wissenschaftsjournalisten genannt.

C. Beruf

C.1 Diskussionen/Meinungen verfolgen

Das zweithäufigste Motiv, das von der Gruppe der Wissenschaftsjournalisten genannt wurde, war „Diskussionen/Meinungen verfolgen" (11 Mal). Formulierungen, die dieser Kategorie zugeordnet wurden, waren: „andere Sichtweise, Diskussionen verfolgen, nettes Geplänkel", „Interesse an Meinungen zu wissenschaftlichen Themen" „Infos zu neuen Themen, Meinungen, Puls der Zeit fühlen." „Übersicht über verschiedene Meinungen und Argumentationen, Erweiterung des eigenen Horizontes" „Einblicke in Dispute", „Information über umstrittene Themen, Debattenverlauf verfolgen", „berufliche Weiterentwicklung, Infosammlung, ein Thema aus vielen Perspektiven betrachten."

C.2 Recherche

Als zweites Motiv im Kontext des Berufes, das sich wiederholt in der offenen Frage widerspiegelte, war „Recherche". „Vertrauen in die Recherche des Autors", „Recherche", „Infotainment, Recherche, Networking", „Recherche" „Themenorientierte Expertensuche".

D. Sonstige Motive

Weitere vereinzelte Motive, die von der Gruppe der Wissenschaftsjournalisten genannt wurde, standen, wie in der Gruppe der Wissenschaftler, primär im Zusammenhang mit Projekten und einem allgemeinen Interesse an der Entwicklung von Web 2.0. Die Formulierungen waren: „Monitoring der Wissenschaftsblogging-Community", „Nutzwertinfos wie Hinweise auf Veranstaltungen, Publikationen", „Entwicklung eines Blogs im Rahmen eines Projekts", „das Neue am Medium an sich", „Selber schreiben, um Wissenschaft zu kommunizieren; lesen, um zu sehen, was es Neues gibt und mich über gute Artikel freuen".

Fazit: Wie in den anderen Gruppen waren auch in der Gruppe der Wissenschaftsjournalisten die meistgenannten Motive einem Informationsbedürfnis zuzuordnen. Das Informationsmotiv ohne Attribut dominierte in dieser Gruppe. Attribute, die jedoch marginal zur Sprache kamen, waren „ungefiltert", „spezifische Informationen" und „Aktualität". Ein klares Alleinstellungsmerkmal dieser Gruppe ist die starke Nennung von Motiven im Kontext von „Diskussionen/Meinungen verfolgen". Weiterhin tauchte das Motiv „Recherche" wiederholt auf. Diese Motive wurden von keiner anderen Gruppe in Bezug auf Diskussionen genannt und spiegeln das Motiv der Interviews aus der Kategorie Beruf wider. Weitere Motive wurden von dieser Gruppe nur vereinzelnd genannt.

3.7.2.3 Offene Motive – Laien

Der Rücklauf der offenen Frage in der Gruppe der Laien war bei 66 % (118 zu 179). Wie in den anderen Gruppen war in der Gruppe der Laien ein Informationsbedürfnis vorherrschend und wurde zumeist mit einem Attribut angegeben. Von der Gruppe der Laien wurden die meisten neuen Motive genannt. Als neue Unterkategorien, die hinsichtlich der Häufigkeit der Nennung den direkten Informationsmotiven folgten, waren die neuen Motive: „Interesse/Neugier" und „Bildung/Wissen/Lernen". Beide Motive sind nach McQail (vgl. Kapitel) der Überkategorie „Information" zuzuordnen, stellen jedoch mehr als ein einfaches Attribut des Informationsmotivs da. Weitere Motive betreffen die Kategorien „Identität", „Unterhaltung" und „Aktivität". Einzelne Motive werden in der Kategorie „Sonstiges" gebündelt. Die Motive im Bereich „Meinungen" waren nicht eindeutig der Überkategorie „Identität" oder „Unterhaltung" zuzuordnen.

A. Information

Insgesamt gab es 55 Antworten aus der Gruppe der Laien, in denen ein Informationsbedürfnis direkt ausgedrückt wurde. „Information" ohne weitere Spezifikation oder Attribute wurde mit 31 Antworten am häufigsten genannt. Als „allgemeine Information" wurden Antworten gewertet, die entweder „Information" als singuläres Schlagwort genannt haben, oder ohne weitere signifikante Spezifikationen waren, wie „sachlich korrekte Informationen".

Innerhalb der Kategorie „Information" wurde bei den Laien am zweithäufigsten „Information" im Zusammenhang mit „Aktualität" und „Schnelligkeit der Verbreitung der Information" (11) genannt. Motive im Kontext von „Aktualität" waren zum Beispiel „Man erfährt hier oftmals etwas früher als in den üblichen Medien" und „Aktuelle Informationen".

Am dritthäufigsten wurde „Information" im Sinne von spezifischen („Nischen"-) Informationen genannt, die nicht in klassischen Massenmedien zu finden sind.

3.7 Auswertung der Motive der Nutzung

Formulierungen waren hier: „Um Informationen über sehr spezifische Themen zu bekommen, die in anderen Medien nicht verbreitet werden" und „Sehr spezielle Themen auf hohem Niveau, die Massenmedien nicht bieten können".

An vierter Stelle folgte „Information im Zusammenhang mit einer höheren Qualität als im klassischen Journalismus" (3). Formulierungen dieses Motivs stellten sich wie folgt dar: „Ich erhalte dort verlässliche Informationen über wissenschaftliche Themen auf höherem Niveau als in den Mainstream-Medien (die ja auch gerne mal falsch berichten). Vor allem wird dort der Inhalt nicht geschmälert, um Sensationen zu erregen."

Weiterhin wurde als Motiv genannt „vielseitige Informationen" (2), das sich z. B. in der Formulierung „Suche nach vielfältiger Information" ausdrückte.

A.1 Information – Interesse und Neugier

Motive dieser Kategorie wurden 33-mal von den Laien genannt. Beide Schlagwörter wurden sinngemäß zu einer Kategorie zusammengefasst und sind als Unterkategorie eines Informationsbedürfnisses einzuordnen. Vorwiegend wurde jeweils eines der Motive als Schlagwort für sich angegeben, wie „Interesse an der Wissenschaft generell" oder „Neugier".

A.2 Information – Bildung/Wissen/Lernen

An dritter Stelle hinsichtlich der Häufigkeit der Nennungen folgt „Bildung/Wissen/ Lernen" (15). Dies ist die zweite neue Kategorie, die bei der offenen Frage gebildet wurde und als Unterkategorie eines Informationsbedürfnisses einzuordnen ist. Diese Kategorie wurde fast ausschließlich von der Gruppe der Laien genannt. Motivformulierungen, die dieser Kategorie zugeordnet wurden, waren: „Selbst weiterbilden", „Lernen", „Aneignung von Wissen" „Fortbildung", „Weiterbildung", „Erweiterung des Wissens".

B. Unterhaltung

In der Gruppe der Laien spielten Motive, die der Kategorie „Unterhaltung" subsumiert wurden, im Vergleich zu den anderen Gruppen die größte Rolle. Insgesamt wurden Motive dieser Kategorie in der offenen Frage 7-mal genannt. Formulierungen, die dieser Kategorie zugeordnet wurden, sind: „Unterhaltung" und „Wissenschaftsblogs sind einfach super spannend und sehr informativ".

C. Identität – Meinungen

Das Motiv „Meinungen verfolgen" als Teil der Kategorie „Identität" wurde von der Gruppe der Laien relativ häufig genannt (8-mal). Der Tenor dieses Motivs ist

„Meinungen verfolgen" und dadurch die eigene Meinung bilden. Formulierungen der Laien, die dieser Kategorie zugeordnet wurden, waren: „Meinungen anderer zu einem bestimmten Thema wissen", „Mich mit Meinungen auseinandersetzen, die in der sonstigen ‚Mediendiktatur' nicht vorkommen" und „Informationen und diversifizierte, fundierte Meinungen zu verschiedenen wissenschaftlichen Themen lesen können".

D. Aktivität

Motive im Kontext von „Aktivität" wurden marginal angegeben und sind teilweise auch nicht eindeutig der „Aktivität" zuzuordnen (4-mal). Formulierungen, die dieser Kategorie zugeordnet wurden, sind: „Informationsaustausch mit der Möglichkeit, direkt zu interagieren" und „eigene Sicht von anderen beurteilen lassen".

E. Sonstige

Einige Motive, die vereinzelt genannt wurden und keiner Kategorie zuzuordnen waren, werden im Folgenden partiell aufgelistet. Es ist eine Tendenz zu erkennen, dass Wissenschaftsblogs verstärkt zum Untersuchungsobjekt werden. Einige der einzelnen Motive standen im Zusammenhang mit einer Lehrinstitution: „Bachelorarbeit Quellen" oder „Informationen für die Schule finden", weiterhin „Suche Informationen die sich für den eigenen Blog verwenden lassen" oder „Die von Institutionen und Uhrzeiten unabhängige Verfügbarkeit von Informationen".

Fazit: Innerhalb der Gruppe der Laien gab es mit zwei neuen Kategorien „Interesse/Neugier" und „Bildung/Wissen/Lernen" die signifikanteste Motiverweiterung im Vergleich der drei Gruppen. Beide Motive können als Unterkategorien der Kategorie „Information" eingeordnet werden und differenzieren sich von den anderen Unterkategorien, die aufgrund eines Attributes gebildet wurden. Neu ist ein starkes Interesse der Laien an der *Aktualität* der Informationen. Weiterhin ist aus den offenen Motiven erkennbar, dass die Laien die Qualität von Wissenschaftsblogs sehr hoch einschätzen. Die Gruppe der Laien zeichnet, wie die Gruppe der Wissenschaftsjournalisten, ein größeres Interesse an Meinungen aus, was partiell auf Identitätsmotive zurückzuführen ist. Das Motiv „Diskussionen verfolgen" kann auch als spezielles Informationsbedürfnis gewertet werden. Weiterhin kennzeichnet die Gruppe der Laien eine relative Häufung von Motiven der Kategorie Unterhaltung.

3.8 Auswertung des Mediennutzungsverhaltens

Die Auswertung der Themenkomplexe in Bezug auf das Mediennutzungsverhalten erfolgte zuerst anhand der Gesamtstichprobe. Dann wurden die drei Gruppen jeweils einzeln ausgewertet, im Vergleich zur Gesamtstichprobe und im Vergleich der drei Gruppen untereinander. Weiterhin wurde auch hier die Homogenität innerhalb der Gruppe bewertet und bei heterogenem Antwortverhalten kurz dargestellt.

Eine Analyse der Ergebnisse im Verhältnis zur Gesamtstichprobe ist unabdinglich, um den Einfluss des Merkmals „Beruf" herauszufiltern. Jedoch wird die Gesamtstichprobe im Fazit nicht jeweils noch einmal aufgegriffen, da sie nur im Kontext der Theorie Signifikanz hat, ihr aber inhaltlich in Bezug auf die Forschungsfragen keine Relevanz zukommt.

Wie bei der Auswertung der Motivstatements erfolgt die Darstellung sehr detailliert und deskriptiv. Die Auswertung dient als Basis für die Gesamtanalyse im Schlussteil, die nur zentrale Indikatoren aufweist, mit Verweis auf diesen Abschnitt. Je Themenkomplex gibt es eine kurze Zusammenfassung.

3.8.1 Soziodemografie und Nutzertypen

Dieser Fragenkomplex beinhaltet die klassischen Fragen zur Demografie der Nutzer. Die Ergebnisse können als Indikatoren genutzt werden, um rudimentäre Nutzertypen der jeweiligen drei Gruppen zu bilden.

Geschlecht

In der Gesamtstichprobe und in allen jeweiligen Gruppen überwiegen die männlichen Nutzer. Unter allen Teilnehmern der Befragung gibt es knapp zwei drittel Männer (62,6 %) und ein gutes Drittel Frauen (37,4 %). Am ausgewogensten ist der prozentuale Anteil von Frauen und Männern in der Gruppe der Wissenschaftsjournalisten (48,4 % Frauen, 51,6 % Männer). Danach folgt die Gruppe der Wissenschaftler (42,3 % Frauen, 57,7 % Männer). Am stärksten überwiegen die männlichen Nutzer in der Gruppe der Laien. Hier ist nur ein knappes Drittel der Nutzer Frauen (30,7 % Frauen, 69,3 %).

Altersstruktur

Das Durchschnittsalter der Gesamtstichprobe und der jeweiligen Gruppen liegt zwischen 32 und 42 Jahren. In der Gesamtstichprobe liegt der größte Anteil zwischen 20 bis 29 Jahren (31 %) und 30 bis 39 Jahren (28,7 %). Danach folgen mit über 10 % Abstand die Gruppen im Alter von 40 bis 49 Jahren (17,7 %) und von 50 bis 59 Jahren (10,4 %). Weitere Altersgruppen sind marginal mit unter 10 % vertreten.

Durchschnittlich sind die jüngsten User in der Gruppe der Wissenschaftler (33 Jahre). Mehr als die Hälfte (51 %) sind zwischen 20 und 29 Jahren alt. Danach folgt mit einem knappen Drittel (31,7 %) die Altersgruppe von 30 bis 39 Jahren.

Im Vergleich zur Gesamtstichprobe und den anderen beiden Gruppen ist bei Wissenschaftsjournalisten mit 41 Jahren das Durchschnittsalter am höchsten. Hier befindet sich die größte Gruppe, etwas mehr als ein Drittel (35,5 %), zwischen 30 und 39 Jahren. Danach folgt mit ca. einem Fünftel (21 %) die Altersgruppe 40 bis 49 Jahre.

Die Gruppe der Laien ist mit durchschnittlich 37 Jahren die zweitälteste Gruppe. Die Nutzung ist innerhalb der Altersgruppen relativ ausgeglichen. Es gibt jeweils anteilig etwas über 20 % in den Altersgruppen 20 bis 29 Jahre, 30 bis 39 Jahre und 40 bis 49 Jahre.

Familienstand

In der Gesamtstichprobe ist der größte Anteil „Single" (38,3 %). Danach folgt mit einem Viertel „verheiratet" (25,2 %). „Ledig, mit Partner zusammenlebend" und „Ledig mit Partner, aber nicht zusammenlebend" sind mit jeweils knapp unter 20 % vertreten. Die Gruppe der Wissenschaftler und der Wissenschaftsjournalisten ähneln sich mit Werten zwischen 20 und 30 % in den Bereichen „single" und „ledig". Im Vergleich zur Gesamtstichprobe und den anderen Gruppen ist unter den Wissenschaftsjournalisten der größte Teil der „Verheirateten" (32,3 %). In der Gruppe der Laien ist mit knapp der Hälfte (48 %) der größte Teil der „Singles".

Bildungsabschluss

Der Bildungsabschluss unter den Nutzern von Wissenschaftsblogs ist relativ hoch. In der Gesamtstichprobe verfügen über die Hälfte (56,2 %) über ein abgeschlossenes Hochschulstudium oder mehr (Promotion, Habilitation).

Im Verhältnis zu der Gesamtstichprobe und den anderen beiden Gruppen liegt der höchste Bildungsabschluss in der Gruppe der Wissenschaftler. Zwei Drittel der Wissenschaftler (75 %) verfügen über ein abgeschlossenes Hochschulstudium oder einen höheren Bildungsabschluss (laufende Promotion 27,9 %, abgeschlossene Promotion 20,2 %, Habilitation 4,8 %). In dieser Gruppe ist der Anteil der Promotionen und Habilitationen am höchsten.

3.8 Auswertung des Mediennutzungsverhaltens 225

Bei den Wissenschaftsjournalisten haben die meisten Nutzer einen Bildungsstand eines abgeschlossenen Hochschulstudiums (61,3 %), weitere 16 % einen höheren Abschluss (Promotion 14,5 % und 1,6 % Habilitation).

Bei den Laien liegt im Verhältnis zur Gesamtstichprobe und den anderen beiden Gruppen der niedrigste Bildungsabschluss vor. Etwas über ein Drittel (38 %) verfügt über ein abgeschlossenes Hochschulstudium oder mehr (18,4 % einen Realschulabschluss, 27,9 % Abitur, 30,7 % abgeschlossenes Hochschulstudium, 2,8 % laufende Promotion, 3,9 % Promotion, 0,6 % Habilitation).

Tätigkeit

Unter allen Teilnehmern der Umfrage sind die beiden größten Gruppen „Student/in" (22,3 %) und „Einfache(r) Angestellte(r) (21,7 %). Danach folgt „Leitende(r) Angestellte(r)" (12,5 %). Weitere „Tätigkeiten" über 5 % sind „Schüler/in" (7,2 %), „Selbstständig" (8,1 %), „Freie Berufe" (9,0 %).

In der Gruppe der Wissenschaftler befindet sich im Verhältnis zur Gesamtstichprobe und den anderen beiden Gruppen der größte Anteil von Studenten (43,3 %). Herleitend aus der letzten Frage, sind davon 27,9 % Doktoranden. Die nächsten Gruppen mit einer signifikanten Anzahl sind einfache Angestellte (22,1 %) und leitende Angestellte (15,4 %). Beides weist auf ein Beschäftigungsverhältnis in der Forschungsabteilung eines Unternehmens hin. Alle anderen Tätigkeitsfelder sind marginal angegeben worden.

In der Gruppe der Wissenschaftsjournalisten gaben über die Hälfte (54,8 %) „Selbstständig" oder „Freie Berufe" an. Nur ein knappes Drittel (29 %) der Wissenschaftsjournalisten sind in einem festen Angestelltenverhältnis (17,7 % „Einfache Angestellte" und 11,3 % „Leitende Angestellte").

In der Gruppe der Laien gibt es im Verhältnis zu den anderen beiden Gruppen keine Tätigkeit, die über 30 % innerhalb der Gruppe ausmacht. Der größte Teil der Laien ist „Einfache(r) Angestellte(r)" (22,9 %), dann „Student/in" (16,2 %). Über 10 % sind weiterhin Schüler (13,4 %) und „Leitende(r) Angestellte(r)" (11,2 %).

Fazit: Der Durchschnittsnutzer in der Gruppe der Laien ist tendenziell männlich, 37 Jahre alt, besitzt ein abgeschlossenes Hochschulstudium, ist Single und beruflich einfacher Angestellter. Merkmale der Gruppe sind im Vergleich der drei Gruppen der höchste Anteil männlicher Nutzer, der niedrigste Bildungsabschluss und der höchste „Single-Anteil".

In der Gruppe der Wissenschaftler und Wissenschaftsjournalisten ist das Geschlechterverhältnis ausgewogener und in der Gruppe der Wissenschaftsjournalisten fast ausgeglichen. Durchschnittlich befinden sich in der Gruppe der Wissenschaftler mit 33 Jahren die jüngsten Nutzer der drei Gruppen und in der Gruppe der Wissenschaftsjournalisten mit 41 Jahren durchschnittlich die ältesten Nutzer.

Innerhalb der Gruppe der Wissenschaftler bzw. der Wissenschaftsjournalisten gibt die Tätigkeitszuordnung Hinweise auf die Zusammensetzung der jeweiligen Gruppe. Bei den Wissenschaftlern gibt die Tätigkeit insbesondere Aufschluss über die Art und Hierarchieebene der Beschäftigung in der Wissenschaft (Student, wissenschaftlicher Mittelbau, Professor oder eine Beschäftigung im Forschungsbereich eines Unternehmens). In Bezug auf die Gruppe der Wissenschaftsjournalisten zeigt diese Kategorie an, inwieweit Wissenschaftsblogs von freien Wissenschaftsjournalisten oder fest angestellten Wissenschaftsjournalisten genutzt werden. Merkmal der Gruppe der Wissenschaftler ist durchschnittlich der höchste Bildungsabschluss und ein hoher Anteil von Nutzern aus dem wissenschaftlichen Mittelbau. In der Gruppe der Wissenschaftsjournalisten überwiegen klar die „freien Journalisten". Ein Merkmal der Wissenschaftsjournalisten ist der höchste Anteil von verheirateten Nutzern.

Die Nutzergruppen anteilig

Anteilig sind die Nutzergruppen folgendermaßen vertreten (Teilnehmer an der Studie): ca. die Hälfte sind Laien (51,9 %), ein Drittel sind Wissenschaftler („in der Forschung tätig" 30,1 %) und 18 % Wissenschaftsjournalisten.

3.8.2 Etablierungsgrad der Nutzung

Die Fragen dieses Themenkomplexes geben Aufschluss darüber, wie etabliert die Nutzung von Wissenschaftsblogs ist. Indikator hierfür sind die Dauer und die Häufigkeit der Nutzung. Weiterhin beinhaltet dieser Themenkomplex eine Frage zum Ort der Nutzung. Der Ort der Nutzung impliziert nicht zwingend eine berufliche und/oder private Nutzung, weist jedoch zusammen mit anderen Faktoren dieser Umfrage darauf hin.

Dauer der Nutzung von Wissenschaftsblogs

In der Gesamtstichprobe gibt es einen großen Teil von Nutzern, ungefähr ein Drittel (31,9 %), der Wissenschaftsblogs erst 3 Monate oder kürzer nutzt. Alle weiteren Nutzer sind mit Werten zwischen 10 und 20 % zwischen 3 Monaten bis 2 Jahren relativ gleichmäßig verteilt. Nur 7,8 % nutzen Wissenschaftsblogs 5 Jahre oder länger.

In der Gruppe der Wissenschaftler fällt die Nutzungsdauer sehr unterschiedlich aus. Ein großer Teil (ca. ein Drittel, 31,7 %) der Nutzer nutzen Wissenschaftsblogs drei Monate oder kürzer (31 %). Die prozentual zweitgrößte Gruppe nutzt aber Wissenschaftsblogs bereits seit einem relativ langen Zeitraum 1 bis 2

3.8 Auswertung des Mediennutzungsverhaltens

Jahre (24 %). Dazwischen ist die Dauer der Nutzung gleichmäßig verteilt: 3 bis 6 Monate 10,6 %, 6 Monate bis 1 Jahr 15,4 %, 2 bis 5 Jahre 12,5 %. Im Verhältnis zur Gesamtstichprobe und den anderen beiden Gruppen gibt es in dieser Gruppe die wenigsten Langzeitnutzer (5,8 %).

Die Gruppe der Wissenschaftsjournalisten ist im Verhältnis zur Gesamtstichprobe und den anderen beiden Gruppen diejenige, die Wissenschaftsblogs am längsten nutzt. Nur 14,5 % der Wissenschaftsjournalisten nutzen Wissenschaftsblogs drei Monate oder kürzer und nur 12,9 % 3 bis 6 Monate. Anteilig die größten Gruppen nutzen Wissenschaftsblogs 6 Monate bis 1 Jahr (21 %); 1 bis 2 Jahre (24,2 %) oder 2 bis 5 Jahre (19,4 %). 8,1 % nutzen Wissenschaftsblogs über 5 Jahre.

Die Gruppe der Laien nutzen Wissenschaftsblogs im Vergleich am kürzesten. Anteilig die größte Gruppe (38 %) nutzen die Laien Wissenschaftsblogs 3 Monate oder kürzer. Knapp ein Fünftel der Laien nutzen Wissenschaftsblogs 6 Monate bis 1 Jahr (17,3 %), und nur 17,3 % 2 Jahre oder länger (prozentual am wenigsten von den drei Gruppen).

Häufigkeit der Nutzung

In der Gesamtstichprobe und in allen jeweiligen Gruppen nutzt der größte Anteil Wissenschaftsblogs täglich oder mehrmals die Woche. In der Gesamtstichprobe sind das 56,8 % der Nutzer.

In der Gruppe der Wissenschaftler nutzen die Hälfte (50 %) Wissenschaftsblogs täglich oder mehrmals die Woche. Die nächsten größeren Gruppen in der Nutzung sind „mehrmals im Monat" (13,5 %) oder „seltener als einmal im Monat" (19,2 %). Wenige Nutzer nutzen Wissenschaftsblogs unregelmäßig, entweder werden sie intensiv genutzt oder kaum bis gar nicht.

In der Gruppe der Wissenschaftsjournalisten ist die Häufigkeit der Nutzung am gleichmäßigsten verteilt. Obwohl diese Gruppe Wissenschaftsblogs am längsten nutzt, tut sie dies im Vergleich zu den anderen Gruppen am unregelmäßigsten. Knapp die Hälfte nutzen Wissenschaftsblogs „täglich" oder „mehrmals die Woche" (45,2 %). Alle anderen sind relativ gleichmäßig verteilt zwischen „einmal die Woche" bis „seltener als einmal im Monat".

Die Gruppe der Laien sind im Vergleich die intensivsten Nutzer von Wissenschaftsblogs. Die Nutzungsintensivität steht interessanterweise im Kontrast mit der Dauer der Nutzung. Über zwei Drittel nutzen Wissenschaftsblogs täglich oder mehrmals die Woche. Moderate Nutzer gibt es kaum, jedoch eine relativ große Gruppe, die Wissenschaftsblogs seltener als einmal im Monat nutzt (15,1 %).

Ort der Nutzung

Bei dieser Frage war eine Mehrfachnennung möglich. Daher schließen eine Nutzung zu Hause und/oder am Arbeitsplatz einander nicht aus.

In der Gesamtstichprobe gab der größte Teil mit knapp 80 % (78 %) eine Nutzung zu Hause an. Etwas über die Hälfte aller Teilnehmer der Befragung nutzen Wissenschaftsblogs auch am Arbeitsplatz (58,3 %). Eine mobile Nutzung war zum Zeitpunkt der Befragung noch marginal (9,3 %).

Bei den Wissenschaftlern ist eine ähnlich stark ausgeprägte Nutzung am Arbeitsplatz und Zuhause festzustellen. Von den Wissenschaftlern nutzen 71 % Wissenschaftsblogs am Arbeitsplatz, 77 % nutzen Wissenschaftsblogs zu Hause. Mobil wird es in dieser Gruppe bisher kaum genutzt, nur 7,7 % gaben an, Wissenschaftsblogs mobil zu nutzen.

Im Vergleich zur Gesamtstichprobe und den anderen beiden Gruppen gibt es in der Gruppe der Wissenschaftsjournalisten die intensivste Nutzung am Arbeitsplatz (83,9 %). Zwei Drittel der Wissenschaftsjournalisten nutzen Wissenschaftsblogs auch zu Hause (62,9 %). Im Vergleich zu den anderen Gruppen ist das die geringste Nutzung. Die mobile Nutzung von Wissenschaftsblogs fällt in der Gruppe der Wissenschaftsjournalisten mit 6,5 % am geringsten aus.

Die Gruppe der Laien weist im Vergleich zur Gesamtstichprobe und den anderen beiden Gruppen die höchste Nutzung zu Hause (85,5 %) und die niedrigste Nutzung am Arbeitsplatz (41,9 %) auf. Jedoch ist die Gruppe der Laien die einzige Gruppe, die einen Wert über 10 % (11,2 %) in der mobilen Nutzung von Wissenschaftsblogs hat.

Fazit: Die Gruppe der Wissenschaftsjournalisten zeichnet sich durch die längste Nutzung von Wissenschaftsblogs aus (ein großer Teil nutzt Wissenschaftsblogs bereits mehrere Jahre), jedoch auch durch die unregelmäßigste und die am wenigsten intensive Nutzung. Die Gruppe der Wissenschaftler liegt hinsichtlich der Intensität und Dauer der Nutzung von Wissenschaftsblogs zwischen der Gruppe der Wissenschaftsjournalisten und der Laien. Die Hälfte der Gruppe sind regelmäßige Nutzer. Jedoch ist in Bezug auf die Dauer der Nutzung keine homogene Tendenz erkennbar. Die Gruppe der Laien enthält die intensivsten Nutzer, die aber auch zugleich die kürzeste Nutzungsdauer aufweisen.

Die Nutzung am Arbeitsplatz fällt bei der Gruppe der Wissenschaftsjournalisten am höchsten aus. Zudem ist es die einzige Gruppe, bei der die Nutzung am Arbeitsplatz höher als zuhause ist. Die Gruppe der Wissenschaftler erzielt bei beiden Alternativen „zuhause" und „am Arbeitsplatz" hohe Werte. Bei den Laien gab es eine klare Ausprägung bezüglich der Nutzung „zuhause". Die Nutzung mobil war zum Zeitpunkt der Befragung in allen drei Gruppen noch marginal, aber am stärksten in der Gruppe der Laien.

3.8.3 Routine der Nutzung

Ergänzend zu Abschnitt 3.9.2 gibt dieser Themenkomplex Aufschluss darüber, inwieweit Wissenschaftsblogs bei den Nutzern etabliert und wie routiniert die Nutzer im Umgang mit dem Medium sind. Die erste Frage zeigt auf, wie der Erstkontakt mit einem Wissenschaftsblog zustande gekommen ist. Die zweite Frage gibt Aufschluss darüber, wie weit die Nutzung von Wissenschaftsblogs bereits eine alltägliche Handlung darstellt und die Nutzung durch eine bewusste Entscheidung für Wissenschaftsblogs erfolgt. Die zweite Frage ist im Kontext des Erkenntnisinteresses zentraler und bildet einen Indikator, wie weit Wissenschaftsblogs integraler Bestandteil des alltäglichen Medienmixes der Nutzer sind.

Die Art der Frage umfasste „multi punch" und „must answer". Auch die erste Frage wurde als „Multi-Punch-Frage" gestellt, da die Aufmerksamkeit auf mehreren Ebenen geweckt worden sein und erst die Akkumulation dazu führen könnte, sich einen Wissenschaftsblog anzuschauen.

Wie sind Sie auf Wissenschaftsblogs aufmerksam geworden?

In der Gesamtstichprobe und in allen jeweiligen Gruppen ist der größte Anteil über einen Link auf einer anderen Website auf Wissenschaftsblogs aufmerksam geworden.

In der Gesamtstichprobe ist knapp die Hälfte über einen „Link auf einer anderen Website" auf Wissenschaftsblogs gekommen (46,1 %). Die zweitgrößte Gruppe, ca. ein Drittel (32,2 %), ist über Suchmaschinen zum ersten Mal auf ein Wissenschaftsblog gelangt. Ein gutes Fünftel ist über die „Empfehlung eines Freundes oder Kollegen" (22 %) auf Wissenschaftsblogs aufmerksam geworden. „Hinweis in einem anderen Medium" und „Blogroll auf einem anderen Blog" lagen jeweils unter 20 % (16,5 % und 17,7 %).

Bei den Wissenschaftlern gab es anteilig ähnliche Werte zwischen 30 und 40 % bei „Link auf einer anderen Seite" (38,5 %), Suchmaschine (35,6 %) und „Empfehlung eines Freundes oder Kollegen" (31,7 %). „Hinweis in einem anderen Medium" (17,3 %) und „Blogroll auf einem anderen Blog" (22,1 %) lagen wie bei der Gesamtstichprobe und bei der Gruppe der Laien klar dahinter. Die Gruppe der Wissenschaftler zeichnet sich im Vergleich zu den anderen beiden Gruppen durch den niedrigsten Wert bei „Link auf einer anderen Seite" und jeweils den höchsten Wert bei „Suchmaschine" und „Empfehlung eines Freundes oder Kollegen" aus. Weiterhin erzielt diese Gruppe den höchsten Wert bei „„Blogroll" auf einem anderen Blog".

In der Gruppe der Wissenschaftsjournalisten ist mit Abstand der größte Teil über einen „Link auf einer anderen Website" (56,5 %) zum ersten Mal auf einen

Wissenschaftsblog gekommen. Mit Werten um die 30 % folgen „Hinweis in einem anderen Medium" (32,3 %), „Suchmaschine" (30,6 %) und „Empfehlung eines Freundes oder Kollegen" (27,4 %). „Blogroll auf einem anderen Blog" liegt mit 17,7 % weit dahinter. Im Verhältnis zur Gesamtstichprobe und den anderen beiden Gruppen ist der sehr hohe Wert bei „Link auf einer anderen Website" bzw. „Hinweis in einem anderen Medium" signifikant. „Empfehlung eines Freundes oder Kollegen" ist sowohl bei den Wissenschaftlern als auch bei den Wissenschaftsjournalisten weit höher als bei der Gesamtstichprobe und den Laien.

In der Gruppe der Laien sind die meisten auch über „Link auf einer anderen Website" (46,9 %) und eine Suchmaschine (30,7 %) zum ersten Mal auf einen Wissenschaftsblog aufmerksam geworden. Die anderen Alternativen lagen in der Gruppe der Laien unter 20 %. Im Vergleich zur Gesamtstichprobe und den anderen beiden Gruppen zeichnete sich die Gruppe der Laien mit Abstand durch den geringsten Wert bei „Empfehlung eines Freundes oder Kollegen" (15,1 %), „Hinweis in einem anderen Medium" (10,6 %) und „Blogroll auf einem anderen Blog" (15,1 %) aus.

Wie besuchen Sie meistens die Wissenschaftsblogs?

In der Gesamtstichprobe und den jeweiligen Gruppen besuchen die meisten Nutzer Wissenschaftsblogs über die direkte URL, entweder als „Favorit gespeichert" oder direkt eingegeben. Unter allen Nutzern besuchen 37,1 % Wissenschaftsblogs über die direkte URL und 34,8 % über die als Favorit oder Lesezeichen gespeicherte URL. Danach folgen mit jeweils ca. einem Viertel „Suchmaschine" (26,4 %), „Link von anderer Seite" (25,8 %) und über „RSS-Feed-Abonnement" (23,5 %). „Blogroll auf einem anderen Blog" wird mit 9,6 % am geringsten genutzt.

Die Gruppe der Wissenschaftler spiegelt die Rangfolge der Nutzungsform der Gesamtstichprobe wider. Die meisten Wissenschaftler gehen über die URL direkt (35,6 %) oder über die als Favorit gespeicherte URL (32,7 %) auf Wissenschaftsblogs. Danach folgen „Suchmaschine" (30,8 %), „Link auf einer anderen Seite" (28,8 %) und „RSS"-Feed (26 %). „Blogroll auf einem anderen Blog" ist auch hier am geringsten, jedoch im Vergleich zur Gesamtstichprobe und den anderen beiden Gruppen am höchsten (12,5 %). Weiterhin erzielt diese Gruppe bei „Suchmaschine" und „RSS-Feed" im Vergleich die höchste Nutzung.

In der Gruppe der Wissenschaftsjournalisten erzielt ebenfalls die Nutzung über URL direkt oder über die Speicherung als Favorit die höchsten Werte. Im Vergleich zu den anderen Gruppen und der Gesamtstichprobe gibt es hier eine signifikant höhere Nutzung (51,6 % URL direkt, 40,3 % URL Favorit). Wie bei der Gesamtstichprobe und bei der Gruppe der Laien weisen die die Nutzungswege „Link von anderer Website" (29 %), „RSS-Feed" (25,8 %) und „Suchmaschine"

3.8 Auswertung des Mediennutzungsverhaltens

(25,8 %) Werte um die 20 bis 30 % auf, jedoch in einer etwas anderen Gewichtung. „Blogroll auf einem anderen Blog" ist mit 9,7 % wie bei den anderen Gruppen die am geringsten verwendete Nutzungsform. Im Vergleich zu der Gesamtstichprobe und den anderen Gruppen erzielt diese Gruppe die höchsten Werte bei den URL-Einstiegen und bei „Link von anderer Website".

Die Gruppe der Laien weist bezüglich der Gewichtung und Rangfolge die gleiche Nutzungsform wie die Gesamtstichprobe und die Gruppe der Wissenschaftler auf. Jedoch gibt es marginal mehr Nutzer, die über die als Favorit gespeicherte URL (34,1 %) als direkt über die URL (33 %) auf Wissenschaftsblogs kommen. Im Vergleich zu den anderen Gruppen und der Gesamtstichprobe sind die Werte durchschnittlich geringer. 24 % kommen über eine Suchmaschine, 22,9 % über einen „Link von einer anderen Webseite" und 21,2 % über einen „RSS"-Feed. Auch hier kommen die wenigsten über einen „Blogroll auf einem anderen Blog" (7,8 %).

Fazit: Bei allen drei Gruppen wurde der größte Teil innerhalb der jeweiligen Gruppe anfänglich über einen Link auf einer anderen Seite auf einen Wissenschaftsblog aufmerksam, dicht gefolgt von einer Suchmaschinensuche. Bei der Gruppe der Wissenschaftler und Wissenschaftsjournalisten gab es einen relativ hohen Anteil, der über die „Empfehlung eines Freundes oder Kollegen" auf Wissenschaftsblogs hingewiesen wurde, was impliziert, dass das Medium innerhalb der Gruppen bereits einen gewissen Etablierungsgrad erreicht hat. Regelmäßig genutzt werden Wissenschaftsblogs von allen drei Gruppen am meisten direkt über die URL oder über die als Favorit gespeicherte URL. Insbesondere die Gruppe der Wissenschaftsjournalisten nutzt Wissenschaftsblogs über direkt die URL oder über die als Favorit gespeicherte URL, was darauf hinweist, dass Wissenschaftsblogs im täglichen Medienmix fest integriert sind. Weiterhin gibt es einen relativ großen Teil, in jeder Gruppe ca. ein Viertel, der Wissenschaftsblogs entweder über „RSS" nutzt oder über eine Suchmaschine auf einen Wissenschaftsblog gelangt. Das sind zum einen die gezielten, „heavy user" von Wissenschaftsblogs und zum anderen die medienindifferenten willkürlichen Nutzer, die eine Themenrecherche betrieben haben.

3.8.4 Funktionen von Wissenschaftsblogs

Die beiden Wissenschaftsblogaggregierungsportale „ScienceBlogs" und „Scilogs" verfügen über verschiedene weitere Web-2.0-Anwendungen neben den normalen Blogfunktionen wie „Kommentarfunktion" und „RSS". Der Fragenkomplex zielte darauf ab, zu explorieren, inwieweit weitere Web-2.0-Anwendungen, wie „Podcasts" und „Micro-Blogging"-Dineste genutzt werden, wie aktiv die Nutzer von Wissenschaftsblogs sind und welchen Stellenwert weitere Nutzungsmöglichkeiten in Wissenschaftsblogaggregierungsportalen haben. Insbesondere wurde hier der Fokus auf die Kommentarfunktion gelegt, die im Weblog die einzige Aktivität der Nutzer darstellt.

Abbildung 37: *Nutzung der Funktionen von Wissenschaftsblogs*

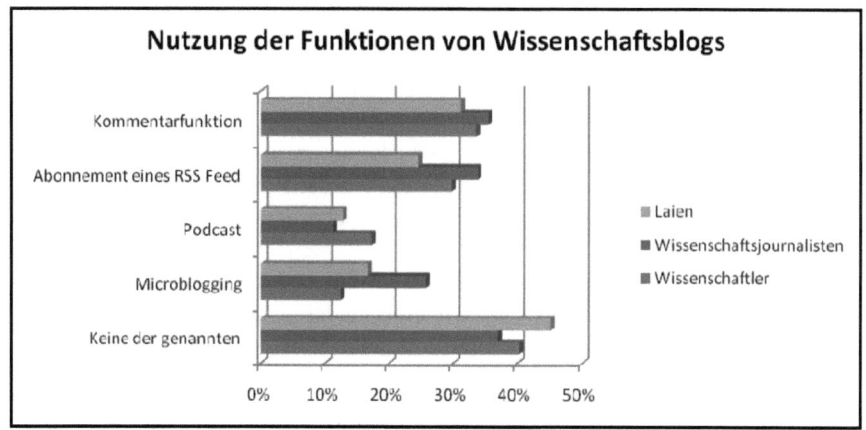

Welche der folgenden Funktionen von Wissenschaftsblogs nutzen Sie?

In der Gesamtstichprobe und in allen drei Gruppen nimmt der größte Anteil keine der weiteren Nutzungsmöglichkeiten in Anspruch, die jeweils ein gewisses Maß an Aktivität voraussetzen. Dies bestätigt das eher passive Nutzungsverhalten, das sich bereits in den Interviews dargestellt hatte. In der Gesamtstichprobe gaben 42,3 % „nichts davon" an. Von den abgefragten Anwendungen und Nutzungsmöglichkeiten nutzen die meisten der Befragten mit ca. einem Drittel (32,8 %) die Kommentarfunktion. Ein ähnlich hoher Anteil der Gesamtnutzer hat den „RSS"-Feed abonniert (27,8 %). Weniger als ein Fünftel verfolgt „Micro-Blogging" (17,1 %) oder hören den „Podcast" (13,9 %).

Die Gruppe der Wissenschaftler erzielt knapp hinter der Gruppe der Wissenschaftsjournalisten die höchsten Werte bei „nutze Kommentarfunktion" (33,7 %) und „habe „RSS"-Feed abonniert" (27,8 %). Jedoch sind diese Werte nur marginal höher als bei der Gesamtstichprobe. Im Verhältnis zur Gesamtstichprobe und den anderen beiden Gruppen zeichnet sich die Gruppe der Wissenschaftler mit der geringsten Nutzung von „Micro-Blogging" aus (12,5 %) und anteilig mit der höchsten Nutzung von „Podcasts" (13,9 %). 40,4 % der Wissenschaftler nutzen nichts davon.

3.8 Auswertung des Mediennutzungsverhaltens

Die Gruppe der Wissenschaftsjournalisten weist sich im Verhältnis zur Gesamtstichprobe und den anderen beiden Gruppen als die aktivste Gruppe aus und erzielt bei allen Nutzungsmöglichkeiten, außer bei „Podcast", die höchsten Werte. Auch in dieser Gruppe nutzt ca. ein Drittel die Kommentarfunktion (35,5 %). Weiterhin nutzt ca. ein Drittel „RSS" (33,9 %), was insbesondere im Verhältnis zu der Gesamtstichprobe und den Laien eine deutlich höhere Nutzung ist. Besonders signifikant ist in dieser Gruppe die Nutzung von „Micro-Blogging", welches von einem Viertel (25,8 %) genutzt wird und sich klar abhebt von den anderen Gruppen. Bei „höre Podcast" erzielt diese Gruppe mit 11,3 % den niedrigsten Wert von allen Gruppen.

Die Gruppe der Laien ist im Vergleich zur Gesamtstichprobe und den anderen beiden Gruppen die passivste Gruppe. 45,3 % gaben an „nichts davon" zu nutzen. Circa ein Drittel der Laien (31,3 %) nutzt die Kommentarfunktion. Mit knapp einem Viertel (24,6 %) weist sich die Gruppe der Laien als diejenige mit der geringsten Nutzung von „RSS" aus. Bei „Podcast" und „Micro-Blogging" liegt die Nutzung zwischen derjenigen der anderen Gruppen.

Wie oft schreiben Sie Kommentare?

In der Gesamtstichprobe und in allen drei Gruppen gaben die meisten Nutzer, die die Kommentarfunktion nutzen (in jeder Gruppe ca. ein Drittel), an, „selten" zu kommentieren. Nur ca. ein Fünftel (20,4 %) kommentiert „häufig". „Immer" und „nie" (wobei dieses durch die Filterfrage ausgeschlossen sein sollte) wurden marginal angegeben („immer" 1,8 %, „nie" 3,5 %).

Im Vergleich zu der Gesamtstichprobe und den anderen beiden Gruppen sind die Wissenschaftler am wenigsten aktiv. 80 % gaben an, „selten" zu kommentieren, und 5,7 % „nie". Der geringste Anteil im Vergleich, nämlich 11,9 %, gab an „häufig", zu kommentieren. Jedoch ist die Gruppe der Wissenschaftler diejenige, die den größten Anteil an Nutzern hat, die „immer" kommentieren (2,9 %).

Obwohl keiner der Wissenschaftsjournalisten angegeben hat, immer zu kommentieren, ist es doch die Gruppe, die den höchsten „Top-2-Wert" hat und am aktivsten ist. Circa ein Drittel (31,8 %) gab an, „häufig" zu kommentieren. Keiner der Wissenschaftsjournalisten gab an, „nie" zu kommentieren, und ca. zwei Drittel (68,2 %) gaben an, „selten" zu kommentieren.

Die Gruppe der Laien befindet sich im Mittelfeld zwischen der Gruppe der Wissenschaftler und Wissenschaftsjournalisten und liegt hinsichtlich der Werte sehr nah an der Gesamtstichprobe („immer" 1,8 %, „häufig" 21,4 %, „selten" 73,2 %, „nie" 3,6 %).

Wie wichtig sind Ihnen die folgenden Funktionen bei Wissenschaftsblogs?

Den höchsten Top-2-Wert, also eine Einschätzung als „sehr wichtig" und/oder „wichtig", erhielt mit über 90 % (92,9 %) die Kommentarfunktion, dicht gefolgt vom „RSS"-Feed (90,6 %). Mit 71,9 % zu 51,3 % erhielt jedoch der „RSS"-Feed von den Nutzern dieser Möglichkeit einen weit höheren Top-1-Wert („sehr wichtig"). „Micro-Blogging" und „Podcast" erhielten mit ca. zwei Dritteln Zustimmung bei den Top-2-Werten („Micro-Blogging" 62,7 %, „Podcast" 60,4 %) ähnliche Werte, die klar hinter der Kommentarfunktion und dem „RSS"-Feed liegen.

Wie von den anderen beiden Gruppen auch wurde die Kommentarfunktion mit einem Top-2-Wert von 91,4 % von der Gruppe der Wissenschaftler als die wichtigste Funktion eingeschätzt. Die Gruppe der Wissenschaftler hat aber im Verhältnis zu den anderen Gruppen mit 45,7 % die niedrigste Einschätzung bei „sehr wichtig". Wie alle Gruppen schätzen die Wissenschaftler „RSS" als zweitwichtigste Funktion ein, jedoch mit einem etwas geringerem Top-2-Wert von 87,1 %. „Micro-Blogging" und „Podcast" rangieren von der Wichtigkeit klar dahinter mit Top-2-Werten von 61,5 % und 50 %. Die Einschätzung zu „Micro-Blogging" ist vergleichbar mit derjenigen der anderen Gruppen. „Podcast" wird von der Gruppe der Wissenschaftler als am wenigsten wichtig eingeschätzt.

Im Vergleich der drei Gruppen schätzt die Gruppe der Wissenschaftsjournalisten alle Funktionen von Weblogs und Applikationen, außer „Podcast", als wichtigste ein. Bei der Kommentarfunktion erzielt die Gruppe sogar einen Top-2-Wert von 100 %. „RSS" wird von 95,2 % als „wichtig" oder „sehr wichtig" eingeschätzt, jedoch mit einem größeren Anteil der Einschätzung „sehr wichtig" (76,2 %). „Micro-Blogging" wird von zwei Dritteln (68,8 %) als „sehr wichtig" oder „wichtig" eingeschätzt. „Podcast" wird im Verhältnis mit 57,1 % als am wenigsten wichtig eingeschätzt.

Die Gruppe der Laien schließt sich bezüglich der Reihenfolge der Wichtigkeit der Dienste den anderen Gruppen an. Ausnahme ist, dass die Gruppe der Laien „Podcast" höher als „Micro-Blogging" einschätzt. Die Kommentarfunktion wird in der Gruppe der Laien von 91,1 % als „sehr wichtig" oder „wichtig" eingeschätzt. „RSS" wird von 90,9 % als „sehr wichtig" oder „wichtig" angesehen. „Micro-Blogging" wird mit einem Top-2-Wert von 60 % im Verhältnis zu den anderen Gruppen und der Gesamtstichprobe als am unwichtigsten eingeschätzt. Im Gegensatz dazu erachtet die Gruppe der Laien „Podcast" im Verhältnis zu den anderen Gruppen als „am wichtigsten". Hier sehen ca. zwei Drittel der Nutzer „Podcast" als „sehr wichtig" (39,1 %) oder „wichtig" (30,4 %) an.

Fazit: Generell ist bei allen drei Gruppen die größte Gruppe eine passive Nutzergruppe, die keine weiteren Funktionen nutzt – weder Nutzungsoptionen, die di-

3.8 Auswertung des Mediennutzungsverhaltens

rekt zu einem Weblog gehören, wie die Kommentarfunktion und „RSS", noch weitere Dienste, die bei einigen Weblogs integriert sind, z. B. „Micro-Blogging" oder „Podcasts".

Die Kommentarfunktion wird von den Alternativen am meisten angewendet und von ca. jeweils einem Drittel innerhalb der drei Gruppen genutzt. Bei allen Fragen zeichnet sich die Gruppe der Wissenschaftsjournalisten als die aktivste und als diejenige aus, die die meisten Anwendungen nutzt. Circa ein Drittel der Nutzer, die die Kommentarfunktion nutzen, gaben an „immer" oder „häufig" zu kommentieren. „Micro-Blogging" ist insbesondere bei der Gruppe der Wissenschaftsjournalisten beliebt und „RSS"-Feed bei allen drei Gruppen der beliebteste Dienst. „Podcast" ist nur bei der Gruppe der Wissenschaftsjournalisten signifikant.

Trotz geringer eigener Aktivität wurde jedoch die Kommentarfunktion von allen drei Gruppen als signifikant wichtig eingeschätzt. Wie sich auch aus den Interviews herauskristallisierte, ist es für die Wissenschaftsjournalisten ein Hauptmotiv der Nutzung von Wissenschaftsblogs, Meinungen/Diskussionen zu verfolgen. So gaben 100 % der Nutzer der Kommentarfunktion unter den Wissenschaftsjournalisten an, diese als „sehr wichtig" oder „wichtig" einzuschätzen. Als Zweitwichtigstes wurde bei allen drei Gruppen der „RSS"-Feed eingeschätzt.

Die beiden anderen Dienste hatten divergierende Einschätzungen bezüglich der Wichtigkeit innerhalb der drei Gruppen und waren generell weniger wichtig als Kommentarfunktion und „RSS". Die Gruppe der Wissenschaftsjournalisten schätzte „Micro-Blogging" noch als relativ wichtig ein.

3.8.5 Nutzung von Web-2.0-Wissenschaftsmedienformaten

Die Zielsetzung dieses Themenkomplexes ist es, zu explorieren, wie weit weitere Wissenschaftsmedienformate des Web 2.0 neben Wissenschaftsblogs bereits genutzt werden. In den Interviews zeichnete sich bereits eine marginale Nutzung weiterer Wissenschaftsmedienformate im Web 2.0 ab. Dies war teilweise auf ein mangelndes Angebot (vgl. Kapitel 2.3) zurückzuführen sowie auf eine geringe Bekanntheit weiterer Wissenschaftsmedienformate im Web 2.0 neben Wissenschaftsblogs. Es werden in diesem Komplex daher zudem die prominentesten Web-2.0-Anwendungen mit abgefragt, die auch im Kontext der Wissenschaftskommunikation genutzt werden können (vgl. Kapitel 2.3).

Welche anderen Wissenschaftsmedienformate aus dem Web 2.0 nutzen Sie?

Abbildung 38: Nutzung von Wissenschaftsmedienformaten im Web 2.0

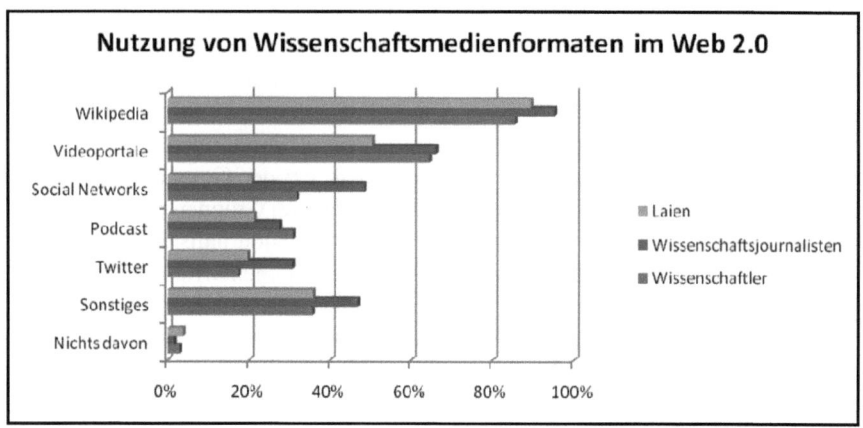

In der Gesamtstichprobe sind mit 89,3 % am meisten „Wikis" (e.g. Wikipedia) als Web-2.0-Format in der Wissenschaftskommunikation etabliert. Danach folgen mit 57,4 % Videoportale. „Social Networks" mit direktem Bezug zur Wissenschaftskommunikation rangieren mit 29 % an dritter Stelle. In der Gesamtstichprobe folgen die Nutzung von „Podcasts" (25,2 %) und „Micro-Blogging" (20,9 %).

In der Gruppe der Wissenschaftler werden „Wikis" mit 85,6 % am intensivsten als Web 2.0 Format in der Wissenschaftskommunikation genutzt. Jedoch liegt dieser Wert hinter demjenigen der Nutzung in der Gesamtstichprobe und demjenigen der anderen beiden Gruppen. Danach folgt mit einem im Vergleich relativ hohen Wert von 64,4 % (nur Wissenschaftsjournalisten erzielen einen höheren Wert) Videoformate. Auf Rang drei und vier folgen „Social Networks" (31,7 %) und „Podcast" (30,8 %) mit knapp einem Drittel. Im Vergleich liegt die Nutzung von „Social Networks" relativ hoch, bezogen auf die Nutzung seitens der Laien und auf die Gesamtstichprobe, aber weit hinter Nutzung durch die Wissenschaftsjournalisten. Die „Podcast"-Nutzung liegt im Vergleich weit höher als bei den anderen Gruppen. Die Nutzung von „Micro-Blogging" mit 17,3 % fällt im Vergleich am geringsten aus.

Von den drei Gruppen nutzt die Gruppe der Wissenschaftsjournalisten die Wissenschaftsmedienformate im Web 2.0 am intensivsten und erzielt bei allen Anwendungen, außer bei „Podcast", die höchsten Werte. Mit einem Wert von 95,2 % nutzen Wissenschaftsjournalisten „Wikis" im Verhältnis zu den anderen Gruppen und der Gesamtstichprobe am intensivsten. Zwei Drittel (66,1 %) nutzen Videoportale, ein leicht höherer Wert als bei den Wissenschaftlern. Mit deutlichem Abstand zu der Gesamtstichprobe und den anderen beiden Gruppen folgt die Nutzung von „Social Networks" (48,4 %) und „Micro-Blogging" (30,6 %). „Podcasts" werden nach der Gruppe der Wissenschaftler am zweitintensivsten genutzt.

Die Gruppe der Laien zeichnet sich durch die geringste Nutzung von Wissenschaftsmedienformaten im Web 2.0 aus und erzielt die geringsten Werte, mit Ausnahme von „Wikis". 89,4 % der Laien nutzen „Wikis", der zweithöchste Wert nach den Wissenschaftsjournalisten. Danach folgen Videoportale mit 50,3 %, ein weit geringerer Anteil als bei den anderen beiden Gruppen. Die Gruppe der Laien ist die einzige Gruppe, in der die „Podcast"-Nutzung (21,2 %) vor der „Social Network" Nutzung liegt (20,7 %). Am wenigsten wird „Micro-Blogging" von der Gruppe der Laien mit 19,6 % genutzt.

Eine relativ großer Anteil der drei Gruppen gab an, an Wissenschaftsmedienformaten im Web 2.0 „Sonstiges" zu nutzen. Bei den Wissenschaftsjournalisten war das knapp die Hälfte (46,8 %), und bei den Laien (35,8 %) und Wissenschaftsjournalisten (35,6 %) jeweils ein Drittel.

Nur eine marginale Gruppe gab an, nichts davon zu nutzen, bei allen drei Gruppen lag der Anteil unter 5 % (Wissenschaftler 2,9 %, Wissenschaftsjournalisten 1,6 %, Laien 3,9 %).

Fazit: Die Web-2.0-Anwendungen in der Wissenschaftskommunikation werden deutlich intensiver von der Gruppe der Wissenschaftler und Wissenschaftsjournalisten als von der Gruppe der Laien genutzt. Alle drei Gruppen erzielten die höchsten Werte bei „Wikis", gefolgt von Videoportalen. Auch in diesem Themenkomplex zeichnet sich die Gruppe der Wissenschaftsjournalisten durch die intensivste Nutzung aus und die Gruppe der Laien durch die geringste.

Innerhalb der Gruppe der Wissenschaftsjournalisten gibt es eine signifikante Nutzung von „Micro-Blogging". „Podcasts" werden besonders von der Gruppe der Wissenschaftler genutzt.

Bei allen drei Gruppen hat ein großer Anteil „Sonstiges" angegeben. Es bleibt offen, welche weiteren Anwendungen des Web 2.0 aus der Wissenschaftskommunikation damit gemeint sein können, da außer „Social Bookmarking" die möglichen Anwendungen im Fragebogen integriert waren. Es könnte eventuell auf ein Begriffsmissverständnis zurückzuführen sein. Ein marginaler Anteil der drei Gruppen, jeweils unter 5 %, nutzt keine der Web-2.0- Formate.

3.8.6 Nutzung Web-2.0-Anwendungen

In diesem Themenkomplex geht es im Gegensatz zu den letzten beiden Fragenkomplexen nicht um die Nutzung von Web 2.0 in der Wissenschaftskommunikation, sondern um die generelle Nutzung von Anwendungen und Formaten des Web 2.0 seitens der drei Akteursgruppen. Über den Themenkomplex sollen Informationen über die Aktivität der drei Gruppen im Internet generiert werden, und ferner soll herauskristallisiert werden, wie die neuen Formate neben etablierteren Internetanwendungen angesiedelt werden können.

Welche der folgenden Dienste nutzen Sie im Internet?

Abbildung 39: Nutzung der Web-2.0-Anwendungen

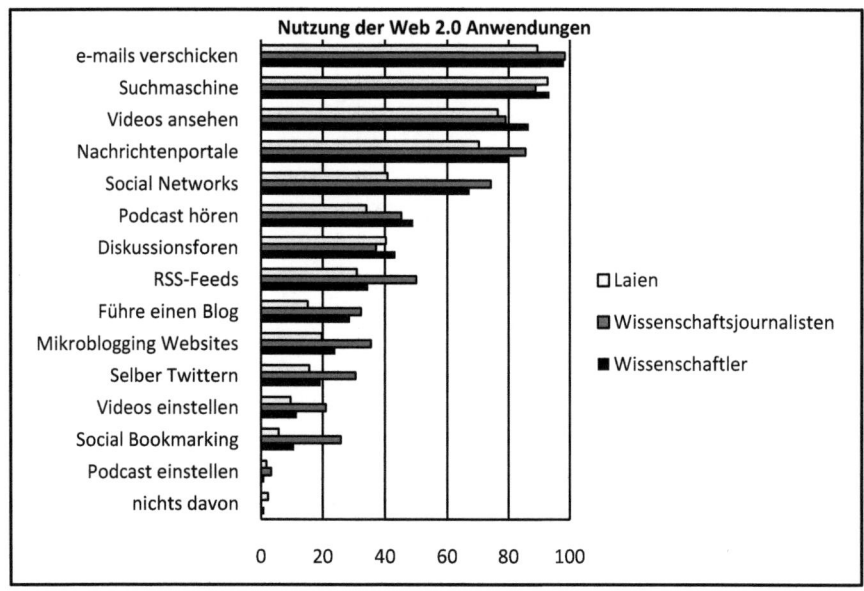

Die etabliertesten Dienste unter allen Nutzern von Wissenschaftsblogs der Gesamtstichprobe sind mit Werten über 90 % „E-Mails verschicken" (93,6 %) und „Suchmaschinen" (92,2 %). Danach folgt mit 80 % „Videos ansehen" vor „Nachrichtenportale" mit 75,9 %. Eine mittlere Nutzungsintensität der Gesamtstichprobe ist bei „Social Networks" (54,8 %), „Teilnahme an Diskussionsforen" (40,6 %) und „Podcast hören"(40,6 %) festzustellen. Ein Drittel der Nutzer nutzt „RSS" (35,9 %). Eine geringe Nutzung von einem Viertel oder weniger ist bei „Micro-Blogging Websites" (23,8 %), „führe einen Blog" (22,3 %), „selber twittern" (19,4 %), „Videos einstellen" (12,2 %), „Social Bookmarking" (10,7 %) und „Podcast" einstellen (1,7 %) zu sehen. Alle Anwendungen, die eine eigene Aktivität voraussetzen und in Verbindung mit der Erstellung eigener Inhalte stehen, werden von weniger als einem Viertel genutzt.

3.8 Auswertung des Mediennutzungsverhaltens

In der Gruppe der Wissenschaftler besteht – wie bei allen drei Gruppen und der Gesamtstichprobe – die intensivste Nutzung bei den etabliertesten Diensten „E-Mails verschicken" (98,1 %) und „Suchmaschinen" (93,3 %). Weiterhin sind eine relativ hohe Nutzung von „Videos ansehen" (einzige Gruppe mit einer Nutzung über 80 % (86,5 %), eine starke Nutzung von Nachrichtenportalen (79,8 %) und mit ca. zwei Dritteln (67,3 %) „Social Networks" Merkmale dieser Gruppe.

Bei einer anteilig mittleren Nutzung liegt im Vergleich der drei Gruppen die intensivste Nutzung von „Teilnahme an Diskussionsforen" (43,3 %) und „Podcast hören"(49 %) bei der Gruppe der Wissenschaftler vor, im Gegensatz zu einer vergleichsweise geringen Nutzung von „RSS" (34,6 %).

Die Nutzung aller weiteren Dienste liegt in dieser Gruppe bei ca. einem Viertel oder weniger, entsprechend der Gesamtstichprobe und der Gruppe der Laien. Ausnahme ist „Führe einen Blog" (28,8 %), was im Verhältnis zu den Laien und der Gesamtstichprobe eine relativ hohe Nutzung aufweist. Die weiteren Dienste haben folgende Werte: „Micro-Blogging Website" (24 %), „selber twittern" (19,2 %), „Social Bookmarking" (10,6 %), „Videos einstellen" (11,5 %) und „Podcast einstellen" (1 %). Bei den Applikationen mit geringer Nutzung liegt die Gruppe der Wissenschaftler signifikant hinter der Gruppe der Wissenschaftsjournalisten, aber vor der Gruppe der Laien. Ausnahme ist „„Podcast" einstellen", wo die Wissenschaftler die geringste Nutzung im Vergleich haben.

Die Gruppe der Wissenschaftsjournalisten hat im Vergleich zu der Gesamtstichprobe und den anderen beiden Gruppen die höchste Nutzungsintensität bei den Internetanwendungen. Wie bei der Gesamtstichprobe und den anderen beiden Gruppen liegt die höchste Nutzung mit Werten über 70 % bei „E-Mails" verschicken (98,4 %), „Suchmaschine" (88,7 %), „Nachrichtenportale" (85,5 %) und „Videos ansehen" (79 %). Merkmale der Gruppe sind im Verhältnis zu den anderen Gruppen und der Gesamtstichprobe eine signifikant hohe Nutzung von „Social Networks" (74,2 %) und „RSS" (50 %).

Außer bei „Teilnahme Diskussionsforen" ist die Gruppe der Wissenschaftsjournalisten bei Anwendungen einer mittleren oder geringen Nutzungsintensität mit Abstand im Vergleich der drei Gruppen am aktivsten, sowohl bei Anwendungen mit eher passivem Nutzungsverhalten als auch bei allen Anwendungen, die eine eigene Aktivität wie die Erstellung von Inhalten voraussetzen. Eine Nutzung zwischen 30 und 50 % besteht bei „Podcast hören"(45,2 %), „Teilnahme Diskussionsforen" (37,1 %), „Micro-Blogging Website" (35,5 %), „führe einen Blog" (32,3 %), „selber twittern" (30,6 %), „Social Bookmarking" (25,8 %) und „Videos einstellen" (21 %). Eine marginale Nutzung besteht bei „Podcast einstellen" (3,2 %).

In der Gruppe der Laien ist die Gewichtung der Anwendungen vergleichbar mit derjenigen der anderen beiden Gruppen, jedoch zeigt die Gruppe im Vergleich die geringste Nutzungsintensität auf. Auch in der Gruppe der Laien sind die etabliertesten Dienste diejenigen, die am meisten genutzt werden wie „Suchmaschinen" (92,7 %), gefolgt von „E-Mails verschicken" (89,4 %). Jedoch ist die Gruppe der Laien die einzige Gruppe, bei der „E-Mails verschicken" vor „Suchmaschinen" rangiert. Weitere hohe Werte erzielen „Videos ansehen" (76,5 %) und „Nachrichtenportale" (70,4 %).

Bei fast allen Anwendungen einer mittleren und geringen Nutzungsintensität erzielte die Gruppe der Laien im Verhältnis die niedrigsten Werte. Nur bei „Teilnahme Diskussionsforen" (40,2 %) liegen die Laien vor der Gruppe der Wissenschaftsjournalisten und hinter den Wissenschaftlern. Insbesondere bei „Social Networks" (40,8 %), „RSS" (31,8 %) und „Podcast hören" (34,1 %) liegt die Gruppe der Laien deutlich hinter den anderen beiden Gruppen sowie bei allen Anwendungen einer geringen Nutzungsintensität: „Micro-Blogging Website" (19,6 %), „selber twittern" (15,6 %), „Führe einen Blog" (15,1 %), „Videos einstellen" (9,5 %) und „Social Bookmarking" (5,6 %). Eine Ausnahme ist „Podcast einstellen" (1,7 %).

Fazit: Generell gab es klare Gruppen übergreifende Tendenzen der Nutzung medialer Anwendungen im Internet. Die Internetanwendungen in Bezug auf den Nutzungsgrad können aufgrund der Ergebnisse grob in drei Gruppen unterteilt werden, von hoher, mittlerer bis niedriger Nutzung. Die etabliertesten klassischen Dienste werden von allen drei Gruppen am meisten genutzt, und die Rangfolge zeigt zu großen Teilen eine Parallele zwischen den drei Gruppen auf: Dienste des Web 2.0, die eine eigene Aktivität voraussetzen, werden am wenigsten genutzt.

Die Gruppe der Wissenschaftsjournalisten war im doppelten Sinne klar die aktivste Gruppe. In dieser Gruppe gab es die größte Anzahl von Nutzern mit einer breiten Nutzervarianz, und es war die Gruppe, die jeweils mit eindeutigem Abstand bei Diensten, die eine eigene Aktivität voraussetzten, die größte Nutzung aufwies. Außer bei „Suchmaschinen", „Diskussionsforen", „Podcast" anhören" und „Videos ansehen" war die Nutzung von Diensten des Web 2.0 bei den Wissenschaftsjournalisten im Verhältnis der drei Gruppen am höchsten.

Die Gruppe der Laien stellte sich im doppelten Sinn als die am wenigsten „aktive" Gruppe dar. Diese Gruppe nutzte im Verhältnis die wenigsten Applikationen im Internet und lag bei allen Angaben, bei denen die „Aktivität" des Nutzer im Vordergrund stand, klar hinter den beiden anderen Gruppen. Ausnahme bilden „Diskussionsforen" und „Suchmaschinen". Hier lag die Nutzung beide Male über derjenigen der Wissenschaftsjournalisten.

Wissenschaftler und Laien waren sich hinsichtlich der Nutzungsintensität und Gewichtung der Dienste ähnlicher als die Gruppe der Wissenschaftler und Wissenschaftsjournalisten. Eine Ausnahme bildeten „Social Networks", „„Podcast" anhören" und „Videos ansehen", die in der Gruppe der Wissenschaftler eine sehr

3.8 Auswertung des Mediennutzungsverhaltens 241

starke Nutzung erzielten. Ein klarer Unterschied der drei Gruppen war auch bei „führe einen Blog" erkennbar. Hier erzielten Wissenschaftler und Wissenschaftsjournalisten erheblich höhere Werte als die Gruppe der Laien.

Wichtigkeit der Social-Media-Dienste/-Anwendungen

Diese Frage wurde jeweils nur von den Nutzern dieser Applikation/Anwendung beantwortet. Das heißt, dass insbesondere bei den Anwendungen, die gering genutzt wurden, der Umfang der Stichprobe gering war. Bei der Bewertung der Ergebnisse muss dieser Umstand berücksichtigt werden.

In der Gruppe der intensiv genutzten Internetanwendungen stehen die Einschätzung der Wichtigkeit der Dienste und die der Intensität der Nutzung zumeist in Relation zueinander. In der Gesamtstichprobe wird „E-Mails verschicken" als am wichtigsten eingeschätzt (Top-2-Wert 97,5 %). Weitere Zustimmungen über 90 % erhalten Suchmaschine (Top-2-Wert 94 %) und Nachrichtenportale (91,2 %). „Videos ansehen", das eine sehr hohe Nutzung aufweist, wird im Vergleich als viel weniger wichtig eingeschätzt (mit einem Top-2-Wert von 56,5 %).

Den höchsten Top-2-Wert aller Anwendungen von 100 % hat „„„Podcast" einstellen", jedoch war die Stichprobe hier minimal (6 Nutzer). Hohe Top-2-Werte, in der Gesamtstichprobe über 70%, erzielten weiterhin „RSS-Feed" (Top 2 78,2%), „einen Blog führen" (Top 2 77,9 %) und „Social Bookmarking" (Top 2 73 %, Top 1 29,7 %). Alle drei Dienste werden relativ wenig genutzt, jedoch werden sie von den Nutzern als sehr relevant eingeschätzt.

Einschätzungen von „wichtig" bis „sehr wichtig" seitens ca. zwei Dritteln der Nutzer der Gesamtstichprobe erhielten „Teilnahme Diskussionsforen" (Top 2 69,3%) und „Social Networks" (Top 2 63,5%) bekommen. Eine Einschätzung als „wichtig" oder „sehr wichtig" von etwas über der Hälfte der Nutzer bekamen „Podcast hören"(Top 2 57,9%) und „Videos ansehen" (Top 2 56,5 %). Im Verhältnis zu allen Anwendungen am wenigsten wichtig eingeschätzt wurde „Videos einstellen" (Top-2-Wert 40,5 %).

In der Gruppe der Wissenschaftler wurden als am wichtigsten mit Top-2-Werten von 100 % (Top 1 97,1 %) „E-Mails verschicken" und „Suchmaschinen" eingeschätzt. Eine hohe Wichtigkeitseinschätzung hat in dieser Gruppe weiterhin „Nachrichtenportale" mit einem Top-2-Wert von fast 100 % bekommen (Top-2-Wert 97,6 %), was sich nicht in der Nutzungsintensität widerspiegelt. Eine im Verhältnis zu den anderen Gruppen sehr hohe Einschätzung mit Werten um die 80 % erzielten weiterhin „Einen Blog führen" (Top-2-Wert 83,3 %), „Social Bookmarking" (Top-2-Wert 81,8 %), und „RSS" (Top 2 77,8 %). Relativ wichtig wurden zudem „Diskussionsforen" (Top 2 73,3 %) eingeschätzt, und im Verhältnis zur Gesamtstichprobe und den Laien erzielte „Social Networks" eine sehr hohe Wichtigkeitseinschätzung mit 67,1 %.

Bezüglich der meisten Anwendungen liegt die Einschätzung der Wissenschaftler im Bereich der anderen beiden Gruppen. Eine Ausnahme bilden „Micro-Blogging" (55 %) und „selber twittern" (50 %), die signifikant hinter den Einschätzungen seitens der Gesamtstichprobe und der anderen beiden Gruppen liegen.

Fast alle anderen Anwendungen erhielten Werte um die 50 %: „Videos ansehen" (Top-2-Wert 58,9 %) und „"„Podcast" anhören" (Top-2-Wert 52,9 %). Mit einem Viertel die geringste Einschätzung hat „Videos einstellen" (Top-2-Wert 25 %, Top-1-Wert 8,3 %).

Wie bei den anderen beiden Gruppen wurde von der Gruppe der Wissenschaftsjournalisten „E-Mails verschicken" (Top 2 100 %), „Suchmaschinen" (89,5 %) und „Nachrichtenportale" (84,9 %) als am wichtigsten eingeschätzt. Bei den letzten beiden Anwendungen liegen die Werte hinter denen der beiden anderen Gruppen und der Gesamtstichprobe, obwohl die Gruppe der Wissenschaftsjournalisten die höchste Nutzung von Nachrichtenportalen aufweist. Ein Merkmal der Gruppe der Wissenschaftsjournalisten ist eine sehr hohe Einschätzung von „Micro-Blogging", was sich deutlich von der Gesamtgruppe und den jeweiligen Gruppen abhebt (84,2 %).

Weitere hohe Einschätzungen mit Werten um die 70 % sind festzustellen bei „einen Blog führen" (Top-2-Wert 75 %), „selber twittern" (Top-2-Wert 73,7 %), „Social Networks" (Top-2-Wert 71,7 %, Top-1-Wert 34,8 %), „RSS" (Top 2 71 %, Top 1 41,9 %) und „Teilnahme an Diskussionsforen" (69,6 %). Bei „RSS" weist die Gruppe der Wissenschaftsjournalisten im Vergleich zu den anderen Gruppen die geringste Einschätzung auf, bei „selber twittern" und „Social Networks" hingegen die höchste Einschätzung.

Einschätzungen um die 50 % gab es bei „Social Bookmarking" (56,3 %), „Videos ansehen" (Top 2 53,1 %), „Podcast hören"(Top 2 50 %) und „Videos einstellen" (Top 2 46,2 %). „Social Bookmarking", „Videos einstellen" und „Podcast hören" werden im Vergleich zur Gesamtstichprobe und den anderen beiden Gruppen als am wenigsten wichtig eingeschätzt.

Auch die Gruppe der Laien schätzt „E-Mails verschicken" (Top 2 95 %) und „Suchmaschine" (Top 2 92,9 %) als am wichtigsten ein. Ein Merkmal der Gruppe ist die mit Abstand höchste Einschätzung von „Social Bookmarking" (Top-2-Wert 90 %). Weitere hohe Werte im 80 %-Bereich erzielen Nachrichtenportale (Top-2-Wert 89,7 %) und „RSS-Feed" (Top 2 82,5 %) – da sind die höchsten Werte bei den drei Gruppen.

Einschätzungen zwischen 60 % und 80 % erhalten; „Podcast hören"(Top 2 65,6 %, Top 1 31,1 %), Mikro-Blogging-Website (Top 2 60,7 %, Top 1 43,5 %), „selber twittern" (Top 2 57,1 %, Top 1 28,6 %) und „Videos ansehen" (Top-2-Wert 56,2 %, Top 1 16,1 %).

3.8 Auswertung des Mediennutzungsverhaltens

Die Gruppe der Laien schätzt „einen Blog führen" (74 %) und „Teilnahme an Diskussionsforen" (66,7 %) im Verhältnis zur Gesamtstichprobe und den anderen beiden Gruppen am geringsten ein. Im Gegensatz dazu erhält „Podcast hören" (65,6 %) im Vergleich die höchste Einschätzung. „Mikro-Blogging-Website" (60,7 %), „selber twittern" (57,1 %), „Videos ansehen" (56,2 %) rangieren im Mittelfeld. Die Einschätzung von „Social Networks" (54,8 %) liegt weit hinter derjenigen in den beiden anderen Gruppen. Den geringsten Wert erzielte „Videos einstellen" (Top 2 47,1 %, Top 1 23,5 %), was jedoch im Vergleich der drei Gruppen die höchste Einschätzung ist.

Fazit: Eine Einschätzung der Wichtigkeit der Dienste stand nicht zwingend im Verhältnis zu der Nutzungsintensität. Bei einigen Diensten wurde die hohe Nutzungsintensität durch eine hohe Wichtigkeitseinschätzung aller drei Gruppen gespiegelt, so bei „E-Mail" und Suchmaschinen. Obwohl es bei „Videos ansehen" bei allen drei Gruppen eine sehr hohe Nutzungsintensität gibt, wurde diese Nutzung weniger wichtig eingeschätzt. Nachrichtenportale fielen auch um einiges weniger ins Gewicht.

Bei den Diensten mit mittlerer Nutzungsintensität wurden insbesondere von der Gruppe der Wissenschaftler und der Wissenschaftsjournalisten „Social Networks", „Diskussionsforen" und „‚RSS'-Feeds" als „wichtig" bis „sehr wichtig" eingeschätzt. Die Gruppe der Laien hat bis auf „RSS" Anwendungen mit mittlerer Nutzungsintensität im Verhältnis zu den anderen beiden Gruppen weniger wichtig eingeschätzt. Von den Anwendungen mit mittlerer Nutzungsintensität wurde „Podcast hören"als am wenigsten wichtig eingeschätzt.

In der Gruppe der Dienste mit geringer Nutzungsintensität wurde „einen Blog führen" von denjenigen, die einen Blog führen, als „sehr wichtig" eingestuft. In der Gruppe der Wissenschaftsjournalisten wurde „Micro-Blogging" am wichtigsten eingeschätzt. „Social Bookmarking" bekam hohe Einschätzungen von der Gruppe der Laien und der Wissenschaftler. „Videos einstellen" wurde von allen Gruppen als nicht besonders wichtig eingeschätzt.

3.8.7 Mediennutzung privat und beruflich

Die Zielsetzung dieses Themenkomplexes war es, eine erste Einordnung von Wissenschaftsblogs neben anderen Medien im Kontext der Wissenschaftskommunikation vorzunehmen. Die Frage wurde in Bezug auf private und berufliche Nutzung gestellt. Weiterhin wurde die Wichtigkeit abgefragt. Durch den direkten Vergleich mussten die Befragungsteilnehmer bewusst über Wissenschaftsblogs reflektieren. Die Ergebnisse stellen einen weiteren Indikator für eine generelle Einordnung von Wissenschaftsblogs in der Wissenschaftskommunikation dar. Es gab bei allen Fragen die Möglichkeit, „weder noch" anzugeben.

Der Vergleich und die Kontrastierung von Wissenschaftsblogs mit anderen Mediengattungen hinkt, da Wissenschaftsblogs keine Mediengattung, sondern eine Kategorie der Medienanwendung „Weblog im Internet" darstellen. Trotzdem war eine andere Klassifizierung der Medien, die in sich nicht komplett zersplittert und dadurch aus forschungspraktischer Sicht nicht beantwortbar ist, nicht realisierbar. Weiterhin war aus dem Erkenntnisinteresse dieser Forschungsarbeit heraus eine Kontrastierung mit den aufgelisteten Alternativen der Mediennutzung sinnvoll.

Abbildung 40: Mediennutzung beruflich

Figure 36

Beruflich	Gesamt	Wissenschaftler	Wissenschaftsjournalisten	Laien
Fachzeitschriften	64,9 %	87,5 %	77,4 %	47,5 %
Publikumszeitschriften (Print)	45,7 %	37,5 %	72,6 %	25,1 %
Radio	12,5 %	4,8 %	33,9 %	9,5 %
Fernsehen	10,4 %	4,8 %	32,3 %	6,1 %
Internet	69,9 %	82,7 %	85,5 %	57 %
Wissenschaftsblogs	47,2 %	52,9 %	82,3 %	31,8 %

Quelle: Eigene Darstellung

Mit einer Zwei-Drittel-Zustimmung erzielte in der Gesamtstichprobe das Internet jeweils die höchsten Werte vor den Fachzeitschriften. Die Nutzung weiterer Medien lag unter 50 %. Wissenschaftsblogs rangierten an dritter Stelle mit einer Nutzung im beruflichen Kontext seitens knapp der Hälfte der Nutzer. Einen ähnlich hohen Wert erzielten Publikumszeitschriften. Radio und Fernsehen erzielten in der Gesamtstichprobe und in den jeweiligen Gruppen die geringste Nutzung mit ca. einem Zehntel.

In der Gruppe der Wissenschaftler erzielten Fachzeitschriften mit fast 90 % die höchste berufliche Nutzungszustimmung. Am zweithäufigsten wurde „Internet" angegeben, mit einer Zustimmung von über 80 %. Alle anderen Medien lagen weit dahinter. An dritter Stelle folgten mit einer relativ hohen Nutzungszustimmung von über 50 % die Wissenschaftsblogs. Publikumszeitschriften erzielten ein gutes Drittel, und Radio und Fernsehen wurden beide mit unter 5 % marginal genutzt. Merkmale dieser Gruppe im Verhältnis zu den anderen beiden Gruppen sind die höchste berufliche Mediennutzung bei Fachzeitschriften und auch – mit über der Hälfte der Teilnehmer – eine relativ hohe berufliche Nutzung von Wissenschaftsblogs.

3.8 Auswertung des Mediennutzungsverhaltens

In der Gruppe der Wissenschaftsjournalisten erzielte das Internet die höchste berufliche Nutzung, dicht gefolgt von Wissenschaftsblogs. Beides erhielt mit über 80 % die höchsten Zustimmungen seitens dieser Gruppe. Hohe Werte mit über 70 % erzielten weiterhin Fachzeitschriften vor Publikumszeitschriften. Auch in der Gruppe der Wissenschaftsjournalisten lagen Radio und Fernsehen mit einer Nutzung von ca. einem Drittel jeweils weit dahinter. Jedoch war die Nutzung von Fernsehen und Radio gegenüber den anderen beiden Gruppen signifikant höher. Merkmale der Wissenschaftsjournalisten im Vergleich zu den anderen beiden Gruppen sind der extrem hohe Nutzungswert von Wissenschaftsblogs, eine viel höhere Nutzung von Publikumszeitschriften und auch der Medien „Radio" und „Fernsehen" gegenüber den anderen beiden Gruppen. Weiterhin wies diese Gruppe im Vergleich der drei Gruppen außer bei Fachzeitschriften die höchsten Nutzungswerte hinsichtlich dieser Medien auf.

In der Gruppe der Laien fiel die Mediennutzung am geringsten aus. Kein Medium erzielte Werte über 60 %. Auch in dieser Gruppe lag mit über 50 % die höchste Nutzungshäufigkeit beim Internet. Im Verhältnis zu den anderen Medien gab es eine hohe Nutzung bei Fachzeitschriften mit knapp 50 %. Wissenschaftsblogs folgen mit einer Nutzung von ca. einem Drittel an dritter Stelle. Publikumszeitschriften werden von einem Viertel genutzt, und Radio und Fernehen erzielen mit unter 10 %die geringste Nutzung. Merkmale dieser Gruppe sind eine relativ geringe berufliche Nutzung von Medien der Wissenschaftskommunikation und im Vergleich dazu eine relativ starke Nutzung von Wissenschaftsblogs.

Fazit: Medien im Kontext von Wissenschaftskommunikation, die von den drei Gruppen am meisten beruflich genutzt werden, sind Fachzeitschriften und Internet. Bei allen drei Gruppen erzielten diese beiden Medien die meisten Zustimmungen. Bei der Gruppe der Wissenschaftler und Wissenschaftsjournalisten lagen die Werte um die 80 %. Die Nutzung seitens der Gruppe der Laien fiel erheblich geringer aus, und die Nutzung durch die Wissenschaftsjournalisten liegt deutlich hinter der Nutzung seitens der Wissenschaftler. Die Nutzung von Radio und Fernsehen fiel bei den Wissenschaftlern und Laien jeweils mit unter 10 % sehr gering aus. Bei der Gruppe der Wissenschaftsjournalisten viel die Nutzung erheblich intensiver aus, ca. jeweils ein Drittel gab an, Radio und Fernsehen beruflich zu nutzen.

Wissenschaftsblogs haben bei allen drei Gruppen im Verhältnis zu den anderen Medien relativ hohe Nutzungswerte erhalten. Zum einen ist dieses aufgrund der Stichprobe erklärbar, da davon auszugehen ist, dass die Teilnehmer der Studie Wissenschaftsblogs entweder privat oder beruflich nutzen. Es gab jedoch auch die Option, bei beruflicher und/oder privater Nutzung „weder noch" anzugeben. Am intensivsten fiel die berufliche Nutzung bei den Wissenschaftsjournalisten aus. Über 80 % nutzen Wissenschaftsblogs im beruflichen Kontext. Bei den Wissenschaftlern war es die Hälfte und bei den Laien ein Drittel.

Mediennutzung privat

Abbildung 41: Mediennutzung privat

Figure 37

Privat	Gesamt	Wissenschaftler	Wissenschaftsjournalisten	Laien
Fachzeitschriften	64,9 %	60,6 %	41,9 %	70,4 %
Publikumszeitschriften	78,8 %	84,6 %	82,3 %	74,3 %
Radio	70,7 %	80,8 %	77,4 %	62,6 %
Fernsehen	73 %	71,2 %	69,4 %	75,4 %
Internet	93,6 %	93,3 %	90,3 %	95 %
Wissenschaftsblogs	74,5 %	70,2 %	59,7 %	82,1 %

Quelle: Eigene Darstellung

In der Gesamtstichprobe erzielte das Internet bei der privaten Nutzung mit über 90 % mit Abstand die höchste Zustimmung. Eine hohe Nutzung mit ähnlich hohen Werten über 70 % ist bei Publikumszeitschriften, Wissenschaftsblogs, Fernsehen und Radio feststellbar. Fachzeitschriften erzielen in der privaten Nutzung in der Gesamtstichprobe und der Fachöffentlichkeit die geringsten Werte.

In der Gruppe der Wissenschaftler fiel die Mediennutzung im privaten Kontext für alle Medien im Vergleich zur beruflichen Nutzung höher aus. Mit Ausnahme von Fachzeitschriften, die in der privaten Nutzung mit 60 % am wenigsten vorkamen. Die höchste Nutzung erzielte mit über 90 % das Internet. Hohe Werte über 80 % erzielten auch Publikumszeitschriften und Radio. Bei beiden Medien war für die Gruppe der Wissenschaftler im Vergleich zu den anderen Gruppen die höchste Nutzung feststellbar. Werte um die 70 % erhielt „Fernsehen" gefolgt von „Wissenschaftsblogs". Merkmale der Gruppe sind die höchste Nutzung von Radio und Publikumszeitschriften und eine relativ hohe Nutzung von Wissenschaftsblogs mit über 70 %.

In der Gruppe der Wissenschaftsjournalisten erzielten alle Medien außer Fachzeitschriften und Wissenschaftsblogs im privaten Kontext höhere Zustimmung. Das Internet erzielte, wie auch bei der beruflichen Nutzung, wieder die höch-

3.8 Auswertung des Mediennutzungsverhaltens

ste Zustimmung mit über 90 %. Am zweithäufigsten werden Publikumszeitschriften genutzt. Wissenschaftsblogs und Fachzeitschriften, die am zweit- und dritthäufigsten beruflich genutzt werden, werden privat am wenigsten in Anspruch genommen. „Radio", gefolgt von „Fernsehen", wird mit über zwei Dritteln Zustimmung privat stärker genutzt. Besonderes Merkmal dieser Gruppe ist die geringe Nutzung von Wissenschaftsblogs und Fachzeitschriften im privaten Kontext.

Die Gruppe der Laien zeichnet die höchste private Nutzung von Fachzeitschriften, Fernsehen, Internet und Wissenschaftsblogs aus. Am intensivsten wird privat mit über 90 % das Internet genutzt. Mit einem hohen Wert über 80 % folgen an zweiter Stelle bereits die Wissenschaftsblogs. Dem schließen sich mit Werten um die 70 % Fernsehen, Publikumszeitschriften und Fachzeitschriften an. Radio wird innerhalb der Gruppe und im Verhältnis zu den anderen Gruppen mit 60 % am geringsten genutzt. Merkmale der Gruppe sind die starke private Nutzung von Fachzeitschriften und Wissenschaftsblogs und weiterhin – im Vergleich zu den anderen Gruppen – eine stärkere Nutzung des Fernsehens und eine geringere Nutzung von Radio und Publikumszeitschriften.

Gruppen übergreifend gab es im Rahmen der privaten Nutzung mit jeweils über 90 % die höchste Zustimmung beim Internet. Hohe Werte in der privaten Nutzung erzielten auch Publikumszeitschriften und das Fernsehen. „Fernsehen" erhielt im Vergleich von der Gruppe der Laien die höchste Zustimmung, bei den anderen beiden Gruppen waren es die Publikumszeitschriften. Die private Nutzung von Fachzeitschriften divergierte sehr stark zwischen den Gruppen. Fachzeitschriften werden am stärksten von der Gruppe der Laien privat genutzt. Bei der Gruppe der Wissenschaftler und Wissenschaftsjournalisten fällt dieser Wert sehr viel geringer aus, mit einer stärkeren Nutzung seitens der Gruppe der Wissenschaftler. Dagegen ist „Radio" in der privaten Nutzung bei der Gruppe der Wissenschaftler und Wissenschaftsjournalisten erheblich beliebter als bei der Gruppe der Laien.

Wissenschaftsblogs werden mit einem Wert über 80 % von der Gruppe der Laien am intensivsten privat genutzt. Eine relativ hohe private Nutzung weist mit einem Wert von 70 % auch die Gruppe der Wissenschaftler auf. Im Gegensatz dazu fällt mit knapp 60 % die private Nutzung seitens der Gruppe der Wissenschaftsjournalisten erheblich geringer aus als im Rahmen der beruflichen Nutzung.

Wichtigkeit der Medien beruflich

Durch eine Filterfrage wurde die Bewertung der Medien im privaten und beruflichen Kontext nur von den Nutzern des jeweiligen Mediums beantwortet.

In der Gesamtstichprobe wurde „Internet" im Kontext der beruflichen Nutzung als am wichtigsten eingeschätzt (Top 2 93,8 %), gefolgt von Fachzeitschriften (Top 2 92,9 %). An dritter Stelle mit einer Einschätzung über 80 % folgen Publikumszeitschriften (Top 2 85,3 %). Circa zwei Drittel der Gesamtstichprobe haben Radio (Top 2 67,4 %), Fernsehen (Top 2 63,9 %) und Wissenschaftsblogs (Top 2 68,7 %) als „wichtig" oder „sehr wichtig" eingeschätzt.

Die Gruppe der Wissenschaftler reflektiert hinsichtlich der Gewichtung und der Reihenfolge der Medien die Einschätzung der Gesamtstichprobe. Das Internet wurde von allen drei Gruppen als wichtigstes Medium im Kontext der beruflichen Nutzung angegeben. Die Gruppe der Wissenschaftler lag bezüglich der Einschätzung über dem Wert der Laien, gegenüber den Wissenschaftsjournalisten hingegen war die Einschätzung geringer (Top 2 95,3 %). Als Zweites folgte bei allen drei Gruppen „Fachzeitschriften". Die Gruppe der Wissenschaftler erzielte bei „Fachzeitschriften" den höchsten Wert, nämlich „sehr wichtig", aber einen marginal geringeren Top-2-Wert als die Wissenschaftsjournalisten (Top 2 94,5 %, Top 1 87,9 %). An dritter Stelle bei allen drei Gruppen folgen Zeitungen/ Publikumszeitschriften. Die Gruppe der Wissenschaftler hat hier eine sehr ähnliche Einschätzung wie diejenige der Wissenschaftsjournalisten und liegt bei der Einstufung deutlich über derjenigen der Gruppe der Laien (Top 2 87,2 %, Top 1 61,5 %). Bei dem Medium „Radio" gab es sehr unterschiedliche Einschätzungen seitens der Gruppen. Von den drei Gruppen haben die Wissenschaftler mit 20 % mit Abstand den geringsten Top-1-Wert, jedoch mit 80 % den höchsten Top-2-Wert. Bei der Einschätzung des Mediums „Fernsehen" im Kontext des Berufes liegen die Wissenschaftler klar hinter den Wissenschaftsjournalisten und deutlich über der Gruppe der Laien (Top 2 60 %, Top 1 20 %). In der Gruppe der Wissenschaftler gab es die größte Gruppe, die „Fernsehen" als „unwichtig" eingestuft hat. Die Gruppe der Wissenschaftler hat Wissenschaftsblogs im Kontext einer beruflichen Nutzung im Vergleich zu den anderen beiden Gruppen am wenigsten wichtig eingeschätzt (Top 2 56,4 %, Top 1 20 %). Knapp über die Hälfte haben Wissenschaftsblogs als „wichtig" oder „sehr wichtig" eingeschätzt. 40 % der Wissenschaftler gaben aber auch „weniger wichtig" an.

Die Gruppe der Wissenschaftsjournalisten hat im Vergleich zur Gesamtstichprobe und den anderen beiden Gruppen den höchsten Einschätzungswert bei „Internet". Hier gab es einen Top 2.Wert von 100 %, davon haben 84,9 % „Internet" als „sehr wichtig" und 15,1 % als „wichtig" eingeschätzt. Wie bei der Gesamtstichprobe und den anderen beiden Gruppen folgte auf Platz 2 „Fachzeitschriften". Die Gruppe der Wissenschaftsjournalisten hatten den höchsten Top-2-Wert, lag aber mit der Anzahl derjenigen, die „sehr wichtig" angaben, signifikant hinter der Gruppe der Wissenschaftler (Top 2 95,8 %, Top 1 72,9 %). „Zeitungen/ Publikumszeitschriften" war von der Gewichtung her auf dem dritten Platz. Wissenschaftsjournalisten hatten hier eine ähnliche Einschätzung wie die Gruppe der Wissenschaftler und eine signifikant höhere als die Gruppe der Laien (Top 2 88,9 %, Top 1 60 %). Das Medium „Fernsehen" wird von der Gruppe der Wissen-

3.8 Auswertung des Mediennutzungsverhaltens

schaftsjournalisten mit deutlichem Abstand als Wichtigstes eingeschätzt. 80 % der Wissenschaftsjournalisten gaben „sehr wichtig" oder „wichtig" und über ein Drittel (35 %) „sehr wichtig" an. „Wissenschaftsblogs" wurde von den Wissenschaftsjournalisten im Kontext des Berufes wichtiger als „Radio" eingeschätzt, bzw. War der Top-2-Wert marginal höher (68,6 %). Der Top-1-Wert mit war mit 27,5 % geringer als bei „Radio". Bei der Einschätzung von Wissenschaftsblogs lagen die Wissenschaftsjournalisten hinter der Gruppe der Laien, aber vor der Gruppe der Wissenschaftler. Das Medium „Radio" wurde von einem Drittel der Wissenschaftsjournalisten als „sehr wichtig" (35 %) eingestuft, was von den drei Gruppen anteilig die höchste Einschätzung ist. Mit dem Top-2-Wert von 66,6 % liegen die Wissenschaftsjournalisten aber hinter der Gruppe der Wissenschaftler.

Die Gruppe der Laien hatte auch die höchste Zustimmung bei „Internet im Kontext des Berufes" (Top-2-Wert 89,2 %, Top-1-Wert 72,5 %), lag hier aber im Vergleich klar hinter den Gruppen der Wissenschaftler und Wissenschaftsjournalisten. Mit ca. zwei Dritteln Zustimmung erhielten die Fachzeitschriften vergleichsweise die geringste Einschätzung (Top-2-Wert 89,4 %, Top-1-Wert 65,9 %), wurden aber von der Rangfolge als zweitwichtigstes Medium angesehen. Im Unterschied zu den anderen beiden Gruppen folgte „Wissenschaftsblogs" an dritter Stelle. Die Gruppe der Laien hat die Wissenschaftsblogs im Vergleich zu den anderen beiden Gruppen im Kontext des Berufes als am wichtigsten eingeschätzt. Die Wissenschaftsblogs erzielten einen Top-2-Wert von 80,7 %. Fast die Hälfte (47,4 %) gab sogar „sehr wichtig" an. Danach folgte, vergleichbar mit den anderen beiden Gruppen, „Fachzeitschriften/Publikumszeitschriften". Die Gruppe der Laien lag in der Einschätzung von „Fachzeitschriften/Publikumszeitschriften" aber klar hinter den Wissenschaftlern und Wissenschaftsjournalisten (Top 2 80 %, Top 1 48,9 %). Radio wurde von der Gruppe der Laien mit einem Top-2-Wert von 64,7 % im Vergleich am wenigsten wichtig eingeschätzt. Die Einschätzung als „sehr wichtig" (29,4 %) lag aber über derjenigen der Gruppe der Wissenschaftler. „Fernsehen" wurde von der Gruppe der Laien mit Abstand als am wenigsten wichtig eingestuft. Nur 9,1 % gaben „sehr wichtig" an, und der Top-2-Wert lag bei 36,4 %.

Fazit: Von allen drei Gruppen wurden Fachzeitschriften und Internet als am wichtigsten im beruflichen Kontext eingestuft. Radio und Fernsehen erhielten kontroverse Einschätzungen und insbesondere bei „sehr wichtig" deutlich geringere Zustimmung. Klar als unwichtig eingeschätzt wurde Fernsehen von den Laien, womit sie sich von den anderen Gruppen unterscheiden. Publikumszeitschriften wurden nach Internet und Fachzeitschriften den wichtigsten Medien zugeordnet, jedoch gab es hier eine klare Unterscheidung zwischen den Gruppen der Wissenschaftler und Wissenschaftsjournalisten einerseits und der Gruppe der Laien andererseits. Wissenschaftsblogs wurden von denjenigen der Gruppe der

Laien, die diese im Kontext des Berufes nutzten, zu den wichtigsten Medien gezählt. Über 80 % schätzen Wissenschaftsblogs als „sehr wichtig" oder „wichtig" ein. Bei den Wissenschaftsjournalisten werden Wissenschaftsblogs im Kontext des Berufes auch von zwei Dritteln als „wichtig" oder „sehr wichtig" eingeschätzt, jedoch gibt es anteilig eine sehr viel geringere Gruppe die „sehr wichtig" angab. Im Vergleich schätzen Wissenschaftler Wissenschaftsblogs als am wenigsten wichtig im Kontext des Berufes ein. Hier sind es knapp über die Hälfte mit einem Top-2-Wert und nur 20 % mit „sehr wichtig".

Interessanterweise hat von den drei Gruppen die Gruppe der Laien Wissenschaftsblogs im Kontext des Berufes die höchste Wichtigkeit zuerkannt. Der Top-2-Wert lag bei 80,7 %, davon gaben sogar 47,4 % „sehr wichtig" an. Bei der Gruppe der Wissenschaftsjournalisten haben zwei Drittel (68,6 %) Wissenschaftsblogs als „wichtig" bis „sehr wichtig" eingeschätzt, davon ein knappes Drittel bis ein Viertel als „sehr wichtig" (27,5 %), jedoch auch ein knappes Drittel als weniger wichtig (29,4 %). Bei den Wissenschaftlern wurden sie von etwas mehr als der Hälfte (56,4 %) als „sehr wichtig" bis „wichtig" eingeschätzt, wovon jedoch der kleinere Teil (20 %) „sehr wichtig" angab. Eine relativ große Gruppe von 40 % hat sie als „weniger wichtig" eingestuft.

Wichtigkeit der Medien privat

Im Kontext der privaten Mediennutzung erzielen – bezogen auf die Gesamtstichprobe – Internet und Fachzeitschriften die höchsten Einschätzungen, was den Werten im Rahmen der beruflichen Nutzung vergleichbar ist: Internet erhält eine Einschätzung von 96,9 %, bezogen auf „sehr wichtig" oder „wichtig" (Top-1-Wert 77,6 %). In der Gesamtstichprobe rangieren Fachzeitschriften auf Platz zwei – auch in der privaten Nutzung (Top-2-Wert 86,5 %, Top-1-Wert 48,4 %). An dritter Stelle kommen Zeitungen/Publikumszeitschriften mit über 80 % Zustimmung (Top-2-Wert 84,2 %, Top-1-Wert 48,2 %). Einen Wert über 80 % erzielen auch Wissenschaftsblogs in der privaten Mediennutzung (Top-2-Wert 80,5 %, Top-1-Wert 31,1 %). Signifikant geringere Einschätzungen in Bezug auf „Wichtigkeit" erzielen Radio (Top-2-Wert 68,4 %, Top-1-Wert 38,1 %) und Fernsehen (Top-2-Wert 55,2 %, Top-1-Wert 24,2 %).

Das Internet wurde auch in der privaten Nutzung von allen drei Gruppen am wichtigsten eingeschätzt. Die Wissenschaftler haben das Internet im Verhältnis zu der Gruppe der Wissenschaftsjournalisten etwas geringer bewertet, aber deutlich höher als die Laien (Top-2-Wert 97,9 %, Top-1-Wert 78,4 %). Werte über 80 % erzielten „Zeitungen/Publikumszeitschriften" (Top-2-Wert 86,4 %, Top-1-Wert 51,1 %) und „Fachzeitschriften" (Top-2-Wert 85,7 %, Top 1 49,2 %). Publikumszeitschriften wurden von allen drei Gruppen ähnlich hoch eingeschätzt. Der

3.8 Auswertung des Mediennutzungsverhaltens

Top-2-Wert der Wissenschaftler und Wissenschaftsjournalisten ist gleich hoch. Fachzeitschriften wurden von der Gruppe der Wissenschaftler höher bewertet als von den Wissenschaftsjournalisten, hingegen für die private Nutzung als weniger wichtig angesehen als von der Gruppe der Laien. Knapp 80 % der Wissenschaftler haben Wissenschaftsblogs im Rahmen der privaten Nutzung als „sehr wichtig" oder „wichtig" angesehen (Top 2 76,7 %, 23,3 %). Dieser Wert ist marginal geringer als bei den anderen beiden Gruppen. Als am wenigsten wichtig hinsichtlich der privaten Nutzung werden Radio (Top-2-Wert 65,5 %, Top-1-Wert 36,9 %) und Fernsehen (Top-2-Wert 54,1 %, 20,3 %) von der Gruppe der Wissenschaftler betrachtet. Radio wurde bezüglich der Wichtigkeit ähnlich wie von der Gruppe der Laien eingeschätzt und etwas geringer als von den Wissenschaftsjournalisten. Fernsehen wurde von allen drei Gruppen am geringsten eingeschätzt.

In der Gruppe der Wissenschaftsjournalisten wurde wie bei allen Gruppen das Internet als am wichtigsten erachtet, und im Vergleich erzielte es den höchsten Top-2-Wert (Top 2 98,2 %, Top 1 85,7 %). Über 80 % gab es weiterhin bei „Zeitungen/Publikumszeitschriften" (Top-2-Wert 88,2 %, Top-1-Wert 62,7 %). Die Gruppe der Wissenschaftler gab mit ca. zwei Dritteln (62,7 %) bei Publikumszeitschriften am häufigsten die Einschätzung „sehr wichtig" ab. Werte über 70 % erzielten in der Gruppe der Wissenschaftsjournalisten „Radio" (Top-2-Wert 79,2 %, Top-1-Wert 45,8 %), „Wissenschaftsblogs" (Top 2 78,4 %, Top 1 37,8 %) und „Fachzeitschriften" (Top-2-Wert 73,1 %, Top 1 46,2%). Radio im Rahmen privater Nutzung war bei der Gruppe der Wissenschaftsjournalisten signifikant höher als bei den anderen beiden Gruppen. Mit der Einschätzung von privat genutzten Wissenschaftsblogs lag die Gruppe der Wissenschaftsjournalisten auf einem ähnlichen Top-2-Wert – um die 80 % – wie die anderen beiden Gruppen. Fachzeitschriften wurden von der Gruppe der Wissenschaftsjournalisten im Vergleich als am wenigsten wichtig eingeschätzt. Wie von den anderen beiden Gruppen wurde Fernsehen in der privaten Nutzung auch hier als am wenigsten wichtig eingeschätzt (Top-2-Wert 58,1 %, Top-1-Wert 27,9 %).

Auch in der Gruppe der Laien wurde Internet die höchste Bedeutung zuerkannt (Internet Top-2-Wert 95,9 %, Top-1-Wert 67,1 %). Im Verhältnis zu den anderen beiden Gruppen gab es weniger Personen in der Gruppe der Laien, die bei der Internetnutzung „sehr wichtig" angegeben haben. Von der Gruppe der Laien wurden, bezogen auf die private Nutzung, Fachzeitschriften als zweitwichtigstes Medium genannt (Top-2-Wert 89,7 %, Top 1 48,4 %). In der Gruppe der Laien war der Top-2-Wert am höchsten. Hier haben fast 90 % „wichtig" oder „sehr wichtig" angegeben. Wissenschaftsblogs erzielten in der privaten Nutzung der Gruppe der Laien einen relativ hohen Wert von über 80 % (Top 2 83 %, 33,3 %). Im Vergleich zu den anderen beiden Gruppen war dies der höchste Top-2-Wert. Weiterhin haben über 80 % Zeitungen/Publikumszeitschriften als „wichtig" oder „sehr wichtig" eingeschätzt (Top-2-Wert 81,2 %, Top-1-Wert 40,6 %). Im Verhältnis zu den anderen Gruppen wurden Zeitungen/Publikumszeitschriften von den Laien am wenigsten wichtig eingeschätzt, insbesondere „sehr wichtig" wurde signifikant weniger angegeben. Wie bei den anderen beiden Gruppen wurde die Wichtigkeit von Radio (Top-2-Wert 66,1 %, Top-1-Wert 35,7 %) und Fernsehen (Top-2-Wert, 54,8 %, 25,2 %) am geringsten eingestuft. Radio wurde von den Laien ähnlich wichtig wie von den Wissenschaftlern bewertet und weniger wichtig als von der Gruppe der Wissenschaftsjournalisten.

Fazit: Generell haben die Medien im Rahmen der privaten Nutzung geringere Wichtigkeitseinschätzungen bekommen. Ausnahme ist das Internet, das die höchste Wichtigkeitseinschätzung erhalten hat. Von der Gruppe der Wissenschaftsjournalisten wurde ihm die höchste Wichtigkeit zuerkannt, gefolgt von den Wissenschaftlern. Seitens der Laien gab es eine deutlich geringere Einschätzung. Danach folgten mit großem Abstand die Publikumszeitschriften. Wissenschaftsblogs folgten an dritter Stelle, mit relativ hohen Top-2-Werten um die 80 %, wobei die Gruppen jeweils hauptsächlich Skala 2 angegeben haben – also jeweils der größere Teil gab eher „wichtig" als „sehr wichtig" an. Als am wenigsten wichtig wurden Fernsehen und Radio eingeschätzt, wobei Radio höher bewertet wurde als Fernsehen. Generell gab es im Rahmen der Einschätzung der Medien hinsichtlich ihrer Wichtigkeit eine relativ ähnliche Einschätzung seitens der verschiedenen Gruppen.

Wissenschaftsblogs wurden von den drei Gruppen bezüglich ihrer Wichtigkeit ähnlich eingeschätzt. Alle drei Gruppen haben mit ca. 80 % des Top-2-Wertes Wissenschaftsblogs „wichtig" bis „sehr wichtig" eingeschätzt.

Wissenschaftsblogs waren den Wissenschaftsjournalisten am wichtigsten im Kontext der privaten Nutzung. Hier gaben 37,8 % „sehr wichtig" an, und es gab einen Top-2-Wert von 78,4 %. Danach folgte die Gruppe der Laien mit einem höheren Top-2-Wert (83 %), wobei jedoch „sehr wichtig" einen geringeren Wert erhielt (33,3 %). Bei der Gruppe der Wissenschaftler hat ca. jeder Fünfte Wissenschaftsblogs als „sehr wichtig" angesehen, und es gab einen Top-2-Wert von 76,7 %.

3.9 Zusammenfassung und Gesamtfazit „Empirie-Teil"

In diesem Abschnitt werden die Ergebnisse der drei Erhebungsmethoden zu den Motiven der Nutzung und weiterem Mediennutzungsverhalten pro Nutzergruppe zusammengefasst und im Kontext der jeweiligen Gruppe analysiert, diskutiert und gewichtet. Wie in Kapitel 3.3 erläutert, ist die Anwendung des Phasenmo-

3.9 Zusammenfassung und Gesamtfazit „Empirie-Teil"

dells nicht dahin gehend zu interpretieren, dass dem qualitativen Teil weniger Relevanz zuzuschreiben ist. Die Ergebnisse der Interviews werden bei zentralen Aspekten als Erklärungsansätze in der Zusammenfassung hinzugezogen. Die Auswertung wird aus Redundanzgründen nicht in dem Detail wie in Abschnitt 3.4.13; 3.4.14; 3.7 und 3.8 wiederholt. Es kommen die zentralen Aspekte zum Tragen, die im Kontext des Forschungsinteresses relevant sind. Für weitere Details sei auf die respektiven Abschnitte verwiesen.

Die Auswertung in Bezug auf die Motivstatements erfolgt zum einen im Vergleich zu den anderen beiden Gruppen und zum anderen – als Erweiterung den bisherigen Auswertungen – im Vergleich zu der prozentualen Zustimmung innerhalb der eigenen Gruppe. Daraus lassen sich Tendenzen der Gewichtung/Stärke der Zustimmung ableiten. Weiterhin wird bei der Besprechung der einzelnen Gruppen aufgezeigt, inwieweit die Hypothesen der Interviews (in Form der Motiv-Statements) bestätigt wurden. Jedoch sind nicht alle Motiv-Statements als Hypothese zu werten, wie in Abschnitt 3.5 dargestellt. Im Schlussteil (Kapitel 4) wird nicht noch einmal auf die Hypothesen Bezug genommen, sondern es werden die finalen Ergebnisse im Kontext der Wissenschaftskommunikation präsentiert.

3.9.1 Zusammenfassung und Gesamtfazit „Wissenschaftler"

Die Gruppe der Wissenschaftler hat fast allen Motiv-Statements, die in den Interviews dieser Gruppe genannt wurden, mit einer Mehrheit zugestimmt. Somit können die Hypothesen in Bezug auf die Motive der Nutzung bezüglich der Wissenschaftler als bestätigt angesehen werden. Eine Ausnahme bilden die Statements der Kategorie „Aktivität". Jedoch fungierte nur das Statement „Ich kommentiere, aber nur wenn es sachdienlich ist." als Hypothese. Das Statement „Ich kommentiere, um meine Meinung kundzutun", wurde von einem einzelnen Interviewpartner genannt und mit 50 % in der quantitativen Befragung neutral gewertet, und das Statement „Ich kommentiere, um Feedback auf meine Meinung zu bekommen", wurde in den Interviews nicht genannt und stellte somit keine Hypothese da.

In den Interviews mit den Wissenschaftlern und Wissenschaftsjournalisten hatte sich bereits herausgestellt, dass das Motiv „Information" bei der Nutzung von Wissenschaftsblogs im Vordergrund steht. Das Motiv „Information" wurde unter verschiedenen Gesichtspunkten und Aspekten in Bezug auf die Nutzung von Wissenschaftsblogs genannt. Selbst Motive, die im Zusammenhang mit Identitäts- und Unterhaltungsmotiven standen, waren gekoppelt mit einer Form der Informationsaufnahme.

Das Informationsbedürfnis kann jedoch nicht im klassischen Sinne eingeordnet werden. Das klassische Verständnis eines Informationsbedürfnisses, angelehnt an McQuail (Abschnitt 2.4.6.2) ist ein Überblicks-/Orientierungswissen. Diese Form von Information, insbesondere in Bezug auf den letzten Stand der Forschung, wird von der Gruppe der Wissenschaftler über wissenschaftliche Fachjournale bezogen und nicht in Wissenschaftsblogs gesucht. Das wurde in den Interviews klar herausgestellt und in der offenen Frage auch nicht revidiert. Ein Erklärungsansatz ist, wie in Abschnitt 2.1.3.6 herausgestellt und unter 3.4.13 bestätigt, die Zentralität peer-geprüfter Publikationen in der Wissenschaftskommunikation, die es dem Forscher nicht gestatten würden, forschungsrelevante Themen in einem Blog zu publizieren.

Stattdessen werden primär sehr spezifische Nischeninformationen in Wissenschaftsblogs gesucht, die in anderen Medien nicht gefunden werden. Dieses Motiv stellte sich bereits in den Interviews klar heraus, wurde von allen Statements in der quantitativen Befragung am stärksten zugestimmt und war das meistgenannte Motiv der offenen Frage. In der Gruppe der Wissenschaftler wurde dieses Motiv teilweise dahin gehend spezifiziert, fachspezifisch Informationen angrenzender Disziplinen in Wissenschaftsblogs einzuholen. Dieses wurde als zeitökonomischer gesehen, als Papers dieser Disziplinen zu lesen. Dagegen wurden Informationen aus der eigenen Fachdisziplin in Wissenschaftsblogs im Prinzip nicht gesucht. Innerhalb der Kategorie „Information" und insgesamt erzielte das Statement „Wissenschaftsblogs bieten sehr spezifische (Nischen-) Themen" von allen Statements die höchste Zustimmung. Jedoch blieb die Zustimmung zu diesem Statement als einzige der drei Gruppen unter 90 %. Das kann damit zusammenhängen, dass die Gruppe der Wissenschaftler tagtäglich mit fachlich hochspeziellen Informationen zu tun hat und diese daher nicht als so spezifisch einschätzen.

Wie unter 3.4.12 dargestellt, wurden weitere Informationsbedürfnisse durch Attribute spezifiziert, die nicht zwingend das intrinsische Informationsbedürfnis verändern, aber die Art der Information. Diese Statements beinhalten, wie dargestellt, Einschätzungen und Bewertungen der gesuchten Informationen. Innerhalb der Gruppe der Wissenschaftler rangierten diese weiteren Statements der Kategorie „Information" mit durchschnittlich zwei Dritteln Zustimmung im Mittelfeld. Die Gruppe der Wissenschaftler erzielte jedoch deutlich höhere Zustimmungswerte in diesem Komplex als die Gruppe der Wissenschaftsjournalisten, jedoch geringere als die Laien. Das scheint damit zusammenzuhängen, dass das Fachpublikum die Attribute der Informationen anders einschätzt (siehe letzter Abschnitt), insbesondere, da diese in einem Vergleich mit den professionell-redaktionellen Seiten abgefragt wurden.

Die Authentizität und Tiefe der Informationen wurde von einer guten Mehrheit der Wissenschaftler bestätigt, aber als Motiv nicht so stark hervorgehoben wie

3.9 Zusammenfassung und Gesamtfazit „Empirie-Teil"

von der Gruppe der Laien. In der Gruppe der Wissenschaftler lag die Zustimmung zu dem Motiv „tiefere und dichtere Informationen" höher als bezüglich der Authentizität der Information. Dieses Motiv wurde von der Gruppe der Wissenschaftler in der Kategorie „Information" für das zweitwichtigste erachtet, es reflektiert die Tendenz der Interviews. In den Interviews wurde das Motiv damit umschrieben, dass Themen tiefer gehend behandelt werden. „Basiswissen" wird vorausgesetzt, und der Einstieg erfolgt auf „Fachwissen-Niveau". Wissenschaftsblogs bieten den Raum für ausführliche Informationen. Die Prozesshaftigkeit der Forschung kann dargestellt werden. Als Beispiel wurde genannt, dass Wissenschaftsblogs den Details eines wissenschaftlichen Projektes ein Forum bieten, in dem Sinne: Was passiert inhaltlich genau? Wie ist das Projekt aufgesetzt? Informationen dieser Form würde es abgedruckt in einer Zeitung nicht geben. Es wurde bemängelt, dass klassische Medien vereinfachen und komprimieren.

Die Attribute des Informationsbedürfnisses „authentisch", „glaubhaft" und „direkt" können bereits im Zusammenhang mit den Identitätsmotiven gewertet werden, die in der Gruppe der Wissenschaftler sehr ausgeprägt waren. Ein zentrales Motiv der Gruppe der Wissenschaftler, das in unterschiedlichen Facetten wiederholt zum Vorschein kam, war das Motiv, unter Gleichgestellten ungefiltert, jenseits von konventionellen, redaktionellen Strukturen zu kommunizieren. Somit können diese Attribute der Kategorie „Information" bereits als Spiegelbild zu dem Statement „ungefilterte Einblicke in andere Wissenschaftsbereiche" aus der Kategorie „Beruf" interpretiert werden.

Die Qualität der Informationen in Wissenschaftsblogs wurde von der Gruppe der Wissenschaftler in den Interviews und der Bewertung der Motivstatements leicht höher eingeschätzt als bei professionell-redaktionellen Seiten. In den Interviews wurde deutlich, wie bereits im oberen Abschnitt angedeutet, dass dies mit einer latenten Kritik an der Qualität des professionell-redaktionellen Journalismus einhergeht (vgl. Kapitel 3.4.13). Ein weiterer Erklärungsansatz hängt mit dem Vertrauen in den Autor zusammen und lässt wieder auf ein starkes Identitätsmotiv auf beruflicher Ebene als auslösendem Faktor schließen. Die Qualität eines Wissenschaftsblogs wird gewährleistet über ein Vertrauensverhältnis zu dem bloggenden Wissenschaftler-Kollegen. Trotzdem wurde bereits in den Interviews deutlich, dass der Qualität der Informationen nicht in dem Maße getraut wird, dass Wissenschaftsblogs zitiert würden. Diese geht einher mit einer relativ geringen Zustimmung bei dem Motiv „Inspiration für die eigene Forschung". Wissenschaftsblogs wird kein direkter Bezug zu der eigenen Forschungsarbeit auf inhaltlich-formaler Ebene zugeschrieben, wie es für Fachpublikationen der Fall ist.

In der Gruppe der Wissenschaftler gab es insbesondere im Verhältnis zu der Gruppe der Wissenschaftsjournalisten und innerhalb der eigenen Gruppe eine sehr starke Ausprägung von Unterhaltungsmotiven, die in allen drei Erhebungsmethoden sichtbar wurde. Jedoch stellte sich in den Interviews bereits klar heraus, dass Motive im Kontext von Unterhaltung und Entspannung primär im Zusammenhang mit Informationsaufnahme genannt wurden und keine alleinstehenden Unterhaltungsmotive wie „Spaß" formuliert wurden. Formulierungen waren stattdessen „Edutainment" oder „Bildzeitung für höher Gebildete". In der offenen Frage wurde dies partiell revidiert, und Unterhaltungsmotive als solche traten auch zum Vorschein. Die starke Ausprägung von Unterhaltungsmotiven wurde im quantitativen Teil klar bestätigt. Motive der Kategorie „Unterhaltung" erhielten seitens der Gruppe der Wissenschaftler im Vergleich zu den anderen Statements, innerhalb der Gruppe und im Verhältnis zu den anderen beiden Gruppen wie seitens der Gruppe der Laien mit die höchsten Werte über 80 %. Nur das Motiv in Bezug auf „spezifische (Nischen-)Informationen" erhielt höhere Werte von den Wissenschaftlern. Die Gruppe der Wissenschaftler und diejenige der Laien (mit noch höheren Werten) setzten sich in dem Komplex „Unterhaltung" deutlich von der Gruppe der Wissenschaftsjournalisten ab. Von beiden Gruppen werden Wissenschaftsblogs primär als eine unterhaltende Informationsaufnahme genutzt. Das Thema „Entspannung" wurde in allen drei Erhebungsmethoden fast nicht genannt.

Wie in 3.4.12 dargelegt, beruhen Teile der Kategorien auf der Eigeninterpretation des Forschers. Die Kategorie „Identität" wurde an den Forschungsgegenstand angepasst und ist angelehnt an Identitätstheorien (vgl. Kapitel 2.4.6.2; 3.4.12) breiter interpretiert wurden, als die Kategorisierung von McQuail. In den Interviews zeichneten sich unterschiedliche Aspekte ab, die im Zusammenhang standen mit dem Verhältnis zum Blogautor und dem subjektiven Charakter des Blogs. Dies beruht auf der Annahme, dass sich die eigene Identität im Vergleich mit anderen Personen herausbildet. Es werden Orientierungspersonen gesucht, die einem ähnlich sind und die eigene Identität bestärken oder konträr, um sich abzugrenzen. Dieses kann sich in dem Ausdruck von Meinungen abzeichnen.

Ein klares Merkmal der Gruppe der Wissenschaftler, das sich in unterschiedlichen Facetten in allen drei Erhebungsmethoden herauskristallisierte, ist ein starkes Identitätsmotiv auf beruflicher Ebene. Diese Form eines Identitätsmotivs wurde bereits in den Interviews klar herausgestellt. Neben verschiedenen Indikatoren wird dies durch die mit Abstand höchste Zustimmung zum Statement „Ich lese Wissenschaftsblogs, um zu gucken, was ein Autor gerade so macht, ohne ein bestimmtes Thema zu verfolgen", das ein direktes Interesse an dem Autor hinter dem Blog ausdrückt, klar verdeutlicht.

Die verschiedenen Indikatoren aus den Erhebungen und die Antworten aus den Interviews weisen darauf hin, dass dieses Identitätsmotiv in dieser Form so zu interpretieren ist, dass das Interesse nicht der „privaten" Person im privaten Kontext gilt, sondern dem „Wissenschaftler" in seiner beruflichen und privaten

3.9 Zusammenfassung und Gesamtfazit „Empirie-Teil"

Rolle. In den Interviews wurde das auch folgendermaßen formuliert: „Ein wesentlicher Bestandteil bei wiederkehrenden Besuchen auf Weblogs ist die persönliche Beziehung zum Wissenschaftler. Man hat ein Bild von dem Autor, wer das ist, was der so arbeitet und was den motiviert." (1) Neben anderen Facetten und Motivbestätigungen der Kategorie „Beruf" war auch die – im Gegensatz zu der Gruppe der Wissenschaftler – hohe Zustimmung zu der Aussage, dass Blogs von Wissenschaftlern präferiert werden, ein wichtiger Indikator dieser Interpretation. Die klarsten Indikatoren für die starke Ausprägung von Identitätsmotiven im beruflichen Kontext seitens des Wissenschaftlers sind in der Kategorie „Beruf" zu finden und werden in einem späteren Abschnitt erläutert.

Die weiteren Motive der Kategorie „Identität" bezogen sich auf Meinungen, wie im ersten Abschnitt angedeutet. Eine Identitätsbildung kann über das Einholen von gleichen oder konträren Meinungen erfolgen. Insgesamt war das Interesse an Meinungen in der Gruppe der Wissenschaftler – im Gegensatz zur Gruppe der Wissenschaftsjournalisten – kein ausgeprägtes Motiv und wurde in den Interviews nur bei dezidiertem Nachfragen genannt.

Zudem gab es in den Interviews keine klare Tendenz, ob Weblogs gleicher oder konträrer Meinung präferiert werden. In den quantitativen Erhebungen zeichnete sich hier jedoch eine klare Tendenz ab. In der Gruppe der Wissenschaftler lagen die Statements, die auf die eigene Gruppe bezogen waren, hinsichtlich der Zustimmung relativ weit oben. Die höchste Zustimmung gab es, wie bei den anderen beiden Gruppen, bei dem Statement in Bezug auf „Ich lese Wissenschaftsblogs, die auf der gleichen Wellenlänge schwimmen". Auch das Statement „Ich lese lieber Wissenschaftsblogs die eine andere Meinung verfolgen" wurde bestätigt, erzielte jedoch weniger Zustimmung. Nur von dieser Gruppe gab es eine hohe Zustimmung von über 70 % bei dem Statement „Ich lese Wissenschaftsblogs, um zu gucken, was ein Autor gerade so macht, was der schreibt, ohne ein bestimmtes Thema zu verfolgen.".

Wie durch die drei Phasen der empirischen Erhebung zu den Mediennutzungsmotiven bereits deutlich wurde und durch die Daten des allgemeinen Mediennutzungsverhaltens bestätigt, zeichnen sich alle drei Nutzergruppen durch ein tendenziell passives Nutzerverhalten aus. Dementsprechend war es bereits in der Explorierungsphase der Interviews schwierig, die dahinterliegenden Motive, eine marginale Aktivität vorausgesetzt, aufzuspüren oder sogar zu differenzieren. Zudem sind die Motive der Kategorie „Aktivität" am engsten mit der Intimsphäre verbunden. Daher sind nicht alle Motivstatements dieser Kategorie als Hypothesen der Gruppe zu sehen. Die Motivstatements wurden auf Basis der Interviews für beide Gruppen weiter differenziert.

Bereits in den Interviews wurde deutlich, dass im Prinzip von der Fachöffentlichkeit nur kommentiert wird, wenn dies einer Sachdiskussion zuträglich ist und der Wahrheitsfindung einer wissenschaftlichen Debatte dient. Bei der Gruppe der Wissenschaftler bezieht sich dies auf Formulierungen wie „Ich setzte mich nur Diskussionen aus, wenn sie wirklich wissenschaftlich sind." Insbesondere von der Gruppe der Wissenschaftler wurden pseudowissenschaftliche, sensationalistische Debatten rund um Themen wie „Kreationismus" und „Esoterik" sehr kritisch gesehen. Zu dieser Form von Diskussion gab es eine generelle Abwehrhaltung, die sich in den Interviews in Aussagen zeigte wie: „Es ist der Gedankenaustausch und das Verstehen (beim Kommentieren). Wenn es pure Meinungsmache ist, dann nicht." In den Interviews wurde, wie im ersten Abschnitt kurz dargestellt, von einer Person ein selbstdarstellerisches Motiv im Sinne des Impressionsmanagement genannt.

Im quantitativen Teil wurde diese Tendenz sehr klar bestätigt. Außer dem Statement „Ich kommentiere, aber nur wenn die Diskussion sachdienlich ist." Wurden die Statements innerhalb der Kategorie „Aktivität" am niedrigsten bewertet. Bei der Gruppe der Wissenschaftler erzielte das Statement eine marginal geringere Zustimmung als bei der Gruppe der Wissenschaftsjournalisten, aber eine deutlich höhere als bei der Gruppe der Laien. Jedoch ist das in dem Kontext zu bewerten, dass die Gruppe der Wissenschaftsjournalisten allgemein eine höhere Aktivität aufzeigte. Die anderen beiden Motiv-Statements wurden von den Wissenschaftlern mit 50 % neutral gewertet und somit nicht mehrheitlich zugestimmt. Wie eingangs erläutert, sind die Motive jenseits einer Sachdiskussion jedoch nur eingeschränkt als Hypothese zu bewerten. Partiell konnte das Motiv „Impressionsmanagement" in dem Statement „um meine Meinung kund zu tun" als Hypothese gewertet werden, die als Einzige nicht mehrheitlich bestätigt wurde.

Die Kategorie „Beruf" beinhaltete Motiv-Statements, die direkten oder indirekten Einfluss auf die Forschung von Wissenschaftlern haben oder als Erweiterung der Identitätsmotive auf beruflicher Ebene interpretierbar sind (vgl. oberen Abschnitt). Wie in Kapitel 2.1.3.6 dargestellt, bilden peer-geprüfte Fachjournale das zentrale Organ der beruflichen Mediennutzung von Wissenschaftlern. Dieses wurde auch klar in den Interviews herausgestellt. Ein direkter (inhaltlicher) Einfluss auf die berufliche Tätigkeit bzw. ein Forschungsbezug wurde bei keinem anderen Medium gesehen. Der Wissenschaftler ist auf Zitationen und wissenschaftliche Veröffentlichungen in seiner Tätigkeit als Wissenschaftler angewiesen. Kein Forscher würde neueste Ergebnisse jenseits der wissenschaftlichen Publikationsinfrastruktur preisgeben. Vor diesem Hintergrund wurden Wissenschaftsblogs in den Interviews als nicht vergleichbar mit wissenschaftlichen Journalen gesehen. Es wurde in keinem Punkt eine Konkurrenz zwischen Wissenschaftsblogs und wissenschaftlichen Journalen und der wissenschaftlichen Publikationsinfrastruktur deutlich. In den Interviews wurde das sehr klar formuliert: „Für mich sind Wissenschaftsblogs und peer-geprüfte Publikationen zwei völlig ver-

3.9 Zusammenfassung und Gesamtfazit „Empirie-Teil"

schiedene paar Schuhe. In der Wissenschaft offiziell zu sprechen, geht mit sehr starken Formalisierungen einher."

Stattdessen stehen die Motive der Nutzung im Zusammenhang mit einem indirekten Forschungsbezug informeller Art, der Einblicke in andere Forschungsbereiche und angrenzende Disziplinen und die Möglichkeit der Vernetzung und den Austausch mit anderen Forschern herauskehrte. In der Gruppe der Wissenschaftler waren insbesondere zwei Motive in diesem Kontext hervorstechend, die in allen drei Erhebungsinstrumenten wiederholt ausgeprägt zum Vorschein kamen. Zum einen das bereits mehrfach erläuterte Identitätsmotiv auf beruflicher Ebene, das in dieser Kategorie stark mit einem Informationsbedürfnis verbunden ist und primär als „ungefilterter Einblick in die alltägliche Arbeit von anderen Wissenschaftlern und in die Arbeitsbereiche der Wissenschaft." umschrieben wird; zum anderen war die Gruppe der Wissenschaftler die einzige Gruppe, in der wiederholt und ausgeprägt in allen drei Erhebungsmethoden Vernetzungsmotive hinsichtlich einer Vernetzung mit anderen Wissenschaftlern über die Disziplinen hinweg deutlich wurden. Die Motive im Kontext des Berufes, die angefragt wurden, waren somit „ungefilterte Einblicke in die alltägliche Arbeit von anderen Wissenschaftlern und in andere Arbeitsbereiche der Wissenschaft", „Hilfe und Inspiration auf der Methodikebene", „Inspiration für meine eigene Forschung" und „informeller Austausch und Vernetzung mit anderen Forschern."

Im Rahmen der quantitativen Befragung wurden Statements im Kontext des Berufes von den Wissenschaftlern durchschnittlich mit einer Zwei-Drittel-Mehrheit bestätigt und sind damit im Vergleich der Statements innerhalb der Gruppe im Mittelfeld. Die Ergebnisse bestärken die Tendenzen der Interviews bezüglich der Gewichtung der Bestätigung. Im Vergleich zu den Wissenschaftsjournalisten wird jedoch die Kategorie „Beruf" deutlich geringer bewertet. Die höchste Einschätzung dieser Kategorie mit über 70 % erhielt das Statement „Wissenschaftsblogs bieten ungefilterte Einblicke in die Arbeit von anderen Wissenschaftlern". Im Vergleich zu allen Statements dieser Gruppe erzielte dieses Statement den vierthöchsten Wert. Die hohe Zustimmung zu diesem Statement, in Kombination mit den hohen Identitätsmotiven, impliziert die Nutzung des Formats als eine Art Peer-to-Peer-Kommunikationskanal.

Das zentrale Motiv dieser Kategorie ist „Wissenschaftsblogs bieten einen ungefilterten Einblick in die alltägliche Arbeit von anderen Wissenschaftlern und in andere Arbeitsbereiche der Wissenschaft." In den Interviews wurde dieses Motiv damit umschrieben, dass Wissenschaftsblogs aufzeigen, mit welchen Labor-, Forschungs- und Alltagsproblemen andere Wissenschaftler kämpfen und dass sich der Nutzer somit Anleihe an den jeweiligen Problemlösungsansätzen holen kann – oder einfach nur „seelischen und moralischen" Beistand im Sinne eines emotionalen Release. Konkret können das folgende Themen sein: Welche aktuellen Themen gibt es an einem anderen Institut, die eventuell auch für das eigene Institut spannend sein können? Wie handeln andere Forscher? Praktische Probleme im Laboralltag; rechtliche Rahmenbedingungen; die Gefühlswelt des Forschers während des Forschungsprozesses und Einblicke in andere Arbeitsbereiche der Wissenschaft. Weblogs können in dieser Form auf Ratgeber-Ebene bei der eigenen Alltagsarbeit eine Stütze sein und praktische Tipps geben.

Das Statement „Wissenschaftsblogs bieten informellen Austausch und Vernetzung mit anderen Forschern" erhielt in der quantitativen Abfrage große Zustimmung, nämlich eine gute Zwei-Drittel-Mehrheit und rangiert somit im Mittelfeld der Statements innerhalb der Gruppe und liegt hinter dem Statement „ungefilterte Einblicke". Jedoch war (interdisziplinäre) „Vernetzung" das mit am häufigsten genannte Motiv der offenen Frage. Wie wiederholt im Mittelteil dieser Forschungsarbeit erläutert (vgl. Abschnitt 3.4.13), wird Vernetzung jedoch vorwiegend nicht im praktischen Sinne als Verlinkung mit anderen Blogs verstanden, wie bereits die Zurückhaltung der Kategorie Aktivität impliziert. Vernetzung wird dahin gehend interpretiert, dass verschiedene Forscher aus unterschiedlichen Disziplinen in einem Wissenschaftsblog aufeinander Bezug nehmen können. Bereits die passive Teilnahme an diesem Prozess wurde als Vernetzung verstanden. Weiterhin ist bereits eine Form von Vernetzung die Nutzung eines Wissenschaftsblogs, dessen Autor ein Wissenschaftler aus einer anderen Disziplin ist.

Dem Motiv „Wissenschaftsblogs bieten Hilfe und Inspiration auf der Methodikebene" wurde von ca. zwei Dritteln zugestimmt, und es ist im Vergleich aller Statements dieser Gruppe auch im Mittelfeld einzuordnen. Es stellt das konkreteste Motiv mit „direktem" Einfluss auf die eigene Forschungsarbeit dar. Methoden sind fachunabhängig, und der Forscher kann sich an anderen Disziplinen orientieren. Der Vorteil von Blogs ist, dass der Autor die Methode selber ausprobiert hat, also sagen kann, welche Vor- und Nachteile sie hat und welche Probleme es gab. Die Methode kann detailreicher als in anderen Wissenschaftsmedien dargestellt werden, und dem Nutzer ist es möglich, über die Kommentarfunktion nachzufragen. Dieses Motiv wurde in den Interviews klar herausgestellt und mit den folgenden Formulierungen treffend auf den Punkt gebracht: „Wissenschaftsblogs sind für mich eine Art Praxisliteratur auf der Methodikebene: Wie hat das ein anderer Forscher gemacht, was sind Probleme, worauf muss man achten? Wissenschaftsblogs können mir auf der Methodikebene in der eigenen Forschung helfen, da sie Methoden im Detail und realistisch darstellen." (1). Es geht um die „Methodikoptimierung – Methoden sind ja allgemein bekannt, nur die Ergebnisse müssen veröffentlicht werden. In der Fachliteratur stehen solche Details nicht drin. Man macht den Knoten, schreibt aber nicht, wie man das macht." (5)

3.9 Zusammenfassung und Gesamtfazit „Empirie-Teil"

Das Statement „Wissenschaftsblogs bieten Inspiration für meine eigene Forschung" erzielte einen deutlichen geringeren Wert und nur eine marginale Zustimmung mit knapp über 50 %. Es wird in Wissenschaftsblogs kein direkter Forschungsbezug gesehen. Daher liegt die Einschätzung dieses Statements signifikant hinter den anderen Statements dieser Kategorie.

Das fünfte Statement dieser Kategorie „Ich lese lieber Wissenschaftsblogs von anderen Wissenschaftlern als von Wissenschaftsjournalisten" erzielte eine klare Zwei-Drittel-Mehrheit und wurde bereits kurz bei der Kategorie „Identität" erläutert. Das Statement bildet den stärksten Indikator für eine Peer-to-Peer-Kommunikation.

Einen weiteren Aspekt, der sich im qualitativen Teil in der Gruppe der Wissenschaftler herauskehrte, bildeten Diskussionen zu dem Thema „Öffentlichkeit". Das Thema „Öffentlichkeit" kam aus verschiedenen Perspektiven zur Sprache. Wie in Kapitel 2.1.2 dargestellt, wird die Drittmittelfinanzierung in der Wissenschaft immer wichtiger. In den Interviews kam es wiederholt zu den Themen „Wissenschaft an die Öffentlichkeit kommunizieren", „die Rolle des Wissenschaftlers in der Öffentlichkeit" und „die eigene Sichtbarkeit in der Öffentlichkeit". Allgemein war die Tendenz in den Interviews, dass eine stärkere Präsenz in der Öffentlichkeit wichtig ist. Jedoch wurde die eigene Sichtbarkeit in Form von Kommentieren eher kritisch gesehen. Die Interviewpartner, die selber einen Blog führen, sahen in Wissenschaftsblogs ein wichtiges Medium, Wissen an die Laien Öffentlichkeit zu vermitteln.

Wie teilweise in den oberen Abschnitten dargestellt, bestärken die Antworten der offenen Frage die Tendenzen der anderen beiden Erhebungsmethoden. Ein Merkmal der offenen Frage war die wiederholte Nennung von Vernetzungsmotiven in der Gruppe der Wissenschaftler, die von keiner anderen Gruppe genannt wurden. Zudem traten bei allen drei Gruppen, so auch in der Gruppe der Wissenschaftler, Informationsmotive in dieser Erhebungsmethode am häufigsten auf. Ein weiteres Merkmal dieser Gruppe ist die im Vergleich stärkste Nennung von Unterhaltungsmotiven und die Häufung von Motivnennungen der Kategorie „Beruf", wie „interdisziplinäre Vernetzung" und „Einblick in andere Forschungsbereiche".

Die Werte des Mediennutzungsverhaltens des quantitativen Teils lassen, wie bei den anderen beiden Gruppen, auf eine routinierte Nutzung von Wissenschaftsblogs in der Gruppe der Wissenschaftler schließen, die im täglichen Medienmix etabliert ist. Jedoch weist die Nutzergruppe in Bezug auf die Dauer der Nutzung kein homogenes Verhalten auf und unterteilt sich hauptsächlich in eine Gruppe, die Wissenschaftsblogs länger als ein Jahr nutzt, und eine weitere, die Wissenschaftsblogs weniger als drei Monate nutzt. Die Hälfte der Nutzer nutzt Wissenschaftsblogs täglich oder mehrmals die Woche, und wie in den anderen beiden Gruppen kommen die meisten User über die URL (direkt oder Favorit).

Beide Faktoren implizieren eine in den Medienalltag integrierte und etablierte Mediennutzung. Ein Merkmal der Gruppe der Wissenschaftler ist, dass ein großer Teil der Nutzer ursprünglich auf Wissenschaftsblogs über die Empfehlung eines Freundes gekommen ist, was wiederum ein weiterer Indikator für eine Peer-to-Peer-Kommunikation ist.

Wie bereits durch die Motive der Kategorie „Aktivität" deutlich wurde, ist die Art und Weise, wie Wissenschaftsblogs genutzt werden, in Bezug auf die Funktionen von Weblogs und Weblogaggregierungsportalen in der Gruppe der Wissenschaftler tendenziell zurückhaltend, im Übrigen auch in den anderen beiden Gruppen. Nur ca. ein Drittel der Nutzer nutzt die Kommentarfunktion. Trotz der geringen Nutzung wird diese Funktion als die wichtigste angesehen, vor den weiteren Funktionen/Nutzungsmöglichkeiten von Weblogs. Jedoch wird sie nicht als so wichtig eingeschätzt, wie von der Gruppe der Wissenschaftsjournalisten. Von denjenigen, die die Kommentarfunktion nutzen, ist die Gruppe der Wissenschaftler im Vergleich zur Gesamtstichprobe und den anderen beiden Gruppen am wenigsten aktiv. 80 % gaben an, selten zu kommentieren. Weitere Nutzungsmöglichkeiten werden peripher genutzt. „RSS" weist noch eine relativ hohe Nutzung auf, und „Podcast" wird trotz geringer Inanspruchnahme von allen drei Gruppen am meisten genutzt. Im Verhältnis der drei Gruppen fällt die Nutzung und Einschätzung von „Micro-Blogging" sehr gering aus.

Ein Merkmal, das sich durch das Nutzungsverhalten der Gruppe der Wissenschaftler zieht, ist die verhältnismäßig hohe Einschätzung und Nutzung von „Podcasts" innerhalb der Web-2.0-Anwendungen. Auch in Bezug auf Wissenschaftsmedienformate im Web 2.0 bzw. in Bezug auf Web-2.0-Formate, die explizit innerhalb der Wissenschaftskommunikation genutzt werden, schätzen Wissenschaftler neben den etablierten Anwendungen „Wikis" und „Videos", die von allen Gruppen die höchsten Werte erhalten haben, insbesondere „Podcast" als wichtig ein und nutzen „Podcasts" von den drei Gruppen am häufigsten. Weiterhin werden „Social Networks" von einem Drittel der Gruppe genutzt.

In der Gruppe der Wissenschaftler werden, wie von den anderen Gruppen auch und innerhalb der Gesamtstichprobe, die etablierten Dienste „E-Mails verschicken" und „Suchmaschinen" am intensivsten genutzt. Weiterhin sind weitere Merkmale der Gruppe eine relativ hohe Nutzung von „Videos ansehen" sowie eine starke Nutzung der Nachrichtenportale und „Social Networks". Bei einer anteilig mittleren Nutzung liegt im Vergleich der drei Gruppen die intensivste Nutzung in der Teilnahme an Diskussionsforen und „Podcast hören"vor und einer vergleichsweise geringen Nutzung von „RSS". Die verhältnismäßig starke Nutzung von „Social Networks" seitens dieser Gruppe scheint im Verhältnis zu stehen mit den ausgeprägten Vernetzungsmotiven. Im Verhältnis zu der Gesamtstichprobe und den Laien erhielten „Social Networks" sehr hohe Wichtigkeitsein-

3.9 Zusammenfassung und Gesamtfazit „Empirie-Teil"

schätzungen. Die weiteren Formate erhielten Wichtigkeitseinschätzungen weitestgehend in Reflexion der Nutzungsintensität.

Die Nutzung von Wissenschaftsblogs erfolgt partiell zu Hause, partiell am Arbeitsplatz. Beide Alternativen erzielten sehr hohe Werte. Dies wird auch durch die Angaben zur privaten und beruflichen Mediennutzung allgemein reflektiert. Merkmale dieser Gruppe sind die höchste Mediennutzung von Fachzeitschriften und auch eine relativ hohe berufliche Nutzung von Wissenschaftsblogs, da diese von über der Hälfte der Teilnehmer in Anspruch genommen werden. Die Gruppe der Wissenschaftler hat Wissenschaftsblogs im beruflichen Kontext jedoch nicht besonders wichtig eingeschätzt. Mit Blick auf die private Nutzung fällt bezüglich der Gruppe der Wissenschaftler die Nutzung aller Medien außer Fachzeitschriften wesentlich höher aus. Merkmale der privaten Nutzung sind die höchste Nutzung bei Radio und Publikumszeitschriften und – mit über 70 %. – eine relativ hohe Nutzung von Wissenschaftsblogs. Im Gegensatz zu der Gruppe der Wissenschaftsjournalisten nutzen Wissenschaftler Wissenschaftsblogs klar verstärkt im privaten Kontext. Für die private Nutzung wurden Wissenschaftsblogs mit Werten über 80 % als erheblich wichtiger angesehen als für die berufliche Nutzung. „Internet" erzielte sowohl in der privaten als auch der beruflichen Nutzung die höchsten Werte.

Ein weiterer Nutzertyp in der Gruppe der Wissenschaftler kann folgendermaßen skizziert werden. In der Gruppe der Wissenschaftler überwiegen leicht die männlichen Nutzer, jedoch ist die Nutzung seitens Männern und Frauen im Verhältnis zur Gesamtstichprobe relativ ausgeglichen. Mit einem Durchschnittsalter von 33 befinden sich in der Gruppe der Wissenschaftler im Vergleich die jüngsten Nutzer. Eine klare Tendenz hinsichtlich des Familienstands ist in dieser Gruppe nicht erkennbar. Im Verhältnis zur Gesamtstichprobe und den anderen beiden Gruppen ist für die Gruppe der Wissenschaftler der höchste Bildungsabschluss festzustellen. Zwei Drittel verfügen über einen abgeschlossenen Hochschulabschluss oder mehr. In der Gruppe der Wissenschaftler befindet sich der größte Teil von Studenten, ein knappes Drittel der Nutzer sind Doktoranden. Die Werte weisen darauf hin, dass der Durchschnittsnutzer aus dem wissenschaftlichen Mittelbau stammt.

Vor dem Hintergrund der veränderten Kommunikationsstrukturen und Merkmale des Web 2.0 (vgl. 2.2) kann die Nutzungsweise der Gruppe der Wissenschaftler weiterhin wie folgt interpretiert werden. Die Gruppe der Wissenschaftler nutzt die Potenziale der veränderten Kommunikationsstrukturen des Web 2.0 stärker als die anderen beiden Gruppen, bzw. reflektiert die Potenziale stärker in den Motivstrukturen. Der zentrale Mehrwert von Wissenschaftsblogs für Wissenschaftler ist die Möglichkeit, direkt am „Gatekeeping" des Wissenschaftsjournalisten vorbei zu kommunizieren. Die Sichtbarkeit des Autors, die Subjektivität sowie die freie Themenwahl spielt für den Wissenschaftler in der Nutzung eine wichtige

Rolle. Die Relevanz von Wissenschaftsblogs ist für die Gruppe der Wissenschaftler gerade aufgrund des „User-generated-Content" und der Vermischung von Fachwissen und persönlichen Wissen gegeben.

Die Interaktions- und Partizipationsmöglichkeiten werden dagegen, wie bei den anderen beiden Gruppen, marginal genutzt und als weniger wichtig eingeschätzt. Ein klares Merkmal der Gruppe ist die hohe Einschätzung von Vernetzungsmöglichkeiten. Die Netzwerkeffekte und Reichweitenmöglichkeiten werden auch von der Gruppe der Wissenschaftler nicht gesehen, und es wird Wissenschaftsblogs eindeutig die Funktion und Reichweite von Leitmedien abgesprochen. Auf der anderen Seite wird der Aktualität, die partiell auf den dispersen Charakter der Web-2.0-Kommunikationsstrukturen zurückzuführen ist, mehr Relevanz zugeschrieben.

3.9.2 Zusammenfassung und Gesamtfazit „Wissenschaftsjournalisten"

Die Gruppe der Wissenschaftsjournalisten hat wie die Gruppe der Wissenschaftler fast alle Hypothesen in Form von den in den Interviews feststellbaren Motiven bestätigt. Fünf Motiv-Statements wurden von dieser Gruppe nicht bestätigt, jedoch stellt nur eines davon eine Hypothese dar, die in den Interviews genannt wurde, und betrifft das Statement „Wissenschaftsblogs sind authentischer, glaubhafter und direkter als professionell-redaktionelle Seiten" der Kategorie „Information". Weitere Motiv-Statements, die nicht bestätigt wurden, jedoch auch nicht als Hypothesen gewertet werden können, stammen – wie bei den Wissenschaftlern – aus der Kategorie „Aktivität": „um meine Meinung kund zu tun" und „um Feedback auf meine Meinung zu erhalten". Zudem wurde das Statement in Bezug auf die Qualität der Inhalte aus der Kategorie Information und das Statement in Bezug auf die Präferenz einen Blog von einem Wissenschaftsjournalisten zu nutzen nicht bestätigt.

Noch stärker als bei den anderen beiden Gruppen dominiert in der Gruppe der Wissenschaftsjournalisten ein Informationsbedürfnis in Bezug auf Wissenschaftsblogs. Dies zeichnete sich bereits stark in den Interviews ab und wurde in den beiden quantitativen Erhebungen bestätigt. Wie in der Gruppe der Wissenschaftler handelt es sich jedoch nicht um ein klassisches Informationsbedürfnis im Sinne eines Orientierungs- und Überblickswissen, angelehnt an McQuail. In den Interviews wurde klar herausgestellt, dass Wissenschaftsjournalisten für diese Art von Information den professionell-redaktionellen Journalismus präferieren und die Kompetenz hier sehen.

Stattdessen geht es primär, wie bei den anderen beiden Gruppen, um spezifische Nischenthemen und spezielle Formen von Informationsmotiven. Das Merkmal der Gruppe der Wissenschaftsjournalisten ist eindeutig ein großes Interesse an

3.9 Zusammenfassung und Gesamtfazit „Empirie-Teil"

Meinungen in verschiedenen Facetten, das jedoch nicht in der Konnotation der Identitätsmotive anzusiedeln ist, sondern ein spezielles Informationsbedürfnis ausdrückt und in der Kategorie „Beruf" erläutert wird. Das hohe Informationsbedürfnis der Wissenschaftsjournalisten ist weitestgehend im beruflichen Kontext verankert und wird in der Kategorie „Beruf" detailliert erläutert.

Die Informationsmotive, verankert in der Kategorie „Information", wurden hingegen mehrheitlich sehr kontrovers und kritisch von der Gruppe der Wissenschaftler gesehen. Dies ist primär auf den direkten Vergleich mit dem professionellredaktionellen Journalismus zurückzuführen und spiegelt die Tendenzen der Interviews wider. Wie bei den anderen beiden Gruppen und innerhalb der eigenen Gruppe erhielt das Statement „Wissenschaftsblogs bieten sehr spezifische (Nischen-) Themen" die mit Abstand höchste Zustimmung. Es wurde auch höher eingeschätzt als seitens der Gruppe der Wissenschaftler. Stärker als bei der Gruppe der Wissenschaftler wurde dieses Motivstatement in den Interviews dahin gehend verstanden, dass es sich um Informationen handelt, die in anderen Medien nicht thematisiert werden.

Dem Informationsbedürfnis im Zusammenhang mit Nischenthemen nachgeordnet wurde in der quantitativen Befragung wie auch in den Interviews am stärksten das Motiv „Facettenreichtum" der Information herausgekehrt. Dieses Motiv zielte im Prinzip auf die Meinungsvielfalt ab, wurde aber oft einfach als „Facettenreichtum", „verschiedene Perspektiven", „unterschiedliche Aspekte eines Themas" in Bezug auf das Informationsbedürfnis umschrieben. Das Motiv ist in der Kategorie Beruf angesiedelt und erhielt hier auch die stärkste Bewertung. Es wurde einzig in der Gruppe der Wissenschaftsjournalisten im Rahmen der offenen Abfrage wiederholt genannt.

Alle anderen Spezifikationen des Informationsmotivs im Zusammenhang mit Attributen, die die Art der Information umschrieben haben und der Kategorie „Beruf" zugeordnet sind, wurden von der Gruppe der Wissenschaftsjournalisten am niedrigsten bewertet. Neben den spezifischen Nischenthemen der Wissenschaftsblogs wurden in den Interviews auch die Tiefe und die Fundiertheit der Themen als Motiv angegeben. Jedoch erhielt dieses Motiv bereits in den Interviews, verglichen mit der Gruppe der Wissenschaftler, weniger Gewicht. Diese Tendenz wurde in der quantitativen Abfrage bestätigt. Das Statement „Wissenschaftsblogs sind/bieten tiefere und dichtere Informationen als redaktionellprofessionellen Seiten" erhielt die zweithöchste Zustimmung, die jedoch mit 60 % eine relativ geringe mehrheitliche Zustimmung in diesem Komplex darstellt. Bezüglich der Gruppe der Wissenschaftsjournalisten wurde dieses Motiv ähnlich wie das Motiv der Nischeninformationen interpretiert, es wurde darauf abgezielt, Themen ausführlicher zu behandeln, als es in redaktionell-professionellen Seiten der Fall ist.

Das Statement „Wissenschaftsblogs sind authentischer, glaubhafter und direkter als professionell-redaktionelle Seiten" wurde neutral mit 50 % Zustimmung bewertet. Dieser Aspekt wurde in den Einzelinterviews genannt. Somit ist dies die einzige Hypothese, die nicht mehrheitlich bestätigt wurde. Dies kann in einem Zusammenhang stehen mit relativ geringen „engen" Identitätsmotiven dieser Gruppe, was ein Gegensatz zu der Gruppe der Wissenschaftler bedeutet und auch mit einem geringeren Vertrauensverhältnis zum Blogautor einhergeht. Dieser Aspekt wird weiter im Zusammenhang mit dem nächsten Motivstatement dargelegt.

In den Interviews zeichnete sich bereits eine kritische Einschätzung der Qualität von Wissenschaftsblogs ab. Das Motiv in Bezug auf die Qualität war somit auch eines von Dreien, das von den Wissenschaftsjournalisten nicht mehrheitlich bestätigt wurde, und das einzige Motiv innerhalb des Informationsblocks aller Gruppen. Die Erklärungsansätze aus den Interviews zeigen auf, dass der Auslöser hierfür offensichtlich in der fehlenden professionellen Redaktion als Garanten für einen Qualitätscheck zu suchen ist. Zudem besteht ein geringes Vertrauensverhältnis zum Autor, der als Garant fungieren könnte (siehe oben und Kategorie „Identität"). Jedoch war dieses Statement für diese Gruppe auch keine Hypothese.

Ein Aspekt in Bezug auf ein Informationsmotiv ist weiterhin die Aktualität der Informationen. Im Gegensatz zu den anderen beiden Gruppen wurde das Thema „Aktualität und Schnelligkeit der Informationsverbreitung" bereits in den Interviews dezidiert verneint, insbesondere im Vergleich zum redaktionell professionellen Online-Journalismus. Dies wurde im Gegensatz zu den anderen beiden Gruppen auch nicht durch eine Nennung bei der Beantwortung der offenen Frage revidiert.

Im Gegensatz zu den anderen beiden Gruppen ist ein klares Merkmal dieser Gruppe eine relativ schwache Ausprägung von Unterhaltungsmotiven. Dies wurde bereits in den Interviews deutlich und durch die quantitative Befragung bestätigt. In den Interviews wurden Unterhaltungsmotive nur im Kontext des Themenkomplexes „Tagesrhythmus" erwähnt und standen immer im Verbund mit einem Informationsmotiv. Weiterhin zeigte sich bereits in den Interviews, dass Wissenschaftsjournalisten keinen direkten Unterhaltungswert im Sinne von Spaß und Entertainment in Wissenschaftsblogs sahen, sondern nur das Motiv „Entspannung" der Kategorie „Unterhaltung". Dies wurde durch die quantitative Befragung klar bestätigt. Motiven der Kategorie „Unterhaltung" wurde seitens der Wissenschaftsjournalisten mit einer guten Zwei-Drittel-Mehrheit von über 70 % klar zugestimmt. Jedoch lag die Zustimmung im Verhältnis zu allen Statements innerhalb der Gruppe der Wissenschaftsjournalisten im Mittelfeld, und im Verhältnis zu den anderen beiden Gruppen war es deutlich die geringste Zustimmung. Im Gegensatz zu der Gruppe der Wissenschaftler überwogen Entspannungsmotive gegenüber Unterhaltungsmotiven.

3.9 Zusammenfassung und Gesamtfazit „Empirie-Teil"

Identitätsmotive, die nicht ein direktes Interesse an der Person hinter dem Blog ausdrückten, sondern im erweiterten Interpretationsansatz der Kategorie in Form von Subjektivität und Meinungen vorkamen, hatten in den Interviews bereits eine stärkere Gewichtung seitens der Gruppe der Wissenschaftsjournalisten erhalten. Dieses wurde durch die quantitative Befragung und die offene Befragung noch weiter verstärkt. Der Aspekt „vielseitige Meinungen" wird in der Kategorie „Beruf" besprochen. In den Interviews stellte sich bereits ein dezidiertes Interesse an Einzelmeinungen dar, das in der Kategorie „Identität" reflektiert wird. Im Gegensatz zu der Gruppe der Wissenschaftler wurde in den Interviews bereits deutlich, dass Weblogs präferiert werden, die die eigene Meinung bestätigen und mit denen man sich positiv identifizieren kann. Keiner aus der Gruppe der Wissenschaftsjournalisten gab an, bewusst auf Weblogs von Personen zu gehen, die anderer Meinung sind, um sich mit diesen auseinanderzusetzen. Zudem wurde bereits in den Interviews deutlich, das es keine klare Präferenz gab, Wissenschaftler- oder Wissenschaftsjournalistenblogs zu verfolgen. Dies wurde auch durch die quantitative Erhebung deutlich. Das Statement „Ich lese Wissenschaftsblogs von Autoren, mit denen ich auf einer Wellenlänge schwimme" erhielt eine klare Zustimmung im Mittelfeld und wurde im Vergleich der drei Statements innerhalb dieses Themenblocks am höchsten bewertet. Dem Statement „Ich lese Wissenschaftsblogs von Autoren, die eine andere Sichtweise haben, um mich mit Ihnen auseinanderzusetzen" erzielte auch eine klare Zwei-Drittel-Mehrheit, wurde jedoch geringer eingeschätzt. Es erhielt jedoch eine leicht höhere Einschätzung als seitens der Gruppe der Wissenschaftler. Das Statement „Interesse am Autor" bekam eine marginale Zustimmung und wurde im Gegensatz zur Bewertung seitens der Wissenschaftler weitaus geringer eingeschätzt.

Auch bezüglich der Gruppe der Wissenschaftsjournalisten wurde eine tendenziell passive Nutzung des Mediums deutlich. In dieser Gruppe steht dieses Verhalten in Zusammenhang mit einer großen Diskrepanz zwischen einem hohen Interesse an Meinungen und Diskussionen und einer ablehnenden Haltung gegenüber einer eigenen Kommentierung. Eine eigene Aktivität in Form einer Kommentierung wurde in den Interviews mit der Gruppe der Wissenschaftsjournalisten noch zurückhaltender gesehen als in denen mit der Gruppe der Wissenschaftler, und kein Motiv einer Kommentierung konnte herausgefiltert werden. Diese Tendenz verstärkend, wurden – noch deutlicher als bei den anderen beiden Gruppen – überwiegend Statements der Kategorie „Aktivität" sehr verhalten positiv bewertet, wenn sie nicht einer sachdienlichen Diskussion dienten. Das Statement „Ich kommentiere, aber nur wenn die Diskussion sachdienlich ist" erhielt mit einer klaren Zwei-Drittel-Mehrheit wiederum die höchste Zustimmung seitens der drei Gruppen. Jedoch das Statement, das darauf abzielte, die eigene Meinung kundzutun, wurde neutral bewertet und ihm somit nicht zugestimmt; und dem

Statement „Um Feedback auf die eigene Meinung zu bekommen" wurde nicht zugestimmt. Die Gruppe der Wissenschaftsjournalisten stellt somit wieder die einzige Gruppe dar, die einem Statement in diesem Komplex eine negative Bewertung erteilt hat.

In der Gruppe der Wissenschaftler stehen Informationsmotive im Verbund mit einer beruflichen Nutzung im Vordergrund. Dies wurde bereits in den Interviews deutlich und klar über den quantitativen Teil verifiziert. Durch die Gewichtung wurden diese Motive signifikant herausgekehrt. Es wurde jedoch bei dieser Kategorie eine gewisse Diskrepanz zwischen den Antworten im Rahmen der Interviews und denen, die auf die quantitative Befragung gegeben wurden, deutlich. In den Interviews wurden Wissenschaftsblogs generell von dieser Gruppe kritisch eingeschätzt, und ein direkter Einfluss auf den Beruf wurde verneint. Dieses Bild wurde durch die quantitative Befragung stark geändert. Die Art und Weise, wie Wissenschaftsblogs beruflich genutzt werden, blieb bestehen, jedoch stellten sich die Stärke und die klar in beruflichen Alltag integrierte Nutzung erst durch den quantitativen Teil heraus. Dies kann damit zusammenhängen, dass die Interviews zeitlich früher stattgefunden haben, ist aber auch auf eine „Konkurrenzsituation" zum professionell-redaktionellen Journalismus zurückführbar – kann also daher partiell durch die Anonymität der Online-Befragung bedingt sein. Die quantitative Befragung zeigte durch verschiedene Indikatoren, dass Wissenschaftsblogs primär beruflich genutzt werden. Es wurden klare Tendenzen und Gewichtungen deutlich.

Medien und somit auch Wissenschaftsblogs können in der Gruppe der Wissenschaftsjournalisten in folgender Art und Weise beruflich genutzt werden: zur thematischen Inspiration und Themenfindung; als Recherchequelle zur Orientierung, um sich für oder gegen ein Thema zu entscheiden; als Recherchequelle bei bereits gefundenem Thema und als direkte Vorlage für einen Artikel, in dem Wissenschaftsblogs zitiert und verlinkt werden.

Es wurde in den Interviews bereits klar herausgestellt, dass Wissenschaftsblogs im beruflichen Kontext primär als Recherchequelle genutzt werden, wenn ein Thema bereits herauskristallisiert ist. Teilweise wird diese Recherchequelle „mit kritischem Auge" gesehen. Das heißt, wenn ein Thema bereits steht, können Wissenschaftsblogs genutzt werden, um vertiefende und weiterführende Informationen zum Thema zu generieren. Die Recherche kann informativ-thematisch ausgerichtet sein. Hier bieten Wissenschaftsblogs sehr spezielle und tiefer gehende Informationen. Weiterhin können Informationen direkt vom Forscher und aus der Forschung mit sehr spezifischen Fachwissen eingeholt werden.

Der zweite Punkt ist eine Recherche in Bezug auf Meinungen und Diskussionspunkte. Dies ist eines der Hauptmotive der Nutzung von Wissenschaftsblogs aus der Gruppe der Wissenschaftsjournalisten, das in unterschiedlichen Facetten durch

3.9 Zusammenfassung und Gesamtfazit „Empirie-Teil"

alle drei Erhebungsmethoden wiederholt zum Vorschein kam. In unterschiedlichen Aspekten und Antworten wurde neben dem Informationsinteresse als identifizierbarem Merkmal der Gruppe der Wissenschaftsjournalisten ein großes Interesse an der Meinungsgetriebenheit und Meinungsvielfalt von Wissenschaftsblogs deutlich. Das spielt in die Kategorien „Beruf", „Identität" und „Information" mit Attributen/Aspekten hinein, was wiederholt im Rahmen der Beantwortung der offenen Frage in verschiedenen Konnotationen zum Ausdruck kam. Im Kontext der Kategorie „Beruf" ist dieses Interesse als eine spezielle Form der Recherche einzuordnen, die darin besteht, sich schnell einen Überblick über Meinungen zu verschaffen. Dieser Aspekt ist aus unterschiedlichen Blickwinkeln zu beleuchten.

Zum einen wurde als Motiv seitens der Gruppe der Wissenschaftsjournalisten angegeben, auf einen Blog zu gehen, um schnell einen Überblick über kritische, bestrittene Punkte eines sehr spezifischen Themas aus verschiedenen Perspektiven zu bekommen. Der Vorteil für Wissenschaftsjournalisten besteht darin, sich dadurch schnell in ein Fachthema einarbeiten zu können, ohne sich langwierig Fachwissen aneignen zu müssen. Als Beispiel wurden Fachdiskussionen von zwei Experten genannt, die genau die zentralen Punkte bestreiten.

Zum anderen gibt es das Motiv der Wissenschaftsjournalisten, auf Wissenschaftsblogs zu gehen, um generelle Meinungen, Strömungen und Tendenzen mitzubekommen. Wissenschaftsblogs können einen Rückkanal in die Öffentlichkeit bilden und aufzeigen, welche Themen die allgemeine Öffentlichkeit und die Laien bewegen. Der zweite Punkt wurde in den Interviews jedoch kontrovers diskutiert. Einige Interviewpartner gaben an, dass nur Leitmedien diese Funktion erfüllen können.

Die Tendenz der Interviews, die sehr starke Informationsmotive in der beruflichen Nutzung herauskehrten, wurden durch die quantitative Erhebung noch deutlicher herausgestellt und gewichtet. Statements der Kategorie „Beruf", die vorwiegend auf eine berufliche Nutzung hinweisen, erzielten im Vergleich zu den Statements der Wissenschaftler zu der Kategorie „Beruf" und im Vergleich zu allen Statements innerhalb der eigenen Gruppe größtenteils überdurchschnittlich hohe Werte mit teilweise über 80 %. Einen Wert von fast 80 % Zustimmung und somit innerhalb der Gruppe bereits einen überdurchschnittlich hohen Wert erzielte das Statement „Wissenschaftsblogs sind eine weitere Recherchequelle". Die Spezifizierung dieses Motivs „Wissenschaftsblogs sind eine Recherchequelle mit kritischem Auge" erhielt mit fast 90 % die höchste Zustimmung innerhalb dieser Kategorie und die zweithöchste von allen Statements in der Gruppe der Wissenschaftsjournalisten. Das Statement „Wissenschaftsblogs bieten einen schnellen Überblick über Diskussionspunkte und Meinungen" erhielt weiterhin eine sehr hohe Zustimmung von über 80 % und liegt innerhalb der Gruppe der Wissenschaftsjournalisten an vierter Stelle. Das Statement „Ich gehe auf Wissenschaftsblogs, um zu sehen, wo bei einer Diskussion der Nerv getroffen wurde" erzielte eine gute Zwei-Drittel-Zustimmung.

In den Interviews wurde als ein spezielles Motiv im Kontext der beruflichen Nutzung die Funktion von Wissenschaftsblogs für die Selbstvermarktung von freien Wissenschaftsjournalisten deutlich. Wissenschaftsjournalisten gehen teilweise auf Wissenschaftsblogs, um sich über Kollegen und deren Schreibweise zu informieren. Redakteure nutzen Wissenschaftsblogs, wenn ein Artikel an einen externen Wissenschaftsjournalisten vergeben werden soll und sie sich ein Bild machen möchten. Die Zustimmung zu diesem Statement liegt jedoch von der Gewichtung hinter den anderen Statements der Kategorie Beruf, da es eine sehr spezifische Funktion ist, die nur partiell als Motiv fungiert.

Einen sehr hohen Wert innerhalb dieser Kategorie erzielte das Statement „Wissenschaftsblogs sind nicht so gefiltert wie professionell-redaktionelle Seiten" mit über 80 %. Dieses Motiv war dieser Kategorie zugeordnet, da es nur von den Wissenschaftsjournalisten in den Interviews formuliert wurde. Anders als im Zusammenhang mit der Gruppe der Wissenschaftler ist dieses Motiv jedoch nicht auf einer Identitätsebene zu interpretieren, sondern auf einer formalen Darstellungsebene. Das Motiv zielt darauf ab, Informationen zu generieren, die nicht von einer Redaktion hinsichtlich ihrer Form und durch Themenhoheit vorgegeben sind. Dies war ein wichtiges Motiv aus der Gruppe der Wissenschaftsjournalisten, das wiederholt zum Vorschein kam.

Ein signifikanter Unterschied zwischen der qualitativen und quantitativen Befragung besteht darin, dass in den Interviews keiner der Befragten angab, bisher einen Artikel zu einem Thema, das er in einem Wissenschaftsblog gefunden hatte, veröffentlicht zu haben. Daher hatte auch noch keiner der Interviewpartner einen Wissenschaftsblogartikel zitiert oder verlinkt. Das wurde sogar klar ausgeschlossen, weil „Blogs keine zitierfähige Quelle seien". Dies steht in deutlichem Gegensatz zu der quantitativen Befragung. In der Gruppe der Wissenschaftsjournalisten gab knapp die Hälfte an, schon einmal zu einem Artikel durch einen Wissenschaftsblog inspiriert worden zu sein. Ein Drittel gab an, bereits einen Wissenschaftsblog verlinkt und/oder zitiert zu haben.

Das Statement „Ich lese lieber Wissenschaftsblogs von anderen Wissenschaftsjournalisten als von Wissenschaftlern" ist das einzige Statement in der Kategorie, das nicht bestätigt wurde. Dies stellt einen weiteren Indikator dar, dass Wissenschaftsjournalisten Wissenschaftsblogs als Recherchemedium nutzen, jedoch nicht zur Vernetzung und zum Austausch mit anderen Wissenschaftsjournalisten und für die Peer-to-Peer-Kommunikation. Bestärkt wird diese Annahme dadurch, dass Identitätsmotive eine verhältnismäßig marginale Rolle spielen.

Das zentrale Anti-Motiv dieser Gruppe ist – wie in der Gruppe der Wissenschaftler – die Kritik, dass Wissenschaftsblogs kein Leitmedium darstellen und

3.9 Zusammenfassung und Gesamtfazit „Empirie-Teil"

daher fehlende Relevanz aufweisen. Das zweite Thema, das in der Gruppe der Wissenschaftsjournalisten wiederholt zur Sprache kam, war das Verhältnis von Wissenschaftsblogs und Wissenschaftsjournalisten. Nach Einschätzung der Wissenschaftsjournalisten werden Wissenschaftsblogs als Ergänzung gesehen in Fällen, in denen die traditionellen Medien nicht berichten oder nicht gut berichten, und ferner als Medium betrachtet, das jenseits redaktioneller Zwänge die pure Meinungsäußerung unterstützt.

Die offene Abfrage zu den Motiven bestätigt die Tendenz der Interviews und Statements. Die Gruppe der Wissenschaftsjournalisten hatte wie die anderen beiden Gruppen die meist genannten Motive im Kontext von „Information". Im Unterschied zu den anderen beiden Gruppen gab es aber keine starke Nennung von spezifischen Informationen und Aktualität. Das zweithäufigste Motiv der offenen Frage war bereits „Diskussionen/Meinungen" verfolgen. Weiterhin wurde wiederholt das Motiv „Recherche" genannt – ein Motiv, das von keiner anderen Gruppe dezidiert genannt wurde. Weitere Motive wie Unterhaltung etc. wurden nur vereinzelt genannt.

Wie bei den anderen beiden Gruppen lassen die Ergebnisse der Befragung zu dem Mediennutzungsverhalten in Bezug auf Wissenschaftsblogs auf eine etablierte und routinierte Nutzung von Wissenschaftsblogs schließen. Indikatoren dafür sind die mehrheitliche Nutzung direkt über die URL oder über die URL als Favorit und zudem die längste Nutzungsdauer im Vergleich der drei Gruppen. Über zwei Drittel nutzen Wissenschaftsblogs sechs Monate oder länger, jedoch fällt die regelmäßige Nutzung im Vergleich der drei Gruppen geringer aus.

Ein klares Merkmal der Gruppe der Wissenschaftsjournalisten ist die höchste Versiertheit in der Nutzung und die höchste Nutzung von Web-2.0-Anwendungen.

In Bezug auf die Nutzung der Funktionen von Wissenschaftsblogs und weiteren Web-2.0-Anwendungen, die im Wissenschaftsblog integriert sein können, erzielte die Gruppe der Wissenschaftsjournalisten bei allen Nutzungsmöglichkeiten, außer bei „Podcast", die höchsten Werte. Wie die anderen beiden Gruppen nutzen Wissenschaftsjournalisten jedoch Wissenschaftsblogs eher passiv mit einem geringen Kommentaranteil von einem Drittel. Ein Merkmal dieser Gruppe ist jedoch die höchste Einschätzung der Kommentarfunktion im Vergleich der drei Gruppen, was einhergeht mit ausgeprägten Motiven, die Interesse an Meinungen ausdrücken. Zudem ist es die aktivste Gruppe innerhalb der Subgruppe der Kommentierer. Die Kommentarfunktion erhielt einen Top-2-Wert von 100 %. Zudem zeichnet die Gruppe eine starke Nutzung und hohe Wichtigkeitseinschätzung von „Micro-Blogging" und „RSS" als weiteren Funktionen von Wissenschaftsblogaggregierungsportalen aus. Beide Dienste, insbesondere „Micro-Blogging", erzielen bei der Beantwortung der anderen Fragen hohe Nutzungswerte und Wichtigkeitseinschätzungen.

Bei Web-2.0-Anwendungen im Kontext der Wissenschaftsmedien werden, wie von den anderen Gruppen auch, am stärksten, „Wikis" und Videos genutzt. „Wikis" werden von der Gruppe der Wissenschaftsjournalisten im Vergleich der drei Gruppen am intensivsten genutzt. Mit deutlich höherem Abstand zur Gesamtstichprobe und den anderen beiden Gruppen fällt zudem die Nutzung von „Social Networks" und „Micro-Blogging" aus.

Auch bei Internetanwendungen und Web 2.0 allgemein erzielt die Gruppe der Wissenschaftsjournalisten im Vergleich zur Gesamtstichprobe und den anderen beiden Gruppen die höchste Nutzungsintensität. Wie bei den anderen Gruppen, liegt die höchste Nutzung bei den konventionellen Anwendungen wie E-Mails verschicken, Suchmaschinen, Nachrichtenportale und Videos ansehen. Merkmal der Gruppe ist im Verhältnis zu den anderen Gruppen und der Gesamtstichprobe auch hier eine signifikant hohe Nutzung von „Social Networks" und „RSS". Weiterhin ist die Gruppe der Wissenschaftsjournalisten bei mittlerer oder geringer Nutzung bestimmter Anwendungen im Vergleich der drei Gruppen mit Abstand am aktivsten, sowohl bei Anwendungen mit eher passivem Nutzungsverhalten als auch bei allen Anwendungen, die eine eigene Aktivität wie die Erstellung von Inhalten voraussetzen. Es wurden die konventionellen Anwendungen wie E-Mails verschicken, Suchmaschinen und Nachrichtenportale als die wichtigsten erachtet. Als wichtig bei einer mittleren Nutzungsintensität werden „RSS" Feed, „Social Networks", Diskussionsforen und „Micro-Blogging" bewertet. Weiterhin ist ein sich durchziehendes Merkmal die im Vergleich der drei Gruppen stärkste Nutzung von „Micro-Blogging" und „RSS".

Die ausgeprägten Motive der Kategorie „Beruf" spiegeln sich in einer starken Nutzung im Zusammenhang mit dem Beruf und am Arbeitsplatz wider. Bei dem Vergleich der drei Gruppen gibt es seitens der Gruppe der Wissenschaftsjournalisten mit über 80 % Nutzungsintensität die höchste Nutzung am Arbeitsplatz. Knapp zwei Drittel nutzen Wissenschaftsblogs auch zu Hause. Im Vergleich zu den anderen beiden Gruppen weist diese Gruppe mit über 80 % die höchste Nutzung von Wissenschaftsblogs im beruflichen Kontext auf, und es gibt im Vergleich eine viel höhere Nutzung von Publikumszeitschriften, Radio und Fernsehen. Als das wichtigste beruflich genutzte Medium wurde das Internet angesehen. Ein besonderes Merkmal dieser Gruppe ist die im Verhältnis geringe Nutzung von Wissenschaftsblogs und Fachzeitschriften im privaten Kontext. Jedoch wurde die Nutzung von Wissenschaftsblogs in der privaten Nutzung als sehr wichtig eingeschätzt, mit einem ähnlichen Top-2-Wert um die 80 % wie die anderen beiden Gruppen.

Die Soziodemografie der Nutzer zeigt folgende Werte auf. In der Gruppe der Wissenschaftsjournalisten ist der prozentuale Anteil von Frauen und Männern am ausgewogensten. Weiterhin ist im Vergleich zur Gesamtstichprobe und zu

3.9 Zusammenfassung und Gesamtfazit „Empirie-Teil"

den anderen beiden Gruppen das Durchschnittsalter der Wissenschaftsjournalisten mit 41 Jahren am höchsten. Ferner befindet sich in der Gruppe der Wissenschaftsjournalisten mit ca. einem Drittel der größte Teil der Verheirateten. Bei den Wissenschaftsjournalisten haben die meisten Nutzer einen Bildungsstand eines abgeschlossenen Hochschulabschlusses, und das Medium wird überwiegend von „freien/selbstständigen" Journalisten genutzt.

In Bezug auf die veränderten Kommunikationsstrukturen des Web 2.0 (vgl. Kapitel 2.2) können die Ergebnisse wie folgt zusammengefasst werden. Das Potenzial der veränderten Kommunikationsstrukturen im Web 2.0 (vgl. 2.2) wird von der Gruppe der Wissenschaftsjournalisten partiell ausgeschöpft. Das Merkmal einer veränderten Kommunikation in Form von neuen Öffentlichkeiten, die vormals Privates in der öffentlichen Arena sichtbar machen, ist ein zentraler Aspekt in dieser Gruppe. Weiterhin spielt der „User-generated-Content", der sich in einer subjektiven Handschrift und Sichtbarkeit des Autors und durch eine starke Meinungsgetriebenheit der Inhalte sichtbar macht, eine wichtige Rolle. Obwohl das Subjektive und der Autor hinter dem Blog nicht grundsätzlich als Identitätsmotive, die Interesse am Autor bekunden, hoch eingeschätzt wurden, ist beides in dieser Gruppe im Kontext der Nutzung zentral, da dadurch Meinungen kommuniziert werden und Diskussionen entstehen können. Es ist die Gruppe, die das größte Interesse an der Meinungsgetriebenheit des Mediums hat. Weiterhin sind die Öffentlichkeitsverschiebungen die Grundlage, um Wissenschaftsblogs als Recherchemedium einsetzen und den innerwissenschaftlichen Diskurs verfolgen zu können.

Ein wichtiger Aspekt der veränderten Kommunikationsstrukturen (vgl. 2.2) sind die erweiterten Nutzungsoptionen (vgl. 2.4). Die empirischen Ergebnisse haben klar aufgezeigt, dass die Kommentarfunktion und die Interaktion von Weblogs große Relevanz für die Gruppe der Wissenschaftsjournalisten haben. Jedoch spiegelt sich dies nicht in der eigenen Aktivität wider. Wie bei den anderen beiden Gruppen ist die Nutzung von Wissenschaftsblogs vorwiegend passiv. Weiterhin werden Wissenschaftsblogs als eine eigene Vernetzungs- und Austauschplattform mit anderen Wissenschaftsjournalisten kaum genutzt. In diesem Punkt wird das Potenzial wenig ausgeschöpft. Die Netzwerkeffekte der Blogosphäre und die damit einhergehenden Potenziale werden nicht gesehen und spielen in der Nutzung keine Rolle. Es ist also weder von Bedeutung, dass aufgrund der vernetzen Kommunikation Inhalte in Weblogs aktueller sind, noch, dass Themenkarrieren entstehen können, die eine große Reichweite erzielen. Der erste Aspekt wurde stattdessen dem Online-Journalismus zugeschrieben. Der zweite Aspekt wurde dezidiert nicht in Weblogs gesehen, jegliche Konnotationen eines Leitmediums wurden verneint.

3.9.1 Zusammenfassung und Gesamtfazit „Laien"

Die Gruppe der Laien bestätigt alle aufgestellten Hypothesen (jenseits der Kategorie Beruf) und ist somit die einzige Gruppe, bei der mehrheitlich kein Motiv-Statement abgelehnt wurde. Obwohl die Motive nicht durch Interviews mit dieser Gruppe generiert wurden, erhalten fast alle Statements dieser Gruppe die höchsten Zustimmungswerte, insbesondere alle Statements aus der Kategorie „Information" und „Unterhaltung".

Dieser Aspekt stellt klar heraus, dass Motive jenseits des beruflichen Kontexts den drei Gruppen mehrheitlich gemein sind (vgl. Kapitel 4). Jedoch stellen sie sich in unterschiedlichen Gewichtungen dar, und die Unterkategorien divergieren partiell. Dieses wird im Kontext der Theorien noch weiter diskutiert.

Wie bei den anderen beiden Gruppen war auch in der Gruppe der Laien das Informationsbedürfnis am ausgeprägtesten. Die Gruppe der Laien erzielte von allen drei Gruppen die höchsten Zustimmungswerte in diesem Fragenkomplex, ferner die stärkste Zustimmung von allen Gruppen und innerhalb der eigenen Gruppe bei dem Statement „Wissenschaftsblogs bieten spezifische (Nischen)-Informationen". Weiterhin wurden in der Beantwortung der offenen Frage primär Motive genannt, die einem Informationsbedürfnis zuzuordnen sind. Ein Merkmal dieser Gruppe sind die höchsten Zustimmungswerte bei allen Informationsstatements, die mit Attributen die Art der Information spezifizierten. Die Informationen in Wissenschaftsblogs werden von der Gruppe der Laien als authentischer, tiefergehend, spezieller und qualitativ hochwertiger als in professionell-redaktionellen Seiten eingeschätzt. Eine sehr hohe Einschätzung der Qualität und Authentizität der Information unterscheidet die Gruppe der Laien am stärksten von den anderen beiden Gruppen. Insbesondere das Statement in Bezug auf die Qualität erzielte nicht nur im Vergleich der drei Gruppen, sondern auch innerhalb der Gruppe die höchste Zustimmung. Da die Gruppe der Laien per Definition kein Fachwissen auszeichnet, sind die hohen Werte insbesondere bei den Attributen „Tiefe", „Qualität" und „Spezifität" jedoch nachvollziehbar.

Da per Definition die Gruppe der Laien kein Fachwissen auszeichnet, sind eine hohe Bestätigung der Attribute der Informationen „spezifisch" und „tiefergehend" und eine hohe Einschätzung der Qualität von Wissenschaftsblogs vor diesem Hintergrund durchaus plausibel.

Noch ausgeprägter als in der Gruppe der Wissenschaftler waren die sehr hohen Einschätzungen von Motiven der Kategorie „Unterhaltung". Statements der Kategorie „Unterhaltung" erhielten von der Gruppe der Laien im Vergleich zu den anderen Gruppen und hinsichtlich der Gewichtung innerhalb der eigenen Gruppe die höchste Zustimmung. Im Gegensatz zu der Gruppe der Wissenschaftler erhielt das Statement „Wissenschaftsblogs sind/bieten entspannte Informations-

3.9 Zusammenfassung und Gesamtfazit „Empirie-Teil"

aufnahme" eine leicht höhere Zustimmung als das Motiv im Verbund mit „Unterhaltung". Die Tendenz, Wissenschaftsblogs als informative Freizeitaktivität mit Unterhaltungswert oder zur Entspannung zu sehen, wurde auch von Motiven im Rahmen der Beantwortung der offenen Frage bestätigt.

Im Verhältnis der drei Gruppen zeichnet die Gruppe der Laien, ähnlich der Gruppe der Wissenschaftsjournalisten, ein größeres Interesse an Meinungen aus. Ein klares Merkmal der Gruppe der Laien im Unterschied zu den anderen beiden Gruppen sind geringe Identitätsmotive im engeren Sinne, die im Verbund mit einem direkten Interesse am Blogautor stehen. In diesem Punkt unterscheidet sich die Gruppe der Laien klar von den Gruppen der Wissenschaftler und der Wissenschaftsjournalisten. Das Statement „Interesse am Autor" erzielte im Vergleich der drei Gruppen und innerhalb der Gruppe eine klar geringere Zustimmung, und Motive dieser Art wurden auch nicht in Zusammenhang mit der offenen Frage formuliert. Das Statement rangierte innerhalb der Gruppe im untersten Viertel. Die weiteren Motive der Kategorie „Identität", die in Bezug zu Meinungen formuliert waren, lagen hinsichtlich der Zustimmung innerhalb der Gruppe im Mittelfeld und erzielten im Vergleich der drei Gruppen wieder die höchsten Werte. Das Statement „Ich lese Wissenschaftsblogs von Autoren, mit denen ich auf einer Wellenlänge schwimme" wurde im Vergleich der drei Gruppen am höchsten bewertet. Auch bei dem Statement „Ich lese Wissenschaftsblogs von Autoren, die eine andere Sichtweise haben, um mich mit Ihnen auseinanderzusetzen" erzielte in der Gruppe der Laien im Verhältnis zu den anderen beiden Gruppen die höchste Zustimmung. Der geringe Wert in Bezug auf das Interesse am Autor-Statement in der Gruppe der Laien bestätigt die Annahme, dass dieses Statement auf einer beruflichen Identitätsebene zu interpretieren ist. Wissenschaftler und Wissenschaftsjournalisten können sich auf dieser Ebene mit dem Blogautor identifizieren, im Gegensatz zu der Gruppe der Laien. Jedoch zeigt dieser Wert weiterhin auf, dass die starke Präsenz und direkte Vermittlung der Inhalte durch einen Wissenschaftler kein großes Motiv für die Hinwendung zu einem Medium ist. Im Gegensatz dazu erzielte das Statement Wissenschaftsblogs von Wissenschaftlern gegenüber denen von Wissenschaftsjournalisten zu präferieren eine klare Zustimmung.

In der Kategorie „Aktivität" zeigen sich bei den Motivstatements wie bei der Kategorie „Identität" klare Unterschiede zwischen der Fachöffentlichkeit und der Gruppe der Laien. Die Gruppe der Laien erzielte konträre Werte gegenüber der „Fachöffentlichkeit" in dieser Kategorie und hatte im Vergleich der drei Gruppen die geringste Zustimmung bei dem Motivstatement „Ich kommentiere, aber nur wenn es sachdienlich ist", und sie zeichnet sich als die einzige Gruppe aus, die auch den anderen beiden Statements „Meinung" und „Feedback" zugestimmt hat, wenn auch nur marginal. Im Verhältnis zu den anderen Statements innerhalb der Gruppe zeichnet sich dieser Komplex, wie bei den anderen beiden Gruppen auch, durch die niedrigsten Werte aus. Nur das Statement „Ich kommentiere, aber nur wenn es sachdienlich ist" bekam in der Gruppe eine knappe Zwei-Drittel-Mehrheit, was die geringste Zustimmung im Vergleich der drei Gruppen war. Die anderen beiden Statements wurden von der Gruppe der Laien mit einer marginalen Zustimmung, jedoch im Vergleich der drei Gruppen am höchsten bewertet. Und sie ist die einzige Gruppe, die diesen Statements zugestimmt hat. Es ist daher die einzige Gruppe, der tendenziell ein klassisches Web-2.0-Motiv wie „Impressionsmanagement" unterstellt werden kann und die am wenigsten einen wissenschaftlichen Dialog sucht.

Innerhalb der Gruppe der Laien gab es mit den zwei neuen Unterkategorien der Kategorie Information „Interesse/Neugier" und „Bildung/Wissen/Lernen" die deutlichste Motiverweiterung im Vergleich der drei Gruppen im Zusammenhang mit der offenen Motivabfrage. Dies reflektiert die Tendenz der Statements und bestärkt die Zentralität des Informationsmotivs, das auch das meistgenannte Motiv darstellt. Im Kontext von „Information" wurden wiederholt „Aktualität" und „vielfältige Informationen" genannt. „Aktualität" wurde in den Interviews von der Fachöffentlichkeit als peripher angesehen, wird aber von der Forschung als Merkmal des Web 2.0 dargestellt. Dieses Attribut scheint für die Gruppe der Laien ein wichtiger Zusatz der Kategorie „Information" zu sein. Zudem bestätigte die offene Motivabfrage ein hohes Unterhaltungsbedürfnis in Kombination mit Informationsaufnahme, sie bestärkt somit die Tendenz der Statements.

Die Ergebnisse aus den Daten zum Mediennutzungsverhalten der Laien lassen auf eine routinierte und regelmäßige Nutzung schließen. Die Gruppe der Laien zeichnet sich durch die intensivste, jedoch auch die kürzeste Nutzung im Vergleich der drei Gruppen aus. Ein großer Teil nutzt Wissenschaftsblogs drei Monate oder kürzer, jedoch nutzen über zwei Drittel Wissenschaftsblogs täglich oder mehrmals die Woche. Wie bei den anderen beiden Gruppen erfolgt der Einstieg bei Wissenschaftsblogs seitens des größten Teils der Nutzer über die direkte URL (oder über den URL-Favoriten), was auf eine im täglichen Medienmix integrierte Mediennutzung hinweist.

Die Nutzungsweise in Bezug auf die Funktionen und Nutzungsoptionen von Wissenschaftsblogs ist in der Gruppe der Laien am passivsten. Bei der Nutzung von Wissenschaftsblogs nehmen wie in den anderen beiden Gruppen ungefähr ein Drittel die Kommentarfunktion wahr. Weitere Web-2.0-Möglichkeiten, die im direkten Zusammenhang mit der Wissenschaftsblognutzung stehen können (e.g. „RSS") werden kaum genutzt. Am zweithäufigsten nach der Kommentarfunktion wird mit einem Viertel „RSS" genutzt, jedoch ist das im Vergleich der drei Gruppen eine deutlich geringere Nutzung. Von denjenigen, die die Kommentarfunktion nutzen, gibt der größte Teil mit über 70 % an, diese selten zu

3.9 Zusammenfassung und Gesamtfazit „Empirie-Teil"

nutzen. Trotz eigener zurückhaltender Aktivität wird die Kommentarfunktion wie bei den anderen beiden Gruppen von denjenigen, die sie nutzen, als sehr wichtig eingeschätzt; und auch die Möglichkeit des „RSS"-Feed-Abonnements erhält eine relativ hohe Einschätzung. Weitere Möglichkeiten wie „Podcast" und Mikro-Blogging werden von den Laien bei Wissenschaftsblogaggregierungsportalen als weniger wichtig eingeschätzt und selten genutzt.

Die Gruppe der Laien zeichnet sich weiterhin durch die geringste Nutzung von weiteren Wissenschaftsmedienformaten im Web 2.0 aus und erzielt die geringsten Werte – mit Ausnahme von „Wikis", die von knapp 90 % genutzt werden. Mit einer deutlich geringeren Nutzung folgen Videoportale, die von der Hälfte genutzt werden. „Podcast", „Social Networks" und „Micro-Blogging" rangieren alle bei ca. einem Fünftel der Nutzung.

Auch in Bezug auf die Nutzung von Internetanwendungen und Web-2.0-Formaten allgemein ist die geringste Nutzung ein Merkmal der Gruppe der Laien. Neben den klassischen Internetanwendungen wie E-Mail verschicken, Suchmaschinen, Nachrichtenportale und Videos ansehen gibt es im Vergleich der drei Gruppen noch eine relativ hohe Nutzung von Diskussionsforen. Weiterhin ist ein Merkmal der Gruppe der Laien eine relativ hohe Bewertung von „Social Bookmarks" und „einen Blog führen". Insbesondere bei „Social Networks", „RSS" und „Podcast hören" liegt die Gruppe der Laien deutlich hinter den anderen beiden Gruppen sowie bei allen Anwendungen, die eine eigene Aktivität voraussetzen, wie selber twittern. Wie die anderen Gruppen schätzt die Gruppe der Laien „E-mails verschicken" und „Suchmaschinen" als die wichtigsten Aktivitäten ein. Die höchste Bewertung der drei Gruppen erzielten „Social Bookmarking", Nachrichtenportale und „RSS".

Die Daten zum Mediennutzungsverhalten zeigen Tendenzen der vorwiegend privaten Nutzung von Wissenschaftsblogs in der Gruppe der Laien auf. Die Nutzung erfolgt hauptsächlich zu Hause und im privaten Kontext. Die Gruppe der Laien hat im Vergleich zur Gesamtstichprobe und den anderen beiden Gruppen mit über 80 % die intensivste Nutzung von Wissenschaftsblogs zu Hause und die niedrigste Nutzung am Arbeitsplatz. Weiterhin weist die Gruppe der Laien die geringste Mediennutzung aller Medien im Kontext des Berufes im Vergleich der drei Gruppen auf. Im Verhältnis zu der insgesamt niedrigen Nutzung von Medien im beruflichen Kontext werden Wissenschaftsblogs relativ stark genutzt und von über 80 % als wichtig oder sehr wichtig erachtet, was der höchste Wert der drei Gruppen ist. Am meisten wird das Internet genutzt, das auch am wichtigsten eingeschätzt wird. Ein Merkmal der Gruppe ist mit über 80 % die stärkste private Nutzung von Wissenschaftsblogs und Fachzeitschriften der drei Gruppen. Wissenschaftsblogs wurden bezüglich der privaten Nutzung von über 80 % als wichtig eingestuft.

In der Gruppe der Laien überwiegen die männlichen Nutzer mit gut zwei Dritteln, knapp die Hälfte von ihnen ist Single. Die Gruppe ist mit 37 Jahren die Zweitälteste, und in der Gruppe liegt im Verhältnis zur Gesamtstichprobe und den anderen beiden Gruppen der niedrigste Bildungsabschluss vor. Etwa ein gutes Drittel verfügt über einen Hochschulabschluss oder einen noch höheren Abschluss. In der Gruppe der Laien gibt es, verglichen mit den anderen beiden Gruppen, keine Tätigkeit, der über 30 % der Gruppenmitglieder nachgehen. Den größten Teil der Laien bilden mit ca. einem Fünftel einfache Angestellte.

4. Bewertung und Ausblick

In Kapitel 3 wurden die Ergebnisse des qualitativen und quantitativen Empirie-Teils in Bezug auf die Motive der Nutzung und des allgemeinen Mediennutzungsverhaltens von Wissenschaftlern, Wissenschaftsjournalisten und Laien zu einem umfassenden Gesamtbild der Mediennutzung im Web 2.0 je Nutzergruppe zusammengefasst und Bezüge zueinander hergestellt. Es konnten somit Forschungsfrage 2 und 3 ausgiebig beantwortet werden.

In Kapitel 4 werden die empirischen Ergebnisse (Kapitel 3) systematisch in die theoretischen Überlegungen aus Kapitel 2 eingeordnet und im Rahmen veränderter Kommunikationsstrukturen und vor dem Hintergrund der klassischen Wissenschaftskommunikation analysiert. Somit ergibt sich ein umfassendes Bild aus verschiedenen Perspektiven bezüglich Wissenschaftsblogs in der Wissenschaftskommunikation und Forschungsfrage 4 und 5 können beantwortet werden.

Der erste Teil von Kapitel 4 widmet sich den theoretischen Implikationen der Ergebnisse. Zum einen werden die Implikationen in Bezug auf die angewendeten Theorien der Mediennutzung, den Uses-and-Gratifications-Ansatz und das Lebensstil-Konzept, ausgewertet und diskutiert. Eine Erweiterung beider Modelle wird vorgenommen, sowie eine Zusammenführung bewertet (Kapitel 4.1).

Des Weiteren werden die Ergebnisse im Kontext der klassischen Wissenschaftskommunikationsmodelle (Kapitel 4.2.1) interpretiert und eine Veränderung der Wissenschaftskommunikation durch den Einfluss des Web 2.0 in Form von Wissenschaftsblogs auf theoretisch-konzeptioneller Ebene aufgezeigt.

Nach einer Analyse der Ergebnisse im Kontext der Wissenschaftskommunikationsmodelle, werden in Abschnitt 4.2.2 die praktischen Implikationen von Wissenschaftsblogs in der Wissenschaftskommunikation dargestellt. In Abschnitt 4.2.2 werden somit die Fragen beantwortet, welche Funktion und welches Potenzial Wissenschaftsblogs in der Wissenschaftskommunikation haben und welche (neuen) Kommunikationsstrukturen zwischen den drei Akteursgruppen durch die Nutzung von Wissenschaftsblogs entstehen. Die neuen Kommunikationsstrukturen werden vor dem Hintergrund der klassischen Kommunikationsstrukturen eingeordnet und interpretiert.

Am Ende von Kapitel 4 werden mögliche weiterführende Forschungsansätze und ein Ausblick des Forschungsfeldes dargelegt. Zudem wird eine kritische

Würdigung der Arbeit vorgenommen, und die Einschränkungen der Forschungsergebnisse werden dargelegt.

4.1 Ergebnisdiskussion im Kontext der Mediennutzungstheorien

4.1.1 Erweiterung des Uses-and-Gratifications-Modells

Die vorliegende Forschungsarbeit hat gezeigt, dass eine ganzheitliche Erweiterung des (massenmedialen) Mediennutzungsansatzes „Uses-and-Gratifications" im im Forschungsfeld Web 2.0 in der Form von Wissenschaftsblogs vorgenommen werden muss. Vor dem Hintergrund des „Web 2.0" bedarf es einer systematischen Erweiterung der bestehenden Module des Modells und einer neuen Interpretation der Interdependenzenverhältnisse der einzelnen Bestandteile.

Trotz neuer Nutzungsoptionen im Web 2.0 und einer damit einhergehenden erweiterten „Aktivität" des Nutzers kann eine Erweiterung jedoch ohne Hinzuziehung weiterer handlungstheoretischer Modelle zum Uses-and-Gratifications-Modell erfolgen. Unter Beibehaltung der „Bedürfnis-Befriedigungs"-Struktur des Uses-and-Gratifications-Ansatzes gilt es stattdessen die Konnotation des Aktivitätsbegriffs im Forschungsfeld „Web 2.0" neu zu interpretieren. Zum Zweiten ist eine neue Klassifizierung der Grundbedürfnisse der Mediennutzung im Web 2.0 vorzunehmen und der Motivkatalog der Massenmedien angesichts neuer Nutzungsmöglichkeiten systematisch zu erweitern.

1. Erweiterung „Aktivität"

Eine interpretative Erweiterung des Aktivitätsbegriff im Web 2.0 kann mit dem Schlagwort „Prosumer/ Producer" (vgl. Toffler 1980, Guenther/ Schmidt 2008) umschrieben werden. Die „Aktivität" des Nutzers im Uses-and-Gratifications-Ansatz ist somit nicht mehr auf die aktive Zuwendung und Selektion eines Mediums begrenzt, vielmehr werden dem Nutzer im Web 2.0 Nutzungsoptionen geboten, die das produzieren, einstellen und vernetzen von Inhalten umfassen.

4.1 Ergebnisdiskussion im Kontext der Mediennutzungstheorien

Abbildung 42: Uses-and-Gratifications-Ansatz im Web 2.0

Figure 41

Uses-and-Gratifications-Ansatz im Web 2.0

- Vorstellungen (Erwartungen) → wahrgenommene/ erhaltene Gratifikationen → gesuchte Gratifikationen (Motive) → Mediennutzung
- Interpretative Erweiterung
- Aktivität
- Affektive Bewertungen
- Person
- Klassische Motive: Information, Unterhaltung, Identität
- Partizipation Vernetzung
- Neue Motiv-Kategorie „Aktivität"

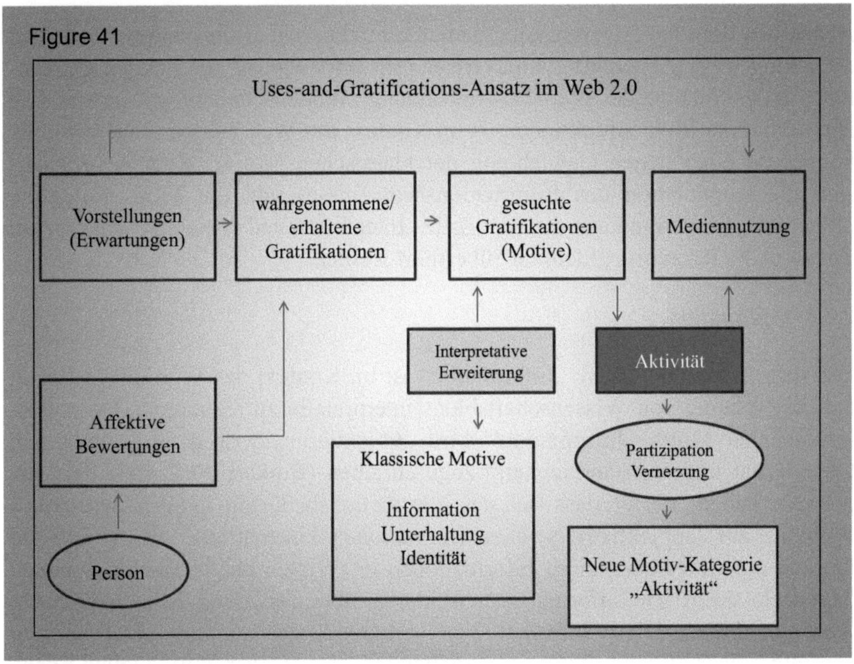

Quelle: Eigene Darstellung in Anlehnung an Meyen (2004: 18) in Bezug auf Palmgreen (1984: 54-56).

2. Erweiterung Motive

Der klassische Motivkatalog der Massenmedien („Unterhaltung", „Identität", „Information", „Integration und soziale Interaktion"; vgl. McQuail 1986) ist im Web 2.0[116] (in der Form von Wissenschaftsblogs) systematisch zu erweitern. Die erweiterten Nutzungsoptionen führen zu einer Erweiterung der Motiv-Kategorien auf zwei Ebenen. Zum einen kommt es zu neuen Motiv-Kategorien, die die erweiterte „Aktivität" des Nutzers reflektieren. Zum anderen sind die klassischen Motive aus den Massenmedien interpretativ an das neue Medienformate und an die veränderten Kommunikationsverhältnisse anzupassen.

---

[116] Die Erweiterung des Aktivitätsbegriffs bezieht sich auf Web-2.0-Anwendungen allgemein. Die Motiverweiterung ist im Kontext des Forschungsgegenstandes „Wissenschaftsblogs" zu bewerten.

2.1 Erweiterung (massenmediale) Motive

Neben den dominierenden massenmedialen Funktionen „Information" und „Unterhaltung" (vgl. Abschnitt 2.4.6.2) treten sehr stark Motive der Kategorie „Identität" in der Nutzung der Web-2.0-Anwendung „Wissenschaftsblogs" hervor. Die Bipolarität der Medienfunktionen ist im Kontext des Web 2.0 somit überholt. Es kommt zu einer neuen Gewichtung der klassischen Motive. Zudem verändert sich die Konnotation des Informationsbedürfnisses und die Motiv-Kategorie „Identität". Weiterhin kann die Kategorie „Integration und soziale Interaktion" in Teilen in die Kategorie „Identität" überführt werden.

2.1.1 Information

Das massenmediale Motiv „Information" ist im Kontext des Web 2.0 in Bezug auf die Nutzung von Wissenschaftsblogs interpretativ zu reduzieren. Dem massenmedialen Motiv „Information" wird „Orientierungswissen Vollständigkeit, Objektivität und Verständlichkeit" zugeschrieben (Burkart 2002:402). Die Ergebnisse haben gezeigt, dass sich das Informationsbedürfnis in (Wissenschafts-) Weblogs auf (subjektive) Nischeninformationen konzentriert, die in anderen Medien nicht zu finden sind. Informationen in (Wissenschafts-)Weblogs bieten daher sehr spezifische Informationen (erklärbar über das „Long-Tail-Phänomen", Anderson 2004). Diese Informationen verlieren aufgrund ihrer „Defizite" an gesamtgesellschaftlicher Relevanz, erhalten jedoch auf einer individuellen Ebene Relevanzzuschreibungen (vgl. dazu Katzenbach 2008:107).

2.1.2 Identität

Das massenmediale Motiv „Identität" ist im Forschungsfeld „Wissenschaftsblogs" im Kontext des Web 2.0 interpretativ zu erweitern. Die Ergebnisse zeigen auf, dass die Konnotation des Begriffs im Kontext des Forschungsfeldes Web 2.0 weniger die klassischen Identitätstheorien widerspiegelt (ein Auseinandersetzen mit der eigenen Biografie, vgl. Schmidt 2009:75), sondern näher an die „Theorie sozialer Vergleichsprozesse" (Festinger 1954) rückt. Durch den ausgeprägten subjektiven Charakter und die starke Meinungsgetriebenheit findet eine Identifikation mit dem Weblogautor aus der Perspektive des Weblognutzers über formulierte Meinungen statt. Die Bewertung der eigenen Einstellung und nicht der eigenen Kompetenzen steht in der Nutzung von (Wissenschaftsblogs-)Weblogs in der Kategorie „Identität" somit im Vordergrund.

Weiterhin entwickelt sich eine neue Form der Beziehung zwischen „Kommunikator" und vormaligen „Rezipient" in (Wissenschafts-)Weblogs, die die traditionelle Konzeption des Identitätsmotivs übersteigen. Anstelle einer „parasozialen

4.1 Ergebnisdiskussion im Kontext der Mediennutzungstheorien

Interaktion" (Horton et al. 1956) kann eine reale Interaktion mit der Identifikationsfigur in der Kommunikation über Weblogs stattfinden.

2.2 Motiv-Kategorie „Aktivität"

Neben einer neuen Interpretation der klassischen Motive der Massenmedien ist weiterhin im Forschungsfeld „Web 2.0" eine neue Motiv-Kategorie aufzumachen, die auf die erweiterte „Aktivität" des Nutzers zurückzuführen ist. Der Uses-and-Gratifications-Ansatz ist somit im Web 2.0 um neue Bedürfnisse zu erweitern. Es wurde deutlich, dass bisherige Ergebnisse der Sozialpsychologie Motive dieser neuen Kategorie unzureichend abdecken.

Erste Motive, die dieser Kategorie zugeordnet werden können sind „Impressionmanagement" und „Affiliationsbedürfnis". Jedoch ist das „Affiliationsbedürfnis" nicht in der Konnotation aus der Sozialpsychologie im Forschungsfeld „Wissenschaftsblogs" zu verstehen. Weiterhin kommt es im Forschungsgegenstand „Wissenschaftsblogs" zu Motiven die den „wissenschaftlichen Diskurs" und nicht die eigene Person in den Vordergrund stellen.

2.2.1 Impressionmanagement

Das Motiv „Impressionmanagement" ist im Forschungsgegenstand Wissenschaftsblogs nur in der (Laien-)Öffentlichkeit, jedoch nicht in der Fachöffentlichkeit identifizierbar und ist marginaler Faktor der Nutzung. Das kann zum einen auf die Anwendung Weblog und dem Forschungsgegenstand Nutzer (im Gegensatz zum Blogautor) zurückzuführen sein, welches keine Selbstdarstellung im Sinne der Erstellung eines eigenen Profils einräumt und zweitens mit dem Forschungsgegenstand „Wissenschaftskommunikation" zusammenhängen.

2.2.2 Bedürfnis „Wissenschaftlicher Diskurs"

In Bezug auf die Fachöffentlichkeit wurde deutlich, dass eine eigene „Aktivität" im Sinne einer Kommentierung nicht auf ein reines „Selbstdarstellungsmotiv" zurückzuführen ist, sondern das Motiv vielmehr in einer Lust am „wissenschaftlichen Diskurs" verankert ist. Die eigene Darstellung steht hinter dem Motiv der wissenschaftlichen Erkenntnis und Wahrheitsfindung sowie der eigenen wissenschaftlichen „Schule" zurück. Es geht zum einen um die Richtigstellung von Informationen und zum anderen um die „Mehrung des eigenen Wissens". Als eine erste Einordnung könnte dieses Motiv als die „aktive" Dependance zu dem passiven Motiv „Information" definiert werden.

2.2.3 Affiliationsbedürfnis

„Affiliationsbedürfnisse" werden in der Nutzung von Wissenschaftsblogs sehr stark von der Gruppe der Wissenschaftler reflektiert. Jedoch ist dieses Motiv im Kontext der Nutzung von Wissenschaftsblogs anders zu interpretieren, als in der Nutzung von sozialen Netzwerken und in der bisherigen Konnotation der Sozialpsychologie. Es wurde in dieser Arbeit klar herausgearbeitet, dass dieses Motiv nicht zwingend im Zusammenhang mit einer eigenen „Aktivität" in Form einer Verlinkung steht. Der Vernetzungsgedanke ist hier weiter gefasst und steht in Bezug auf den interdisziplinären Austausch, der auch in Form der passiven Verfolgung von Weblogs anderer Disziplinen und Kommentierungen stattfindet.

4.1.2 Erweiterung des Lebensstil-Konzepts

Im Gegensatz zum Uses-and-Gratifications-Ansatz wird im Rahmen des Lebensstil-Konzeptes mit Bezug auf den Forschungsgegenstand keine klassische Erweiterung des Konzeptes vorgenommen, sondern das Modell wird auf die positionellen Merkmale reduziert. Es wurde daher nur ein Teilaspekt des Modells ohne strukturelle und individuelle Determinanten als Einflussfaktoren der Mediennutzung angewendet.

Eine Erweiterung des Modells ist somit auf zwei Ebenen vorzunehmen. Zum einen ganzheitlich im Sinne einer „Reduktion". Zum Zweiten hat die Fokussierung auf das positionelle Merkmal „Beruf" gezeigt, dass der Einfluss auf die Mediennutzung weiter zu differenzieren ist.

Weiterhin ist eine Erweiterung dahin gehend vorzunehmen, dass das positionelle Merkmal „Beruf" nicht nur Einfluss in der kontextuellen Mediennutzung aufzeigt, sondern auch den motivationalen Ansatz „Uses-and-Gratifications" beeinflusst (vgl. Abschnitt 4.1.3).

A. Einfluss der positionellen Determinante „Beruf"

Der Einfluss der positionellen Determinante „Beruf" in der Mediennutzung ist klar bestätigt. Jedoch sind in den Ergebnissen Differenzierungen in Bezug auf den Einfluss erkennbar, die zu unterschiedlichen Ausprägungen im Mediennutzungsverhalten führen und somit eine Erweiterung des Modells implizieren.

Es kommt zu verschiedenen Ausprägungen des Einflusses in Bezug auf das Mediennutzungsverhalten (Selektion von Medien) und der Nutzungsweise (Art der Nutzung eines einzelnen Mediums).

4.1 Ergebnisdiskussion im Kontext der Mediennutzungstheorien

Abbildung 43: Determinanten von Handlungsmustern im Lebensstil-Konzept

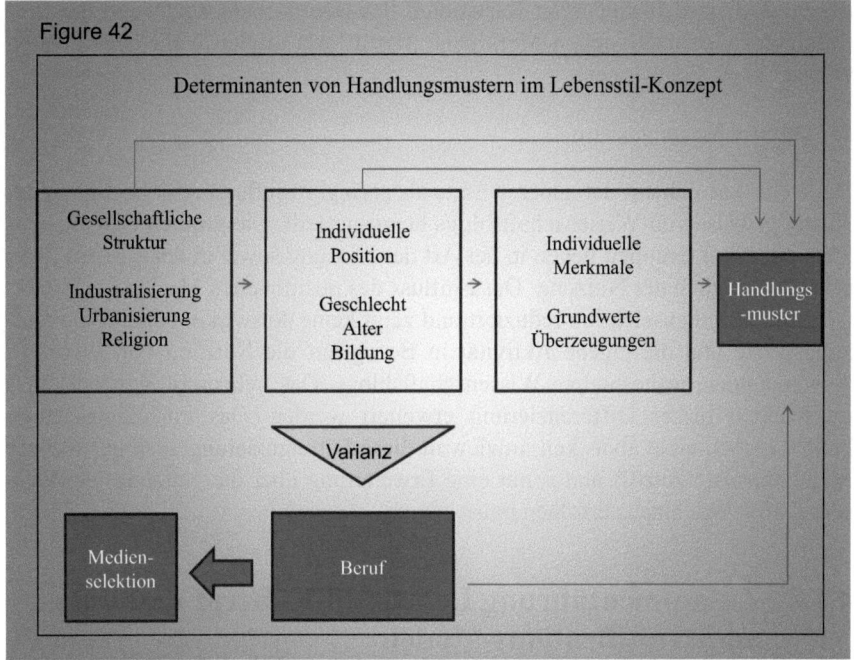

Figure 42

Quelle: Eigene Darstellung in Anlehnung an Rosengren 1996: 26

1. Einfluss Medienauswahl

Es wurde sehr deutlich, dass ein starker Einfluss der positionellen Determinante „Beruf" insbesondere in der Medienauswahl sowohl in Bezug auf die Nutzung klassischer Medien als auch hinsichtlich der Nutzung von Web-2.0-Anwendungen gegeben ist. Die drei Nutzergruppen, die durch den Faktor „Beruf" getrennt wurden, zeigen in diesem Kontext sehr unterschiedliche Präferenzen hinsichtlich der Auswahl verschiedener Medien und Medienformate auf. Insbesondere in der Nutzung von Medien im privaten und beruflichen Kontext. In Bezug auf die Medienauswahl ist der Einflussfaktor der positionellen Determinante „Beruf" somit klar bestätigt.

Die deutlichen Unterschiede müssen jedoch auch in Relation zu den jeweiligen spezifischen Berufsgruppen gewertet werden. Insbesondere in der Gruppe der Wissenschaftsjournalisten ist der Umgang mit Medien essenzieller Bestandteil der beruflichen Arbeit, und auch in der Gruppe der Wissenschaftler ist die Nutzung von Medien, insbesondere von Fachjournalen, zentral, um sich über den letzten Stand der Forschung zu informieren. Bei weiteren Berufsgruppen, bei denen Medien nicht integraler Bestandteil des Berufslebens sind, wird der Einflussfaktor des positionellen Merkmals „Beruf" mit großer Wahrscheinlichkeit weniger stark sichtbar sein.

2. Einfluss Nutzungsweise

Der Beruf hat sich auf der anderen Seite als geringer Einflussfaktor bezüglich der Nutzungsweise von Wissenschaftsblogs herausgestellt. Die größten Gemeinsamkeiten der drei Gruppen liegen in der Art der Nutzung sowie in der eigenen „Aktivität" bezüglich der Nutzung. Der Einfluss des positionellen Merkmals „Beruf" ist auf die Medienselektion reduziert und zeigt keine Auswirkungen auf die Nutzungsweise und die eigene Aktivität in Bezug auf die Nutzung von Web-2.0-Anwendungen, insbesondere Wissenschaftsblogs. Das Lebensstil-Konzept muss im Kontext dieser Differenzierung erweitert werden. Das Forschungsdesign konnte jedoch nicht abdecken, inwieweit diese Differenzierung auch auf weitere Medienformate zutrifft und somit eine Erweiterung über die Nutzung von Wissenschaftsblogs hinaus erfolgen muss.

4.1.3 Zusammenführung Lebensstil-Konzept und Uses-and-Gratifications-Modell

Die Ergebnisse dieser Arbeit haben gezeigt, dass beide Modelle, das Uses-and-Gratifications-Modell und das Lebensstil-Konzept neben einer individuellen Erweiterung vor dem Hintergrund des Forschungsgegenstandes im Rahmen des Interdependenzverhältnisses beider Modelle erweitert werden müssen.

Es kann somit eine Zusammenführung des kontextuellen und motivationalen Ansatzes der Mediennutzung erfolgen, welcher den klaren Einfluss des kontextuellen Ansatzes auf den motivationalen Ansatz herausstellt.

Der Einfluss des Lebensstil-Konzeptes auf das Uses-and-Gratifications-Modell findet auf zwei Ebenen statt. Zum einen führt eine Zusammenführung des Uses-and-Gratifications-Modell mit dem Lebensstil-Konzept zu einer neuen gruppenspezifischen Motiv-Kategorie „Beruf", zum anderen zu gruppenspezifischen Gewichtungen der klassischen Motive.

1. Motiv-Kategorie „Beruf"

Das positionelle Merkmal „Beruf" des kontextuellen Mediennutzungsmodells führt zu gruppenspezifischen Motiven im motivationalen Mediennutzungsansatz.

4.1 Ergebnisdiskussion im Kontext der Mediennutzungstheorien   287

Im Kontext des Forschungsgegenstandes führt die Zusammenführung beider Modell zu einer Motiv-Kategorie „Beruf".
Die Motive der neu gebildeten Kategorie sind jedoch primär auf Motive der Überkategorien „Information", „Identität" und – partiell – „Unterhaltung" zurückzuführen. Es handelt sich daher um eine Motiv-Kategorie auf zweiter Ebene. Die Differenzierung zu den anderen Kategorien wird durch Attribute ausgelöst, die eine Beziehung zu der beruflichen Tätigkeit der jeweiligen Gruppe ausdrücken. Der Einfluss des positionellen Merkmals „Beruf" führt somit nicht zu neuen Motiven, die nicht in direktem Bezug zu der beruflichen Tätigkeit standen.
Weiterhin enthält die Kategorie „Beruf" nicht nur Motive, die direkt auf eine berufliche Verwendung der Inhalte schließen lässt, sondern auch solche, die auf eine berufliche Identität zurückzuführen sind, jedoch eine „private" Nutzung von Wissenschaftsblogs auslösen.

2. Gewichtung klassische Motive

Weiterhin hat sich in dieser Arbeit deutlich gezeigt, dass das positionelle Merkmal „Beruf" des kontextuellen Ansatzes Einfluss auf die Gewichtung der Motiv-Kategorien („Information", „Identität", „Unterhaltung") des motivationalen Ansatzes hat.
Es wurde in dieser Forschungsarbeit deutlich, dass Motive, die nicht direkt im Zusammenhang mit dem Beruf stehen, den übergeordneten Kategorien allen drei Gruppen gemein und in den Unterkategorien mehrheitlich identisch sind. Der Einfluss der positionellen Determinante auf den motivationalen Ansatz führt somit nicht zu weiteren gruppenspezifischen Motiv-Kategorien, welche nicht in einer direkten Reflexion des positionellen Merkmals stehen.
Das zeigt sich insbesondere darin, dass alle Hypothesen in Bezug auf die Motive der Nutzung, außer bei der Kategorie „Beruf", auch von der Gruppe der Laien bestätigt wurden. Motiv-Kategorien jenseits der Kategorie „Beruf" weisen somit bei allen drei Gruppen Kongruenz auf.
Da das positionelle Merkmal „Beruf" jedoch deutlichen Einfluss auf die Gewichtung und Intensität der Motive der Nutzung hat, sind beide Modelle im Kontext des Interdependenzverhältnisses neben der Bildung gruppenspezifischer Motiv-Kategorien, auf einer zweiten Ebene zu erweitern. Die durch den Beruf getrennten Nutzergruppen zeigten deutliche Präferenzen in Bezug auf die Motiv-Kategorien auf. Insbesondere im Kontext von „Identitätsmotiven" und „Unterhaltungsmotiven" wurde der Unterschied zwischen den drei Gruppen deutlich. Die Unterschiede in den Gewichtungen der Motive der drei Gruppen zeigen zudem überwiegend (statistische) Signifikanz auf und sind somit klar herausgestellt.

Die Ergebnisse implizieren, dass es zu Gesetzmäßigkeiten in dem Interdependenzverhältnis des kontextuellen und motivationalen Mediennutzungsansatzes kommt. Bisherige Forschung hat sich perspektivisch auf einen Ansatz konzentriert und es versäumt den Zusammenhang beider Modelle zu analysieren. Die Ergebnisse lassen jedoch darauf schließen, dass auch weitere positionelle Determinanten jenseits des „Berufes" als auch strukturelle und individuelle Determinanten Einfluss auf den Uses-and-Gratifications-Ansatz haben und die Motiv-Kategorien und Gewichtungen der Motive beeinflussen.

Aufgrund des Forschungsdesigns konnte jedoch nicht überprüft werden, wie weit eine Erweiterung beider Modelle im Rahmen deren Interdependenzverhältnisses über das spezifische positionelle Merkmal „Beruf" auf positionelle Merkmale allgemein und strukturelle und individuelle Determinanten, vorzunehmen ist. Es bleibt somit offen, welche weiteren Gesetzmäßigkeiten das Interdependenzverhältnis beider Modelle reflektieren (vgl. Abschnitt 4.4).

Abbildung 44: Zusammenführung Lebensstil-Konzept und Uses-and-Gratifications-Modell

Figure 43

Zusammenführung Lebensstil-Konzept und Uses-and-Gratifications-Modell

- gesuchte Gratifikationen (Motive)
- Mediennutzung
- Motiv-Kategorie „Beruf"
- Klassische Motive
- Aktivität
- Lebensstil-Konzept
- Einflussfaktor positionelle Merkmale
- Information / Unterhaltung / Identität
- Motiv-Kategorie „Aktivität"
- Gewichtung

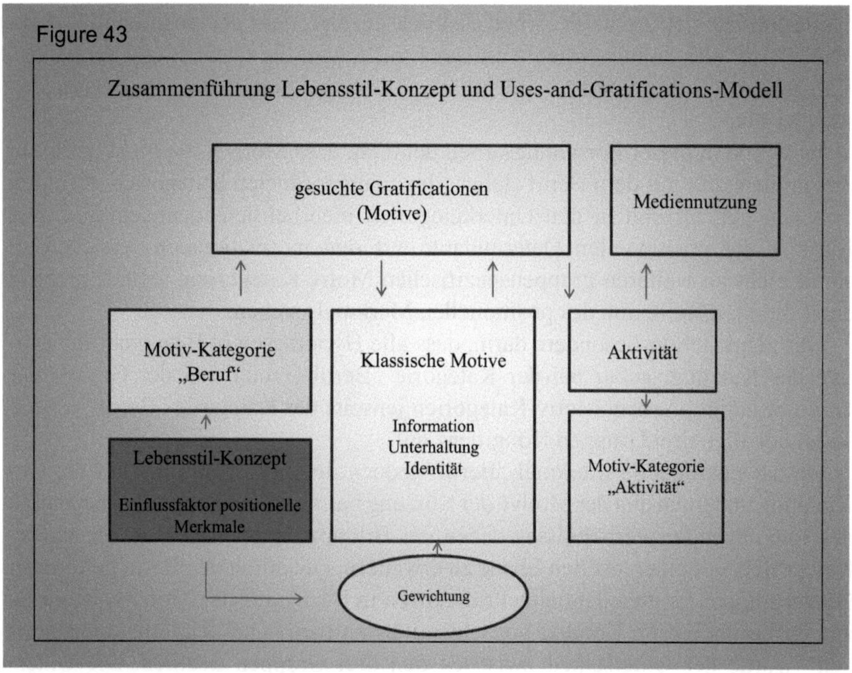

Quelle: Eigene Darstellung

4.2 Einordnung in die Wissenschaftskommunikation

4.2.1 Implikationen für die Theorie

Es wird im Folgenden auf einer theoretisch-konzeptionellen Ebene der Einfluss des Web 2.0 in Form von Wissenschaftsblogs vor dem Hintergrund der in Kapitel 2.1.1 skizzierten klassischen Modelle der Wissenschaftskommunikation auf Basis der theoretisch-deskriptiven, als auch empirischen Ergebnisse aufgezeigt.

A. Klassische Modelle der Wissenschaftskommunikation (Außenkommunikation)

In dieser Arbeit wurde sehr deutlich, dass die klassische theoretische Konzeption von Wissenschaftskommunikation zu großen Teilen im Kontext des Web 2.0 nicht ausreicht und die Kommunikation über Wissenschaftsblogs in den traditionellen Modellen nicht reflektiert wird.

Ein Hauptmerkmal der klassischen theoretischen Ansätze der Wissenschaftskommunikation ist die Zentralität des Wissenschaftsjournalisten. Die Zentralität ist darauf begründet, dass die klassische Form der Wissenschaftskommunikation vorwiegend in der Außenkommunikation stattfindet. Ein Großteil der Gesellschaft bezieht Informationen zu Forschung und Wissenschaft über Massenmedien, deren Inhalte über Wissenschaftsjournalisten erstellt werden (vgl. Hömberg 1990: 7). Weiterhin ist die Zentralität auf ein Vermittlungsproblem von wissenschaftlichem Wissen zurückzuführen, welches Sonderwissen darstellt, was ohne Fachkenntnisse der Rezipienten zu Verständnisproblemen führt.

Vor diesem Hintergrund basieren traditionelle Modelle der Wissenschaftskommunikation häufig auf einem Konstrukt, das gesellschaftstheoretische und wissenssoziologische Entwicklungen mit Journalismustheorien verknüpft. Die Perspektive dieser Modelle ist oftmals wissenschaftszentriert angelegt. Dem Wissenschaftsjournalisten wird in diesen Modellen zumeist eine Mittlerrolle zugeschrieben, die entweder mit normativ-funktionalen Aufgabenzuweisungen aufgeladen oder der Unabhängigkeit in Form einer systemtheoretischen Auffassung zugeschrieben wird.

Die traditionellen Modelle greifen insbesondere durch drei Veränderungen der Wissenschaftskommunikation durch den Einfluss des Web 2.0 nicht.

B. Veränderung der klassischen Modelle durch den Einfluss des Web 2.0

1. Neue Kommunikationsstrukturen durch den Einfluss von Wissenschaftsblogs

Zum einen wurde in dieser Arbeit sehr deutlich, dass die Kommunikation über Wissenschaftsblogs die Entstehung neuer Kommunikationsstrukturen in der

Wissenschaftskommunikation forciert. Eine Unzulänglichkeit der klassischen Modelle ist somit auf strukturelle Gründe zurückzuführen, da eine Mediator- und Mittlerrolle zwischen der Wissenschaft und der (Laien-)Öffentlichkeit teilweise wegfällt. Bei einem Direktkontakt zwischen Wissenschaftler und Laien fehlt somit der „Mittler", der die Art der Kommunikation und Vermittlung steuert und an den normativ-funktionale Aufgabenzuweisungen gegeben werden können.

2. Aktivität des Laien-Publikums

Weiterhin ist durch die mögliche Aktivität des Publikums ein klassisches „Topdown"-Modell der Wissenschaftskommunikation im Web 2.0 überholt. Wissenschaftsblogs bieten die Möglichkeit einer bi-direktionalen Kommunikation zwischen Weblogautor und Weblognutzer. Somit können nicht nur der Wissenschaftler und der Wissenschaftsjournalist aktiv in den Kommunikationsprozess eintreten und Informationen einfordern, sondern auch der Laie. Jedoch wurde in dieser Arbeit auch deutlich, dass in Weblogs weiterhin ein Herrschaftsgefälle besteht, da der Weblog-Autor Kommentare löschen und somit die Kommunikation mit dem Kommentierer aufheben kann.

3. Kommunikator ist nicht in redaktionelle-professionelle Strukturen eingebunden

Ein dritte klare Veränderung zu einer klassischen Auffassung der Wissenschaftskommunikation besteht in der „Kommunikatorrolle". In Wissenschaftsblogs findet eine Berichterstattung über Wissenschaft unabhängig von redaktionellen Strukturen im Sinne eines vorgegebenen „Gatekeepings" statt. Weder thematisch noch stilistisch gibt es Vorgaben, was in Wissenschaftsblogs geschrieben wird. Dieses trifft auch für Wissenschaftsblogs zu die von Wissenschaftsjournalisten geführt werden.

C. Implikationen für die klassischen Modelle

Im Folgenden werden die Implikationen der Veränderungen im Kontext der klassischen Modelle analysiert.

C.1 Wissenschaftszentrierte Modelle

Wissenschaftszentrierte Modelle stoßen im Forschungsfeld Web 2.0 an ihre Grenzen, da der vormalige Rezipient, insbesondere der Laie, am Wissenschaftskommunikationsprozess potenziell partizipieren kann. Die Wissenschaft verliert durch diesen Rückkanal in die Laien-, aber auch in die Fachöffentlichkeit die Kontrolle über das Bild der Wissenschaft, das vermittelt wird.

4.2 Einordnung in die Wissenschaftskommunikation 291

Der Nutzer kann in Wissenschaftsblogs eine offensichtlich kritische Haltung gegenüber der Wissenschaft einnehmen und diese gezielt durch Nachfragen und Nachhaken kritisieren. Weiterhin hat der Nutzer (indirekten) Einfluss auf die Themenauswahl und die Inhalte, die aus der Wissenschaft und von Wissenschaftsjournalisten kommuniziert werden. In der über Wissenschaftsblogs geführten Kommunikation übernimmt somit die (Laien-)Öffentlichkeit Teile des redaktionellen „Gatekeepings" und erreicht eine Form von Mündigkeit. Die klassischen „Top-down"-normativen Modelle wie das Wissenschaftspopularisierungsparadigma (vgl. Kohring 2004: 63-139) sind daher in der Wissenschaftskommunikation Web 2.0 unzureichend.

C.2 Konstruktivistische Modelle

Außerdem wird deutlich, dass systemtheoretische und weitere Ansätze, die sich auf die Rolle des Wissenschaftsjournalisten im Kommunikationsprozess stützen, aus strukturellen Gründen nicht anwendbar sind. Auch in Bezug auf Wissenschaftsblogs, die von Wissenschaftsjournalisten geführt werden, greift die bisherige Konzeption im Web 2.0 nicht. Wie bei den wissenschaftszentrierten Modellen fehlt bei systemtheoretischen Ansätzen die konzeptionelle Erweiterung der möglichen Partizipation und Interaktion des Laien-Publikums. Die Versorgung der Öffentlichkeit mit Informationen findet nun nicht mehr einseitig statt. Zum anderen befindet sich der Wissenschaftsjournalist als Blogautor in einer neuen („Vermittler-Rolle"). Der Wissenschaftsjournalist ist als Blogautor partiell privat und losgelöst von professionell-redaktionellen Strukturen tätig. Somit müssen sowohl die Funktion des Wissenschaftsjournalisten als Teil des Subsystems „Öffentlichkeit" als auch das System „Öffentlichkeit" neu ausgehandelt werden.

C.3 Publikumszentrierte Modelle

Das publikumszentrierte Modell „Citizen Science" (vgl. Irwin 1995) ist bisher theoretisch als Idealvorstellung formuliert, da es auf einer verstärkten Partizipation der Laien am Wissenschaftskommunikationsprozess beruht, die in der Praxis bisher nicht möglich war. Vergleichbar mit der „Wissenschaft als Risiko"-Forschung (vgl. für einen Überblick Görke 1999) basiert das Konzept darauf auf der Meta-Ebene Vertrauen (oder Misstrauen) in die Wissenschaft zu forcieren, sowie das Verständnis von Wissenschaft in der Öffentlichkeit zu erhöhen.

Strukturell reflektiert das Modell „Citizen Science" die Wissenschaftskommunikation im Web 2.0 in Form von Wissenschaftsblogs. Es gibt sowohl die Möglichkeit eines Direktkontakts zwischen Laien und Wissenschaftlern in Wissenschaftsblogs, als auch eine Interaktion. Somit besteht das Potenzial die Laien in die Welt der Wissenschaft partiell zu integrieren.

Jedoch wird durch die empirischen Ergebnisse deutlich, dass die Potenziale noch rudimentär ausgeschöpft werden und die Gefahr besteht technisch-deterministische Fehlschlüsse zu ziehen. Die Gruppe der Laien macht wenig von den Partizipationsmöglichkeiten in Wissenschaftsblogs Gebrauch und bei einer seltenen aktiven Kommentierung stehen selbstdarstellerische Motive und nicht das Interesse an einem wissenschaftlichen Diskurs, wie bei der Fachöffentlichkeit, im Vordergrund.

Weiterhin konnte in dieser Arbeit nicht vollständig eruiert werden, inwieweit im Web 2.0 und in den Wissenschaftsblogs das Ideal des aktiven, partizipierenden Bürgers umgesetzt werden kann, das zu mehr Verständnis und Vertrauen in die Wissenschaft führt. Indikatoren sind bereits die hohe Einschätzung der Qualität und der Authentizität von Wissenschaftsblogs. Jedoch ist eine „wirkliche" Demokratisierung der Wissenschaftskommunikation über Wissenschaftsblogs ausgeschlossen, da weiterhin ein Herrschaftsgefälle zwischen Blogautor und Nutzer besteht.

D. Kritikpunkte an klassischen Modellen der Wissenschaftskommunikation

Kritikpunkte, mit denen traditionelle Modelle der Wissenschaftskommunikation wiederholt konfrontiert werden, fallen in der Kommunikation über Wissenschaftsblogs weitestgehend weg.

D.1 Selektivität

Bei von Wissenschaftlern geführten Blogs fallen die Kritikpunkte, die auf eine „Abbildungsfunktion" des Wissenschaftsjournalisten zurückzuführen sind, aus strukturellen Gründen weitestgehend weg. Da Wissenschaftsblogs die Möglichkeit bieten, die Prozesshaftigkeit der Forschung darzustellen, und der Wissenschaftler direkt kommunizieren kann, können diese Kritikpunkte, insbesondere die Selektivität der Themen, weitestgehend umgangen werden.

D.2 Qualität und Relevanz

Es wurde zudem deutlich, dass Wissenschaftler und Laien die Qualität in Wissenschaftsblogs höher als in redaktionell-professionellen Medien eingeschätzt haben. In Wissenschaftsblogs wird Raum gegeben, ein umfassendes Bild der Wissenschaft zu zeichnen. Die hohe Qualitätseinschätzung ist auf den Wissenschaftler als „Kommunikator" und die Tiefe und Spezifität der Informationen zurückzuführen. Relevanzzuschreibung sind in Bezug auf die jeweilige Zielgruppe und die Motivation der Nutzung zu sehen. Die Inhalte zeigen insbesondere für die Gruppe der Wissenschaftler hohe Relevanz auf.

4.2 Einordnung in die Wissenschaftskommunikation

D.3 Aktualität

Des Weiteren bietet die vernetzte Kommunikation eine Aktualität und Schnelligkeit an, die von Laien und Wissenschaftlern bestätigt werden.

D.4 Kontroll-Öffentlichkeit

Die strukturellen Möglichkeiten einer Kontroll-Öffentlichkeit sind bei Wissenschaftsblogs gegeben. Wie weit eine (Laien-)Öffentlichkeit aufgrund fehlenden Fachwissens eine Kontroll-Funktion bei Wissenschaftsblogs übernehmen kann, bleibt offen, jedoch kann sowohl die Gruppe der Wissenschaftler als auch partiell die Gruppe der Wissenschaftsjournalisten diese Funktion ausfüllen.

D.5 Verwissenschaftlichung der Gesellschaft

Das Konzept „Citizen Science" als Idealvorstellung wird auch gefordert, da es im Zuge der „Verwissenschaftlichung der Gesellschaft" (vgl. Weingart 1983) verstärkt in der Wissenschaft zu internen Spezialisierungen kommt. Das hat eine größere Distanz zwischen Wissenschaft und Laien, aber auch zwischen wissenschaftlichen Disziplinen zur Folge. Die Ergebnisse dieser Arbeit haben jedoch klar gezeigt, dass Wissenschaftsblogs, insbesondere in der Kommunikation zwischen Wissenschaftlern, interdisziplinäre Verständigungsprobleme überbrücken können und von Wissenschaftlern stark genutzt werden, um sich über angrenzende Disziplinen zu informieren. Es konnte in dieser Arbeit jedoch nicht herausgestellt werden, inwieweit die Distanz zum Laientum verringert werden kann.

4.2.2 Implikationen für die Praxis

Ein detaillierter Motiv-Katalog als auch eine umfassende Darstellung des Mediennutzungsverhaltens der drei Gruppen in Bezug auf Wissenschaftsblogs und weiterer Web-2.0-Anwendungen ist in Abschnitt 3.9 zu finden. In diesem Abschnitt wird auf Basis der empirischen Ergebnisse (Forschungsfrage 2 und 3) eine Einordnung von Wissenschaftsblogs in die Wissenschaftskommunikation und die berufliche und private Mediennutzung der Fach- und (Laien)-Öffentlichkeit vorgenommen.

Vor dem Hintergrund der herausgearbeiteten Merkmale der Wissenschaftskommunikation (vgl. Abschnitt 2.1; Forschungsfrage 1) wird jeweils innerhalb der jeweiligen Nutzergruppe analysiert und interpretiert, welche neuen Kommunikationsstrukturen sich durch die Nutzung von Wissenschaftsblogs entwickeln (Beantwortung Forschungsfrage 4) und welche Funktion und welches Potenzial

294   4. Bewertung und Ausblick

Wissenschaftsblogs innerhalb der neuen Kommunikationsstrukturen in der Wissenschaftskommunikation haben (Beantwortung Forschungsfrage 5).

4.2.2.1 Wissenschaftler

Funktion, Potenzial, Kommunikationsstruktur: Wissenschaftsblogs stellen aus der Perspektive der Wissenschaftler ein Kommunikationsinstrument der informellen Binnenkommunikation dar und bilden eine neue „peer-to-peer"-Kommunikationsstruktur innerhalb der Binnenkommunikation. In dieser Funktion bergen Wissenschaftsblogs das Potenzial den Informationsfluss innerhalb der „Scientific Community" transparenter und vernetzter zu gestalten und die disziplinunabhängige und internationale Kommunikation zwischen Wissenschaftlern nachhaltig zu verbessern. Eine besondere Funktion erfüllen Wissenschaftsblogs auf der Methodenebene.

Abbildung 45: Funktionen von Wissenschaftsblogs für Wissenschaftler

Figure 44

Funktionen von Wissenschaftsblogs für Wissenschaftler

Wissenschaftler ⇔ Informelle Binnenkommunikation ⇔ Wissenschaftler

Ungefilterte Einblicke in andere Forschungsbereiche (Labor-, Forschungs- und Alltagsprobleme andere Wissenschaftler - Ratgeber)

Beruf
privat/ beruflich

Vernetzung und informeller Austausch mit anderen Forschern (interdisziplinär und international)

Hilfe und Inspiration auf der Methodikebene

Motiv-Katalog
Information
Unterhaltung
Identität

Spezifische Fachinformationen angrenzender Disziplinen

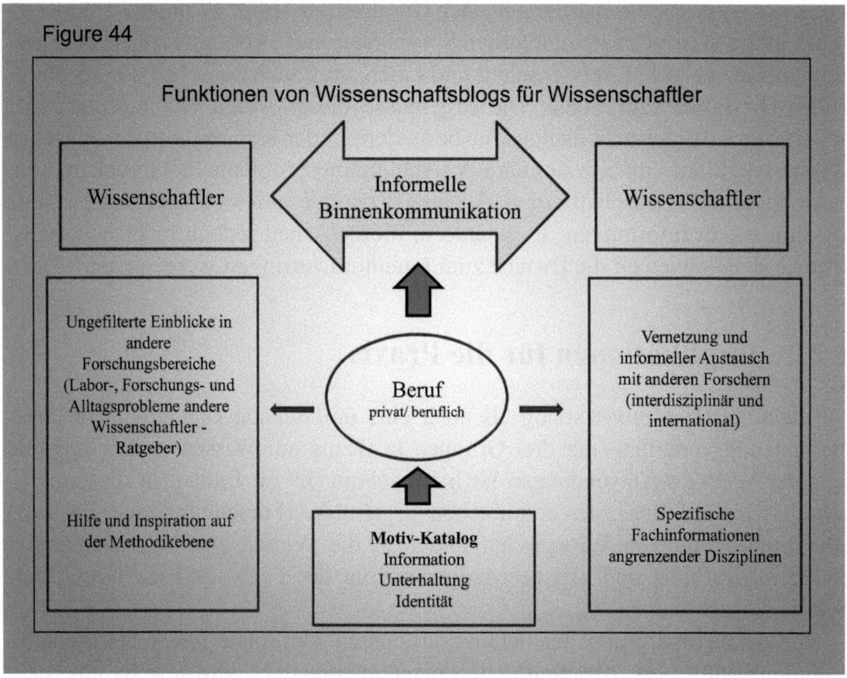

Quelle: Eigene Darstellung

4.2 Einordnung in die Wissenschaftskommunikation

Empirische Indikatoren: starke Informations- und Identitätsmotive, als auch ausgeprägte Unterhaltungsmotive. Die Nutzung liegt zwischen einer privaten und beruflichen Nutzung. Ein Merkmal ist die verhältnismäßig starke Nutzung von sozialen Netzwerken und „Podcasts".

Kommunikationsstrukturen/-Kommunikationswege

Vor dem Hintergrund der in dieser Forschungsarbeit erarbeiteten klassischen Kommunikationsstrukturen der Wissenschaftskommunikation (vgl. Kapitel 2.1.3), können die Ergebnisse dahin gehend interpretiert werden, dass die Nutzung von Wissenschaftsblogs von Wissenschaftlern zwischen der informellen Binnenkommunikation und der formalen Binnenkommunikation anzusiedeln ist. Die „peer-to-peer"-Kommunikation über Wissenschaftsblogs kann als eine virtuell erweiterte Form der informellen Binnenkommunikation interpretiert werden, die sowohl im privaten, als auch beruflichen Kontext verhaftet ist.

A. Formale Binnenkommunikation

Wissenschaftsblogs können nicht die Funktionen peer-geprüfter Fachpublikationen erfüllen, die das zentrale Organ der Forschungs- und Binnenkommunikation darstellen (vgl. Kapitel 2.1.3). Somit stehen Wissenschaftsblogs nicht mit Medienformaten der formalen Binnenkommunikation in Konkurrenz.

Das hängt zum einen mit den Publikationsstrukturen des Wissenschaftsbetriebes zusammen und zum anderen mit der Art der Informationen, die in Wissenschaftsblogs gefunden werden. Der Wissenschaftler ist darauf angewiesen, seine Forschungsergebnisse über die offiziellen Publikationswege und zitierfähigen Quellen zu kommunizieren. Der letzte Stand der Forschung ist daher nur über Fachpublikationen auffindbar und wird nicht in Wissenschaftsblogs publiziert.

Wissenschaftsblogs stellen weiterhin keine wissenschaftlich zitierfähigen Quellen dar. Jedoch schätzen Wissenschaftler die Qualität der Informationen in Wissenschaftsblogs deutlich höher ein, als die von klassischen Medien. Da kein redaktionelles „Gatekeeping" in Wissenschaftsblogs vorhanden ist, scheint die höhere Einschätzung der Qualität auf ausgeprägte Identitätsmotive zurückzuführen sein und basiert auf einem Vertrauensverhältnis zwischen Wissenschaftlern.

Da Wissenschaftsblogs weder den letzten Stand der Forschung bieten, noch wissenschaftlich zitierfähig sind, schätzen Wissenschaftler den direkten Einfluss auf die eigene Forschungsarbeit als sehr gering ein und sehen in Wissenschaftsblogs auch nur eine geringe Inspirationsquelle für die eigene Forschung.

B. Informelle Binnenkommunikation

Stattdessen wurde in dieser Arbeit deutlich, dass Wissenschaftsblogs als ein „peer-to-peer"-Kommunikationsinstrument der informellen Binnenkommunikation einzuordnen sind. Die ausgeprägten Identitätsmotive, die ein Alleinstellungsmerkmal der Wissenschaftler in der Nutzung von Wissenschaftsblogs darstellen, haben sehr deutlich gemacht, dass Wissenschaftsblogs von Wissenschaftlern aus einem hohen Interesse an anderen Wissenschaftlern im beruflichen, aber auch im privaten Alltag genutzt werden. Der auslösende Faktor der Nutzung ist auf die Möglichkeit einer „peer-to-peer"-Kommunikation zurückzuführen.

Die Kommunikation über Wissenschaftsblogs weist somit einen ähnlichen Charakter wie die informelle Binnenkommunikation auf, ist jedoch facettenreicher hinsichtlich der Informationen, die geboten werden, und bietet somit mehr Potenzial für den beruflichen Alltag und partiell für die Forschung des Wissenschaftlers.

Die informelle Wissenschaftskommunikation zeichnet sich durch die Möglichkeit eines informellen Austausches zwischen Forschern aus, die hinter verschlossenen Türen in Laborgesprächen stattfindet (vgl. Abschnitt 2.1.3.7). Informationen die über diesen Kommunikationskanal ausgetauscht werden können, reichen somit von praktischen Problemen im Institut bis hin zu konstruktiver Kritik bei dem eigenen Forschungsansatz.

Der Vorteil von Wissenschaftsblogs gegenüber der normalen informellen Binnenkommunikation ist, dass Wissenschaftsblogs nicht nur Informationen des direkten Institutskollegen bieten, sondern den institutsübergreifenden, internationalen und disziplinunabhängigen Austausch zwischen Kollegen ermöglichen und somit auch im Sinne des „Long Tail" (Anderson 2004; vgl. Abschnitt 2.2.5.1) eine Fülle von spezifischen Informationen präsentieren.

B.1 Funktion: spezifische Fachinformationen

Informationen, die in Wissenschaftsblogs gefunden werden, sind somit nicht mit Informationen der klassischen Medien vergleichbar. Wissenschaftsblogs präsentieren kein Überblickswissen, wie sie von Leitmedien geboten werden (vgl. Abschnitt 2.4.6.2), sondern sehr spezielle Informationen, die teilweise noch spezifischer als Fachjournale sind. Die spezifischen Informationen, die in Wissenschaftsblogs gesucht werden, sind detaillierte Forschungsberichte angrenzender Disziplinen, Fachkommentare von wissenschaftlichen Kollegen oder Projektdetails eines Forschungsvorhabens. Weiterhin wurde sehr deutlich, dass Wissenschaftler Wissenschaftsblogs nicht nutzen, um sich Informationen aus der eigenen Disziplin zu beschaffen, sondern vielmehr, um sich über angrenzende Disziplinen auf dem Laufenden zu halten, ohne Fachpublikationen aus dieser Disziplin verfolgen zu müssen.

4.2 Einordnung in die Wissenschaftskommunikation

B.2 Funktion: wissenschaftliche Methode

Es wurde in vorliegender Arbeit weiterhin deutlich, dass der wissenschaftliche Informationsaustausch in Bezug auf die Anwendung wissenschaftlicher Methoden einen zentralen Aspekt darstellt, den Wissenschaftsblogs bieten und der direkten Einfluss auf die eigene Forschungsarbeit hat. Wissenschaftsblogs können im kommunikativen Austausch von Methoden aufgrund der Interaktionsmöglichkeiten und der informellen subjektiven Darstellung im Sinne eines „Erfahrungsberichtes" sowie durch den Praxisbezug einen wichtigen Mehrwert leisten. Wissenschaftsblogs erfüllen in diesem Kontext die Funktion eines Ratgebers, dienen als Inspirationsquelle und bieten wichtige Anregungen und konstruktive Kritik für die eigene Forschung des Wissenschaftlers.

B.3 Funktion: ungefilterte Einblicke in andere Forschungsbereiche

Wissenschaftsblogs bieten weiterhin die Möglichkeit des „ungefilterten" Austausches mit anderen Forschern. Es geht in diesem Kontext nicht nur um fachliche und wissenschaftliche Informationen, sondern auch um den Alltag eines Forschers und praktische Probleme, die über Wissenschaftsblogs darstellbar sind und ausgetauscht werden können. In Wissenschaftsblogs sind Einblicke in den Forschungsprozess anderer Wissenschaftler und Wissenschaftsinstitutionen zu finden. Durch die Darstellung von Problemen, mit denen der Forscher, z. B. im Laboralltag, zu kämpfen hat, können Tipps und Lösungsansätze auf einer praktischen Ebene ausgetauscht werden.

B.4 Funktion: Vernetzung

Ein Alleinstellungsmerkmal der Gruppe der Wissenschaftler in der Nutzung von Wissenschaftsblogs sind starke Vernetzungsmotive. Wissenschaftsblogs bieten dem Forscher ein großes Potenzial, sich interdisziplinär und international über Institutsgrenzen hinweg mit anderen Forschern auszutauschen, zu vernetzen und Beziehungen aufzubauen. Über die Vernetzung können Ideen und Inspirationen entstehen, die indirekt in die Forschung einfließen und z. B. zur Entstehung von interdisziplinären Forschungsprojekten führen. Weiterhin bieten Wissenschaftsblogs, ähnlich wie soziale Netzwerke, die Möglichkeit des kontinuierlichen Austauschs, der Beziehungspflege und der Selbstvermarktung der eigenen Forschung. Gegenüber klassischen sozialen Netzwerken bieten Wissenschaftsblogs die Möglichkeit, mehr als die eigene Person, die eigene Forschung und die eigene Meinung zu präsentieren.

B.5 Wissenschaftsblogs vs. klassische informelle Binnenkommunikation

Neben einem breiteren Informationsspektrum unterscheidet sich die Kommunikation über Wissenschaftsblogs von der klassischen Wissenschaftskommunikation in einigen Punkten. Im Gegensatz zur „klassischen" informellen Binnenkommunikation findet die Kommunikation zwischen Forschern über Wissenschaftsblogs nicht unter Ausschluss der Öffentlichkeit statt. Dieses birgt Vor- und Nachteile für den Wissenschaftler und die Wissenschaftskommunikation insgesamt. Zum einen bietet die öffentliche Kommunikation dem Wissenschaftsjournalisten die Möglichkeit, Wissenschaftsblogs als Recherchequelle zu nutzen (vgl. 4.2.2.2), und dem Laien, Wissenschaftsblogs als Bildungsmedium zu nutzen (vgl. 4.2.2.3). Weiterhin werden die in Wissenschaftsblogs publizierten Informationen archiviert und sind institutsunabhängig (unabhängig von Zeit und Ort) verfügbar. Auf der anderen Seite ist davon auszugehen, dass wirklich brisante Inhalte nicht zum Tragen kommen. Eine schonungslose Kritik und detaillierte Aspekte des Forschungsprozesses sind selten zu finden.

4.2.2.2 Wissenschaftsjournalisten

Funktion, Potenzial, Kommunikationsstruktur: Aus der Perspektive der Wissenschaftsjournalisten stellen sich Wissenschaftsblogs als ein kostengünstiges Rechercheinstrument der Außenkommunikation dar. Der Wissenstransfer aus der Wissenschaft wird durch Wissenschaftsblogs für Wissenschaftsjournalisten verbessert und transparenter gestaltet. Insbesondere dezidierte Expertenmeinungen und Fachdokumente sind über Wissenschaftsblogs leicht zugänglich zu beziehen.

Des Weiteren bieten Wissenschaftsblogs die Möglichkeit einen Rückkanal zum (Laien)-Publikum aufzubauen und somit über die Themeninteressen und Meinungen der Öffentlichkeit informiert zu sein. Neben der Kommunikationsstruktur zum Wissenschaftler, bildet sich eine Kommunikationsstruktur zu anderen Wissenschaftsjournalisten. Vor diesem Hintergrund bieten Wissenschaftsblogs ein Forum für die Selbstvermarktung für (freie) Wissenschaftsjournalisten.

Empirische Indikatoren: ausgeprägte Informationsmotive im beruflichen Kontext. Die intensivste Nutzung von Web-2.0-Anwendungen, insbesondere „Micro-Blogs".

Kommunikationsstrukturen/-Kommunikationswege

Es entsteht aus der Perspektive der Wissenschaftsjournalisten über die Nutzung von Wissenschaftsblogs eine Kommunikationsstruktur direkt zum Wissenschaftler, die im beruflichen Kontext genutzt wird. Im Rahmen dieser Kommunikati-

4.2 Einordnung in die Wissenschaftskommunikation

onsstruktur können Wissenschaftsblogs als Recherchemedium in der Außenkommunikation eingeordnet werden, die zwischen der Nutzung von peer-geprüften Fachjournalen und einem persönlichen Direktkontakt mit dem Wissenschaftler stehen.

Weiterhin führt die Nutzung von Wissenschaftsblogs zu einer neuen Kommunikationsstruktur/-weg zwischen Wissenschaftsjournalisten, die jedoch marginal Verwendung findet.

Abbildung 46: Funktionen von Wissenschaftsblogs für Wissenschaftsjournalisten

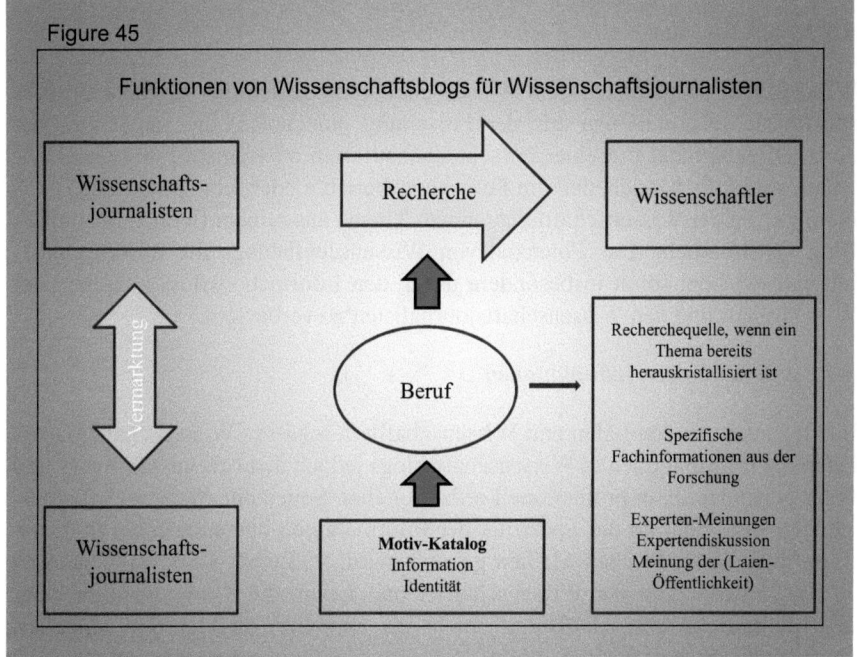

Quelle: Eigene Darstellung

A. Außenkommunikation: klassische Recherchemedien

Wissenschaftsblogs sind als Recherchemedium von klassischen Recherchequellen in verschiedenen Aspekten deutlich zu differenzieren. Zum einen wurde in dieser Arbeit klar herausgestellt, dass Wissenschaftsblogs im Gegensatz zu klassischen Recherchemedien nicht als Entscheidungsquelle für oder gegen ein Thema eingesetzt und nur peripher als erste Inspirationsquelle für einen Artikel genutzt werden. Wissenschaftsjournalisten nutzen Wissenschaftsblogs primär als

Recherchemedium, wenn ein Thema bereits herauskristallisiert ist und weitere Aspekte und Informationen zu diesem Thema einzuholen sind.

A.1. Wissenschaftsblogs als Recherchemedium

Informationen, die in Wissenschaftsblogs von Wissenschaftsjournalisten gesucht und recherchiert werden, sind nicht vergleichbar mit Informationen der klassischen Rechercheinstrumente und Medien. Zum einen werden sehr spezifische Fachinformationen gesucht, zum anderen (Experten-)Meinungen.

A.1.1 Funktion: spezifische Fachinformationen

Wissenschaftsblogs bieten dem Wissenschaftsjournalisten die Möglichkeit, sehr spezifische Informationen aus der Forschung einzuholen, die sonst nur über einen Direktkontakt mit einer Forschungsinstitution oder einem Forscher einzuholen wären. Es handelt sich um Forschungsberichte oder sehr spezifische Fachbeiträge, die der Wissenschaftler zu einem Thema aus seinem Bereich über einen Blog veröffentlicht. Das Potenzial von Wissenschaftsblogs für Wissenschaftsjournalisten liegt somit insbesondere darin, den Informationsfluss zwischen der Wissenschaft und den Wissenschaftsjournalisten zu verbessern.

A.1.1.1 Kritik an den Informationen

Im Gegensatz zu den Laien und Wissenschaftlern schätzen Wissenschaftsjournalisten die Informationen in Wissenschaftsblogs jedoch nicht als ausführlicher und tiefer gehender als in professionell-redaktionellen Seiten ein. Wissenschaftsjournalisten sind mehr an der Spezifität der Informationen interessiert, die in dieser Form nicht in klassischen Medien geboten wird. Weiterhin wird, im Gegensatz zu der Einschätzung der Wissenschaftler und Laien, die Kommunikation über das Medium „Wissenschaftsblog" nicht als aktueller, direkter und schneller, eingeschätzt, insbesondere nicht im Vergleich zum Online-Journalismus.

Zudem wird der Nachrichtenwert von Wissenschaftsblogs angezweifelt. Themen, die in Wissenschaftsblogs publiziert werden, sind in dem Augenblick, in dem sie publiziert sind, nicht mehr originär. Dieses ist ein möglicher Erklärungsansatz dafür, dass Wissenschaftsblogs nicht als erste thematische Inspiration dienen, sondern als Recherchequelle für weitere Facetten eines bereits ausgewählten Themas. Weiterhin ist vor diesem Hintergrund auch der Nachteil zu sehen, dass die Informationen durch den öffentlichen Zugang ihre Exklusivität in der Recherche des Wissenschaftsjournalisten verlieren.

4.2 Einordnung in die Wissenschaftskommunikation

A.1.1.2 Qualität der Informationen

Die Qualität der Informationen in Wissenschaftsblogs wird von Wissenschaftsjournalisten kritisch eingeschätzt. Wissenschaftsblogs werden daher als Recherchequelle auch nur eingeschränkt verwendet. Im Gegensatz zu Wissenschaftlern und Laien scheint ein Qualitätsempfinden bezüglich der Inhalte in der Gruppe der Wissenschaftsjournalisten sehr stark mit dem fehlenden redaktionellen „Gatekeeping" zusammenzuhängen.

A.1.1.3 Zitierfähigkeit der Informationen - Wissenschaftsblogs als Quelle

In den Interviews wurde von den Wissenschaftsjournalisten deutlich argumentiert, dass Wissenschaftsblogs keine zitierfähigen Quellen sind, sondern Erstinformationen bieten, die es weiter zu recherchieren und zu verifizieren gilt. Diese Aussagen wurden jedoch in der quantitativen Befragung relativiert. Die Ergebnisse zeigen auf, dass bereits ein Drittel der Wissenschaftsjournalisten auf einen Wissenschaftsblogartikel verlinkt und ein weiteres einen solchen Artikel zitiert haben. Die Diskrepanz des qualitativen und quantitativen Teils zeigt, dass aus der Perspektive der Wissenschaftsjournalisten eine erhebliche Unsicherheit gegenüber Wissenschaftsblogs besteht und keine eindeutige Einordnung des Mediums vorgenommen wurde. Dies ist auch aus einer Konkurrenzsituation zwischen dem klassischen redaktionell-professionellen Journalismus und Wissenschaftsblogs erklärbar.

A.1.2 Funktion: Meinungen

Eine wichtige Funktion von Wissenschaftsblogs für die Gruppe der Wissenschaftsjournalisten liegt in der Möglichkeit, Expertenmeinungen zu einem Fachthema einzuholen und allgemeine Diskussionen zu wissenschaftlichen Themen recherchieren und verfolgen zu können. Die Meinungsgetriebenheit des Mediums spielt auf drei Ebenen eine Rolle.

A.1.2.1 Expertenmeinung

Der Direktkontakt mit Wissenschaftlern wird von Wissenschaftsjournalisten gesucht, um Hintergrundinformationen, persönliche Perspektiven im Rahmen des Forschungsprozesses und individuelle Einschätzungen von Entwicklungstrends zu bekommen. Diese Art von Information kann auch in Wissenschaftsblogs gefunden werden. Die Stimmen der Forschung werden in Wissenschaftsblogs transparent gemacht und Einschätzungen eines Experten zu einem dezidierten Thema können eingeholt werden. Jedoch besteht ein Nachteil darin, dass die Informationen nicht exklusiv sind, was normalerweise bei einer direkten Befragung eines Wissenschaftlers der Fall ist.

A.1.2.2 Expertendiskussion

Weiterhin bieten Wissenschaftsblogs die Möglichkeit Fachdebatten zwischen zwei Experten zu einem spezifischen Thema verfolgen zu können. Der vormals private innerwissenschaftliche Diskurs zwischen Wissenschaftlern wird in Wissenschaftsblogs öffentlich sichtbar. Der spezifische Mehrwert für Wissenschaftsjournalisten liegt darin, direkt in ein fachfremdes Thema einsteigen zu können und die kontroversen Punkte zu erfahren, ohne sich langwierig einlesen zu müssen. Wissenschaftsblogs bieten somit hier die Möglichkeit, sehr schnell sehr spezifisches Wissen in einem Streitgespräch zu erhalten.

A.1.2.3 Meinung der (Laien-)Öffentlichkeit

Auf einer dritten Ebenen hat sich die Funktion gezeigt, über Wissenschaftsblogs Einsicht in die Meinungen der (Laien-)Öffentlichkeit zu bekommen. Die Kommentare auf Wissenschaftsblogs, die vergleichbar sind mit Leserbriefen, können so einen Rückkanal aus der Öffentlichkeit darstellen und fungieren als Seismograf für Trends, Entwicklungen und Diskussionspunkte. Sie zeigen auf, welche Themen in der Öffentlichkeit Kontroversen anstoßen und von Interesse sind. Für den Wissenschaftsjournalisten bietet sich somit die Möglichkeit, die Selektion der Themen mit dem Interesse der Öffentlichkeit abzustimmen. Die Funktion von Wissenschaftsblogs ist hier mit der eines Leserbriefs vergleichbar, wobei die Wissenschaftsblogs jedoch keine zeitliche Limitierung haben und direkt zu jedem Thema virtuell auffindbar sind.

B. „Binnenkommunikation" zwischen Wissenschaftsjournalisten

Weiterhin wurde in dieser Arbeit deutlich, dass die Nutzung von Wissenschaftsblogs zu einer Kommunikationsstruktur zwischen Wissenschaftsjournalisten führt. Im Gegensatz zu der Gruppe der Wissenschaftler werden Wissenschaftsblogs jedoch nur marginal in der „peer-to-peer"-Kommunikation eingesetzt. Die primäre Funktion dieser Kommunikationsstruktur besteht darin, sich über die Themenschwerpunkte und Schreibweise von freien Wissenschaftsjournalisten zu informieren. Angesichts der nachhaltigen Medienkrise wird die Selbstvermarktung von freien Wissenschaftsjournalisten zukünftig immer wichtiger werden, und Wissenschaftsblogs können zu diesem Zweck effektiv eingesetzt werden. Die Ergebnisse machen jedoch offensichtlich, dass das Potenzial dieser Kommunikationsstruktur noch marginal ausgeschöpft wird.

4.2 Einordnung in die Wissenschaftskommunikation

4.2.2.3 Laien

Funktion, Potenzial, Kommunikationsstruktur: Für Laien stellen Wissenschaftsblogs ein Lern- und Weiterbildungsmedium als auch ein „Edutainment"-Format in der Außenkommunikation dar. Jedoch findet ein Wissenstransfer über die neu entstehende Kommunikationsstruktur zum Wissenschaftler bisher primär passiv statt.

Empirische Indikatoren: Laien zeigen die stärksten Unterhaltungsmotive, gepaart mit Informationsbedürfnissen in der privaten Nutzung.

Abbildung 47: Funktionen von Wissenschaftsblogs für Laien

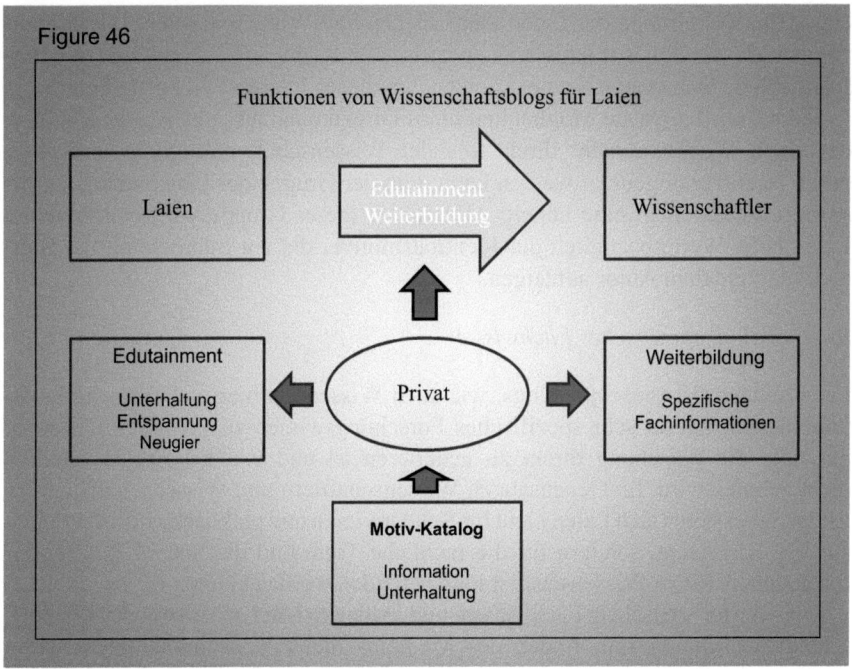

Quelle: Eigene Darstellung

Kommunikationsstrukturen/-wege

Laien sind in der klassischen Außenkommunikation als letztes Glied eingeordnet. Über das Medium „Wissenschaftsblog" ändert sich diese Rolle in zwei Punkten.

Neben der „klassischen" Kommunikationsstruktur zum Wissenschaftsjournalisten entsteht über das Medium „Wissenschaftsblog" eine neue Kommunikationsstruktur, die der (Laien-)Öffentlichkeit den direkten Zugang zum Wissenschaftler ermöglicht. Diese Kommunikationsstruktur wird in der Nutzung von Laien präferiert.

Weiterhin bieten Wissenschaftsblogs dem Laien die Möglichkeit, sich aus seiner rein passiven Rolle zu lösen und in der Kommunikation einen Rückkanal sowohl zum Wissenschaftsjournalisten als auch zum Wissenschaftler zu bilden.

A. Lernmedium der Außenkommunikation

Die Ergebnisse weisen daraufhin, dass Laien Wissenschaftsblogs als „Weiterbildungs-Instrument" in der neuen Kommunikationsstruktur zum Wissenschaftler einsetzen. Die Gruppe der Laien kann als „Hobby-Wissenschaftler" interpretiert werden, die ein hohes Interesse an spezifischem Fachwissen zeigen und Wissenschaftsblogs im privaten Kontext nutzen, um dieses Interesse zu befriedigen.

Jedoch wird die neue Möglichkeit eines Direktkontaktes zum Wissenschaftler, der einen Wissenstransfer direkt aus der Wissenschaft ermöglicht und aktiv durch Nachfragen genutzt werden kann, von der Gruppe der Laien wenig ausgeschöpft. Weder liegt eine höhere Aktivität in dieser Gruppe vor noch erzielten Laien hohe Werte bezüglich der Identitätsmotive, die ein Interesse an der Subjektivität und dem Autor aufzeigen.

A.1 Funktion: spezifisches Fachwissen

Laien nutzen Wissenschaftsblogs, wie auch Wissenschaftler und Wissenschaftsjournalisten, um an sehr spezifisches Forschungswissen zu kommen, das sonst nur über die Forschung direkt zu generieren ist und von klassischen Medien nicht geboten wird. Im Gegensatz zu Wissenschaftlern und Wissenschaftsjournalisten interessieren sich Laien nicht für Sonderwissen und praktische Informationen aus der Forschung, sondern für die fachliche Tiefe und die Spezifizität der Informationen, die in Wissenschaftsblogs gefunden werden können.

Die Mixtur zwischen Fachwissen und Alltagswissen in Wissenschaftsblogs scheint das Qualitätsempfinden des Mediums nicht zu beeinträchtigen. Laien schätzen die Qualität der Informationen in Wissenschaftsblogs höher als in redaktionell-professionellen Seiten ein. Ein Grund dafür kann die geringe berufliche Nutzung von Wissenschaftsblogs in dieser Gruppe sein, die Wissenschaftsblogs als zitierfähige Quelle obsolet machen. Weiterhin gehören Laien per Definition nicht zum Fachpublikum und dem Sozialsystem „Wissenschaft". Daher sind die Informationen, die über Wissenschaftsblogs direkt vom Forscher generiert werden, automatisch fachlich spezifischer und qualitativ tiefergehender in der persönlichen Empfindung. Im Gegensatz zu der Gruppe der Wissenschaftler implizieren die Ergebnisse jedoch keinen Zusammenhang des Qualitätsempfindens mit „Identitätsmotiven".

A.2 Funktion: Unterhaltung

Es wurde in vorliegender Studie weiterhin deutlich, dass Laien Wissenschaftsblogs den stärksten unterhaltenden Charakter zuschreiben und die Nutzung von den ausgeprägtesten Unterhaltungsmotiven der drei Gruppen getrieben ist. Neben, und im Rahmen, einer Einordnung als „Weiterbildungsmediums" erfüllen Wissenschaftsblogs für Laien die Funktion eines „Edutainment"-Formats.

Wissenstransfer aus der Wissenschaft in die (Laien-)Öffentlichkeit

Deutlich ist, dass strukturell der Wissenstransfer aus der Wissenschaft in die (Laien-) Öffentlichkeit durch Wissenschaftsblogs erhöht wird. Jedoch ist dieser Wissenstransfer nicht abschließend zu bewerten.

Das neue an Wissenschaftsblogs ist der Direktkontakt zum Wissenschaftler und die Interaktionsmöglichkeiten. Jedoch werden beide Möglichkeiten wenig genutzt. Zwar wird der Direktkontakt zum Wissenschaftler als Kommunikationsstruktur präferiert, jedoch zeichnet sich dieses nicht in einem „persönlichen" Interesse an der Person des Wissenschaftlers ab. Somit kann nicht analysiert werden welches die Merkmale und Vorteile von Wissenschaftsblogs als Weiterbildungsmedium sind.

Weiterhin bleibt offen, ob ein höheres Verständnis von wissenschaftlichen Themen durch einen Direktkontakt erfolgt. Ein hohes Vertrauen in die Inhalte des Mediums wird bereits durch die hohe Einschätzung von Qualität und Authentizität signalisiert. Ob dadurch das Vertrauen in die Wissenschaft generell erhöht werden kann, und erhöht wird, konnte aus den Ergebnissen nicht interpretiert werden.

4.3 Kritische Würdigung

(1) Wie in bereits in Kapitel 3 dargelegt, ist bei der Interpretation der Ergebnisse darauf zu achten, dass die Untersuchung aufgrund des Untersuchungsgegenstandes nicht statistisch repräsentativ ist. Die Grundgesamtheit der deutschsprachigen Wissenschaftsblogosphäre ist nicht eindeutig abgrenzbar und somit die Gesamtnutzerzahl nicht ermittelbar. In Kombination mit der selbstselektiven Stichprobe sind repräsentative Aussagen auf Basis der erhaltenen Daten somit nicht möglich. Die empirischen Ergebnisse können daher nur Tendenzen aufzeigen und dienen ausschließlich dem Nachweis nicht zufallsbedingter Beziehungen und Zusammenhänge.

(2) Die Ergebnisse, insbesondere zu der Verbreitung und Etablierung von Web-2.0-Wissenschaftsmedienformaten und generellen Anwendungen des Web 2.0, sind aus der Perspektive der Wissenschaftsblognutzer zu bewerten und stehen nicht für die Grundgesamtheit aller Nutzer von Wissenschaftsmedienformaten im Web 2.0.

(3) In dieser Forschungsarbeit galten in der Durchführung der Forschungsmethode die drei Kriterien Objektivität, Reliabilität und Validität. Es gab jedoch eine Reihe von methodenimmanenten Einschränkungen, die ausführlich in Kapitel 3 dargestellt wurden. Diese stehen zum einen im Zusammenhang mit der angewendeten Methode der Befragung. Zum anderen gibt es Einschränkungen bei der Erforschung von Motiven. Durch Fragetechniken wurde versucht, Risiken und Verfälschungen in diesem Forschungsfeld zu minimieren.

(4) Da sich das Feld „Web 2.0" rasant entwickelt und sehr schnelllebig ist, ist davon auszugehen, dass der Etablierungsgrad und die Verbreitung der Web-2.0-Medien seit der Erhebung der Daten in dieser Forschungsarbeit vorangeschritten ist. Es ist jedoch anzunehmen, dass die Motive und die Gewichtung der Nutzung seitens der drei Gruppen eine kontinuierliche Tendenz aufzeigt. Die Dynamik des Forschungsgegenstandes scheint auch Auslöser dafür zu sein, dass es partiell Divergenzen zwischen der qualitativen und quantitativen Erhebung gab.

4.4 Weiterführende Forschung

(1) Abschnitt 4.2.1 hat auf theoretisch-konzeptioneller Ebene erste Anknüpfungspunkte des Forschungsfeldes „Wissenschaftskommunikation im Web 2.0" im Rahmen der klassischen Modelle der Wissenschaftskommunikation aufgezeigt. Es wurde deutlich, dass die Kommunikation über Wissenschaftsblogs strukturell auf einer theoretisch-konzeptionellen Ebene dem Modell „Citizen Science" sehr nah kommt. Die Partizipationsmöglichkeiten und der Direktkontakt zwischen Wissenschafts- und (Laien-)Öffentlichkeit, die von diesem Modell gefordert werden, ist durch Wissenschaftsblogs gegeben. Jedoch konnte in dieser Forschungsarbeit aufgrund des gewählten Untersuchungsdesigns nicht herausgestellt werden, inwieweit Wissenschaftsblogs Verständnis von Wissenschaft und Vertrauen in die Wissenschaft in der (Laien-)Öffentlichkeit fördern. Um eine ganzheitliche Einordnung von Wissenschaftsblogs in dieses Modell vorzunehmen, bedarf es weiterer Forschung.

(2) Im Kontext des Uses-and-Gratifications-Ansatzes wurde deutlich, dass der klassische Motivkatalog der Massenmedien um eine neue „Aktivitäts"-Kate-

4.2 Einordnung in die Wissenschaftskommunikation

gorie erweitert werden muss. Es haben sich neue Motive der Nutzung im Rahmen des Web 2.0 herauskristallisiert, insbesondere solche die im spezifischen Zusammenhang mit Wissenschaftsmedienformaten stehen (vgl. Kapitel 4.1.1). Die bisherigen Erkenntnisse aus der Sozialpsychologie sind jedoch als Erklärungsansätze für eine erweiterte „Aktivität" des Nutzers unzureichend und bedürfen weiterer Erkenntnisse.

Es wurde ein Interdependenzverhältnis zwischen dem kontextuellen Lebensstil-Konzept und dem Uses-and-Gratifications-Ansatz in dieser Arbeit deutlich, welcher zu einer Erweiterung beider Modelle führt. Der Einfluss der positionellen Determinante „Beruf" auf die Motive der Mediennutzung hat sich klar herausgestellt. Bisherige Forschung hat sich perspektivisch getrennt mit dem jeweiligen Modell beschäftigt. In weiteren Forschungsarbeiten gilt es zu prüfen, wie weit es zu einer ähnlichen Einflussnahme bei positionellen Merkmalen jenseits des „Berufes" auf die Motive der Nutzung kommt und ob sich der Einfluss struktureller und individueller Determinanten in der gleichen Weise darstellt.

(3) Weitere Forschungsansätze gibt es insbesondere in Bezug auf die Nutzergruppe der Laien (vgl. Abschnitt 4.2.3.3). Insbesondere ist der Aspekt eines Wissenstransfers aus der Wissenschaft in die (Laien-)Öffentlichkeit relevant. Es wäre differenzierter zu erforschen, warum die Laien Wissenschaftsblogs als Weiterbildungs- und Bildungsmedium nutzen und wie effektiv und effizient Wissenschaftsblogs hier eingesetzt werden können. Die Forschungsergebnisse konnten keinen Aufschluss darüber geben, worin der Vorteil von Wissenschaftsblogs als Lernmedium gegenüber anderen Lernmedien liegt, da die Interaktionsmöglichkeiten kaum genutzt werden und der direkte Bezug zum Forscher keine dezidierte Rolle spielt (vgl. dazu den ersten Abschnitt zu „Citizen Science" und Abschnitt 4.2.3.3).

(4) Es hat sich in dieser Forschungsarbeit herausgestellt, dass Wissenschaftsblogs von Wissenschaftlern als interdisziplinäres Vernetzungsinstrument eingesetzt werden. Ansatzpunkte wären, die Potenziale von Wissenschaftsblogs im Verhältnis zu sozialen Netzwerken in der Vernetzung zu eruieren und zu erforschen, wie weit sich die Vernetzung bereits auf Forschungsprojekte auswirkt und zu neuen interdisziplinären Forschungsprojekten führt.

(5) Da der Fokus auf Wissenschaftsblogs in dieser Forschungsarbeit gerichtet war, steht die Erforschung von Nutzungsmotiven bezüglich weiterer Wissenschaftsmedienformate des Web 2.0, wie „Micro-Blogs" oder „Podcasts", noch aus. Zudem sind die Nutzungspräferenzen der drei Gruppen bezüglich der Web-2.0-Nutzung weiter zu ergründen. Bei den Wissenschaftlern haben sich wiederholt hohe Werte bei der Nutzung von „Podcasts" und „Social Net-

works" herauskristallisiert. Bei den Wissenschaftsjournalisten zeigte sich eine verhältnismäßig hohe Nutzung von „Micro-Blogging".

4.5 Ausblick

In der Zeit, in der sich der Forscher dieser Arbeit gewidmet hat, ist die Literatur und die Forschung zu Web 2.0 exponentiell gewachsen. Das Web 2.0 befindet sich nicht mehr in der Aufbruchphase, sondern ist bereits in der Konsolidierungsphase angekommen. Auch im Rahmen der Wissenschaftskommunikation hat sich das Web 2.0, insbesondere in der praktischen Anwendung, rasant entwickelt (vgl. 1.1).

Es bilden sich verstärkt Institutsblogs (e.g. Fraunhofer Gesellschaft). Das Nature Network investiert und baut kontinuierlich den Wissenschaftsblogbereich aus. Soziale Netzwerke speziell für Forscher etablieren sich neben Wissenschaftsblogs (vgl. Kapitel 2.3), und zudem beschäftigen sich immer mehr Forschungsprojekte mit diesem Thema. Weiterhin spielte das Thema Web 2.0 erstmalig im Herbst 2010 eine zentrale Rolle in der „Wissenswerte", der größten Wissenschaftskommunikationskonferenz in Deutschland.

Aus der Perspektive der Wissenschaftler zeichnet sich neben der Nutzung von Wissenschaftsblogs eine rasante Entwicklung in der Nutzung von sozialen Netzwerken ab. Es bleibt abzuwarten, welches Medium sich längerfristig unter den Wissenschaftlern durchsetzt und inwieweit soziale Netzwerke kontinuierlich Aspekte von Weblogs integrieren und die Potenziale von Wissenschaftsblogs als „peer-to-peer"-Instrument zwischen Wissenschaftlern obsolet machen, insbesondere dann, wenn soziale Netzwerke für Forscher verstärkt auf den Transfer und Austausch von Inhalten anstatt auf die Vernetzung von Profilen setzen.

Angesichts der fortwährenden Medienkrise könnten sich Wissenschaftsblogs für Wissenschaftsjournalisten nachhaltig als Rechercheinstrument etablieren, welches die Möglichkeit bietet, einfach und kostengünstig Direktinformationen aus der Wissenschaft zu beziehen, die ansonsten mit zeit- und kostenintensiver Recherche verbunden wären. Im Kontext der Medienkrise wird zudem eine Selbstvermarktung des Wissenschaftsjournalisten immer wichtiger, welche von Wissenschaftsblogs unterstützt werden kann. Die Erstellung eines eigenen Weblogs sollte integraler Bestandteil von Ausbildungscurricula von Wissenschaftsjournalisten werden.

Es zeichnen sich weiterhin aktuell Tendenzen ab, dass Wissenschaftsblogs und Web-2.0-Anwendungen von Wissenschaftsinstitutionen verstärkt verwendet werden, um den Wissenstransfer aus der Wissenschaft und das Image in der

4.2 Einordnung in die Wissenschaftskommunikation

Öffentlichkeit zu verbessern. Die „Scientific Community" unterlag in den letzten Jahren einem erheblichen Wandel, der mit verstärkten Abhängigkeiten gegenüber Finanzierungsquellen in Form projektbezogener Drittmittelfinanzierung zusammenhängt (vgl. Abschnitt 2.1.2).

Wissenschaftsblogs bieten in diesem Rahmen strukturell die Möglichkeiten die Distanz zwischen der Welt der Wissenschaft und dem Laientum in der Form eines Direktkontaktes zu verringern und somit das Bild der Wissenschaft in der Öffentlichkeit transparenter zu gestalten. Langfristig könnte bei einem stärkeren Etablierungsgrad von Wissenschaftsblogs die Informationsversorgung der Gesellschaft in Krisensituationen (e.g. „AKW Fukushima 1") im Kontext von Schnelligkeit, Expertenwissen und -Meinungen erheblich verbessert werden..

Die Funktionen und Potenziale von Wissenschaftsblogs, die in dieser Forschungsarbeit herausgestellt wurden, kommen jedoch erst fundiert zum Tragen, wenn eine gewisse Verbreitung des Mediums vorherrscht, und wachsen exponentiell zu der Reichweite des Mediums. Es bleibt abzuwarten, ob Wissenschaftsblogs dem Nischendasein entwachsen und somit die Strukturen der Wissenschaftskommunikation nachhaltig verändern können.

Literaturverzeichnis

Adar, Eytan/Adamic, Lada/ Zhang, Li/Lukose, Rajan (2004): Implicit Structure and the Dynamics of Blogspace. HP Information Dynamics Lab. URL: http://www.hpl.hp.com/research/idl/papers/blogs/blogspace-draft.pdf (geprüft 10.5.2009).

Ainetter, Sylvia (2006): Blogs – Literarische Aspekte eines neuen Mediums. Eine Analyse am Beispiel des Weblogs Miagolare. Wien u. a.: LIT-Verl.

Albrecht, Steffen (2008): Netzwerke und Kommunikation. Zum Verhältnis zweier sozialwissenschaftlicher Paradigmen. In: Stegbauer, Christian (Hg.): Netzwerkanalyse und Netzwerktheorie, Part 2. Wiesbaden: 165-178.

Altmeppen, Klaus-Dieter (2000): „Online-Medien – Das Ende des Journalismus? Formen und Folgen der Aus- und Entdifferenzierung des Journalismus". In: Klaus-Dieter Altmeppen/Bucher, Hans-Jürgen/Löffelholz, Martin (Hg.): Online-Journalismus. Perspektiven für Wissenschaft und Praxis. Wiesbaden: Westdeutscher Verlag: 123-138.

Anderson, Chris (2004): The Long Tail. The future of entertainment is in the millions of niche markets at the shallow end of the bitstream. In: Wired Magazine 12 (10), The Conde Nast Publications, New York Oktober: 170-177

Anderson, Chris (2006): The long tail. Why the future of business is selling less for more. New York.

Aristoteles (1995): Metaphysik. Neubearbeitung der Übersetzung von Hermann Bonitz durch Horst Seidl, In: ders.: Philosophische Schriften, Bd. 5. Meiner, Hamburg (Original:4.Jh.v.Vhr.).

Arkin, R. M. (1981): Self-presentation styles. In: Tedeschi, J. T. (Hg.): Impression Management Theory and Social Psychological Research. New York: Academic Press: 311-333.

Armborst, M. (2006): Kopfjäger im Internet oder publizistische Avantgarde? Was Journalisten über Weblogs und ihre Macher wissen sollten. Berlin.

Arms, W. Y./Larsen, R. L. (2007): The Future of Scholarly Communication: Building the Infrastructure for Cyperscolarship, Report of a workshop held in Phoenix, Arizona April 17-19. Sponsored by the National Science Foundation and the Joint Information Systems Committee. URL: http://www.sis.pitt.edu/-repwkshop/NSF-JISC-report.pdf (geprüft 20.05.2009).

Armstrong, J. Scott (1997) Peer review für Journals: Evidence on Quality Control, Fairness and Innovation. In: Science and Engineering Ethics (3) 1 1997. 63-84.

Asanger, Roland/Wenninger, Gerd (1994): Handwörterbuch der Psychologie. Weinheim.

Attneave, Fred (1965): Informationstheorie in der Psychologie. Bern (orig.: New York 1959).

Bächle, M. (2006): Social Software. In: Informatik-Spektrum, 29 (2): 121-124.

Back, Andrea/Baumgartner, Horst/Gronau, Nobert/Tochtermann, Klaus (Hg.) (2008): Web 2.0 in der Unternehmenspraxis. Grundlagen, Fallstudien und Trends zum Einsatz von Social Software. München.

Barabasi, Albert-Laszlo (2002): Linked. The new science of Networks. Cambridge.

Barabási, Albert-László (2003) Linked. How everything is connected to everything else and what it means for business, science, and everyday life. New York: Plume.

Barben, Daniel/ Dierkes, Meinolf (1990): Un-Sicherheiten im Streit um Sicherheit – Zur Relevanz der Kontroversen um die Regulierung technischer Risiken. In: Sarcinelli (1999): 422-444.

Bargh, J.A./McKenna, K.Y.A./Fitzsimons, G.M. (2002): Can You See The Real Me? Activation and Expression of the „True Self" on the Internet. In: Journal of Social Issues, 58 (1): 33-48.

Bar-Ilan, Judit (2005): Information hub blogs. In: Journal of Information Science, 31 (4): 297-307.

Barrett, C. (1999): Anatomy of a Weblog http://www.camworld.com/journal/rants/99/01/26.html (nicht mehr abrufbar).

Barton, Allen H./Lazarsfeld, Paul F. (1984): Einige Funktionen von qualitativer Analyse in der Sozialforschung. In: Hopf, Christel; Weingarten, Elmar (Hg.): Qualitative Sozialforschung. Stuttgart: Klett Cotta.

Bauer, Martin W./Gaskell, George/Allum, Nicholas C. (2000): Quality, Quantity and Knowledge Interests: Avoiding Confusions. In: Bauer, Martin W./ Gaskell, George (Hg.): Qualitative Researching with Text, Image and Sound. A practical handbook. London/Thousand Oaks/Neu Delhi. 3-17.

Baumeister, R.E./Leary, M.R. (1995): The need to belong: Desire for interpersonal attachments as fundamental human motivation. In: Psychological-Bulletin, 117 (3): 497-529.

Bausch, P./Haughney, M./Hourihan, M. (2002): We Blog: Publishing Online with Weblogs. Indianapolis.

Baxt, William G. et al. (1998): Who reviews the reviewers? Feasibility of using a fictitious manuscript to evaluate peer reviewer performance. In: Annals of emergency medicine (32) 3 1: 310-317.

Beck, Klaus (2008): Neue Medien – alte Probleme? Blogs aus medien- und kommunikationsethischer Sicht. In: Zerfaß, Ansgar/Welker, Martin/Schmidt, Jan (Hg.): Kommunikation, Partizipation und Wirkungen im Social Web, Bd. 1. Köln: 62-77.

Beck, Ulrich (1986): Risikogesellschaft. Auf dem Weg in die andere Moderne. Frankfurt am Main.

Beck, Ulrich/Giddens, Anthony/Lash, Scott (1994): Reflexive Modernization. Politics, Tradition and Aesthetics in the Modern Social Order. Cambridge/Oxford.

Beck, Ulrich/Giddens, Anthony/Lash, Scott (1996): Reflexive Modernisierung. Eine Kontroverse. Frankfurt am Main.

Bell, Daniel (1973): The Coming of Post-Industrial Society. New York.

Beller, S. (2004): Empirisch forschen lernen. Bern.

Bentele, Günter/Brosius, Hans-Bernd/Jarren, Otfried (Hg.) (2003): Öffentliche Kommunikation. Handbuch Kommunikations- und Medienwissenschaft. Wiesbaden: Westdeutscher Verlag.

Berendt, Bettina/Schlegel, Martin/Koch, Robert (2008): Die deutschsprachige Blogosphäre: Reifegrad, Politisierung, Themen und Bezug zu Nachrichtenmedien. In: Ansgar Zerfaß/Welker, Martin /Schmidt, Jan (Hg.): Kommunikation, Partizipation und Wirkungen im Social Web, Bd. 2. Köln: 72-96.

Berlyne, Daniel E. (1974): Konflikt, Erregung, Neugier: Zur Psychologie der kognitiven Motivation. Stuttgart.

Beyer, Andrea/Carl, Petra (2008): Einführung in die Medienökonomie. Konstanz UVK Verlagsgesellschaft.

Blumler J. G./Katz, E. (1974): The uses of mass communications: Current perspectives on gratifications research. Beverly Hills, CA: Sage.

Blumler, J. (1979): The Role of Theory in Uses and Gratifications Studies, In: Communications Research, 6: 9-36.

Bonfadelli, Heinz (1999): Medienwirkungsforschung I. Grundlagen und theoretische Perspektiven: UVK.

Bonitz, Manfred/Scharnhorst, Andrea (2001): Der harte Kern der Wissenschaftskommunikation. In: V. Fuchs-Kittowski et al. (Hrsg.): Jahrbuch für Wissenschaftsforschung 2000. Berlin: 133-166.

Bortz, J./Döring, N. (2006): Forschungsmethoden und Evaluation für Human- und Sozialwissenschaftler. 4. Auflage, Berlin: Springer.

Bortz, Jürgen (1984): Lehrbuch der empirischen Forschung. Für Sozialwissenschaftler. Berlin/Heidelberg/New York/Tokyo: Springer.

Böttger, Magdalena/ Röll, Martin (2004): Weblog Publishing as Support for Exploratory Learning on the World Wide Web. Konferenzbeitrag. Cognition and Exploratory Learning in the Digital Age. Lissabon. Dezember 2004. URL: http://www.roell.net/publikationen/weblogs-exploratory-learning-celda04.pdf (geprüft 30.04.2009).

Bowman, Shayne/Willis, Chris (2003): We Media. How audiences are shaping the future of news and information. NDN Research Report. URL: http//www.hypergene.net/wemedia/download/we_media.pdf (geprüft 20.03.2009).

Boyd, Danah (2006a): A Blogger's Blog: Exploring the Definition of a Medium. Reconstruction (6) 4. URL: http://reconstruction.eserver.org/064/boyd/shtml (geprüft 30.04.2009).

Boyd, Danah (2006b): Identity Production in a Networked Culture: Why Youth Heart MySpace. Konferenzbeitrag. American Association for the Advancement of Science. St. Louis: Online-Publikation. Februar 2006. URL: http://www.danah.org/papers/AAAS2006.html (geprüft 4.4.2009).

Boyd, Danah (2008c): Taken out of context. American teensociality in networked publics. Ph.D. Dissertation an der University of California, Berkely. URL: http://www.danah.org/papers/TakenOutOfContext.pdf (geprüft 27.4.2009).

Bradley, D. (2009): Gen-F Scientists Ignoring Social Networking. Sciencebase. URL: http//:www.sciencebase.com/science-blog/gen-f-scientists-ignoring-social-networking.html (geprüft 15.6.2010).

Brecht, Bertolt (1967): Radiotheorie. In: ders. (Hg.). Gesammelte Werke, Bd. 18: Schriften zur Literatur und Kunst 1. Frankfurt am Main: Suhrkamp: 119-134.

Brosius, Hans-Bernd (1997): Der gut informierte Bürger? Rezeption von Rundfunknachrichten in der Informationsgesellschaft. In: Charlton, Michael/ Schneider, Silvia (Hg.): Rezeptionsforschung. Theorien und Untersuchungen zum Umgang mit Massenmedien. Opladen: 92-104.

Brosius, Hans-Bernd/ Koschel, Friederike/Haas, Alexander (2008) Methoden der empirischen Kommunikationsforschung. Wiesbaden: VS Verlag für Sozialwissenschaften.

Bruck, Peter A./Stocker, Günther (1996): Die ganz normale Vielfältigkeit des Lesens. Zur Rezeption von Boulevardzeitungen. Münster.

Brumfiel, Geoff (2009) Supplanting the old media? Science journalism is in decline; science blogging is growing fast. But can the one replace the other? In. Nature, Vol 458, 274-275.

Bruns, Axel (2005): Gatewatching. Collaborative Online News Production. New York/ Washington, D.C./ Baltimore.

Bruns, Axel (2007): The future is user-led. Vortrag bei der PerthDAC conference. 15.-18.9-2007, Perth.2007b. URL: http://snurb.info/files/The%20Future%20Is%20Userled%20(PerthDAC%202007).pdf (geprüft 30.4.2009).

Bruns, Axel: Produsage (2007a): Toward a broader framework of user-led content creation. Vortrag bei der Creativity & Cognition conference, 13.-15.6.2007, Washington D.C. URL: http://snurb.info/files/Produsage%20(Creativity%20 and%20Cognition%202007).pdf (geprüft 30.4.2009).
Bruns, Axel (2009): Anyone Can Edit: Vom Nutzer zum Produtzer. In: Kommunikation@Gesellschaft, 10, Beitrag 3. Online-Publikation: URL: http://vt-app. bonn.iz-soz.de/journals/text/K.G./10/B3_2009_Bruns.pdf (geprüft 3.3.2010).
Bryant, Jennings/Zillmann, Dolf (1984): Using television to alleviate boredom and stress. Selective exposure as a function of endoused exitational states. In: Journal of Broadcasting. Volume 28 1-20.
Bucchi, Massimiano (1996): When scientists turn to the public: Alternative routes in science communication. In: Public Understanding of Science, 5: 375-394.
Bucher, Hans-Jürgen/Büffel, Steffen (2004) Vom Gatekeeper-Journalismus zum Netzwerk-Journalismus, Weblogs als Beispiel journalistischen Wandels unter den Bedingungen globaler Medienkommunikation. In: Behmer, Markus/ Blöbaum, Bernd/Scholl, Armin/Stöber, Rudolf (Hg.) Journalismus und Wandel, Analysedimensionen. Konzepte, Fallstudien. Verlag für Sozialwissenschaften. Wiesbaden.
Bucher, Hans-Jürgen/Büffel, Steffen (2006) Weblogs – Journalismus in der Weltgesellschaft. Grundstrukturen einer netzwerkorientierten Form der Medienkommunikation. In: Picot, Arnold/Fischer, Tim (Hg.) Weblogs professionell. Grundlagen, Konzepte und Praxis im unternehmerischen Umfeld. Heidelberg: dpunkt.verlag: 131-156.
Buckingham, David (2008): Introducing Identity. In: Youth, Identity, and Digital Media. Boston: 1-22.
Burkart, Roland (1980): Die individuelle Nutzung von politischen TV-Magazinen, Bd. 3 der ORF-Berichte zur Medienforschung. Wien.
Burkart, Roland (2002) Kommunikationswissenschaft. Böhlau: UTB.
Busemann, Katrin/Gscheidle, Christoph (2010): Web 2.0: Nutzung steigt – Interesse an aktiver Teilhabe sinkt. Ergebnisse der ARD/ZDF-Onlinestudie 2010. In: Media Perspektiven. Heft 7-8 2010: 334-349.
Calvert, Clay (2000): Voyeur Nation. Media, Privacy, and Peering in Modern Culture. Boulder.
Campanario, Juan Miguel (1996): Have referees rejected some of the most-cited articles of all times? Journal of the American Society for Information Science 47: 302-310.
Castells, Manuel (2000): Materials for an exploratory theory of the network society. In: British Journal of Sociology 51 (1): 5-24.

Castells, Manuel (2001): Das Informationszeitalter, Bd. 1: Der Aufstieg der Netzwerkgesellschaft. Opladen.

Claessens, Michael (2007) (Hg.) Communicating European Research 2005. Dordrecht.

Copeland, Henry (2004): Blog reader survey. In: Blogads, 21.5.2004.URL: http://blogads.com/survey/blog_reader_survey.html (geprüft 10.2.2009).

Cornfield, Michael/Carson, Jonathan /Kalis, Alison/Simon, Emily (2005): Buzz, Blogs, and Beyond. The Internet and the National Discourse in the Fall of 2004. Preliminary Report, Pew Internet & American Life Project and Buzz-Metrics. URL: http://www.pewinternet.org/ppt/BUZZ_BLOGS_BEYOND_Final05-16-05.pdf (geprüft 15.1.2009).

Crabtree, B. F./Miller, W. L. (2004): Research Methods: Qualitative. In: Jones R. (Hg.): Oxford Textbook of Primary Medical Care. Oxford: Oxford University Press.

Crotty, D. (2009): Scientists Still Not Joining „Social Networks". The Scholarly Kitchen. URL: http://scholarlykitchen.sspnet.org/2009/10/19/scienctists-still-nit-joining-social-networks/ (geprüft 15.7.2010).

Cyganski, P./Hass, B. (2007): Potenziale sozialer Netzwerke für Unternehmen, In: Hass, B./Walsh, G./Kilian, Th. (Hg.): Web 2.0. Neue Perspektiven für Marketing und Medien. Springer Verlag. Berlin Heidelberg: 101-120.

Dahinden, Urs/Hättenschwiler, Walter (2001): Forschungsmethoden in der Publizistikwissenschaft. In: Jarren, Otfried/Bonfadelli, Heinz (Hg.): Einführung in die Publizistikwissenschaft. Bern/Stuttgart/Wien: Haupt.

Daniel, Hans-Dieter (2006): Pro und Contra: Peer review. Von der Qualitätssicherung der Lehre zur Qualitätsentwicklung als Prinzip der Hochschulsteuerung. Projekt Qualitätssicherung, Bd. 1. Hrsg. v. Hochschulrektorenkonferenz (HRK): Beiträge zur Hochschulpolitik 1. Bonn: 185-204.

Daschmann, Gregor (2003): Quantitative Methoden der Kommunikationsforschung. In: Bentele, Günter/Brosius, Hans-Bernd/Jarren, Otfried (Hrsg.): Öffentliche Kommunikation. Handbuch Kommunikations- und Medienwissenschaft. Wiesbaden: 262-282.

Daum, Andreas W. (2008): Geschichte des Wissenschaftsjournalismus. In: Hettwer, Holger/Lehmkuhl, Markus/Wormer, Holger/Zotter, Franco (Hg.): Wissenswelten. Wissenschaftsjournalismus in Theorie und Praxis. Gütersloh.

Dehm, Ursula (2006): Zwischen Lust und Lernen – was Zuschauer bei Wissenssendungen erleben. Vortrag auf der Wissenswerte 2006, 15. November 2006, Bremen. URL: www.bertelsmann-stiftung.de/bst/de/media/Wissenswerte2006_UD_O_DV.pdf (geprüft 21.2.2007).

Dehm, Ursula (2008): Zwischen Lust und Lernen – Wissens- und Wissenschaftssendungen: Ergebnisse, Möglichkeiten und Grenzen von Medienforschung. In: Hettwer, Holger/Lehmkuhl, Markus/Wormer, Holger/Zotter, Franco (Hg.): Wissenswelten. Wissenschaftsjournalismus in Theorie und Praxis. Gütersloh.

Dehm, Ursula/Kayser, Susanne (2005): Das Publikum: Wie gut gefallen Fernsehsendungen. Der ZDF-Programmcheck als Instrument des Qualitätscontrollings. ZDF-Jahrbuch 2005. URL: www.zdf-jahrbuch.de/2005/grundlagen/kayser_dehm.html (geprüft 4.3.2009).

Dehm, Ursula/Storll, Dieter (2003): TV-Erlebnisfaktoren. Ein ganzheitlicher Forschungsansatz zur Rezeption unterhaltender und informierender Fernsehangebote. In: Media Perspektiven 9: 425-433.

Dehm, Ursula/Storll, Dieter (2005) (Hg.): Die Zuschauer verstehen: Abschied von der Informations- Unterhaltungsdichotomie. In: TV diskurs (9) 32: 42-45.

Dehm, Ursula/Storll, Dieter/Beeske, Sigrid (2005): Die Erlebnisqualität von Fernsehsendungen. Eine Answendung der TV-Erlebnisfaktoren. In: Media Perspektiven 2: 50-60.

Denzin, Norman K. (1970): The Research Act. New York.

Depenbrock, Gerd (1976): Journalismus, Wissenschaft und Hochschule. Eine aussagenanalytische Studie über die Berichterstattung in Tageszeitungen. Bochum.

Deppermann, Arnulf (2001): Gespräche analysieren, Qualitative Sozialforschung, Bd. 3. Opladen: Leske + Budrich.

Diekann, A. (1999): Empirische Sozialforschung: Grundlagen, Methoden, Anwendungen. Reinbek.

Domingo, David/Heinonen, Ari (2008): Weblog and Journalism. A typology to explore the blurring boundaries. In: Nordicom Review 29 (1): 3-15.

Döring, N. (2002): Personal Home Pages on the Web: A Review of Research. In: Journal of Computer-Mediated Communication. URL: http://jcmc.indiana.edu/vol7/issue3/doering.html (geprüft 18.8.2009).

Döring, Nicola (2003): Sozialpsychologie des Internet. Die Bedeutung des Internet für Kommunikationsprozesse, Identitäten, soziale Beziehungen und Gruppen. 2. Auflage, Göttingen.

Döring, Nicola (2005): Mobile Weblogs. Chancen und Risiken im unternehmerischen Umfeld. In: Picot, Arnold/Fischer, Tim (Hg.): Weblogs professionell. Grundlagen, Konzepte und Praxis im unternehmerischen Umfeld. Hannover: 191-212.

Döring, Nicola (2004): Sozio-emotionale Dimensionen des Internet. In: Mangold R./Vorderer, P./ Bente, G. (Hg.): Lehrbuch der Medienpsychologie. Göttingen: Hogrefe: 769-791.

Ebersbach, Anja/Glaser, Markus /Heigl, Richard (2008): Social Web. Konstanz: UVK.
Eck, K. (2007): Corporate Blogs: Unternehmen im Online-Dialog zum Kunden. Zürich.
Efimova, L. (2004): Discovering the iceberg of knowledge work: A weblog case. In: Proceedings of The Fifth European Conference on Organisational, Knowledge, Learning and Capabilities (OKLC 2004), April 2-3. Efimova, L. (2009): Weblog as a personal thinking space. *HT'09: Proceedings of the twentieth ACM conference on hypertext and hypermedia*, June 2009. New York: ACM. doi: 10.1145/1557914.1557963 [.pdf] (geprüft 8.3.2010).
Efimova, L. (2010): Bloggen for kenniswerkers: het nieuwe netwerking. *Informatie Professional*, February 2010, pp.22-25 [English version in this blog].
Efimova, Lilia/Moor, Aldo de (2005): Beyond personal webpublishing: An exploratory study of conversational blogging practices. In: Proceedings of the Thirty-Eigth Hawaii International Conference on System Sciences (HICSS-38), 3-6 January 2005. URL: https://doc.telin.nl/dscgi/ds.py/Get/File-44480/ HICSS05_Efimova_deMoor.pdf (geprüft 24.7.2009).
Einsiedel, Edna F. (1992): Framing science and technology in the Canadian press. In: Public Understanding of Science 1: 89-101.
Engesser, Sven (2008): Partizipativer Journalismus. Eine Begriffsanalyse. In: Zerfaß, Ansgar/Welker, Martin/Schmidt, Jan (Hg.): Kommunikation, Partizipation und Wirkungen im Social Web, Bd. 2. Köln: 47-71.
Enzensberger, Hans Magnus (1970): Baukasten zu einer Theorie der Medien. In: Kursbuch, Heft 20: 159-186.
Erickson, T. (1996): The World Wide Web as a social hypertext. In: Communications of the ACM, 39 (1): 15-17.
Evans, William (1995): The Mundane and the Arcane: Prestige Media Coverage of Social and Natural Science. In: Journalism and Mass Communication Quarterly 72 (1): 168-177.
Faulstich, Werner (2003) Einführung in die Medienwissenschaft. Probleme-Methoden-Domänen. München: Fink.
Featherstone, M. (1987): Lifestyle and consumer culture. In: Theory, Culture & Society, 4: 55-70.
Felt, Ulrike (2003): Scientific Citizenship. Schlaglichter einer Diskussion. In: Gegenworte. Hefte für den Disput über Wissen. Hrsg. von der Berlin-Brandenburgischen Akademie der Wissenschaften. Heft 11. Bonn, Berlin. 2003: 16ff. URL: http://www.gegenworte.org/heft-11/felt-probe.html (geprüft 30.11.2008).
Festinger, Leon (1954): A Theory of Social Comparison Processes. In: Human Relations, 7: 117-140.

Fiedler, Sebastian (2003): Personal Webpublishing as a reflective conversational Tool for self-organized Learning. In: Thomas N. Burg (Hg.) BlogTalks. Wien: 197-216.

Fischer, Heinz-Dietrich (1976): Probleme der „Vermarktung" von Wissenschaft durch Massenmedien. In: Aus Politik und Zeitgeschichte, 44: 9-34.

Fischer, Heinz-Dietrich (1981): Wissenschaftspublizistik. In: Koszyk, Kurt/Pruys, Karl Hugo (Hg.): Handbuch der Massenkommunikation. München: 347-353.

Fischer, T. (2004): Corporate Blogs – Seifenblase oder Bereicherung? In: Die Gegenwart 40.Online-Magazin für Medien-Journalismus. Heft 40.

Fischer, T./Quierling, O. (2005): Weblogs – ein neues Kommunikationsphänomen zwischen Laienjournalismus und professioneller Berichterstattung? In: der Fachjournalist, Juli/ August.

Fishbein, Martin (1963): An Investigation of the Relationship between Beliefs About an Object and the Attitude toward that Object. In: Human Relations, 16: 233-240.

Fleck, M./Kirchhoff, L./Meckel, M./Stanoevska-Slabeva, K. (2007): Einsatzmöglichkeiten von Weblogs in der Unternehmenskommunikation. In: Bauer, H.H./Grosse-Leege, D./Rösger, H. (Hg.): Interactive Marketing im Web 2.0. Konzepte und Anwendungen für ein erfolgreiches Marketingmanagement im Internet. 215-234.

Flöhl, Rainer (1980): Experten und Öffentlichkeit. In: Neuhaus, Günter A. et al. (Hg.): Pluralität in der Medizin – der geistige und methodische Hintergrund. Frankfurt am Main: 162-166.

Flöhl, Rainer/Fricke, Jürgen (Hg.) (1987): Moral und Verantwortung in der Wissenschaftsvermittlung. Die Aufgabe von Wissenschaftler und Journalist. Vorträge gehalten anläßlich des Fuschl-Gespräches der Hoechst AG in Österreich am 23./24. April 1982 und 4./5. Mai 1984. Mainz.

Frauenfelder, M./Kelly, K. (2000): Blogging. Whole Earth. No. Winter: 52-54.

Friedman, Sharon M. (1986): The journalists's world. In: Friedman, Sharon M./ Dunwoody, Sharon/ Rogers, Carol L. (Hg.): Scientists and journalists. Reporting science as news. New York: 17-41.

Friedman, Sharon M./Dunwoody, Sharon/Rogers, Carol L. (1999): Communicating Uncertainty. Media Coverage of New and Controversial Science. Mahwah, NJ.

Friedman, Sharon M./Dunwoody, Sharon/Rogers, Carol L. (Hg.) (1986): Scientists and journalists. Reporting science as news. New York/London.

Friedrichs, Jürgen (1990): Methoden empirischer Sozialforschung. Opladen.

Fröhlich, Gerhard (1998): Optimale Informationsvorenthaltung als Strategem wissenschaftlicher Kommunikation. In: Zimmermann, Harald/Schramm, Volker (Hg.) Knowledge Management und Kommunikationssysteme. Konstanz: 535-549.

Fröhlich, Gerhard (1999): Das Messen des leicht Meßbaren. Output-Indikatoren, Impact-Maße: Artefakte der Szientometrie?. Gesellschaft für Mathematik und Datenverarbeitung (Report 61): 27-38.

Fröhlich, Gerhard (2008): Wissenschaftskommunikation und ihre Dysfunktionen: Wissenschaftsjournale, Peer Review, Impactfaktoren. In: Hettwer, Holger/ Lehmkuhl, Markus/Wormer, Holger/Zotter, Franco (Hg.): Wissenswelten. Wissenschaftsjournalismus in Theorie und Praxis. Gütersloh.

Fröhlich, Gerhard. (2002): Anonyme Kritik. Peer review auf dem Prüfstand der empirisch-theoretischen Wissenschaftsforschung. In: Pipp, E. (Hg.) Drehscheibe E-Mitteleuropa. Wien. 129-146.

Froschauer, Ulrike/Lueger Manfred (2003): Das qualitative Interview. Zur Praxis interpretativer Analyse sozialer Systeme, Wien: WUV (UTB).

Gans, Herbert J. (1974): Popular culture and high culture. An analysis and evaluation of taste. New York: Basis Books.

Garfield, Eugene (1994): The impact factor. URL: http://copernic.udg.es/Quim Fort/impact_factor.html (geprüft 8.3.2007).

Gehrau, Volker (2002): Die Beobachtung in der Kommunikationswissenschaft. Methodische Ansätze und Beispielstudien. Konstanz: UVK.

Geoff, Brumfield (2009): Supplanting the old media In: Nature, 458: 274-277.

Gerber, Alexander (2009): Trendstudie Wissenschaftskommunikation 2009. Die Auswirkungen der Wirtschafts- und Medienkrise, Forum Wissenschaftskommunikation 1.12.2009, Bremen.

Geretschlaeger, Erich (1979): Wissenschaftsjournalismus in Österreich. In: Institut für Publizistik und Kommunikationswissenschaft der Universität Wien und Salzburg (Hg.): Österreichisches Jahrbuch für Kommunikationswissenschaft. Salzburg: 227-237.

Geretschläger, Erich et al. (1979): Der Fall Schaden und die Publizistik. Eine kommunikationswissenschaftliche Analyse mit einem Ausblick auf die Wissenschaftsberichterstattung in österreichischen Zeitungen. Wien.

Gerhards, Jürgen/Friedhelm Neidhardt (1991): Strukturen und Funktionen moderner Öffentlichkeit. Fragestellungen und Ansätze. In: Müller-Doohm, Stefan/ Neumann-Braun, Klaus (Hg.): Öffentlichkeit, Kultur, Massenkommunikation. Oldenburg: BIS: 31-90.

Gerhards, Maria/Klingler, Walter/Trump, Thilo (2008): Das Social Web aus Rezipientensicht: Motivation, Nutzung und Nutzertypen. In: Zerfaß, Ansgar/ Welker, Martin/Schmidt, Jan (Hg.): Kommunikation, Partizipation und Wirkungen im Social Web, Bd. 1. Köln: 129-138.
Gillies, J./Cailliau, R. (2000): How the Web was born. The story of the World Wide Web. Oxford/New York: Oxford University Press.
Gillmor, Dan. (2004): We the Media: grassroots journalism by the people, for the people. Sebastopol, CA: O'Really. URL: http://wethemedia.oreally.com/ (geprüft 30.03.2009).
Glaser B.G./Strauss A. (1967): Discovery of Grounded Theory. Strategies for Qualitative Research. New York.
Gläser, J./Laudel, G. (2006): Experteninterviews und qualitative Inhaltsanalyse. Wiesbaden.
Gläser, Jochen/Grit Laudel (2009): Experteninterviews und qualitative Inhaltsanalyse. Wiesbaden: VS Verlag für Sozialwissenschaften.
Goffman, E. (1959): The presentation of Self in Everyday Life. New York: Doubleday.
Goodell, Rae (1977): The visible scientists. Boston.
Göpfert (2004): Wissenschaftsjournalismus innerhalb des Fachjournalismus. Fachjournalismus. Expertenwissen professionell vermitteln. Deutscher Fachjournalisten-Verband. (Hg.): Konstanz: 207-232.
Göpfert, Winfried (Hg.) (2006): Wissenschaftsjournalismus. Journalistische Praxis. Econ. Berlin.
Göpfert, Winfried/Ruß-Mohl, Stephan (2006): Was ist überhaupt Wissenschaftsjournalismus? In: Göpfert, Winfried (Hg.): Wissenschaftsjournalismus. Ein Handbuch für Ausbildung und Praxis. Berlin.
Göpfert, Winfried/Ruß-Mohl, Stephan (2006): Was ist überhaupt Wissenschaftsjournalismus? In: Winfried Göpfert (Hg.): Wissenschaftsjournalismus. Ein Handbuch für Ausbildung und Praxis. Berlin.
Gorden, Raymond L. (1975): Interviewing. Strategies, techniques and tactics. Homewood, Illinois: The Dorsey Press.
Görke, Alexander (1999): Risikojournalismus und Risikogesellschaft. Sondierung und Theorieentwurf. Opladen/Wiesbaden: Westdeutscher Verlag.
Gosling, S. D./Gaddis S./Vazire, S. (2007): Personality Impressions based on Facebook Profiles. Paper presented at the International Conference on Weblogs and Social Media 2007. URL: http://www.icwsm.org/papers/3--Gosling-Gaddis-Vazire.pdf,2007 (geprüft 17.4.2009).
Granovetter, Mark (1973): The strength of Weak Ties". American Journal of Sociology, 78 (6): 1360-1380.

Gregory, Jane/Miller, Steve (1998): Science in public. Communication, culture and credibility. Cambridge (Mass.).
Groth, Otto (1915): Die politische Presse Württembergs. Stuttgart.
Gruhl, Daniel/Guha, Ramanathan/Liben-Nowell, David/Tomkins, Andrew (2004): Information Diffusion through Blogspace. In: Proceedings of the 13th International World Wide Web Conference, Mai 2004. New York. S. 491-501. URL: http:// theory.lcs.mit.edu/~dln/papers/blogs/idib.pdf (geprüft 4.4.2009).
Guenther, Tina/Schmidt, Jan (2008): Wissenstypen im „Web 2.0" – eine wissenssoziologische Deutung von Prodnutzung im Internet. In: Willems, Herbert (Hg.): Weltweite Welten. Internet-Figurationen aus wissenssoziologischer Perspektive. Wiesbaden: 167-188.
Gumbrecht, Michelle (2004): Blogs as Protected Space. Konferenzbeitrag. World Wide Web Conference. New York. April 2004. URL: http://www.blogpulse. com/papers/www2004gumbrecht.pdf (geprüft 30.2.2009).
Haas, S./Trump, T./Gerhards, M./Klingler, W. (2007): Web 2.0: Nutzung und Nutzertypen. Eine Analyse auf Basis quantitativer und qualitativer Untersuchungen. In: Media Perspektiven, 4: 215-222.
Habermas, J. (1992): Faktizität und Geltung: Beiträge zur Diskurstheorie des Rechts und des demokratischen Rechtsstaats. Frankfurt am Main: Suhrkamp.
Habermas, Jürgen (1962): Strukturwandel der Öffentlichkeit: Untersuchungen zu einer Kategorie der bürgerlichen Gesellschaft. Neuwied/Berlin: Luchterhand.
Habermas, Jürgen (1981): Theorie des kommunikativen Handelns, 2 Bde. Frankfurt am Main: Suhrkamp.
Habermas, Jürgen (1990): Strukturwandel der Öffentlichkeit. Untersuchungen zu einer Kategorie der bürgerlichen Gesellschaft. Mit einem Vorwort zur Neuauflage 1990. Frankfurt.
Habermas, Jürgen (2008): Hat die Demokratie noch eine epistemische Dimension? Empirische Forschung und normative Theorie. In: ders. (Hg.): Ach, Europa. Frankfurt: Suhrkamp: 138-190.
Hackl, Christiane (2001): Fernsehen im Lebenslauf. Eine medienbiographische Studie. Konstanz.
Halavais, A. (2002). Blogs and the „social weather". Paper presented at Internet Research 3.0, Maastricht: The Netherlands.
Hall, Stuart (1999): Cultural Studies. Zwei Paradigmen. In: Bromley, Roger/ Göttlich, Udo/Winter, Carsten (Hg.): Cultural Studies. Grundlagentexte zur Einführung. Lüneburg: 113-138.
Haller, Michael (1987): Wie wissenschaftlich ist der Wissenschaftsjournalismus? In: Publizistik 32 (3): 305-319.
Hamilton, A. (2003): Best of the war blogs. (April 7). In: Time, 161: 91.

Hannay, Timo (2007]: Web 2.0 in Science, CTWatch Quarterly, Volume 3, Number 3, August 2007. URL: http://www.ctwatch.org/quarterly/articles/ 2007/08/web-20-in-science/

Hansen, Anders/Dickinson, Roger (1992): Science Coverage in the British Mass Media. Media Output and Source Input. In: Communications 17 (3): 365-377.

Hansen, Klaus (1981) (Hg.): Verständliche Wissenschaft. Probleme der journalistischen Popularisierung wissenschaftlicher Aussagen. Dokumentation. Bd. 5 der Theodor-Heuss-Akademie der Friedrich-Naumann-Stiftung. Gummersbach.

Harrer, Andreas/Krämer, Nicole/Zeini, Sam/Haferkamp, Nina (2008): Ergebnisse und Fragestellungen aus Psychologie und Informatik zur Analyse von Interaktionen in Online-Communities und Potentiale interdisziplinärer Forschung. In: Zerfaß, Ansgar/Welker, Martin/Schmidt, Jan (Hg.): Kommunikation, Partizipation und Wirkungen im Social Web, Bd. 1, DGOF Neue Schriften zur Online-Forschung 2. Köln: Herbert von Halem Verlag.

Hartmann, Heinz (1972): Empirische Sozialforschung. Grundfragen der Soziologie. München: Juventa Verlag.

Hartmann, Tilo/Klimmt, Christoph/Vorderer, Peter (2001): Avatare: Parasoziale Beziehungen zu virtuellen Akteuren. In: Medien & Kommunikationswissenschaft, 49. Jg.: 350-368.

Hartmann, Tilo/Schramm, Holger/Klimmt, Christoph (2004): Personenorientierte Medienrezeption: Ein Zwei-Ebenen-Modell parasozialer Interaktionen. In: Publizistik: 25-47.

Hasebrink, Uwe/Krotz, Friedrich (Hg.) (1996): Die Zuschauer als Fernsehregisseure?: zum Verständnis individueller Nutzungs- und Rezeptionsmuster. Baden-Baden/Hamburg: Nomos Verl.-Ges.

Hasebrink, Uwe/Krotz, Friedrich (1991): Das Konzept der Publikumsaktivität in der Kommunikationswissenschaft. In: Spiel: 115-139.

Haß, Ulrike (1989): Rückwirkungen der (wissenschafts-)journalistischen auf die wissenschaftliche Arbeit. In: Bammé, Arno/Kotzmann, Ernst/Reschenberg, Hasso (Hg.): Unverständliche Wissenschaft: Probleme und Perspektiven der Wissenschaftspublizistik. München: 199-216.

Hastings, M. (2003) Bloggers over Baghdad. (April 7). In: Newsweek, 141: 48-49.

Haußer, Karl (1995): Identitätspsychologie. Berlin.

Heeman, K. D./Papacharissi, Z. (2003): Cross cultural differences in online self-presentation: A content-analysis of personal Korean and US homepages. In: Asian Journal of Communication, 13 (1): 100-119.

Helfferich, Cornelia (2004): Die Qualität qualitativer Daten, Manual für die Durchführung qualitativer Interviews. Wiesbaden: VS Verlag für Sozialwissenschaften/GWV Fachverlage GmbH.

Hepp, Andreas (1998): Fernsehaneignung und Alltagsgespräche. Fernsehnutzung aus der Perspektive der Cultural Studies. Opladen.

Hepp, Andreas (2004): Cultural Studies und Medienanalyse. Eine Einführung. 2. Auflage, Wiesbaden: VS Verlag für Sozialwissenschaften.

Herring, Susan C./Kouper, Inna/Paolillo, John C./Scheidt, Lois Ann/Tyworth, Michael/Welsch, Peter/Wright, Elijah/Yu, Ning (2005): Conversations in the Blogosphere: An Analysis ‚From the Bottom Up'. In: Proceedings of the 38th Hawaii International Conference on System Sciences 2005. URL: http:77csdl2.computer.org/comp/proce edings/hicss/2005/2268/04/22680107b.pdf (geprüft 23.9.2009).

Herring, Susan/Scheidt, Lois/Bonus, Sabrina/Wright, Elijah (2004): Bridging the Gap. A genre analysis of Weblogs. Konferenzbeitrag. 37th Hawaii International Conference on System Sciences. Hawaii. URL: www.ics.uci.edu/jpd/classes/ics234cw04/herring.pdf (geprüft 30.3.2009).

Hettwer, Holger/Lehmkuhls Markus/Wormer Holger/Zotta, Franco (Hg.) (2008): Wissenswelten. Wissenschaftsjournalismus in Theorie und Praxis. Gütersloh.

Hickethier, Knut (2003): Einführung in die Medienwissenschaft. Weimar.

Hijmans, Ellen/Pleitjer, Alexander/Wester, Fred (2003): Covering Scientific Research in Dutch Newspapers. In: Science Communication 25 (2): 153-176.

Hiler, J. (2000): Blogger's digest. MicroContent News. URL: http://www.microcontentnews.com/articles/digests.htm (geprüft 23.9.2009).

Höflich, Joachim R. (2003): Mensch, Computer und Kommunikation: Theoretische Verortungen und empirische Befunde. Frankfurt am Main u .a.: Lang.

Högg, R./Martignoni, R. (2008): Web 2.0 Geschäftsmodelle. in: Meckel, M./Stanoevska-Slabeva, K. (Hg.): Web 2.0 – die nächste Generation Internet. Baden-Baden.

Holman, R. H./Wiener, S. E. (1985): Fashionability in clothing: a values and lifestyles perspective. In: Solomon, Michael R. (Hg.): The psychology of fashion. Toronto: Lexington Books.

Hömberg, Walter (1974): Wissenschaft und Journalismus. Forschungsprojekte an der Universität Bielefeld. In: Deutsche Universitäts-Zeitung vereinigt mit Hochschul-Dienst, 14: 583.

Hömberg, Walter (1980): Glashaus oder Elfenbeinturm? Zur Entwicklung und zur Lage der Wissenschaftskommunikation. In: Aus Politik und Zeitgeschichte, 28: 37-46.

Hömberg, Walter (1982): Wissenschaftsjournalismus als Beruf. Berufsbild, Arbeitsweise und Selbstverständnis der Wissenschaftsjournalisten in der Bundesrepublik. Unveröffentlichter Forschungsbericht (unter Mitarbeit von Werner Degenhardt und Wolfgang Frantz). München.

Hömberg, Walter (1990): Das verspätete Ressort. Die Situation des Wissenschaftsjournalismus. Konstanz.
Honeycutt, Courtenay/Herring, Susan C. (2009): Beyond Microblogging: Conversation and Collaboration via Twitter. In: Proceedings of the 42th Hawaii International Conference on System Science (HICSS-42). Los Alamitos: 1-10. URL: http://www2.computer.org/portal/web/csdl/doi/10.1109/HICSS.2009.602 (geprüft 29.9.2009).
Hopf, C./Weingarten, E. (Hg.) (1993): Qualitative Sozialforschung. Stuttgart.
Hopf, Christel/Schmidt, Christiane (Hg.) (1993): Zum Verhältnis von innerfamilialen sozialen Erfahrungen, Persönlichkeitsentwicklung und politischer Orientierungen. Dokumentation und Erörterung des methodischen Vorgehens in einer Studie zu diesem Thema. Unveröffentlichtes Manuskript: 25-35.
Hornbostel, Stefan (1997): Wissenschaftsindikatoren. Bewertungen in der Wissenschaft. Opladen.
Hornbostel, Stefan (2006): Forschung im Fokus der Evaluation. Das Institut für Forschungsinformation und Qualitätssicherung – IFQ. Humboldt spektrum 13 (2): 24-29.
Hornbostel, Stefan (2006a): Forschungsrankings. Artefakte oder Sichtbarkeit der Forschungsarbeit? In: Stempfhuber, Maximilian (Hg.): Die Zukunft publizieren. Herausforderungen an das Publizieren und die Informationsversorgungen in den Wissenschaften. 11. Kongress der IuK-Initiative. Bonn: 263-278.
Hornbostel, Stefan (2001) Hochschulranking: Beliebigkeit oder konsistente Beurteilungen? Rankings, Expertengruppen und Indikatoren im Vergleich. Hochschulranking – Aussagefähigkeit, Methoden, Probleme. Hrsg. v. Detlef Müller-Böling, Stefan Hornbostel und Sonja Berghoff. Gütersloh.
Hornbostel, Stefan/Heise, Saskia (2006): Die Rolle von Drittmitteln in der Steuerung von Hochschulen. Handbuch Wissenschaftsfinanzierung, B1.1. In: Berthold, Christian (Hg.) Handbuch Wissenschaftsfinanzierung. Berlin: 1-33.
Hornbostel, Stefan/Olbrecht, Meike (2008): Wer forscht hier eigentlich? Die Organisation der Wissenschaft in Deutschland. In: Hettwer, Holger/Lehmkuhl, Markus/Wormer, Holger/Zotter, Franco (Hg.): Wissenswelten. Wissenschaftsjournalismus in Theorie und Praxis. Gütersloh.
Horton, Donald/Wohl, Richard L. (1956): MassCommunication and Para-Social Interaction. In: Psychiatry: 215-229.
Huber, Nathalie (2006) Den Motiven auf der Spur. Chancen und Grenzen von qualitativen Studien zur Mediennutzung. Eine Einführung. In: Meyen, Michael/ Huber, Nathalie (Hg.): Medien im Alltag. Qualitative Studien zu Nutzungsmotiven und zur Bedeutung von Medienangeboten. Berlin.

Huber, Nathalie/Meyen, Michael (2006): Medien im Alltag. Qualitative Studien zu Nutzungsmotiven und zur Bedeutung von Medienangeboten. Berlin: LIT Verlag.

Huffaker, David/Calvert, Sandra (2005): Gender, identity, and language use in teenage blogs. In: Journal of Computer-Mediated Communication, 10 (2), Artikel 1. URL: http://jcmc.indiana.edu/vol10/issue2/huffaker.html (geprüft 3.5.2009).

Hurrelmann, Bettina (1988): Familie und Medien – Ergebnisse und Beiträge der Forschung. In: Baacke, D./Lauffer, J. (Hrsg.) Opladen: 16-33.

Hurrle, B./Kieser, A. (2005): Sind Key Informants verläßliche Datenlieferanten? In: Die Betriebswirtschaft 65 (6): 584-602.

Illinger, Patrick (2006): Der Wissenschaftsredakteur im Medienbetrieb. In: Winfried Göpfert (Hg.): Wissenschaftsjournalismus. Ein Handbuch für Ausbildung und Praxis. Berlin.

Irwin, Alan (1995): Citizen science. A study of people, expertise and sustainable development. London/New York.

Irwin, Alan/Wynne, Brian (1996): Conclusions. In: Irwin, Alan/Wynne, Brian (Hg.): Misunderstanding science? The public reconstruction of science and technology. Cambridge: 213-221.

Jäckel, M. (2005): Medienwirkungen: Ein Studienbuch zur Einführung. 3. Auflage Wiesbaden.

Jarren, Ottfried (1998): Internet – neue Chancen für die politische Kommunikation? In: Aus Politik und Zeitgeschichte, 40: 13-21.

Jenkins, Henry (2006): Fans, Gamers, and Bloggers: Exploring Participatory Culture. Essays on Participatory Culture. New York: New York University Press.

Johansson, Thomas/Miegel, Frederik (1992): Do the right thing. Lifestyle and identity in contemporary youth culture. Stockholm: Almquist & Wiksell International.

Jung, T./Hyunsook, Y./McClung, S. (2007): Motivations and Self-Presentation Strategies on Korean-Based ‚Cyworld' Weblog Format Personal Homepages. In: Cyber Psychology & Behavior, 10 (1): 24-31.

Jungermann, Helmut/Slovic, Paul (1993): Die Psychologie der Kognition und Evaluation von Risiko. In: Bachmann (1993): 167-207.

Kaden, Ben (2009): Library 2.0 und Wissenschaftskommunikation. Berlin.

Kaiser, Stephan/Müller-Seitz, Gordon (2005): Knowledge Management via a Novel Information Technology – The Case of Corporate Weblogs. In: Journal of Universal Computer Science, Special Issue: Proceedings of I-Know '05: 5th international Conference on knowledge Management: 465-473.

Kantel, Jörg (2007): Web 2.0: Werkzeuge für die Wissenschaft. Arbeitspapier des 23. DV-Treffen der MPG am 15. November 2006 gehaltenen Workshops. Max-Planck-Institut für Wissenschaftsgeschichte, EDV-Abteilung. 15. Februar 2007.
Karlsson, A.-M. (1998): Selves, Frames and functions of two Swedish teenagers' personal homepages. Paper presented at the 6th International Pragmatics Conference. Frankreich.
Karlsson, A.-M. (2000): Svenska chatters hemsidor (Homepages of Swedish e-chatter). Unpublished PH.D. dissertation. University of Stockholm, Department of Scandinavian Languages.
Katz, E./Blumler, J./Gurevitch, M. (1974): Utilization of Mass Communication by the Individual. In: Blumler, J./Katz, E. (Hg.): The Uses of Mass Communications: Current perspectives on Gratification Research. Beverly Hills/London: 19-32.
Katz, E./Foulkes, D. (1962): On the Use of the Mass Media as „Escape": Clarification of a Concept. In: Public Opinion Quarterly 26: 377-388.
Katzenbach, Christian (2008): Weblogs und ihre Öffentlichkeiten. Motive und Strukturen der Kommunikation im Web 2.0. Internet Research. München: Verlag Reinhard Fischer.
Kaye, Barbara (2006) Blog Use Motivations: An explorative study. In: Huber, Nathalie/Meyen, Michael (Hg.) Medien im Alltag. Qualitative Studien zu Nutzungsmotiven und zur Bedeutung von Medienangeboten. Berlin.
Kaye, Barbara K. (2007): Blog Use Motivations: An Exploratory Study. In: Tremayne, Mark (Hg.): Blogging, Citizenship and the Future of Media. New York.
Kelle, Udo/Erzberger, Christian (1999) Die Integration qualitativer und quantitativer Forschungsergebnisse. In: Kluge, Susann/Kelle, Udo (Hg.): Methodeninnovation in der Lebenslaufforschung. Integration qualitativer und quantitativer Verfahren in der Lebenslauf und Biographieforschung (2001). Weinheim und München: 89-133.
Kepplinger, Hans Mathias (1989): Künstliche Horizonte. Folge, Darstellung und Akzeptanz von Technik in der Bundesrepublik. Frankfurt am Main.
Kienzlen, Grit/Lublinski Jan/Stollorz, Volker (Hg.) (2007): Fakt, Fiktion, Fälschung. Trends im Wissenschaftsjournalismus. Konstanz: (UVK).
Klammer, Bernd (2005): Empirische Sozialforschung. Eine Einführung für Kommunikationswissenschaftler und Journalisten Konstanz: UVK.
Koch, Michael/Richter Alexander (2009): Enterprise 2.0. Planung; Einführung und erfolgreicher Einsatz von Social Software in Unternehmen. 2. Auflage, München.

Köhler, Benedikt (2008): Web 2.0 für Sozialwissenschaftler – Einsatzmöglichkeiten von „Wikis", Weblogs und „Social Bookmarking" in Forschung und Lehre. URL: http://d-nb.info/990998835 (abgerufen 20.7.2010).
Kohring, Mathias (2005): Wissenschaftsjournalismus. Forschungsüberblick und Theorieentwurf. Konstanz.
Kohring, Matthias (2004) Die Wissenschaft des Wissenschaftsjournalismus. Eine Forschungskritik und ein Alternativvorschlag. In: Müller, Christian (Hg.) (2004): SciencePop. Wissenschaftsjournalismus zwischen PR und Forschungskritik. Graz: Nausner & Nausner.
Kohring, Matthias (2007): Vertrauen statt Wissen – Qualität im Wissenschaftsjournalismus. In: Kienzlen, Grit/Lublinski, Jan/Stollorz, Volker (Hg.): Fakt, Fiktion, Fälschung: Trends im Wissenschaftsjournalismus. Konstanz: UVK.
Kölbel, M. (2002): Wachstum der Wissenschaftsressourcen 1650-2000 in Deutschland. In: Berichte zur Wissenschaftsgeschichte 25 (1): 1-23.
Kriz, J./Lisch, R. (1988): Methoden-Lexikon für Mediziner, Psychologen, Soziologen. München.
Kronick, David A. (1962): A History of Scientific and Technical Periodicals. New York.
Krotz, Friedrich (2003): Qualitative Methoden der Kommunikationsforschung. In: Bentele, Günther/Brosius, Hans-Bernd/Jarren, Otfried: Öffentliche Kommunikation. Wiesbaden: 245-261.
Krüger, Jens/Ruß-Mohl, Stephan (1989): Popularisierung der Technik durch Massenmedien. In: Boehm, Laetitia/ Schönbeck, Charlotte (Hg.): Technik und Bildung. Düsseldorf: 387-415.
Kubicek, H. (1997): Das Internet auf dem Weg zum Massenmedium? Ein Versuch, Lehren aus der Geschichte alter und anderer neuer Medien zu ziehen. In: Werle, R./Lang, C. (Hg.): Modell Internet? Entwicklungsperspektiven neuer Kommunikationsnetze. Frankfurt am Main/New York: Campus: 213-239.
Kubicek, Herbert/Schmid, Ulrich/Wagner, Heiderose (1997): Bürgerinformation durch neue Medien? Opladen: Westdt. Verlag: 32ff.
Kubicek, U./Schmid, H./Wagner, H. (1997): Bürgerinformation durch Medieninnovation? Opladen.
Kuckartz, Udo (2007): Einführung in die computergestützte Analyse qualitativer Daten. Wiesbaden: VS Verlag.
Küng, Lucy/Picard, Robert /Towse, Ruth (2008): The Internet and the Mass Media. Los Angeles.
Küppers, Bernd-Olaf (2008): Nur Wissen kann Wissen beherrschen. Macht und Verantwortung der Wissenschaft. Köln: Fackelträger.
Küsters, Yvonne (2009): Narrative Interviews. Grundlagen und Anwendungen. Wiesbaden.

Kutsch, Arnulf (1996): Rundfunknutzung und Programmpräferenzen von Kindern und Jugendlichen im Jahre 1931. Schülerbefragungen in der Pionierphase der Hörerforschung. In: Rundfunk und Geschichte 4: 205-215.
Lamnek, Siegfried (1993): Theorien abweichenden Verhaltens. München.
Lamnek, Siegfried (1995): Qualitative Sozialforschung, Bd. 1: Methodologie. 3. korrigierte Auflage, München.
Lamnek, Siegfried (1995a): Qualitative Sozialforschung, Bd. 2: Methoden und Techniken. München.
Lamnek, Siegfried (2005): Gruppendiskussionen. Theorie und Praxis. Weinheim/Basel: Beltz Verlag.
Lane, Robert E. (1966): The decline of politics and ideology in a knowledgeable society. In: American Sociological Review, 31: 649-662.
Lasica, J. D. (2003): What is Participatory Journalism?. Online Journalism Review. 7.8.2003. URL: http://www.ojr.org/ojr/workplace/1060217106.php (geprüft 25.03.2009).
Lassila, Ora/Hendler, James (2007): Embracing „Web 3.0". In: IEEE Web Computing, Vol. 11, no. 3): 90-93. Lau, J. (2005): In Weblogistan: Vor der Präsidentschaftswahl sind die iranischen Machthaber nervös: Im Internet formiert sich eine unberechenbare Opposition. In: Die Zeit, 16.6.2005.
Lazarsfeld, P.F./Barton, A. H. (1955): Some general principles of questionnaire classification. In: Lazarsfeld, Paul F./Rosenberg, Morris (Hg.): The language of social research: a reader in the methodology of social research. Glencoe, ill.: Free Press: 83-93.
Lazarsfeld, Paul F. (Hg.) (1940): Radio and the printed page. New York: Duell, Sloan & Pearce.
Leffelsend, S./Mauch, M./Hannover, B. (2002): Mediennutzung und Medienwirkung. In: Mangold, R./Vorderer, P./Bente, G. (Hg.): Lehrbuch der Medienpsychologie. Göttingen: Hogrefe: 52-71.
Lehmkuhl, Markus (2008): Typologie des Wissenschaftsjournalismus. In: Hettwer, Holger/Lehmkuhl, Markus/Wormer, Holger/Zotta, Franco (Hg.): Wissenswelten. Wissenschaftsjournalismus in Theorie und Praxis. Gütersloh:167-197.
Lehmkuhl, Markus (2009): Öffentlichkeitsarbeit der Wissenschaft und ihre Rationalität. In: Geographische Review 2/2009: 22-26.
Lehmkuhl et al. (2010): Science in Audiovisual Media. Production and Perception in Europe. Berlin.
Lempart, Ryszard (2005): Über das schwierige Verhältnis von Forschung und Öffentlichkeit. Wissenschaft erfolgreich kommunizieren. Hrsg. v. Kerstin von Aretin und Günther Wess. Weinheim: 111-124.
Leschke, Rainer/Fink, W. (2003): Einführung in die Medientheorie. München.

Leßmöllmann, Anette (2007): Blog me if you can. Ein Spaziergang durch die wissenschaftliche Blogosphäre. WPK Quarterly 3. Bonn: 19-22.

Leßmöllmann, Anette (2008): „Ich schau das mal eben im Netz nach!" Wie das Internet den Wissenschaftsjournalismus verändert. In: Hettwer, Holger/ Lehmkuhl, Markus/Wormer, Holger/Zotta, Franco (Hg.): Wissenswelten. Wissenschaftsjournalismus in Theorie und Praxis. Gütersloh: 555-566.

Leßmöllmann, Anette (2009): Weblogs: Logbücher der Forschung und Foren für den wissenschaftlichen Diskurs. In: Gegenworte/Hefte für den Disput über Wissen 21.

Leung, Angela K.-Y./Cohen, Dov (2007): The Soft Embodiment of Culture: Camera Angles and Motion Through Time and Space. In: Psychological Science, 18 (9): 824-830 (7), Wiley-Blackwell.

Levy, Marc/Windahl, Sven (1984): Audience Activity and Gratifications. A Conceptual Clarification and Exploration. In: Communication Research, Heft 1: 51-78.

Lietsala, Katri/Sirkkunen Esa (2008): Social Media. Introduction to the tools and processes of participatory economy. Hypermedia Laboratory Net Series, Nr. 17. Tambere. URL: http://tampub.uta.fi/tup/978-951-44-7320-3.pdf (geprüft).

Lobigs, Frank (2008) Die Stunde der Brand Extensions. In: Hettwer, Holger/ Lehmkuhl, Markus/Wormer, Holger/Zotta, Franco (Hg.): Wissenswelten. Wissenschaftsjournalismus in Theorie und Praxis. Gütersloh.

Löffelholz, M. (2000): Theorien des Journalismus. Ein diskursives Handbuch. Wiesbaden: Westdeutscher Verlag.

Löffelholz, M. (2005): Theorien des Journalismus. Ein diskursives Handbuch. (2., aktualisierte, überarbeitete und erweiterte Auflage, Wiesbaden: Verlag für Sozialwissenschaften.

Lübcke, Maren/Perschke, Rasco (2004): Communication Networks: Developing a new framework for describing and analyzing online-communication. Vortrag bei der „RC33 Sixth International Conference on Social Science Methodology", 16-20.8.2004. Amsterdam.

Lueg, Christopher/Fisher, Danyel (Hg.) (2003): From Usenet to CoWebs. Interacting with Social Information Spaces. London.

Luhmann, Niklas (1984): Soziale Systeme. Grundriß einer allgemeinen Theorie. Berlin.

Luhmann, Niklas (1984a): Soziologie als Theorie sozialer Systeme. In: Luhmann, Niklas:Soziologische Aufklärung 1. Aufsätze zur Theorie sozialer Systeme. 5. Auflage, Opladen: 113-136.

Luhmann, Niklas (1988): Soziale Systeme. Grundriß einer allgemeinen Theorie. 2. Auflage, Frankfurt am Main.

Luhmann, Niklas (1995): Was ist Kommunikation? In: Luhmann, Niklas: Soziologische Aufklärung 6. Die Soziologie und der Mensch. Opladen: 37-54.
Luhmann, Niklas (1997): Die Gesellschaft der Gesellschaft. 2 Bde. Frankfurt.
Luhmann, Niklas (1974): Soziologische Aufklärung. Aufsätze zur Theorie sozialer Systeme, Bd. 1. Opladen.
Luhmann, Niklas (1990): Die Wissenschaft der Gesellschaft. Frankfurt am Main.
Maier-Leibnitz, Heinz (1987): Die Sicht des Wissenschaftlers: Forschung popularisieren. In: Ruß-Mohl, Stefan (Hg.): Wissenschaftsjournalismus. Ein Handbuch für Ausbildung und Praxis. 2. aktualisierte Auflage, München: 26-34.
Maletzke, Gerhard (1963) Psychologie der Massenkommunikation. Theorie und Systematik. Hamburg: Hans-Bredow-Institut.
Malone, Ruth E./Boyd, Elizabeth/Bero, Lisa A. (2000): Science in the news: journalists' construction of passive smoking as a social problem. In: Social Studies of Science, 30: 713-735.
Martinson, Brian C. (2005): Melissasiehe Anderson und Raymond de Vries. Scientists behaving badly. In: Nature 435: 737-738.
Maslow, Abraham (1954): Motivation and Personality. New York.
Matheson, Donald (2004): Weblogs and the Epistemology of the News: Some trends in online journalism. In:. New Media & Society 6 (4): 443-468.
Maxwell, Joseph (1996). Qualitative research design. An interactive approach. Thousand Oaks, CA: Sage.
Mayring, Philipp (1999): Einführung in die qualitative Sozialforschung. 4. Auflage, Weinheim.
McCall, Robert B. (1988): Science and the press. Like oil and water? In: American Psychologist 43 (2): 87-94.
McQuail, Denis (1983): Mass Communication Theory. London: Sage Publication.
McQuail, Denis/Blumler, Jay/Brown, J. (1972): The Television Audience: A Revised Perspective. In: McQuail (Hg.) Sociology of Mass Communication: 135-165.
Meckel, Miriam/Stanoevska-Slabeva, Katarina (2008): Web 2.0 – Grundlagen, Auswirkungen und zukünftige Trends. Baden-Baden: Nomos Verlagsgesellschaft.
Meier, Klaus (1998) Internet-Journalismus: Ein Leitfaden für ein neues Medium. Konstanz: UVK-Medien.
Meier, Klaus (2006): Medien und Märkte des Wissenschaftsjournalismus. In: Winfried Göpfert (Hg.): Wissenschaftsjournalismus. Ein Handbuch für Ausbildung und Praxis. Berlin: 37-54.

Meinefeld, Werner (1995): Realität und Konstruktion: Erkenntnistheoretische Grundlagen einer Methodologie der empirischen Sozialforschung. Opladen: Leske + Budrich.
Merten, Klaus (1977): Kommunikation. Eine Begriffs- und Prozeßanalyse. Opladen.
Merten, Klaus (1984): Vom Nutzen des „Uses and Gratification Approach". Anmerkungen zu Palmgreen. In: Rundfunk und Fernsehen 1: 66-72.
Merten, Klaus (1988): Aufstieg und Fall des „Two-Step-Flow of communication". Kritik einer sozialwissenschaftlichen Hypothese. In: Politische Vierteljahresschrift, 29 (4): 610-635.
Merton, Robert K. (1968): The Matthew Effect in Science. In: Science 159 (3810): 56-83.
Merton, Robert K. (1972): Wissenschaft und demokratische Sozialstruktur. Wissenschaftliche Entwicklung als sozialer Prozeß. In: Weingart, Peter (Hrsg.) Wissenschaftssoziologie, Bd. 1. Frankfurt am Main: 45-81.
Messner, Marcus/Watson DiStaso, Marcia (2008): The Source Cycle. How traditional media and Weblogs use each other as sources. In: Journalism Studies 9 (3): 447-463.
Metcalfe, J./Gascoigne, T. (1995): Science Journalism in Australia. In: Public Understanding of Science and Technology 4: 411-428.
Meyen, Michael (2004): Mediennutzung. Konstanz.
Miller, Carolyn R./Shepherd, Dawn (2004): Blogging as social action: A genre analysis of the Weblog. In: Gurak, Laura /Antonijevic Smiljana /Johnson, Laurie /Ratliff, Clancy/ Reyman, Jessica (Hg.): Into the blogosphere: Rhetoric, community, and culture of weblogs. URL: http://blog.lib.umn.edu/blogo sphere/blogging_as_social_action_a_genre_analysis_of_the_weblog.html (geprüft 3.4.2009).
Miller, Jon D. (1986): Reaching the attentive and interested publics for science. In: Friedman, Sharon M./Dunwoody, Sharon/Rogers, Carol L. (Hg.): Scientists and journalists. Reporting science as news. New York: 55-69.
Miller, W. L./Crabtree, W.F. (2004): Depth Interviewing. In: Hesse-Biber, S.J. (Hg.): Approaches to qualitative research. New York: 185-202.
Misoch, Sabina (2006): Online-Kommunikation. Stuttgart.
Mitchell, Arnold (1983): The nine American lifestyles. New York. Warner Books.
Miura, A./Yamashita, K. (2007): Psychological and social influences on blog writing: An online survey of blog authors in Japan. Journal of Computer-Mediated Communication, 12 (4), article 15. URL: http://jcmc.indiana.edu/ vol12/issue4/ miura.html (geprüft 10.12.2004).
Möhring, W./Schlütz, D. (2003): Die Befragung in der Medien- und Kommunikationswissenschaft. Wiesbaden.

Möller, Erik (2005): Die heimliche Medienrevolution. Wie Weblogs, „Wikis" und freie Software die Welt verändern. Hannover: Heise.

Morris, M./Ogan, C. (1996): The Internet as Mass Medium. In: Journal of Communication, 46 (1): 39-50.

Moschovitis, C. J. P./Poole, H./Schuyler, T./Senft, T. M. (1999): History of the Internet. A chronology, 1843 to the present. Santa Barbara/Denver/Oxford: ABC-Clio.

Müller, Michael: Wissenschaftsfreiheit? Eine Schimäre – Unter Forschern herrscht Goldgräberstimmung. Bei embryonalen Stammzellen geht es um einen Milliardenmarkt. Die Zeit 16.8.2001.

Münch, Richard/Schmidt, Jan (2005): Medien und sozialer Wandel. In: Jäckel, Michael (Hg.): Mediensoziologie. Opladen: Westdeutscher Verlag: 201-218.

Mulcahy, Aogán (1995): Claims-making and the construction of legitimacy: Press coverage of the 1981 Northern Irish Hunger Strike. In: Social Problems 42 (4): 449-467.

Musch, J. (1997): Die Geschichte des Netzes: ein historischer Abriß. In: Batinic, B. (Hg.): Internet für Psychologen. Göttingen: Hogrefe: 27-48.

Luhmann, N. (1981): Die Ausdifferenzierung von Erkenntnisgewinn: Zur Genese von Wissenschaft. In: Wissenssoziologie, edited by N. Stehr and V. Meja. Opladen: Westdeutscher Verlag.

Nardi, Bonnie A./Schiano, Diane J. /Gumbrecht, Michelle/Swartz, Like (2004): Why we blog. In: Communications of the ACM, Jg. 47 (12): 41-46.

Naschold, Frieder (1973): Kommunikationstheorien. In: Aufermann, Jürg u.a. (Hg.) (1:Gesellschaftliche Kommunikation und Information. Frankfurt: 11-48. Nawratil, Ute (1999): Die biographische Methode: Vom Wert der subjektiven Erfahrung. In: Wagner, Hans: Verstehende Methoden in der Kommunikationswissenschaft. München: 335-358.

Negroponte, Nicholas (1995): Being digital. New York.

Nelkin, Dorothy (1995): Selling Science. How the press covers science and technology. Revides edition. New York.

Neuberger, C./Eigelmeier, B./Sommerhäuser, J. (2004): Warblogs: Berichte aus erster Hand oder Propagandatrick? In: Zeitschrift für Kommunikationsökologie 6, (1): 62-66.

Neuberger, Christoph (2002): Wandel der aktuellen Öffentlichkeit im Netz. Gutachten für den Deutschen Bundestag. Vorgelegt dem Büro für Technikfolgen-Abschätzung beim Deutschen Bundestag. November 2004. URL: http//egora.uni-muenster.de/ifk/personen/bindata/PDF_tab_gutachten.pdf (geprüft: 12.10.2006).

Neuberger, Christoph (2005): Formate der aktuellen Internetöffentlichkeit. Über das Verhältnis von Weblogs, Peer-to-Peer-Angeboten und Portalen zum Journalismus – Ergebnisse einer explorativen Anbieterbefragung. In: Medien & Kommunikationswissenschaft 53 (1): 73-92.

Neuberger, Christoph (2009): Internet, Journalismus und Öffentlichkeit. Analyse des Medienumbruchs. In: Neuberger, Christoph/Nürnbergk, Christian/ Rischke, Melanie (Hg.): Journalismus im Internet: Profession – Partizipation – Technisierung. Wiesbaden: 19-105.

Neuberger, Christoph (2004): Wandel der aktuellen Öffentlichkeit im Netz. Gutachten für den Deutschen Bundestag. Vorgelegt dem Büro für Technikfolgen-Abschätzung beim Deutschen Bundestag. November 2004. URL: http://egora.uni-muenster.de/ifk/personen/bindata/PDF_tab_gutachten.pdf (geprüft 30.04.2009).

Neuberger, Christoph (2006): Weblogs verstehen. Über den Strukturwandel der Öffentlichkeit im Internet. In: Arnold Picot/Fischer, Tim (Hg.): Weblogs professionell. Grundlagen, Konzepte und Praxis im unternehmerischen Umfeld. Heidelberg: d.punkt Verlag: 113-129.

Neuberger, Christoph/Nuernberg Christian/Rischke, Melanie (2007): Weblogs und Journalismus: Konkurrenz, Ergänzung oder Integration? Eine Forschungssynopse zum Wandel der Öffentlichkeit im Internet. In: Media Perspektiven 2: 96-112.

Neuberger, Christoph/Nuernbergk, Christian/Rischke, Melanie (2009): Journalismus im Internet. Zwischen Profession, Partizipation und Technik. In: Media Perspektiven 4: 174-188. URL: http://www.media-perspektiven.de/up loads/tx_mppublications/04_2009_Neuberger.pdf (geprüft 3.4.2010).

Neuberger, Christoph/Nuernbergk, Christian/Rischke, Melanie (2009a): Eine Frage des Blickwinkels? Die Fremd- und Selbstdarstellung von Bloggern und Journalisten im öffentlichen Metadiskurs. In: dies. (Hg.): Journalismus im Internet. Profession – Partizipation – Technisierung. Wiesbaden: 129-169.

Noelle-Neumann, Elisabeth/Schulz, Rüdiger (1993): Junge Leser für die Zeitung. Bericht über eine vierstufige Untersuchung zum Entwurf langfristiger Strategien. Dokumentation der wichtigsten Befunde. Bonn.

Nowotny, Helga (2004): Wissenschaft auf der Suche nach ihrem Publikum. In: Müller, Christian (Hg.): Science Pop. Wissenschaftsjournalismus zwischen PR und Forschungskritik. Graz/Wien: 221-228.

O.V. (1989): Eurotaoismus. Zur Kritik der politischen Kinetik, Frankfurt am Main, Suhrkamp.

O.V. Studie (2010): If you build it, will they come? How researchers perceive and use web 2.0. July 2010, Research Information Network, UK. URL: http://www.rin.ac.uk/our-work/communicating-and-disseminating-research/ use-and-relevance-web-20-researchers (geprüft 1.8.2010).

O'Really, Tim: What Is Web 2.0? Design Patterns and Business Models for the Next Generation of Software. Online-Publikation. URL: http://www.oreillynet.com/lpt/a/6228 (geprüft: 30.11.2008).

OECD (2007): Participative Web and User-Generated Content. Web 2.0, „Wikis" and Social Networking. Paris. URL: http://213.253.134.43/oecd/pdfs/browseit/9307031E.PDF.

Oehmichen, Ekkehardt (2004): Mediennutzungsmuster bei ausgewählten Nutzertypen, Emprische Erkenntnisse zur Online-Nutzung. In: Hasebrink, Uwe: Medinnutzung in konvergierenden Medienumgebungen. München: 115-147.

Opaschowski, Horst W. (1991): Freizeit, Konsum und Lebensstil. In: R. Szallies/Wiswede, Günter (Hg.): Wertewandel und Konsum. Fakten, Perspektiven und Szenarien für Markt und Marketing. 2. überarbeitete und erweiterte Auflage, Landsberg/Lech: Verlag Moderne Industrie: 109-143.

Opaschowski, Horst W. (1999): Generation@Die Medienrevolution entläßt ihre Kinder: Leben im Informationszeitalter. Hamburg.

Palmgreen, P. (1984): Der Uses and Gratifications Approach: Theoretische Perspektiven und praktische Relevanz. In: Rundfunk und Fernsehen, 32. Jg. 1: 51-62.

Paquet, Sébastian (2002): Personal knowledge publishing and its uses in research. In: Seb's Open Research, 3. Oktober 2002. Online-Publikation: http://radio.weblogs.com/0110772/stories/2002/10/03/personalKnowledgePublishingAndItsUsesInResearch.html.

Paus-Haase, Ingrid/Wijnen, Christine/Brüssel, Thomas (2009): Social Web im Alltag von Jugendlichen und jungen Erwachsenen: Soziale Kontexte und Handlungstypen. In: Schmidt, Jan/Paus-Hasebrink, Ingrid/Hasebrink, Uwe (Hg.): Heranwachsen mit dem Social Web. Zur Rolle von Web 2.0 – Angeboten im Alltag von Jugendlichen und jungen Erwachsenen. Berlin.

Peters, Hans Peter (1994): Wissenschaftliche Experten in der öffentlichen Kommunikation über Technik, Umwelt und Risiken. In: Neidhardt, Friedhelm: Öffentlichkeit, Öffentliche Meinung, Soziale Bewegungen. Opladen: 162-190.

Peters, Hans Peter (1995): Massenmedien und Technikakzeptanz. Inhalte und Wirkungen der Medienberichterstattung über Technik, Umwelt und Risiken. Forschungszentrum Jülich. Jülich.

Peters, Hans Peter (1998). Science and the Public. Scientists as Public Experts. Studieneinheit der Fernuniversität Milton Keynes. Milton Keynes.

Peters, Hans Peter (1995a) The interaction of journalists and scientific experts: co-operation and conflict between two professional cultures. In: Media, Culture & Society 17 (1) 1995: 31-48.

Peters, Hans Peter/Heinrichs, Harald (2005): Öffentliche Kommunikation über Klimawandel und Sturmflutrisiken: Bedeutungskonstruktion durch Experten, Journalisten und Bürger.Forschungszentrum Jülich. Jülich.

Peters, Hans Peter/Jung, Arlena (2006): Wissenschaftler und Journalisten – ein Beispiel unwahrscheinlicher Co-Orientierung. In: Winfried Göpfert (Hg.): Wissenschaftsjournalismus. Ein Handbuch für Ausbildung und Praxis. Berlin.

Peters, Hans Peter/Krüger Jens (1985): Der Transfer wissenschaftlichen Wissens in die Öffentlichkeit aus Sicht von Wissenschaftlern. Ergebnisse einer Befragung der wissenschaftlichen Mitarbeiter der Kernforschungsanlage Jülich. Jül-Spez-323. Jülich: Kernforschungsanlage Jülich.Peters, Hans-Peter (1993): In search for opportunities to raise „environmental risk literacy". In: Toxicological and Environmental Chemistry, 40: 289-300.

Picot, Arbold/Fischer, Tim (Hg.) (2006): Über den Strukturwandel der Öffentlichkeit im Internet, Weblogs Professionell. Heidelberg.

Picot, Arnold/Fischer, Tim (Hg.) (2006a): Weblogs Professionell, Grundlagen, Konzepte und Praxis im unternehmerischen Umfeld. Heidelberg.

Pleil, T. (2004): Meinung machen im Internet? Personal Web Publishing und Online-PR. In: GPRA Gesellschaft für Public Relations Agenturen e.V. (Hg.): PR-Guide 9.

Popper, Karl (1972): Die Logik der Sozialwissenschaften. In: Adorno, T u. a. (1972): Der Positivismusstreit in der deutschen Soziologie. Neuwied/Berlin: 103-123.

Popper, Karl R. (1969): Das Elend des Historizismus. Tübingen.

Popper, Karl R. (1970): Die Wissenssoziologie. Falsche Propheten. Hegel, Marx und die Folgen. Die offene Gesellschaft und ihre Feinde, Bd. 2. Hrsg. v. Karl Popper. Bern/München: 260-274.

Price, Derek/Solla, J. de (1971): Little Science, Big Science. New York/London.

Pürer, Heinz (2003): Publizistik- und Kommunikationswissenschaften. Ein Handbuch. Konstanz.

Putnam, Robert D. (2000): Bowling Alone. The collapse and revival of American community. London/New York.

Krotz, Freiedrich: Qualitative Methoden der Kommunikationsforschung (2003). In: Bentele, Günter/Brosius, Hans-Bernd/Jarren, Otfried (Hg.): Öffentliche Kommunikation. Handbuch Kommunikations- und Medienwissenschaft. Wiesbaden: Westdeutscher Verlag: 245-261.

Quandt, Thorsten (2005): Journalisten im Netz. Wiesbaden: VS Verlag für Sozialwissenschaften.

Quandt, Thorsten/Schweiger, Wolfgang (Hg.) (2008): Journalismus Online – Partizipation oder Profession? Wiesbaden.

Literaturverzeichnis

Raupp, Juliana (2008) Der Einfluss von Wissenschafts-PR auf den Wissenschaftsjournalismus. In: Hettwer, Holger/ Lehmkuhl, Markus/Wormer, Holger/ Zotta, Franco (Hg.): Wissenswelten. Wissenschaftsjournalismus in Theorie und Praxis. Gütersloh.

Reimer, Bo/Rosengren, Karl Erik (1990): Cultivated viewers and readers: a lifestyle perspective. In: Signorelli, Nancy/Morgan, Michael (Hg.): Cultivation analysis. Newbury Park, CA: Sage: 181-206.

Renckstorf, Karsten (1977): Neue Perspektiven in der Massenkommunikationsforschung. Beiträge zur Begründung eines alternativen Forschungsansatzes. Berlin.

Richter, Alexander/Koch, Michael (2008): Funktionen von Social-Networking-Diensten. In: Bichler, Martin et al. (Hg.): Multikonferenz Wirtschaftsinformatik 2008. Berlin: 1239-1250. URL: http://ibis.in.tum.de/mkwi08/18_Koope rationssysteme/04_Richter.pdf (geprüft 3.4.2009).

Ridings, C.; D. Gefen (2004): Virtual Community Attraction: Why People hang out online. In: Journal of Computer-Mediated-Communication, 10 (1). URL: http://jcmc.indiana.edu/vol10/issue/ridings_gefen.html (geprüft 3.4.2009).

Röll, Martin (2005: Corporate E-Learning mit Weblogs und „RSS". In: Hohenstein, Andreas/Wilbers, Karl (Hg.): Handbuch E-Learning. Expertenwissen aus Wissenschaft und Praxis. Ergänzungslieferung April 2005, Beitrag 5.11. Köln.

Roloff, Eckart Klaus/Hömberg, Walter (1975): Wissenschaftsjournalisten. Dolmetscher zwischen Forschung und Öffentlichkeit. In: bild der wissenschaft, 12 (9): 56-60.

Ronge, Volker (1984): Massenmedienkonsum und seine Erforschung – eine Polemik gegen „Uses and Gratifications". In: Rundfunk und Fernsehen 1: 73-82.

Rosengren, Karl Erik (1987): Livsstil och massmediekultur. En Projekt-beskrivning. Lund: Department of Sociology. Lund.

Rosengren, Karl Erik (1996): Inhaltliche Theorien und formale Modelle in der Forschung über individuelle Mediennutzung. In: Hasebrink, Uwe/Krotz, Friedrich (Hg.): Die Zuschauer als Fernsehregisseure? Zum Verständnis individueller Nutzungs- und Rezeptionsmuster. Baden-Baden/Hamburg: 13-36.

Rosengren, Karl Erik (Hg.) (1994): Media Effects and beyond: culture, socialization and lifestyles. London/New York: Routledge.

Rosengren, Karl Erik/Wenner, Lawrence A./Palmgreen, Philip (Hg.) (1985): Media Gratifications Research. Current Perspectives. Beverly Hills: Sage.

Rosengren, Karl Erik/Windahl, Swen (1972): Funktionale Aspekte bei der Nutzung von Massenmedien. In: Maletzke, Gerhard (Hrsg.) Einführung in die Massenkommunikationforschung (1972) Berlin: 169-187.

Röttger, Ulrike (1994): Medienbiographien von jungen Frauen. Münster/Hamburg.
Rötzer, Florian (1996): Öffentlichkeit und Aufmerksamkeit. In: Telepolis. URL: http://www.heise.de/tp/deutsch/inhalt/co/2094/1.html (geprüft 21.7.03).
Rubin, A. (2002): The Uses-and-Gratifications Perspectives of Media Effects. In: Bryant, J./Zillmann, D. (Hg.): Media Effects: Advances in Theory and Research. 2. Auflage, Mahwah/NJ u. a.: 525-548.
Rubin, Alan M. (2000): Die Uses-And-Gratifications-Perspektive in der Medienwirkungsforschung. In: Schorr, Angela (Hg.): Publikums- und Wirkungsforschung. Wiesbaden: 137-152.
Rubin, Herbert J./Rubin, Irene (2005): Qualitative Interviewing. The Art of Hearing Data. Sage Publications. Thousand Oaks.
Rubin, Herbert S./Rubin, Irene S. (1995): Qualitative Interviewing. The Art of Hearing Data. London: Sage.
Ruggiero, T. (2000): Uses and Gratifications Theory in the 21th Century. In: Mass Communication & Society 3 (1): 3-37.
Ruß-Mohl (1987): Wissenschafts-Journalismus. Ein Handbuch für Ausbildung und Praxis. München.
Ruß-Mohl, Stephan (1987a): Wissenschaftsvermittlung – eine Notwendigkeit. In: Flöhl, Rainer/Fricke, Jürgen (Hrsg.): Moral und Verantwortung in der Wissenschaftsvermittlung. Mainz: 9-18.
Ruß-Mohl, Stefan (1992): Am eigenen Schopfe ... Qualitätssicherung im Journalismus – Grundfragen. Ansätze, Näherungsversuche. In: Publizistik 37: 83-96.
Salzmann, Christian (2007): Mad Scientist's Club – Die Soziologie der Medienstars. In: In: Kienzlen, Grit/Lublinski, Jan/Stollorz, Volker (Hg.): Fakt, Fiktion, Fälschung. Trends im Wissenschaftsjournalismus. Konstanz: 163-167.
Schau, H.J./Gilly M.C. (2004): We are what we post? Self-presentation in personal web space. In: Journal of Computer-Mediated-Communication, 10 (1),. URL: http://jcmc.indiana.edu/vol10/issue/ridings_gefen.html (geprüft 3.2.2009).
Scheloske, Marc (2008): „Was heißt und zu welchem Ende betreiben wir wissenschaftliche Blogs. Eine Argumentation in 11 Schritten." (Weblog). URL: http://www.wissenswerkstatt.net/2008/05/06/was-heisst-und-zu-welchem-ende-betreiben-wir-wissenschaftliche-blogs-eine-argumentation-in-11-schritten-werkstattnotiz-lxxxv/ (geprüft 30.11.2008).
Scheloske, Marc (2008): Demokratisierung der Wissenschaftskommunikation durch wissenschaftliche Blogs » Wege in eine „wissenschaftsmündige" Gesellschaft. (Weblog). URL: http://www.wissenswerkstatt.net/2008/03/14/demokratisierung-der-wissenschaftskommunikation-durch-wissenschaftliche-blogs-wege-in-eine-wissenschaftsmuendige-gesellschaft/ (geprüft 30.11.2008).

Scheloske, Marc (2008): Was sollen, was können Wissenschaftsblogs leisten als Instrumente der internen Wissenschaftskommunikation?. http://www.wissens werkstatt.net/2008/03/12/was-sollen-was-koennen-wissenschaftsblogs-leisten-blogs-als-instrument-der-internen-wissenschaftskommunikation/ (geprüft 30.11. 2008).

Scheloske, Marc (2010): Die Wissenschaftsblogcharts im Juni 2010. (Weblog) URL: http://www.scienceblogs.de/echolot/2010/06/die-wissenschaftsblogcharts-juni-2010.php?utm_source=feedburner&utm_medium=feed&utm_campaign=Feed %3A+ScienceBlogs%2FEcholot+%28ScienceBlogs+%2F+Echolot%29 (geprüft 20.06.2010).

Schenk, Michael (1978): Publikums- und Wirkungsforschung. Tübingen.

Schenk, Michael (2002): Medienwirkungsforschung. 2. Auflage, Tübingen.

Schiele, G./Hähner, J./Becker, Ch. (2007): Web 2.0 – Technologien und Trends. In: Bauer, H. H./Grosse-Leege, D./Rösger, H. (Hg.): Interactive Marketing im Web 2.0 – Konzepte und Anwendungen für ein erfolgreiches Marketingmanagement im Internet. München: 3-14.

Schlobinski, Peter/ Torsten Siever (Hrsg) (2005): Sprachliche und textuelle Aspekte in Weblogs. Ein internationales Projekt. In: Networx, Nr. 46. Hannover. Online verfügbar: http://www.mediensprache.net/networx/networx-46.pdf.

Schmidt, Jan (2006): Aufmerksamkeit für Blogs vs. klassische Medien. In: Bamblog. URL: http://www.bamberger-gewinnt.de/wordpress/archives/595 (geprüft 30.04.2009).

Schmidt, Jan (2006a): Weblogs. Eine kommunikationssoziologische Studie. Konstanz. UVK.

Schmidt, Jan (2007): Social Software: Facilitating Information-, Identity- and Relationship Management. In: Thomas N. Burg (Hg.): BlogTalksReloaded. Norderstedt: Books On Demand.

Schmidt, Jan (2009): Das neue Netz. Merkmale, Praktiken und Folgen des Web 2.0. Konstanz: UVK.

Schmidt, Jan/Mayer, Florian (2006): Weblogs und „Wikis" in der universitären Lehre. Ergebnisse einer Seminarevaluation. Berichte der Forschungsstelle „Neue Kommunikationsmedien" 06-02. Bamberg. URL: http// www.fonk-bamberg.de/pdf/fonkbericht0602.pdf (geprüft 20.3.2009).

Schmidt, Jan/Schönberger, Klaus/Stegbauer, Christian (2005): Erkundungen von Weblog-Nutzungen. Anmerkungen zum Stand der Forschung. In: dies (Hg.): Erkundungen des Bloggens. Sozialwissenschaftliche Ansätze und Perspektiven der Weblogforschung. Sonderausgabe von kommunikation@gesellschaft 6 URL: http://www.soz.uni-frankfurt.de/K.G./B4_2005_Schmidt_Schoenber ger_Stegbauer.pdf (geprüft 20.3.2009).

Schmidt, Jan/Wilbers, Martin (2006): Wie ich blogge?! Erste Ergebnisse der Weblogsbefragung 2005. Berichte der Forschungsstelle „Neue Kommunikationsmedien", Nr. 06-01. Universität Bamberg.

Schmidt, Siegfried (1970): Unterhaltung als journalistische Kategorie. Zur Funktion der Unterhaltung in der imperialistischen und in der sozialistischen Tagespresse. Leipzig.

Scholl A./Weischenberg, S. (1998): Journalismus in der Gesellschaft. Theorie, Methodologie und Empirie. Opladen: Westdeutscher Verlag.

Scholl, Armin (2003): Die Befragung. Sozialwissenschaftliche Methode und kommunikationswissenschaftliche Anwendung. Konstanz: UVK (UTB).

Schönbach, K. (1997). Das hyperaktive Publikum – Essay über eine Illusion. In: Publizistik, 42: 279-286.

Schönbach, Klaus (1984): Ein integratives Modell? Anmerkungen zu Palmgreen. In: Rundfunk und Fernsehen 1: 63-65.

Schönberger, Klaus (2005): Persistente und rekombinante Handlungs- und Kommunikationsmuster in der Weblog-Nutzung. Mediennutzung und soziokultureller Wandel. In: Schütz, Astrid/Habscheid, Stephan/ Holly, Wernder (Hg.): Neue Medien im Alltag. Befunde aus den Bereichen: Arbeit, Leben und Freizeit. Lengerich: 276-294.

Schönberger, Klaus (2006): Weblogs: Persönliches Tagebuch, Wissensmanagement-Werkzeug und Publikationsorgan. In: Schlobinski, Peter (Hg.): Sprache und Kommunikation in den Neuen Medien. DUDEN, Thema Deutsch, Bd. 7. Mannheim. Schönhagen, Philomen (2004) Soziale Kommunikation im Internet: Zur Theorie und Systematik computervermittelter Kommunikation vor dem Hintergrund der Kommunikationsgeschichte. Bern u. a.: Lang.

Schulzki-Haddouti, Christiane (2008): Kooperative Technologien in Arbeit, Ausbildung und Zivilgesellschaft. Analyse für die Innovations- und Technikanalyse (ITA) im Bundesministerium für Bildung und Forschung (BMBF). Berlin URL: http://blog.kooptech.de/KoopTech.pdf (geprüft 13.2.2009).

Schuster, Michael (2004): Applying „Social Network"Analysis to a small Weblog Community: Hubs, Power Laws, the Ego Effect and the Evolution of „Social Networks". Vortrag bei der Konferenz „Blogtalk 2.0", 5-6.7.2004, Wien.URL: http://www.knallgrau.at/blogtalk/files/twoday.net_network.pdf (geprüft).

Seeber, Tino (2008) Weblogs – die 5. Gewalt. Eine empirische Untersuchung zum emanzipatorischen Mediengebrauch von Weblogs. Boizenburg: Verlag Werner Hülsbusch.

Sentker, Andres Christoph Drösser (2006): „Wissenschaft zwischen Wochenzeitung und Magazin: Zu wenig Zeit für die Zeit?". Die Wissensmacher. Hrsg. Holger Wormer. Wiesbaden 63-79.
Shirky, Clay (2002): „Broadcast Institutions, Community Values". Clay Shirky's Writings About the Internet. Economics and Culture, Media and Community, Open Source. Online-Publikation. URL:http://www.shirky.com/writings/broadcast_and_community.html (geprüft 28.04.2009).
Shirky, Clay (2003) Power Laws, Weblogs, and Inequality. In: Clay Shirky's Writings About the Internet. Online-Publikation. URL: http://www.shirky.com/writings/powerlaw_weblog.html (geprüft: 30.11.2008).
Siegert, Michael/Chapman Michael (1987): Identitätstransformationen im Erwachsenenalter. In: Frey, Hans-Peter/Haußer, Karl (Hg.): Identität. Entwicklungen psychologischer und soziologischer Forschung. Stuttgart: 139-150.
Sloterdijk, Peter (1989): Eurotaosimus: Zur Kritik der politischen Vernunft. Frankfurt am Main.
Spinner, Helmut (1985): Das „wissenschaftliche Ethos" als Sonderethik des Wissens. Über das Zusammenwirken von Wissenschaft und Journalismus im gesellschaftlichen Problemlösungsprozeß. Tübingen.
Stanoevska-Slabeva, Katarina (2008): Web 2.0 – Grundlagen, Auswirkungen und zukünftige Trends. In: Meckel, Miriam/Stanoevska-Slabeva, Katarina (Hg.): Web 2.0. Die nächste Generation Internet. Baden-Baden: 13-38.
Stehr, Nico (1994): Arbeit, Eigentum und Wissen. Zur Theorie von Wissensgesellschaften. Frankfurt am Main.
Steinberger, P. (2004): Die fünfte Gewalt: Wie Webtagebücher in Amerika Politik machen. In: Süddeutsche Zeitung, 16.07.2004.
Stocker, Alexander/Tochtermann, Klaus (2009): Anwendungen und Technologien des Web 2.0: Ein Überblick. In: Blumauer, Andreas/Pellegrini, Tassilo (Hg.): Social Semantic Web. Web 2.0 – Was nun? Berlin/Heidelberg: 63-82.
Stollorz, Volker (2007): Einführung: Wissenschaftler am Pranger. In: Kienzlen, Grit/Lublinski, Jan/ Stollorz, Volker (Hg.) (2007): Fakt, Fiktion, Fälschung: Trends im Wissenschaftsjournalismus. Konstanz: UVK.
Storer, Norman W. (1966): The social System of Science. New York/London.
Strömer, Arnold (1999): „Wissenschaft und Journalismus 1984-1997. Ergebnisse einer Befragung von Berliner Professoren sowie wissenschaftlichen Mitarbeitern des Forschungszentrums Jülich und Vergleiche mit einer früheren Studie aus Mainz und Jülich. Jülich.
Surowiecki, James (2004): The wisdom of crowds: why the many are smarter than the few and how collective wisdom shapes business, economies, societies, and nations. New York: Doubleday.

Sutter, Tilmann (2003) Sozialisation und Inklusion durch Medien. Zur Ausdifferenzierung sozialwissenschaftlicher Medienforschung. Forschungsberichte des Psychologischen Instituts der Albert-Ludwigs-Universität. Freiburg: 161.

Tapscott, Don/Williams, Anthony (2007): Wikinomics. Die Revolution im Netz. München.

Teichert, Will (1973): „Fernsehen" als soziales Handeln (II.) Entwürfe und Modelle zur dialogischen Kommunikation zwischen Publikum und Massenmedien. In: Rundfunk und Fernsehen 4: 356-382.

Teichert, Will (1975): Bedürfnisstruktur und Mediennutzung. Fragestellung und Problematik des „Uses and Gratifications Approach". In: Rundfunk und Fernsehen 3-4: 269-283.

Thunberg, Anne-Marie/Nowak, Kjell/Rosengren, Karl Erik/Sigurd, S. (1981): Communication and equality. Stockholm: Almquist & Wiksell International.

Toffler, Alvin (1980) The Third Wave. Bantam Books. New York.

Tola, Elisabeth (2008): To blog or not to blog, not a real choice there ... Journal of Science Communication, SISSA – International School for Advanced Studies. Journal of Science Communication.

Toulmin, Stephen E.(1983): Kritik der kollektiven Vernunft. Frankfurt am Main.

Tuerner, J. W./Grube J. A./Meyers J. (2001): Developing an optimal match within online-communities: an exploration of CMC support communities and traditional support. In; Journal of Communication, 51 (2): 231-251.

Van Eimeren, Birgit/Frees, Beate (2007): Internetzung zwischen Pragmatismus und YouTube-Euphorie. In: Media Perspektiven Heft 8/2007.

Van Eimeren, Birgit/Frees, Beate (2010): Ergebnisse der ARD/ZDF-Onlinestudie 2010. Fast 50 Millionen Deutsche online – Multimedia für alle? In: Media Perspektiven 7-8, URL: http://www.media-perspektiven.de/uploads/tx_mppublications/07-08-2010_Eimeren.pdf (geprüft 20.8.2010).

Veltri, J. J./Schiffman, Leon G. (1984): Fifteen years of consumer lifestyle and values research at AT&T. In: Pitts, Robert E./Woodside, Arch G. (Hg.): Personal values and consumer psychology. Lexington Books. Lanham.

von Werder, Lutz (1993): Lehrbuch des wissenschaftlichen Schreibens. Ein Übungsbuch für die Praxis. Berlin: Schibri.

Vorderer, Peter (1998): Unterhaltung durch Fernsehen: Welche Rolle spielen parasoziale Beziehungen zwischen Zuschauern und Fernsehakteuren? In: Klingler, Walter/ Roters, Gunnar/ Zöllner, Oliver/ (Hrsg.): Fernsehforschung in Deutschland. Themen – Akteure-Methoden. Baden-Baden: 689-707.

Vorderer, Peter (1992): Fernsehen als Handlung. Fernsehfilmrezeption aus motivationspsychologischer Perspektive. Berlin.

Literaturverzeichnis

Walker, Jill (2005): „Weblog". In: Herman, David/Jahn, Manfred/Ryan, Marie-Laure (Hg.): Routledge Encyclopedia of Narrative Theory. London/New York: Routledge 45. URL: http://jilltxt.net/ archives/blog_theorising/ final-version_of_weblog_definition-html (geprüft 30.11.2008).
Wall, Melissa (2005): Blogs of war: Weblogs as news. Journalism 6 (2): 153-172.
Weichler, Kurt (2003): Handbuch für freie Journalisten. Wiesbaden.
Weingart, Peter (1983): Verwissenschaftlichung der Gesellschaft – Politisierung der Wissenschaft. In: Zeitschrift für Soziologie, 12 (3): 225-241.
Weingart, Peter (2001): Die Stunde der Wahrheit? Zum Verhältnis der Wissenschaft zu Politik, Wirtschaft und Medien in der Wissenschaftsgesellschaft. Weilerswist:Velbrück.
Weingart, Peter (2005): Afrikanische Lösungen für afrikanische Probleme. Die Beziehung zwischen wissenschaftlichem Wissen und politischer Legitimität in Südafrikas AIDS-Debatte. In: Weingart, Peter (Hg.): Die Wissenschaft der Öffentlichkeit. Essays zum Verhältnis von Wissenschaft, Medien und Öffentlichkeit. Weilerswist: 73-101.
Weingart, Peter (2007): Wissen ist Macht? – Facetten der Wissensgesellschaft. In: Weingart, Peter/Carrier, Martin/Krohn, Wolfgang: Nachrichten aus der Wissensgesellschaft – Analysen zur Veränderung der Wissenschaft. Weilerswist: 25ff.
Weingart, Peter/Pansegrau, Petra (1998): Reputation in der Wissenschaft und Prominenz in den Medien. Die Goldhagen-Debatte. In: Rundfunk und Fernsehen, 46: 193-208.
Weingart, Peter/Prinz, Wolfgang/Kastner, Mary/Maasen, Sabine/Walter Wolfgang (1991): Die sog. Geisteswissenschaften: Außenansichten. Frankfurt am Main.
Weiß, Ralph (1996): Soziographie kommunikativer Milieus. Wege zur empirischen Rekonstruktion der sozialstrukturellen Grundlagen alltagskultureller Handlungsmuster. In: Rundfunk und Fernsehen, 44 (3): 325-245.
Weiß, Ralph/Groebel, Jo (Hg.) (2002): Privatheit im öffentlichen Raum. Medienhandeln zwischen Individualisierung und Entgrenzung. Opladen. Leske & Budrich.
Welker, M./Werner, A./Scholz, J. (2005): Online-Research: Markt- und Sozialforschung mit dem Internet. Heidelberg.
Welker, Martin (2001): Determinanten der Internet-Nutzung. Eine explorative Anwendung der Theorie des geplanten Verhaltens zur Erklärung der Medienwahl. Verlag Reinhard Fischer. München.
Weller, Anne C. (2001): Editorial Peer review. It's Strengths and Weaknesses. New Jersey.

Wellmann, Barry (2001): Physical Place and Cyberplace: The Rise of Personalized Networking. In: International Journal of Urban and Regional Research, 25, (2): 227-252.

Wie, Carolyn (2004): Formation of Norms in a Blog Community. In: Gurak, Laura/Antonijevic, Smiljana/Johnson, Laurie/Ratliff, Clancy/ Reyman, Jessica (Hg.): Into the blogosphere: Rhetoric, community, and culture of weblogs. URL: http://blog.lib.umn.edu/blogosphere/formation_of_norms.html (geprüft 30.4.2009).

Wijna, Elmine (2004): Understanding Weblogs: a communicative perspective. In: Burg, Thomas N. (Hg.): BlogTalks 2.0: The European Conference on Weblogs. URL: http://elmine.wijna.com/weblog/archives/wijna_understan dingweblogs.pdf (geprüft 28.4.2009).

Wildenmann, Rudolf/Kaltefleiter, Werner (1965): Funktionen der Massenmedien. Frankfurt am Main/Bonn.

Wilke, Jürgen (1986): Probleme wissenschaftlicher Informationsvermittlung durch die Massenmedien. In: Bungarten, Theo (Hg.): Wissenschaftssprache und Gesellschaft. Hamburg: 304-318.

Winter, C. (1998): Internet/Online-Medien. In: W. Faulstich (Hg.): Grundwissen Medien. München: Fink: 274-295.

Winter, Rainer (1997): Vom Widerstand zur kulturellen Reflexivität. Die Jugendstudien der British Cultural Studies. In: Charlton, Michael/Schneider, Silvia (Hg.): Rezeptionsforschung. Theorien und Untersuchungen zum Umgang mit Massenmedien. Opladen: 59-72.

Wortmann, C. B./Costanzo, P. R./Witt, T. R. (1973): Effect of anticipated performance on the attributions of causality to self and others. In: Journal of Personality and Social Psychology, 27 (3): 372-381.

Wu, Fang/Huberman, Bernardo A. (2004): Social Structure and Opinion Formation. Research paper der HP Labs. Palo Alto. Online verfügbar: http://www.hpl. hp.com/research/idl/papers/opinions/opinions.pdf (geprüft 10.12.2009).

Wünsch, Carsten (2002): Unterhaltungstheorien. Ein systematischer Überblick. In: Früh, Werner: Unterhaltung durch Fernsehen. Eine molare Theorie. Konstanz: 15-48.

Zerfaß, Ansgar/Boelter, Dietrich (2005): Die neuen Meinungsmacher. Weblogs als Herausforderung für Kampagnen, Marketing, PR und Medien. Graz: Nausner&Nausner.

Zerfaß, Ansgar/Welker, Martin/Schmidt, Jan (Hg.) (2008): Kommunikation, Partizipation und Wirkungen im Social Web, Bd. 1: Grundlagen und Methoden: Von der Gesellschaft zum Individuum. Köln: Herbert von Halem Verlag.

Zillmann, D. (1988): Mood management through communication choices. In: American Behavorial Scientists, 31: 327-340.

Zillmann, D. (1988a): Mood management using entertainment to full advantage. In: Donohew, L./Sypher, H.E./Higgins, E.T. (Hg.): Communication social cognition, and effect. Hillsdale (Lawrence Erlbaum):, 147-171.

Zillmann, Dolf (1994): Über behagende Unterhaltung in unbehagender Medienkultur. In: Bosshart, Louis/Hoffmann-Riem, Wolfgang (Hg.): Medienlust und Mediennutz. Unterhaltung als öffentliche Kommunikation. Konstanz: 41-57.

Magdalène Lévy-Tödter / Dorothee Meer (Hrsg.)

Hochschulkommunikation in der Diskussion

Frankfurt am Main, Berlin, Bern, Bruxelles, New York, Oxford, Wien, 2009.
365 S., zahlr. Abb. und Tab.
ISBN 978-3-631-58107-0 · br. € 54,80*

Im Rahmen der Umstrukturierung deutscher Hochschulen seit den 90er Jahren des letzten Jahrhunderts ist immer wieder über Problemstellen hochschulischer Lehre diskutiert worden. Hierbei bildete nicht in allen Fällen ein gesichertes Wissen über das, was im hochschulischen Alltag zwischen Lehrenden und Studierenden tatsächlich „der Fall ist" die Grundlage der Diskussion. In diesem Band soll jenseits medialer Klischees und politischer Motive aus der Perspektive einer Angewandten Sprachwissenschaft nach den konkreten Problemstellen und den Möglichkeiten hochschulischer Lehr-Lern-Prozesse gefragt werden. Es werden sowohl schriftliche als auch mündliche Formen des Dialogs zwischen Lehrenden und Studierenden in Form authentischer Daten berücksichtigt. Didaktisch orientierte Anschlussüberlegungen auf der Grundlage empirischer Untersuchungen bilden den Schritt, den sprachwissenschaftliche Konzepte ansonsten häufig schuldig bleiben.

Aus dem Inhalt: Angewandte Sprachwissenschaft · Empirie hochschulischer Kommunikation · Hochschuldidaktik · Gattungen hochschulischer Kommunikation · Internationalisierung · Wissenschaftliches Schreiben · Virtuelle Kommunikation

Frankfurt am Main · Berlin · Bern · Bruxelles · New York · Oxford · Wien
Auslieferung: Verlag Peter Lang AG
Moosstr. 1, CH-2542 Pieterlen
Telefax 0041(0)32/3761727
E-Mail info@peterlang.com
Seit 40 Jahren Ihr Partner für die Wissenschaft
Homepage http://www.peterlang.de